新疆审定棉花品种SSR指纹图谱（2003—2022年）

匡　猛　吴玉珍　彭　军　主编

中国农业科学技术出版社

图书在版编目(CIP)数据

新疆审定棉花品种（2003-2022年）SSR指纹图谱 / 匡猛，吴玉珍，彭军主编．--北京：中国农业科学技术出版社，2025. 7. --ISBN 978-7-5116-7532-3

Ⅰ. S562. 037-64

中国国家版本馆CIP数据核字第2025DX6749号

责任编辑 姚　欢
责任校对 王　彦
责任印制 姜义伟　王思文

出 版 者 中国农业科学技术出版社
北京市中关村南大街12号　　邮编：100081
电　　话 (010) 82106638(编辑室)　(010) 82106624(发行部)
(010) 82109709(读者服务部)
网　　址 https://castp.caas.cn
经 销 者 各地新华书店
印 刷 者 北京建宏印刷有限公司
开　　本 210 mm×285 mm　1/16
印　　张 17. 5
字　　数 400千字
版　　次 2025年7月第1版　2025年7月第1次印刷
定　　价 98. 00元

《新疆审定棉花品种（2003—2022年）SSR指纹图谱》

编委会

主　编： 匡　猛　吴玉珍　彭　军

副主编： 霍　鹏　解立杰　付守阳　王建设　周大云
李　虎　黄义文　张　胜　孔　杰　李广华
王　刚　侯新河　王　威　郑苍松　黄龙雨
赖　波

编　委： 赵淑琴　李　力　司建伟　张建国　金石桥
晋　芳　刘丰泽　任雪贞　孙　全　景　琦
帕丽旦　马　腾　廉英杰　李　曼　刘金山
牛清东　王秀芳　张世民　张芸芸　梁亚军
刘　宁　周宇航　周　均　张　琴　王延琴
史庆玲　徐　青

前　　言

棉花是重要的经济作物和油料作物，也是纺织工业原料和重要战略物资，在国民经济中的地位举足轻重。新疆是我国重要的优质棉生产基地，也是我国唯一的长绒棉产区，对于保障我国棉花生产安全发挥了重要作用。国家统计局数据显示，2024 年，新疆棉花种植面积约为 3 700万亩（1 亩≈667 m^2，全书同），总产量已占全国的 92.25%，形成了“世界棉花看中国，中国棉花看新疆”的态势。

棉花是新疆的支柱产业，品种是棉花的“芯片”。作为异源四倍体作物，棉花基因组结构相对复杂。常异花授粉的繁殖方式导致棉花品种难以实现高度纯合，且生产上品种类型复杂多样，品种遗传背景狭窄。上述诸多因素导致棉花育成品种准确鉴别难度大，棉种市场长期缺乏有效的监管技术手段，品种多乱杂现象长期存在。在农业生物育种国家科技重大专项“种业质量安全与标识全程溯源支撑体系建设”（2022ZD0401903）、新疆自治区天池英才引进计划及中国农业科学院各级项目资助下，依托中国农业科学院棉花研究所建设的农业农村部棉花品质检验测试中心（以下简称“检测中心”）不断加强科技创新与平台建设，通过系统深入研究，牵头研制出精准高效的棉花品种真实性分子鉴定技术方法——农业行业标准 NY/T 2634—2022《棉花品种真实性鉴定　SSR 分子标记法》。基于此，2023 年 7 月，检测中心顺利通过农作物种子质量检验机构资格复查与扩项评审，成为我国棉花种业领域第一家获得棉花品种分子检测资质的部级农作物种子质量检验机构。

《新疆审定棉花品种（2003—2022 年）SSR 指纹图谱》收录了 2003—2022 年新疆维吾尔自治区审定的 200 个棉花品种，按照农业行业标准 NY/T 2634—2022《棉花品种真实性鉴定　SSR 分子标记法》中的技术方法，提供每个品种的 SSR 指纹图谱，对这些品种的 DNA 指纹鉴定及遗传分析研究具有重要参考价值。

本书在编辑过程中，得到了新疆维吾尔自治区农业农村厅种业管理处、种业发展中心等单位的大力支持，在此表示诚挚的感谢！

本书可作为棉花种子质量检测、品种管理、品种权保护、品种选育、农业科研教学等从业人员的参考工具。由于时间仓促，书中难免有不足之处，敬请专家和读者批评指正。

编者

2025 年 5 月 8 日

目　　录

新石K33（新审棉2022年163号）

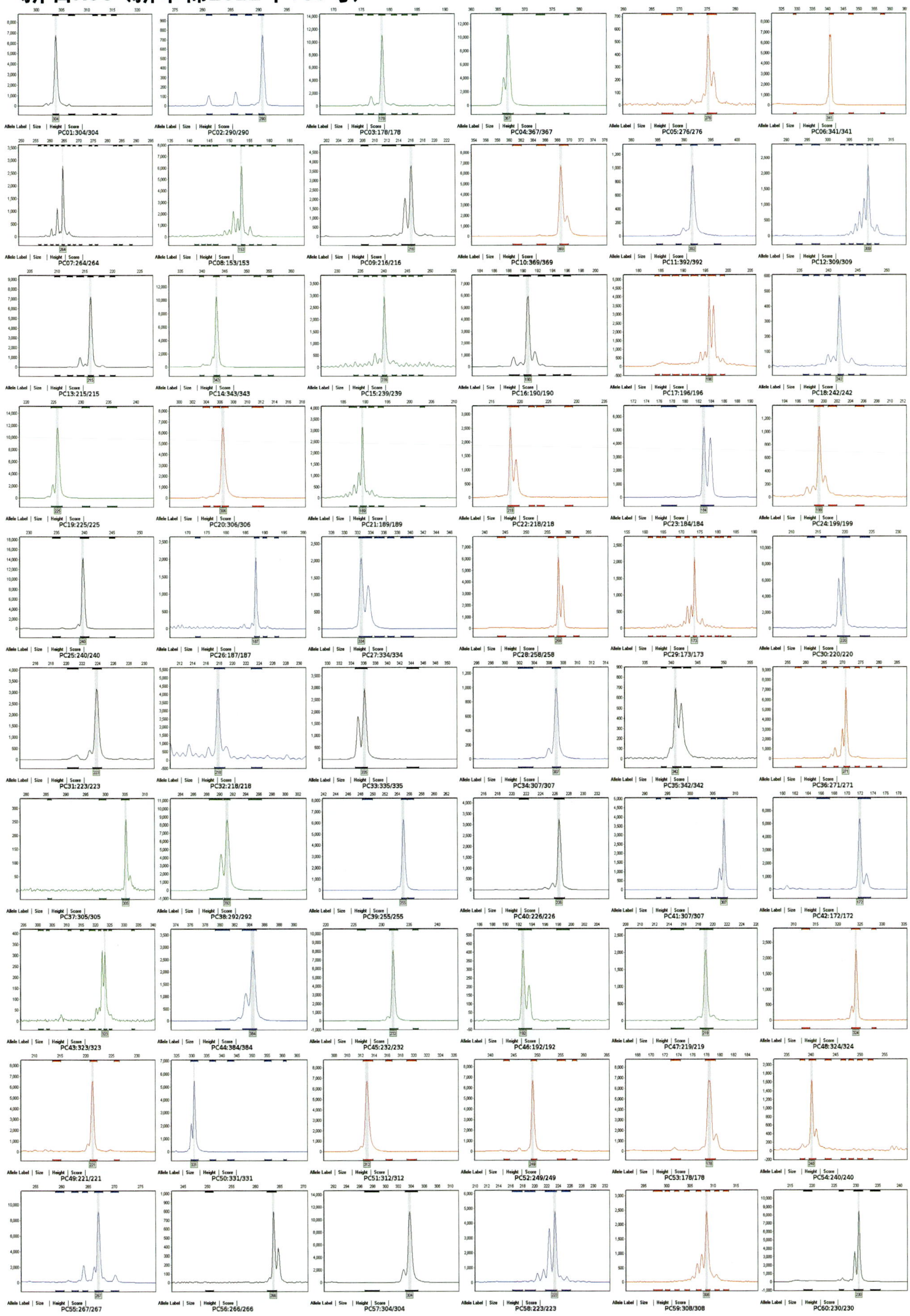

金垦1775（新审棉2022年164号）

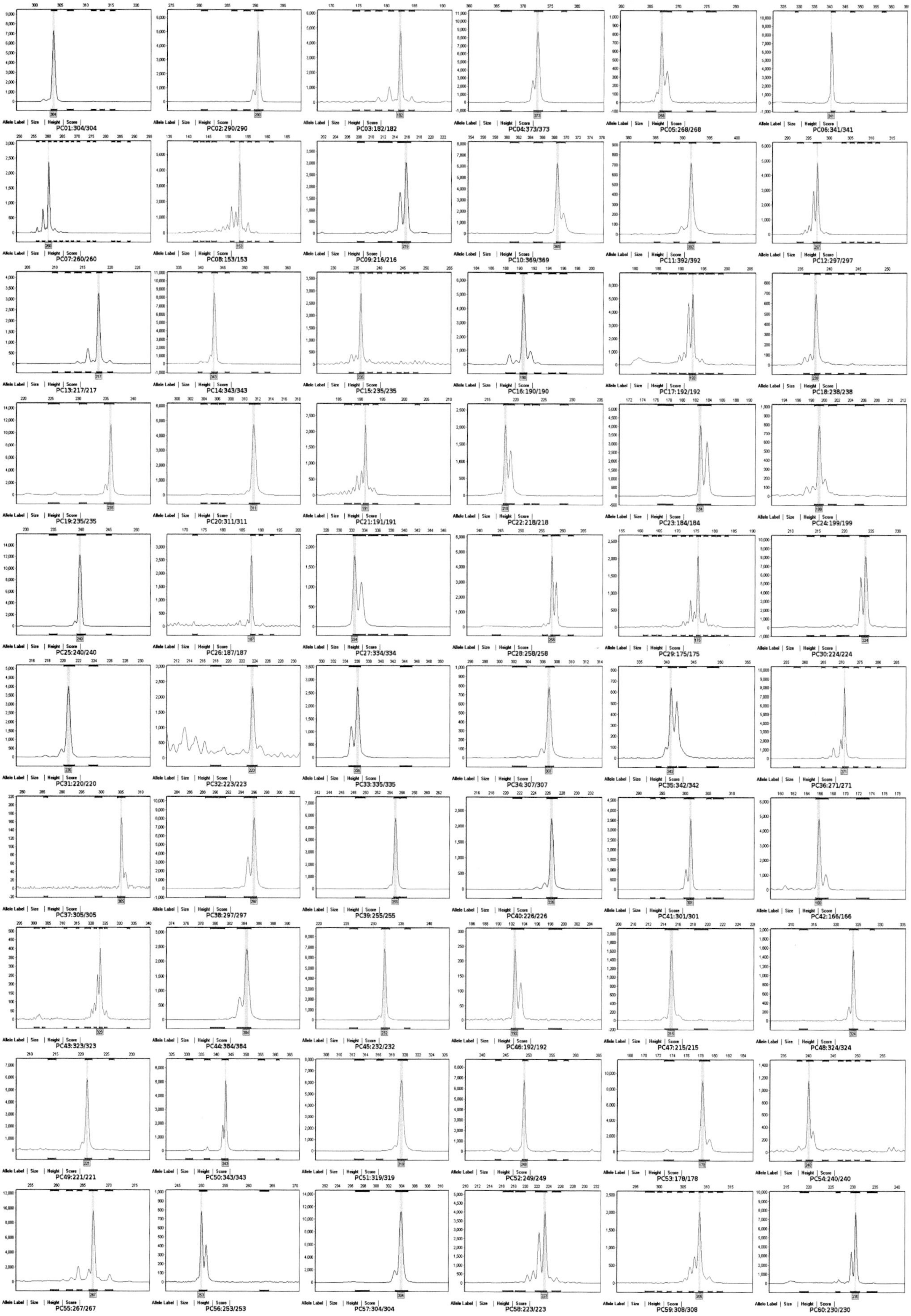

石大棉268（新审棉2022年165号）

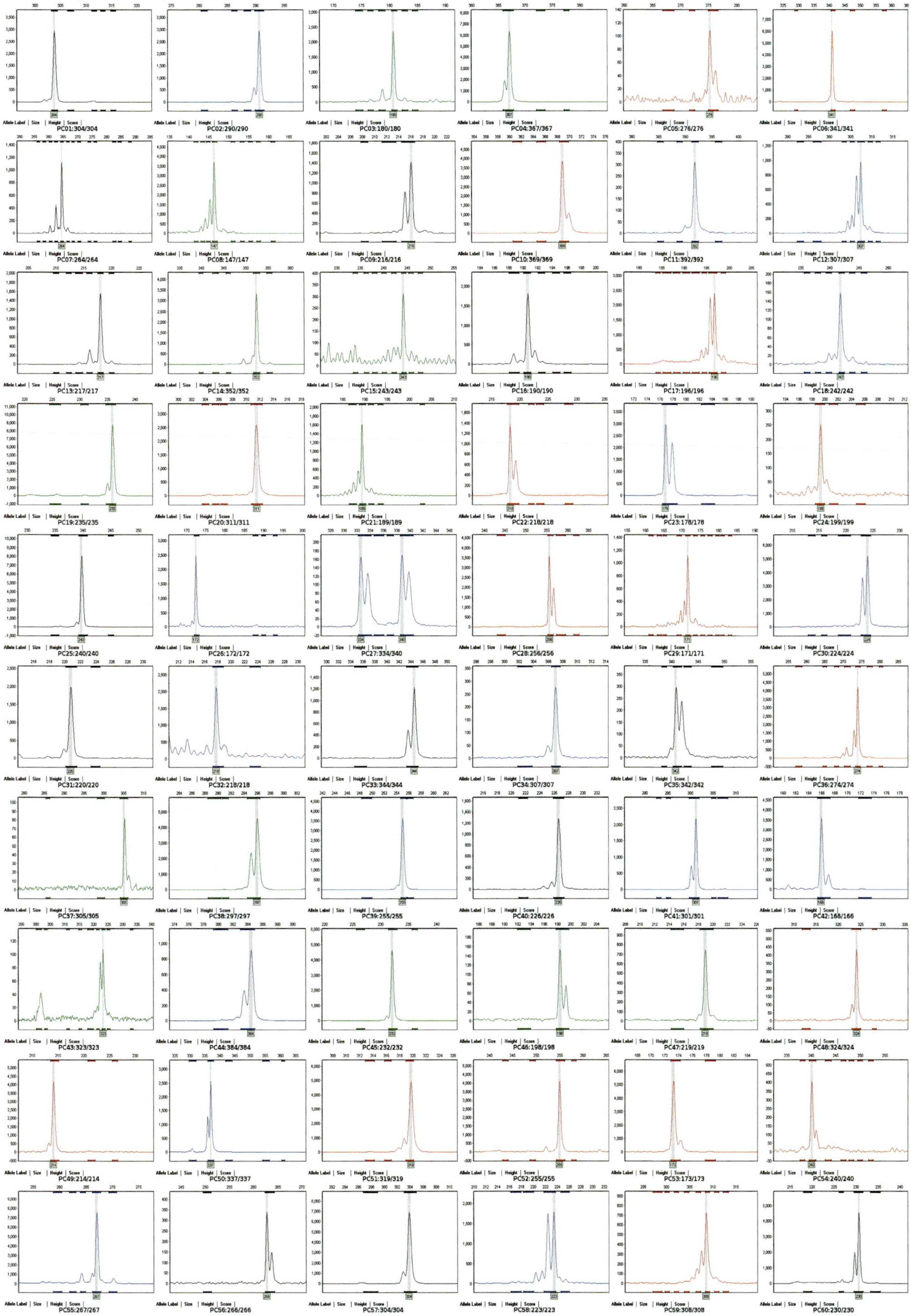

九棉35（新审棉2022年166号）

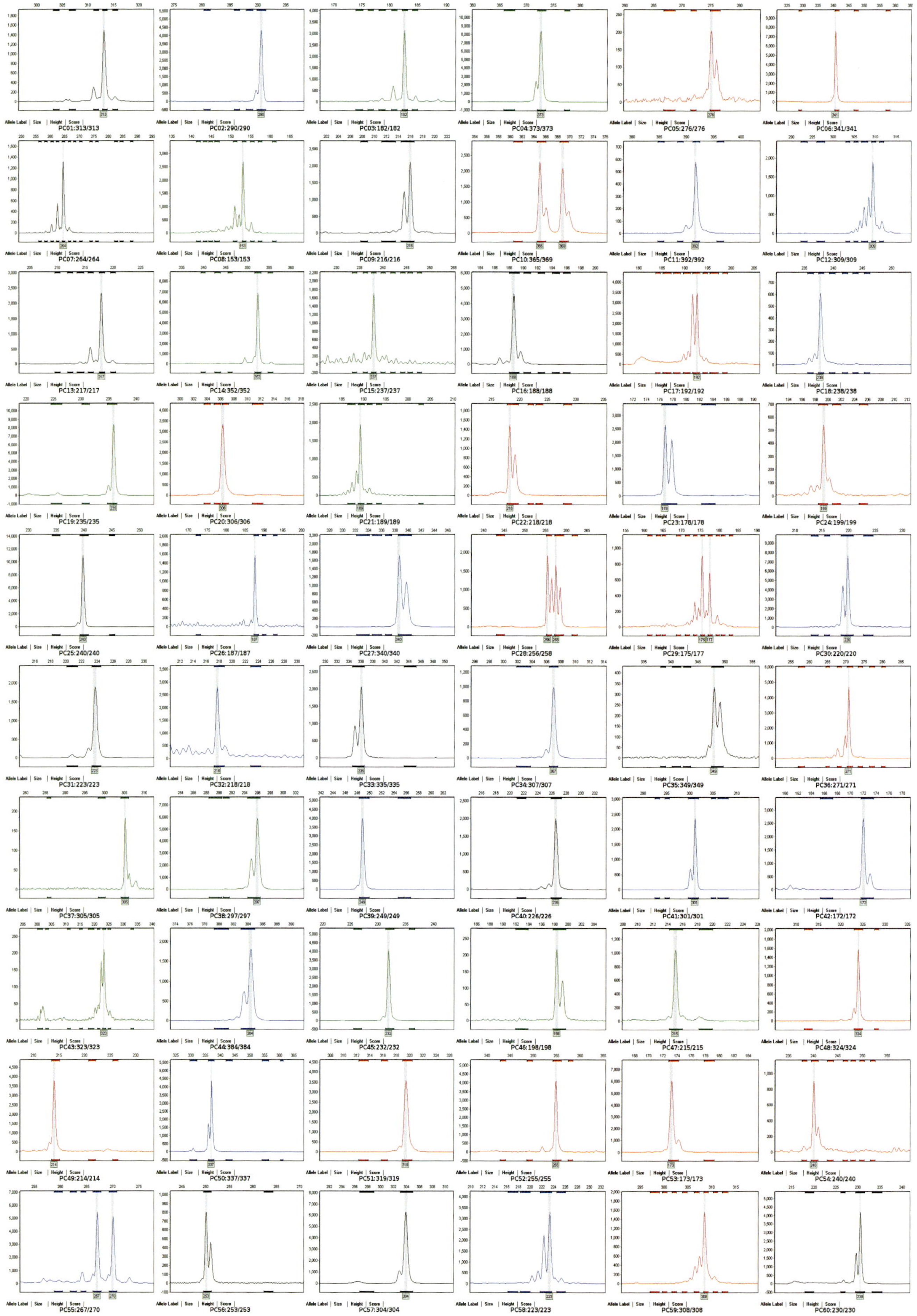

HD258（新审棉2022年168号）

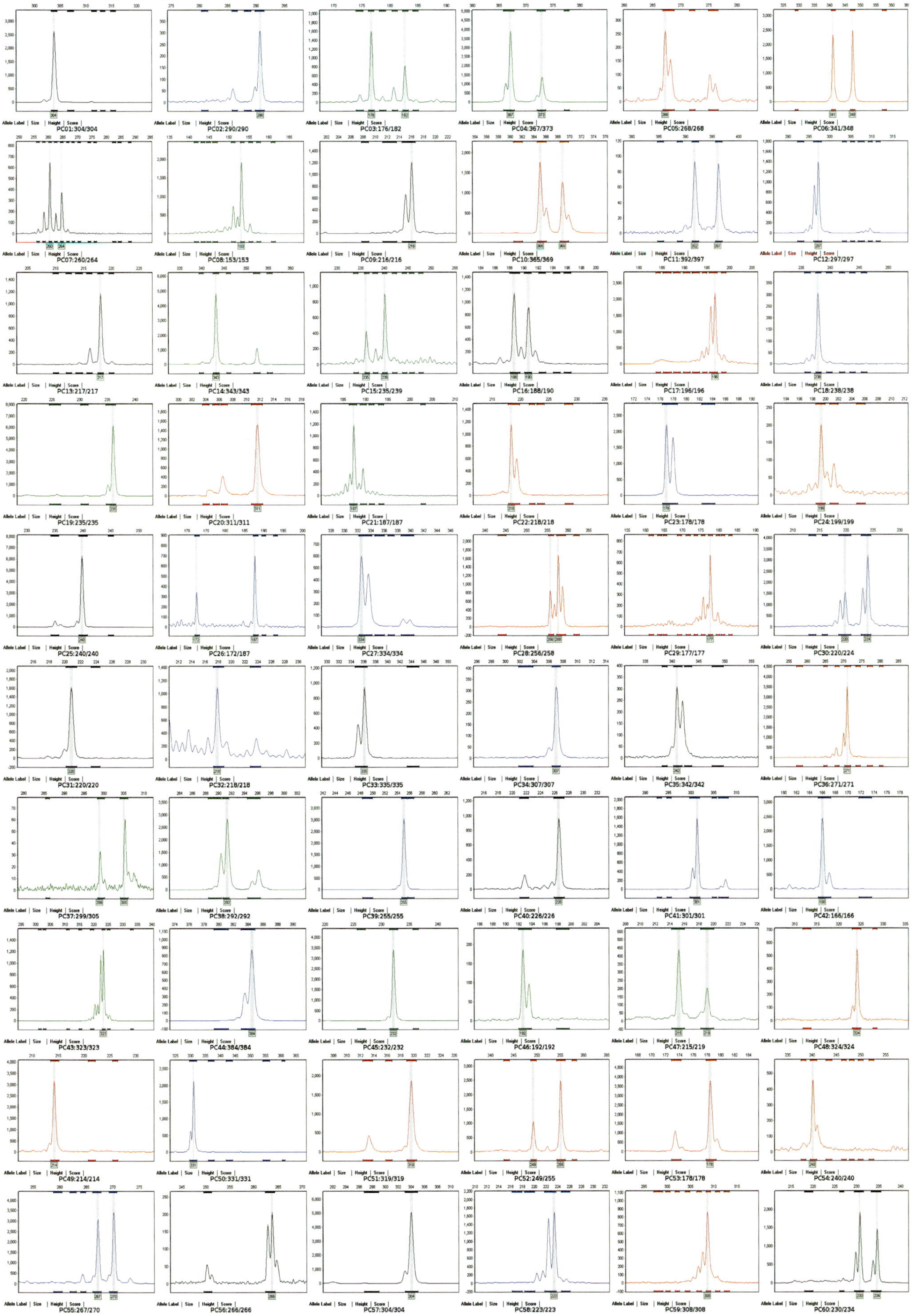

K621（新审棉2022年171号）

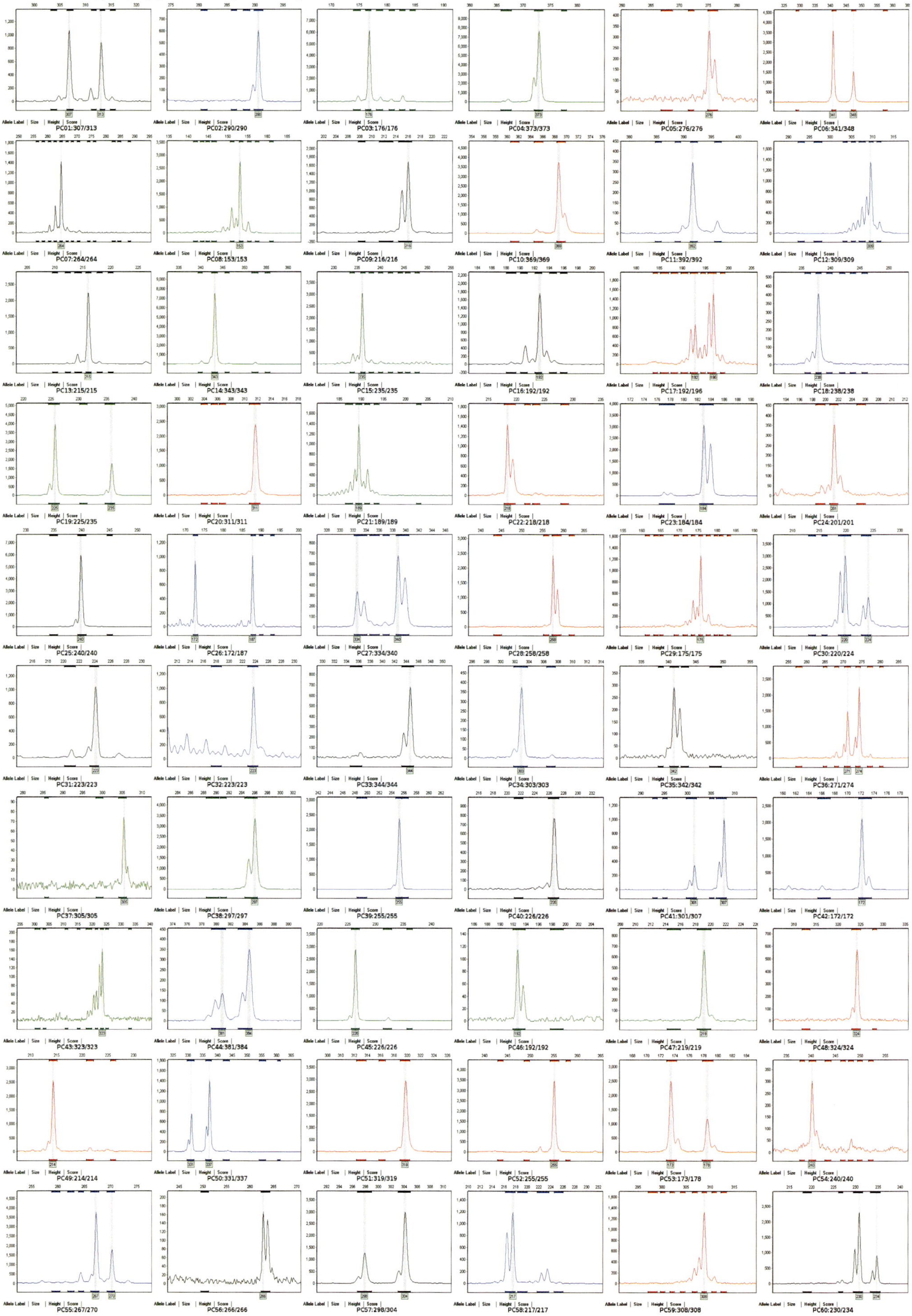

K622（新审棉2022年172号）

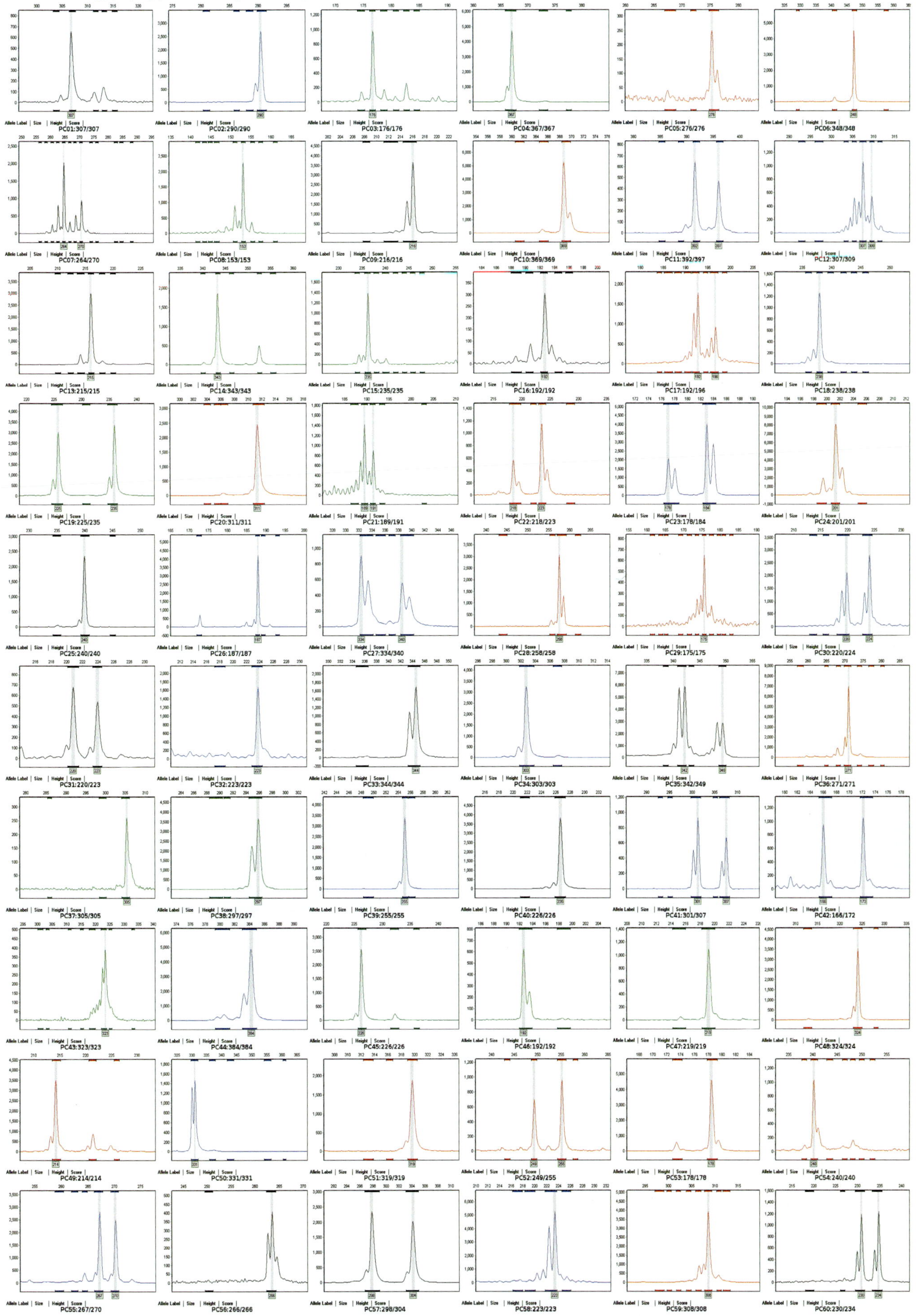

CT256（新审棉2022年173号）

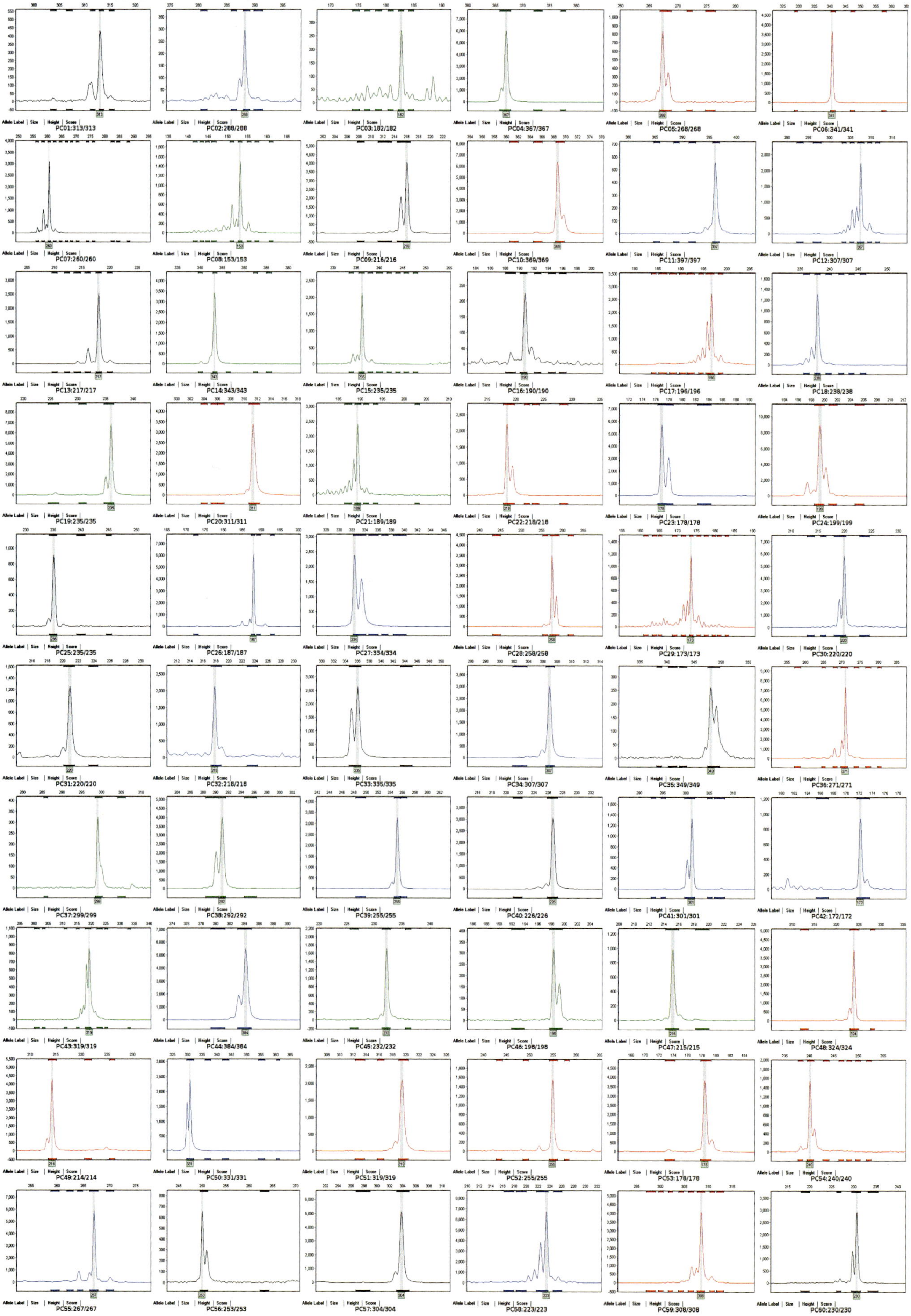

新825（新审棉2022年174号）

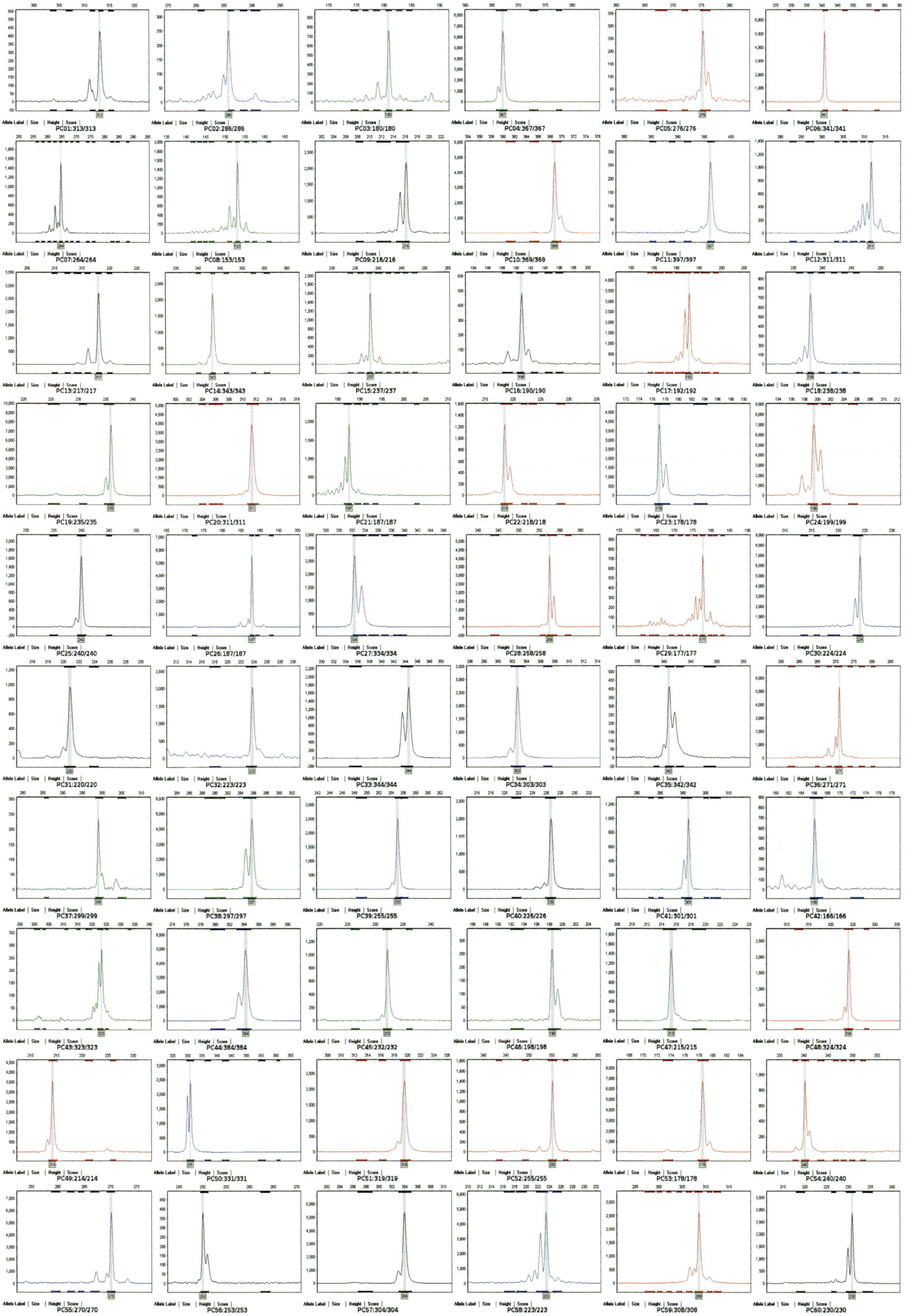

PC01:313/313
PC02:286/286
PC03:180/180
PC04:367/367
PC05:276/276
PC06:341/341
PC07:264/264
PC08:153/153
PC09:216/216
PC10:369/369
PC11:397/397
PC12:311/311
PC13:217/217
PC14:343/343
PC15:237/237
PC16:190/190
PC17:192/192
PC18:238/238
PC19:235/235
PC20:311/311
PC21:187/187
PC22:218/218
PC23:178/178
PC24:199/199
PC25:240/240
PC26:187/187
PC27:334/334
PC28:258/258
PC29:177/177
PC30:224/224
PC31:220/220
PC32:223/223
PC33:344/344
PC34:303/303
PC35:342/342
PC36:271/271
PC37:299/299
PC38:297/297
PC39:255/255
PC40:226/226
PC41:301/301
PC42:166/166
PC43:323/323
PC44:384/384
PC45:232/232
PC46:198/198
PC47:215/215
PC48:324/324
PC49:214/214
PC50:331/331
PC51:319/319
PC52:255/255
PC53:178/178
PC54:240/240
PC55:270/270
PC56:253/253
PC57:304/304
PC58:223/223
PC59:308/308
PC60:230/230

新塔棉102号（新审棉2022年175号）

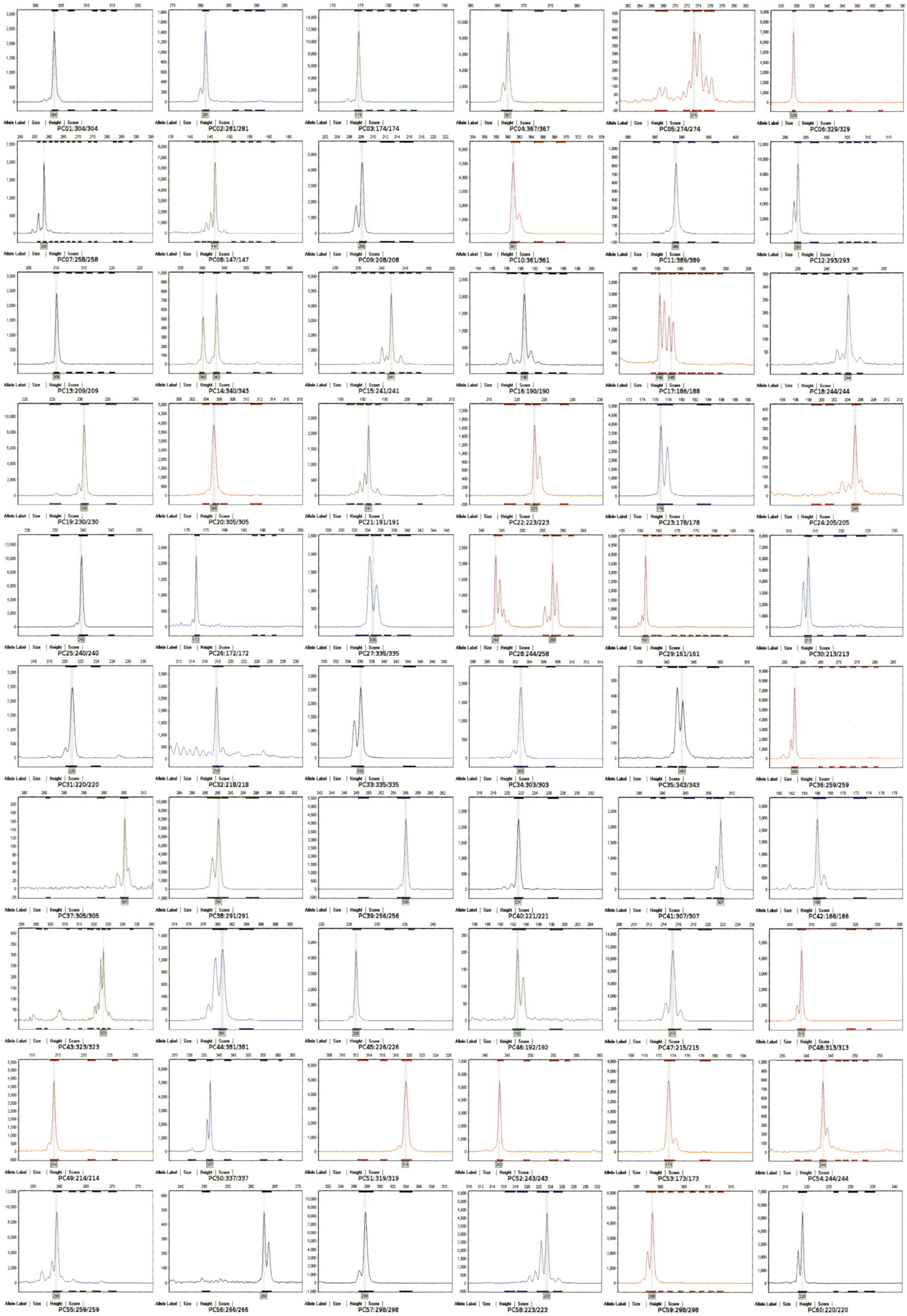

PC01:304/304 PC02:281/281 PC03:174/174 PC04:367/367 PC05:274/274 PC06:329/329
PC07:258/258 PC08:147/147 PC09:208/208 PC10:361/361 PC11:389/389 PC12:293/293
PC13:209/209 PC14:340/343 PC15:241/241 PC16:190/190 PC17:186/188 PC18:244/244
PC19:230/230 PC20:305/305 PC21:191/191 PC22:223/223 PC23:178/178 PC24:205/205
PC25:240/240 PC26:172/172 PC27:335/335 PC28:244/258 PC29:161/161 PC30:213/213
PC31:220/220 PC32:218/218 PC33:335/335 PC34:303/303 PC35:343/343 PC36:259/259
PC37:305/305 PC38:291/291 PC39:256/256 PC40:221/221 PC41:307/307 PC42:166/166
PC43:323/323 PC44:381/381 PC45:226/226 PC46:192/192 PC47:215/215 PC48:313/313
PC49:214/214 PC50:337/337 PC51:319/319 PC52:243/243 PC53:173/173 PC54:244/244
PC55:259/259 PC56:266/266 PC57:298/298 PC58:223/223 PC59:298/298 PC60:220/220

H163（新审棉2022年176号）

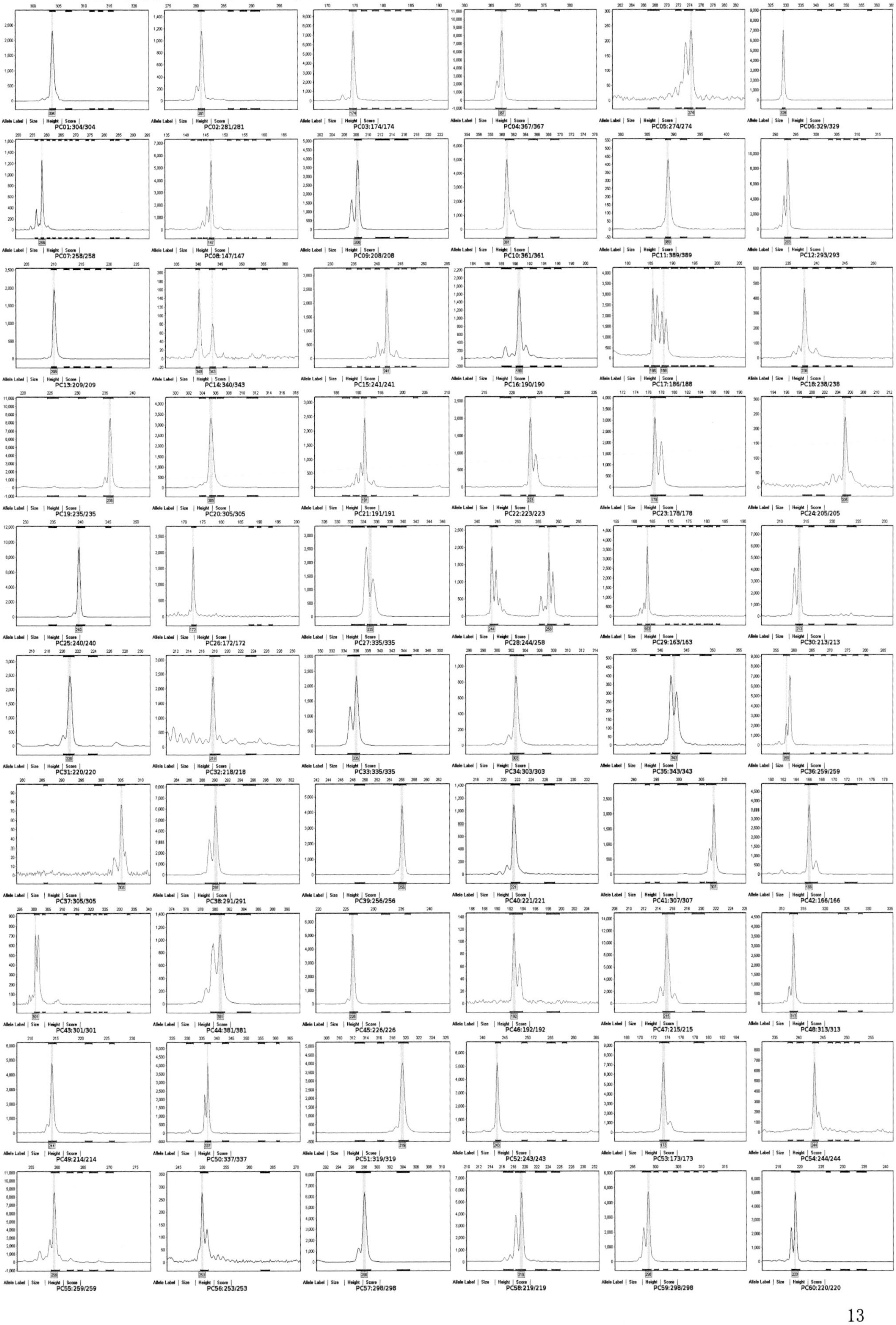

长丰2号（新审棉2022年177号）

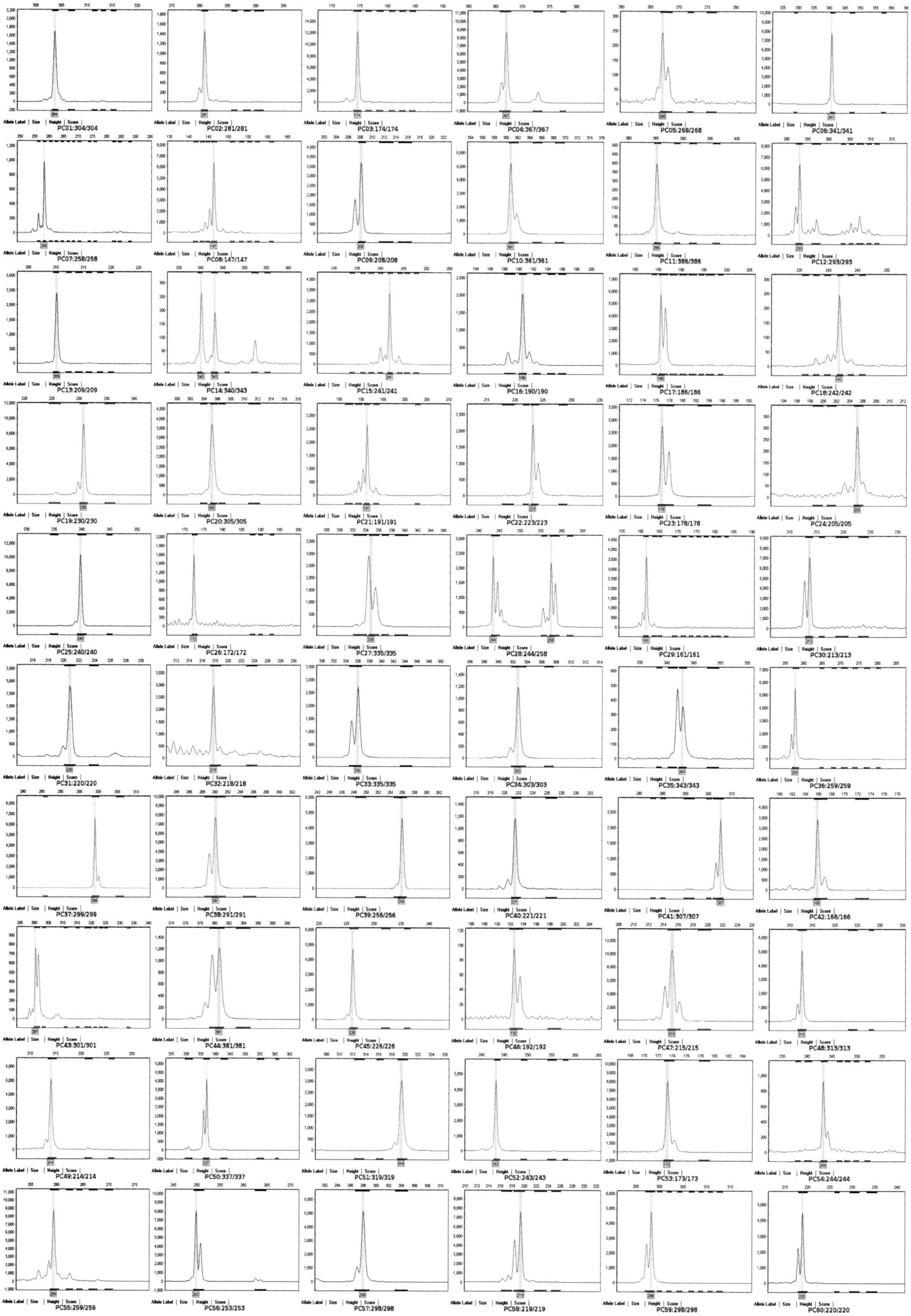

K432（新审棉2022年178号）

石彩19（新审棉2022年179号）

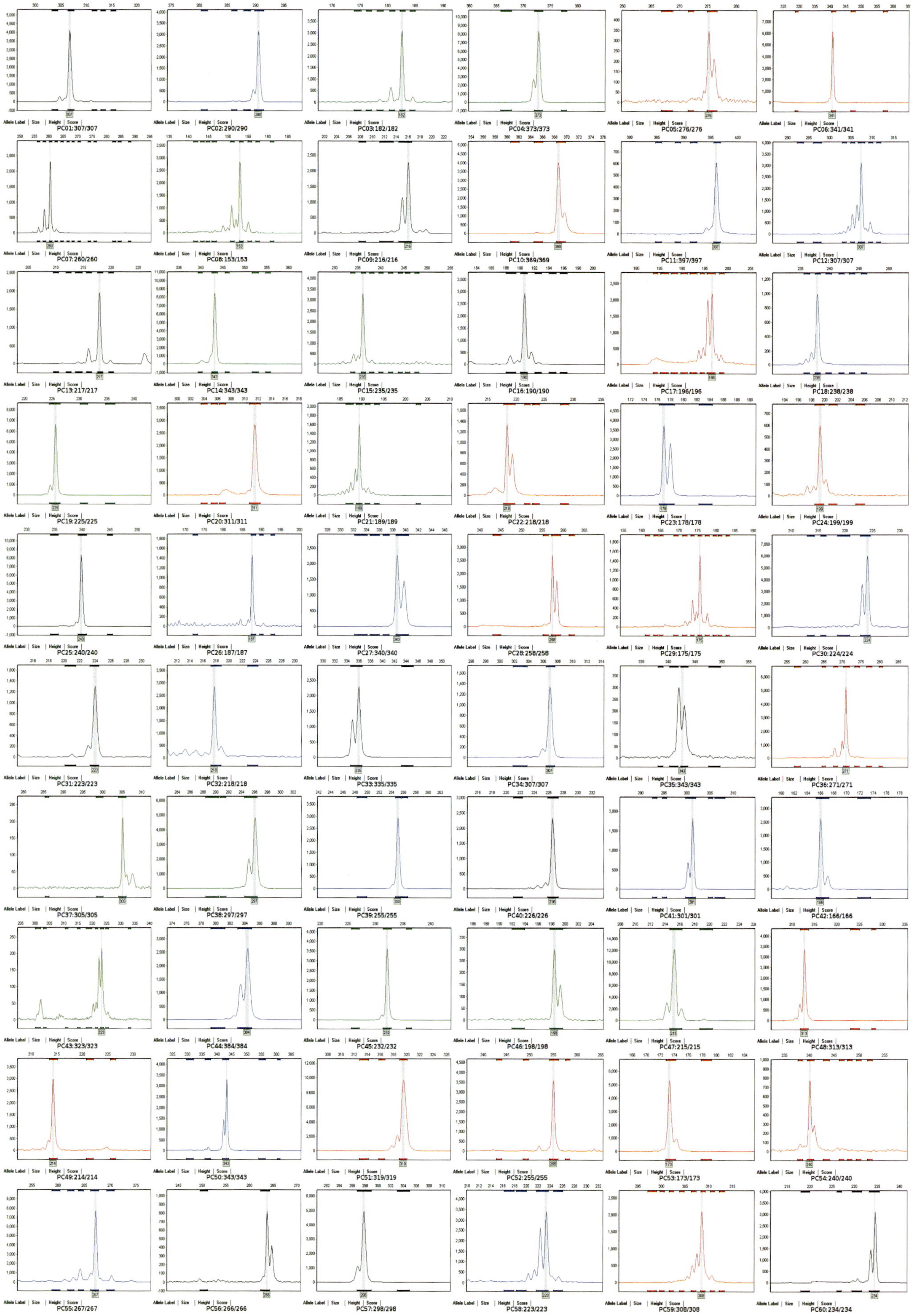

棕2305（新审棉2022年182号）

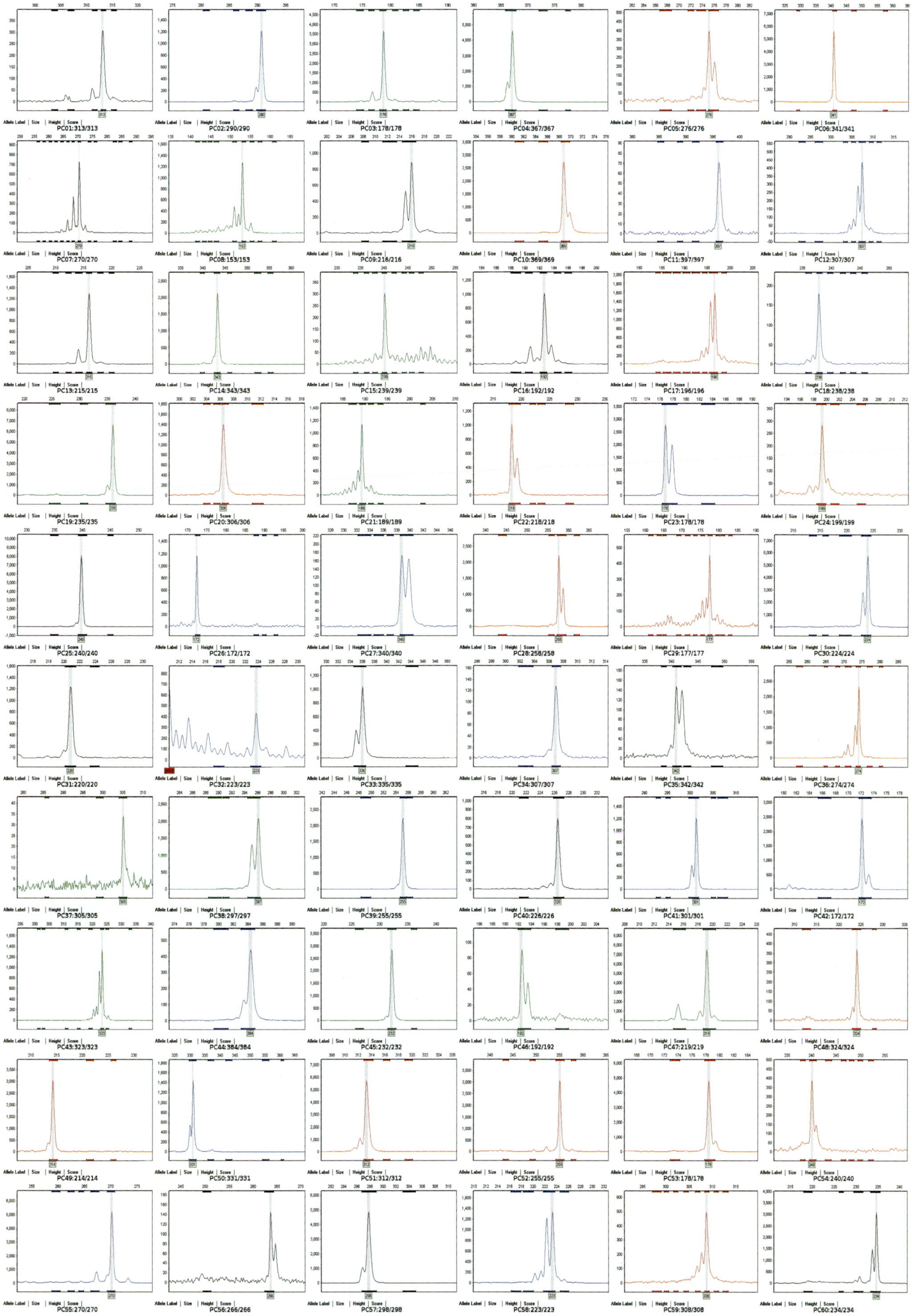

棕928（新审棉2022年183号）

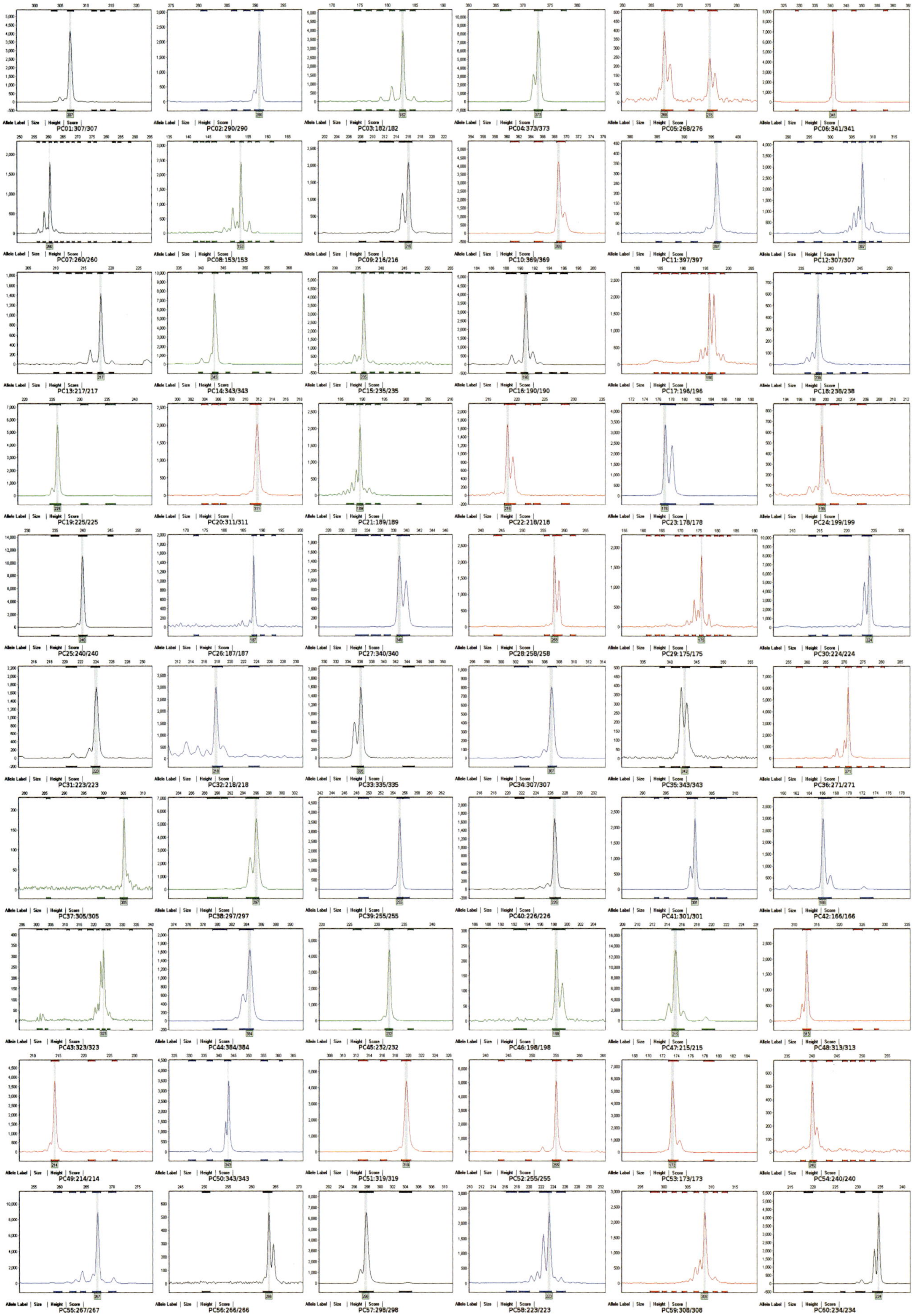

PC01:307/307 PC02:290/290 PC03:182/182 PC04:373/373 PC05:268/276 PC06:341/341
PC07:260/260 PC08:153/153 PC09:216/216 PC10:369/369 PC11:397/397 PC12:307/307
PC13:217/217 PC14:343/343 PC15:235/235 PC16:190/190 PC17:196/196 PC18:238/238
PC19:225/225 PC20:311/311 PC21:189/189 PC22:218/218 PC23:178/178 PC24:199/199
PC25:240/240 PC26:187/187 PC27:340/340 PC28:258/258 PC29:175/175 PC30:224/224
PC31:223/223 PC32:218/218 PC33:335/335 PC34:307/307 PC35:343/343 PC36:271/271
PC37:305/305 PC38:297/297 PC39:255/255 PC40:226/226 PC41:301/301 PC42:166/166
PC43:323/323 PC44:384/384 PC45:232/232 PC46:198/198 PC47:215/215 PC48:313/313
PC49:214/214 PC50:343/343 PC51:319/319 PC52:255/255 PC53:173/173 PC54:240/240
PC55:267/267 PC56:266/266 PC57:298/298 PC58:223/223 PC59:308/308 PC60:234/234

新石K38（新审棉2022年184号）

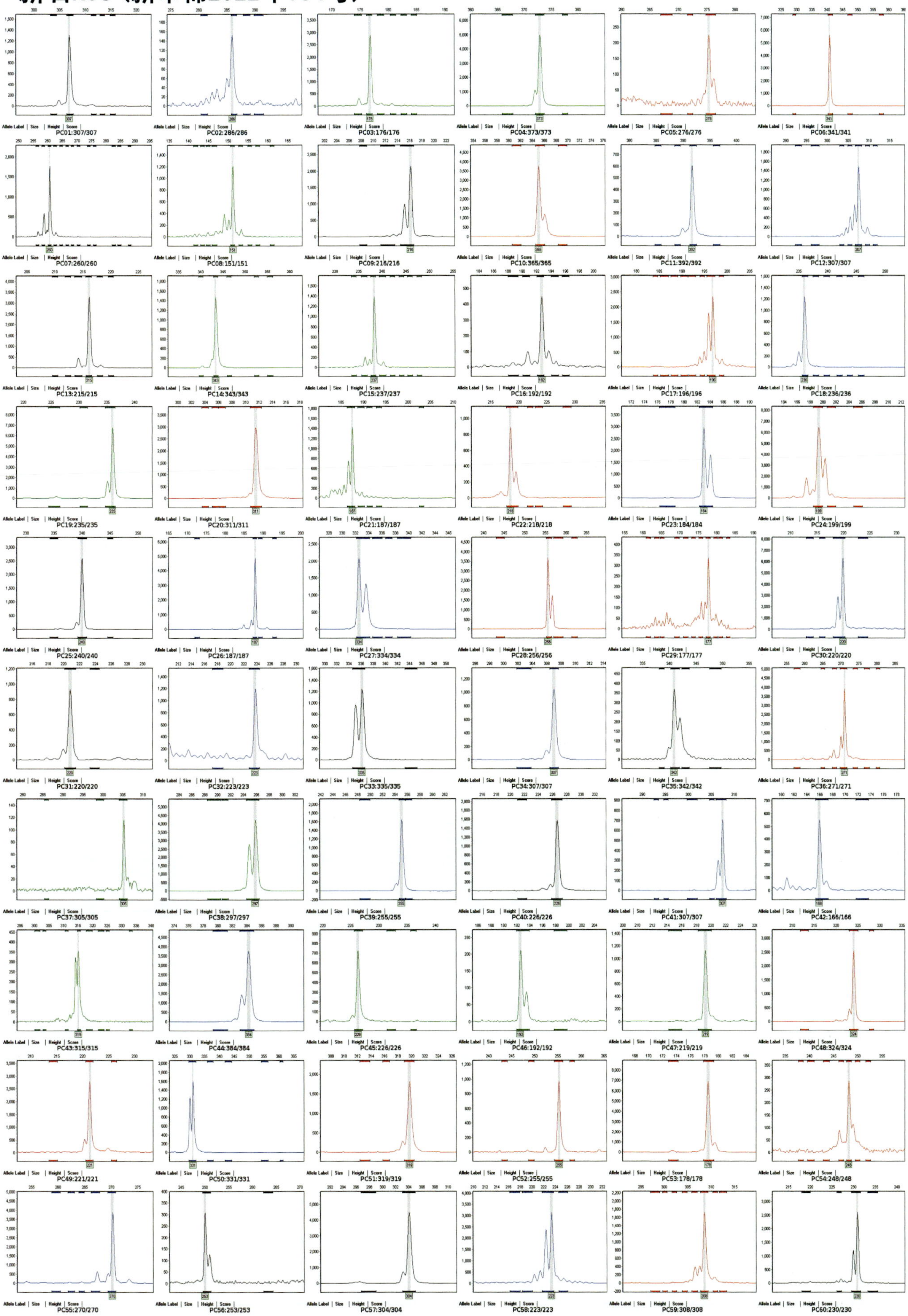

新石选172（新审棉2022年185号）

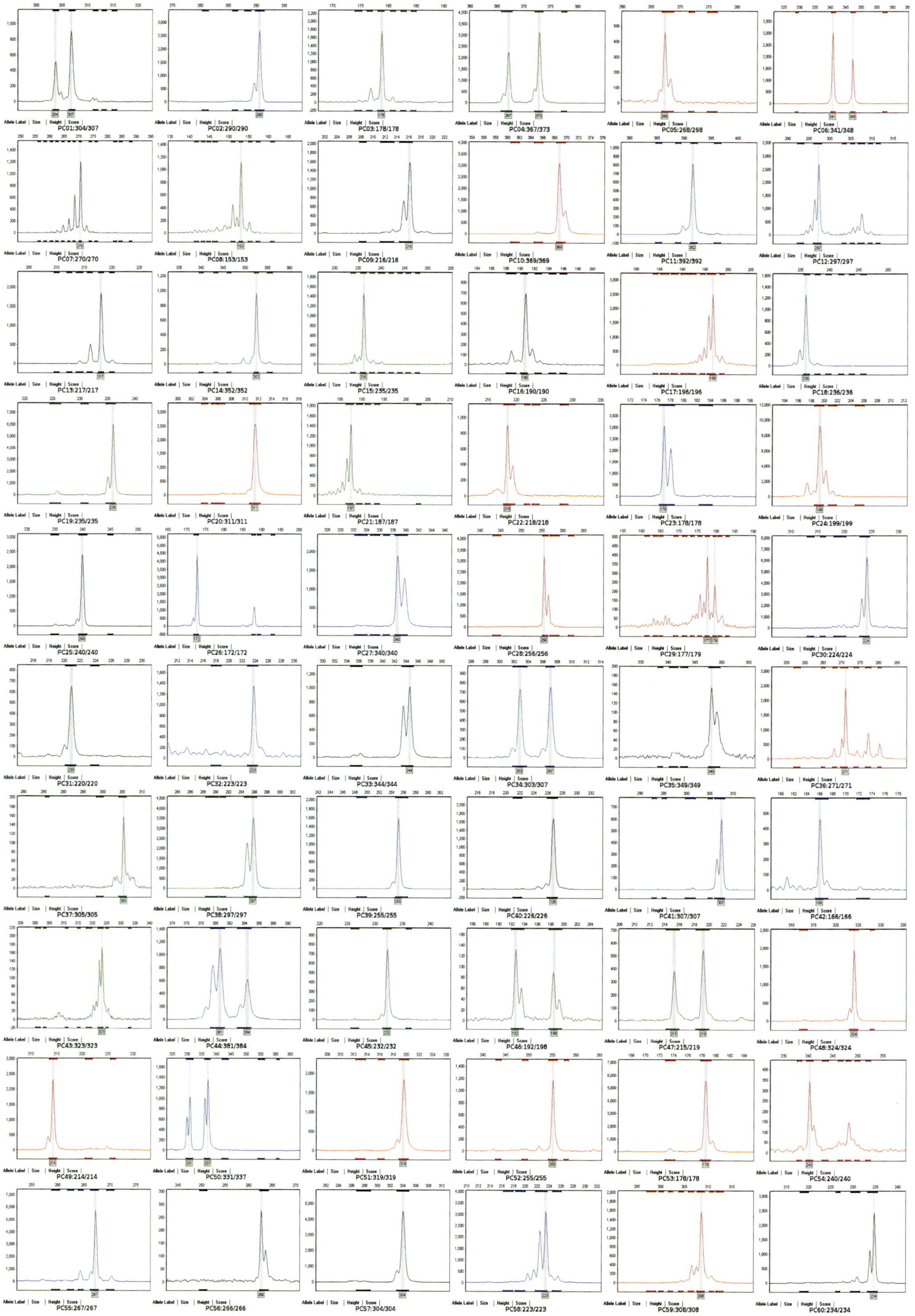

新塔棉4号（新审棉2022年186号）

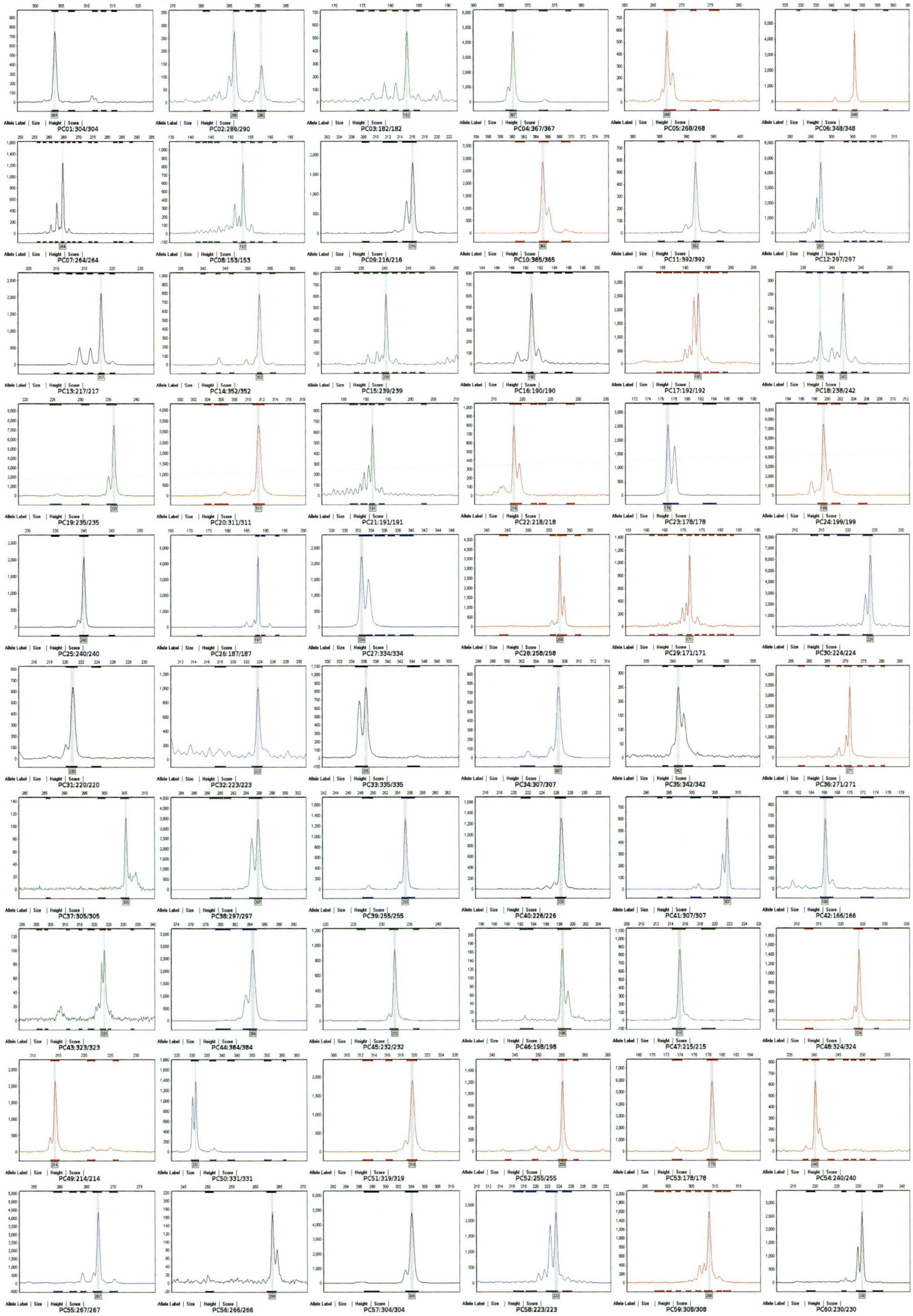

新塔棉5号（新审棉2022年187号）

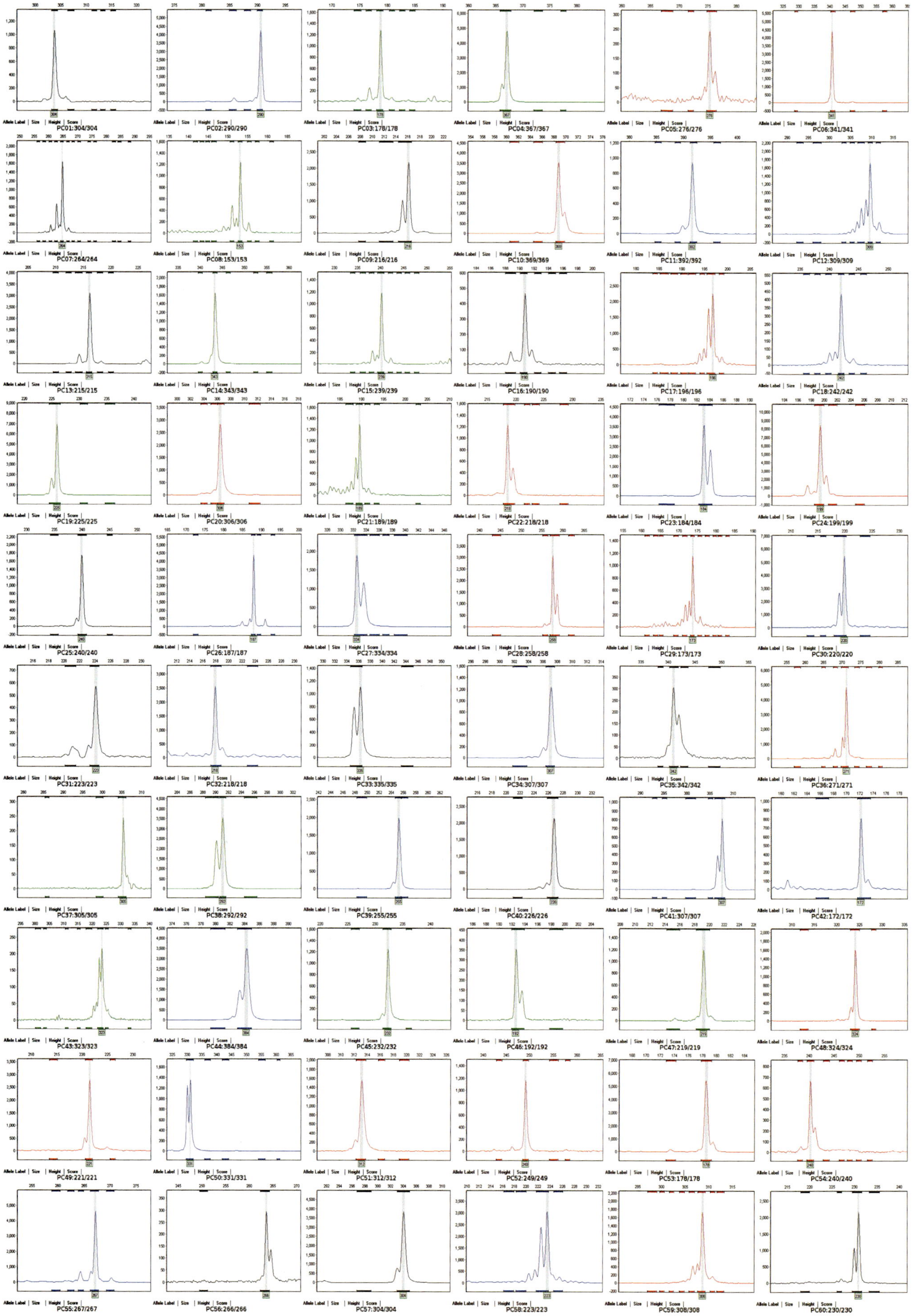

PC01:304/304 PC02:290/290 PC03:178/178 PC04:367/367 PC05:276/276 PC06:341/341
PC07:264/264 PC08:153/153 PC09:216/216 PC10:369/369 PC11:392/392 PC12:309/309
PC13:215/215 PC14:343/343 PC15:239/239 PC16:190/190 PC17:196/196 PC18:242/242
PC19:225/225 PC20:306/306 PC21:189/189 PC22:218/218 PC23:184/184 PC24:199/199
PC25:240/240 PC26:187/187 PC27:334/334 PC28:258/258 PC29:173/173 PC30:220/220
PC31:223/223 PC32:218/218 PC33:335/335 PC34:307/307 PC35:342/342 PC36:271/271
PC37:305/305 PC38:292/292 PC39:255/255 PC40:226/226 PC41:307/307 PC42:172/172
PC43:323/323 PC44:384/384 PC45:232/232 PC46:192/192 PC47:219/219 PC48:324/324
PC49:221/221 PC50:331/331 PC51:312/312 PC52:249/249 PC53:178/178 PC54:240/240
PC55:267/267 PC56:266/266 PC57:304/304 PC58:223/223 PC59:308/308 PC60:230/230

劲丰合1号（新审棉2022年188号）

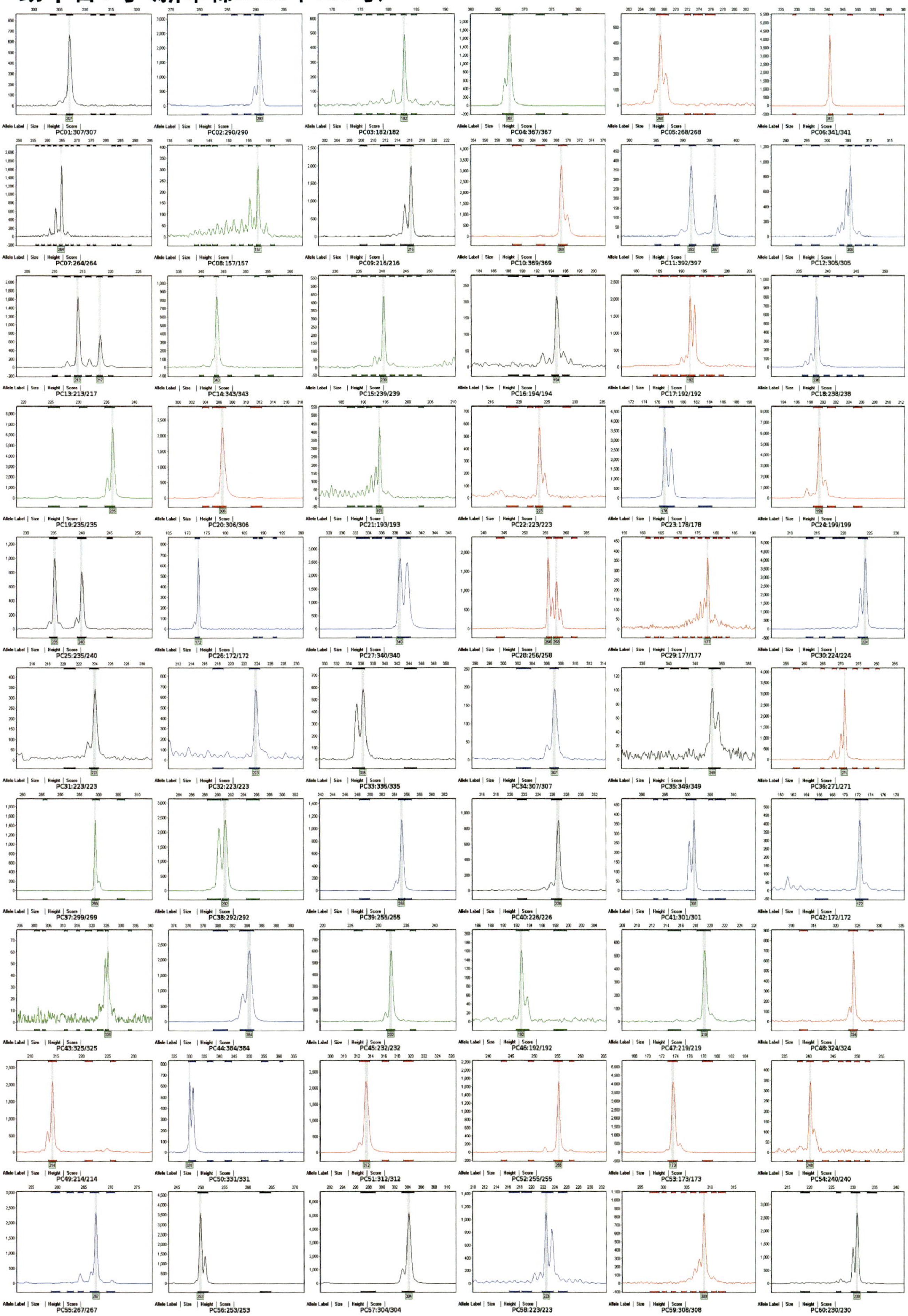

棕620（新审棉2022年191号）

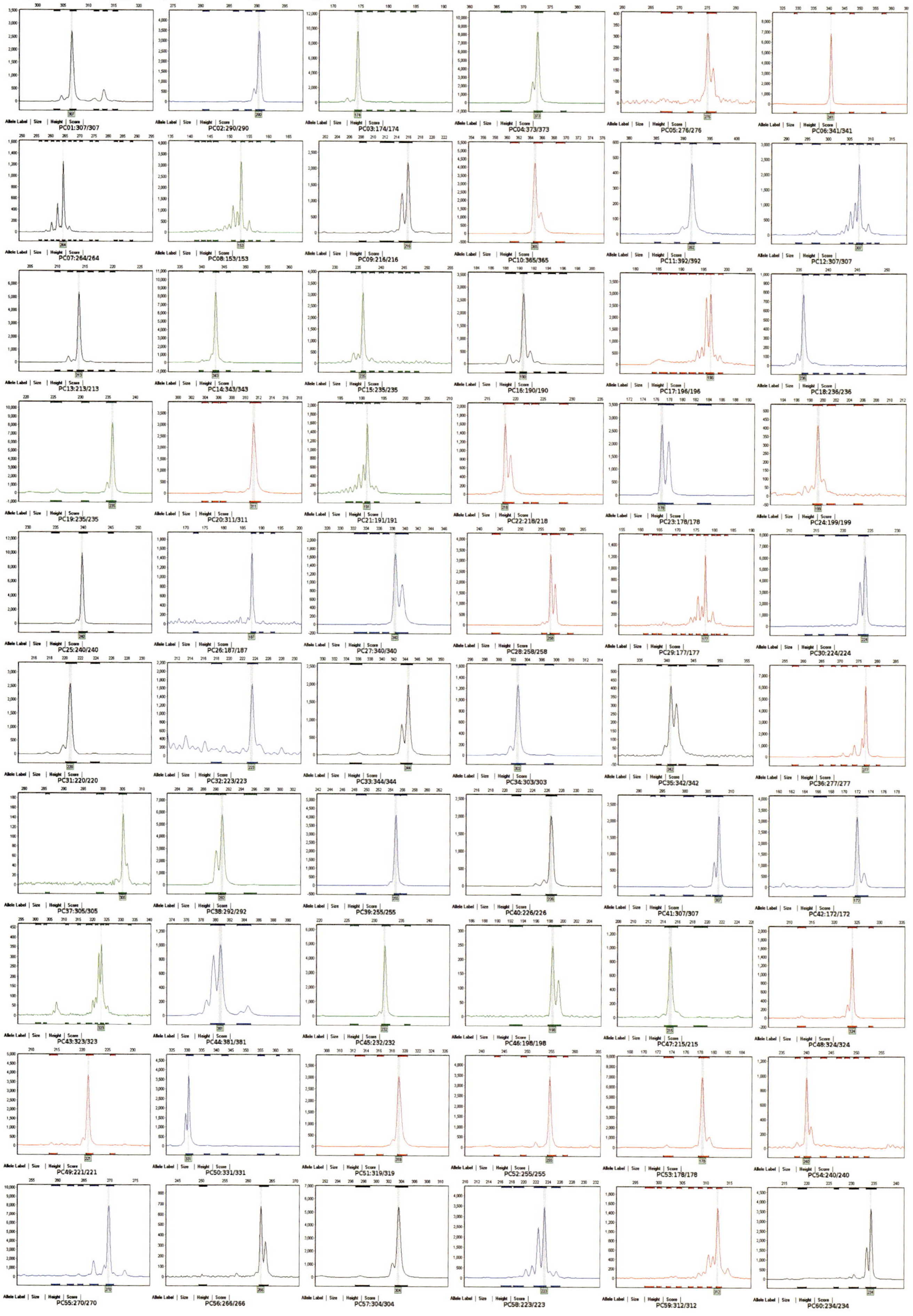

金垦棕11 号（新审棉2022年192号）

JKB16（新审棉2021年28号）

庄稼汉701（新审棉2021年29号）

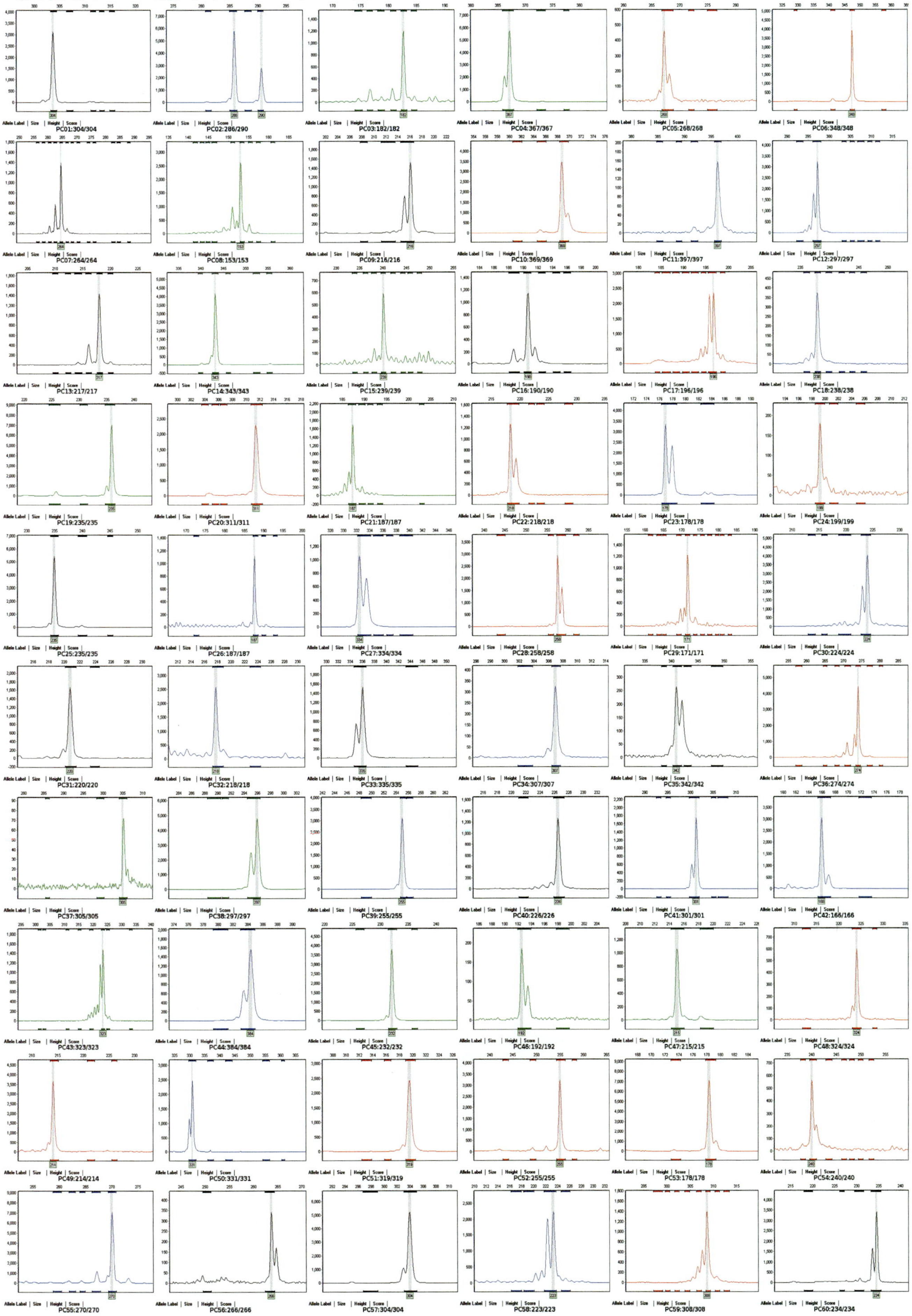

天云2119（新审棉2021年30号）

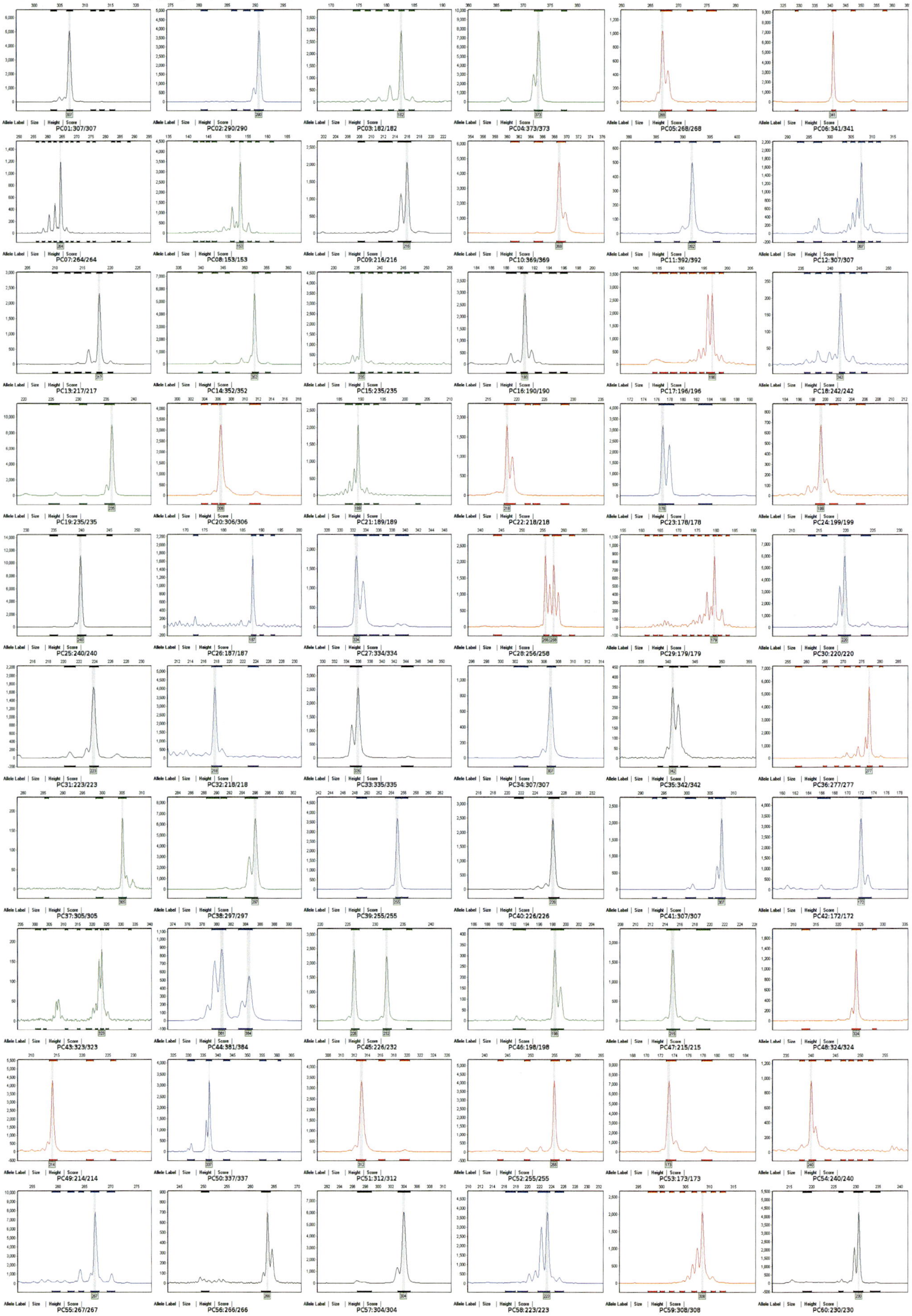

惠远722（新审棉2021年31号）

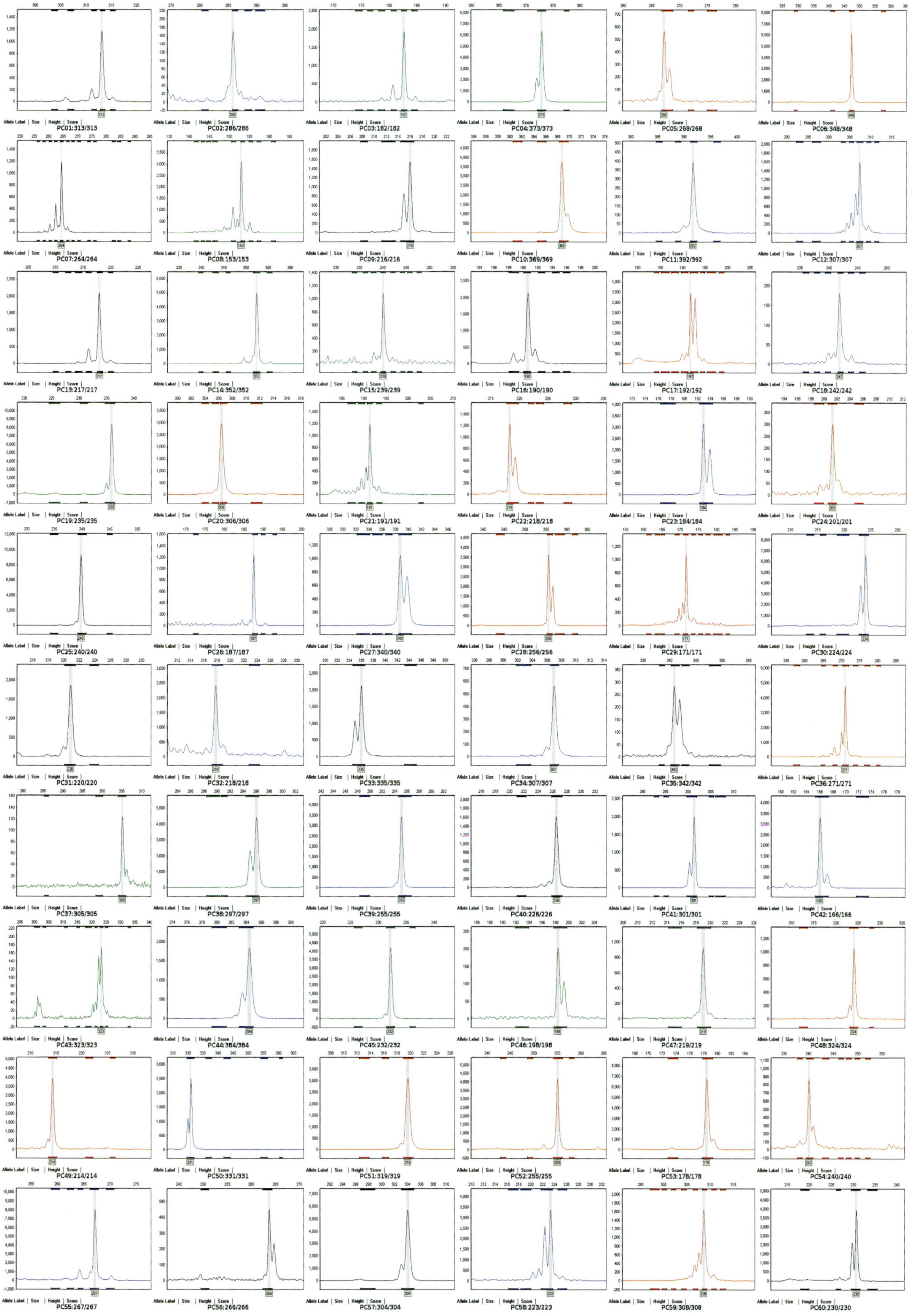

桑塔木6号（新审棉2021年32号）

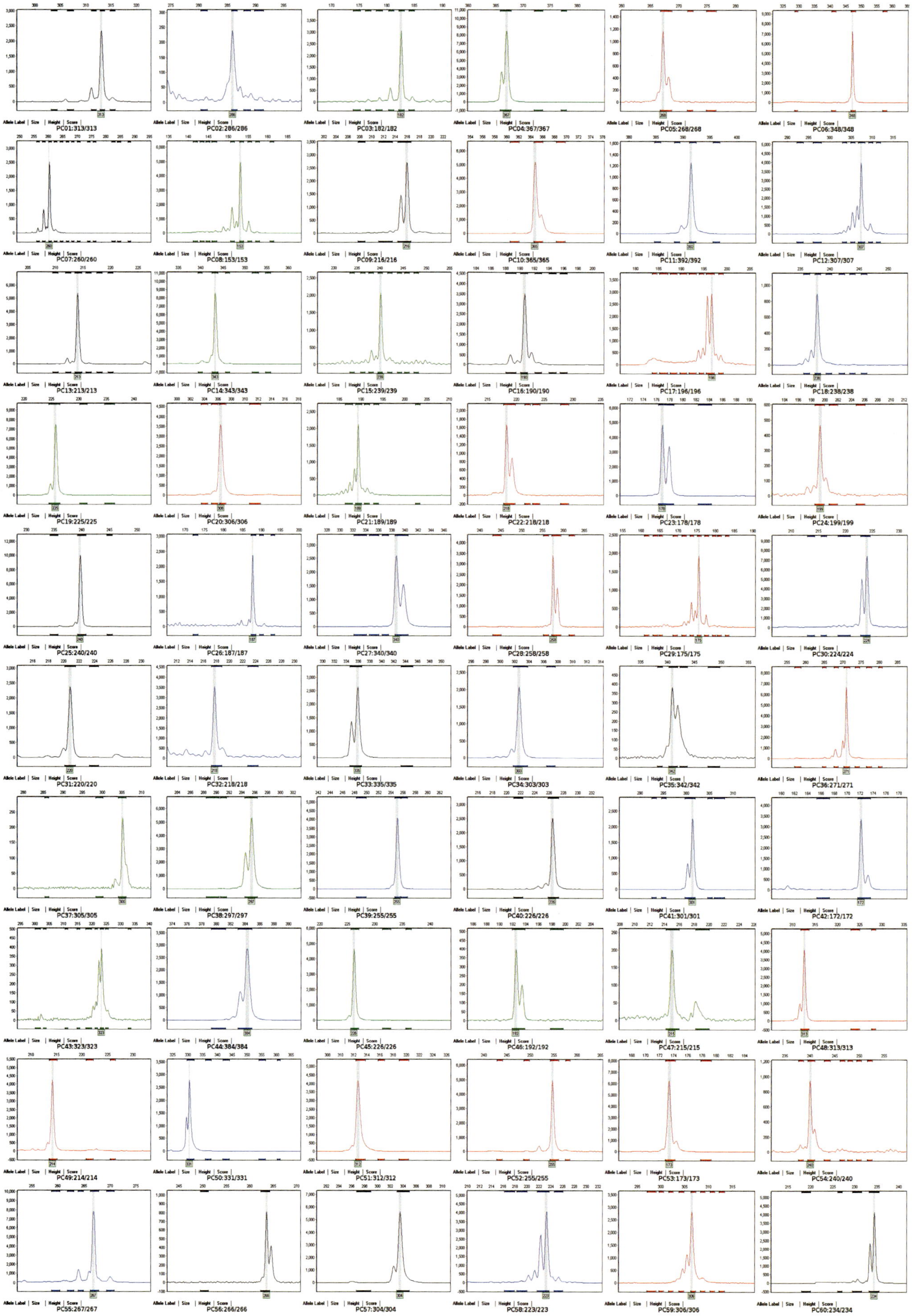

HD02（新审棉2021年33号）

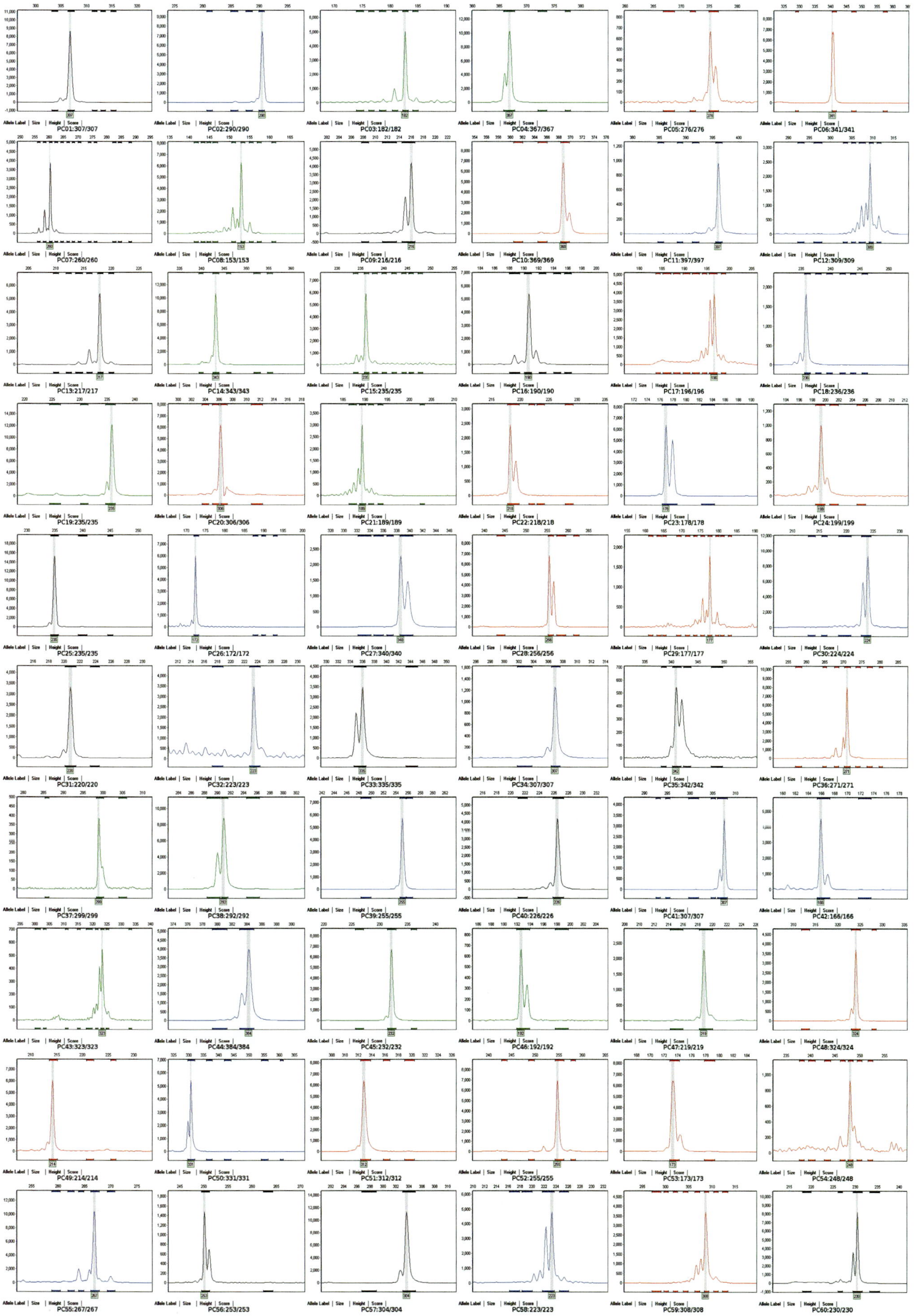

鸿泰6636（新审棉2021年35号）

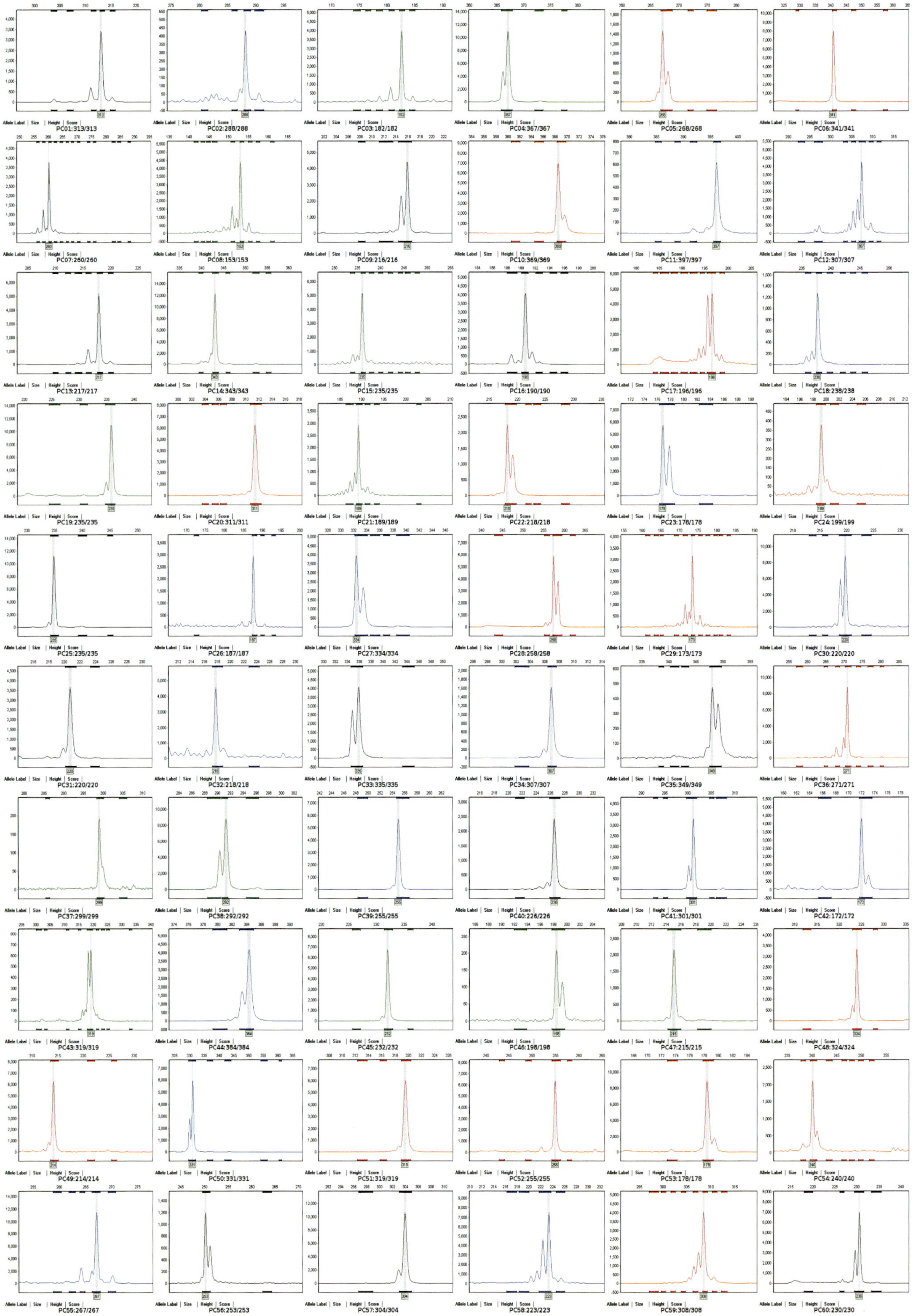

AW04（新审棉2021年36号）

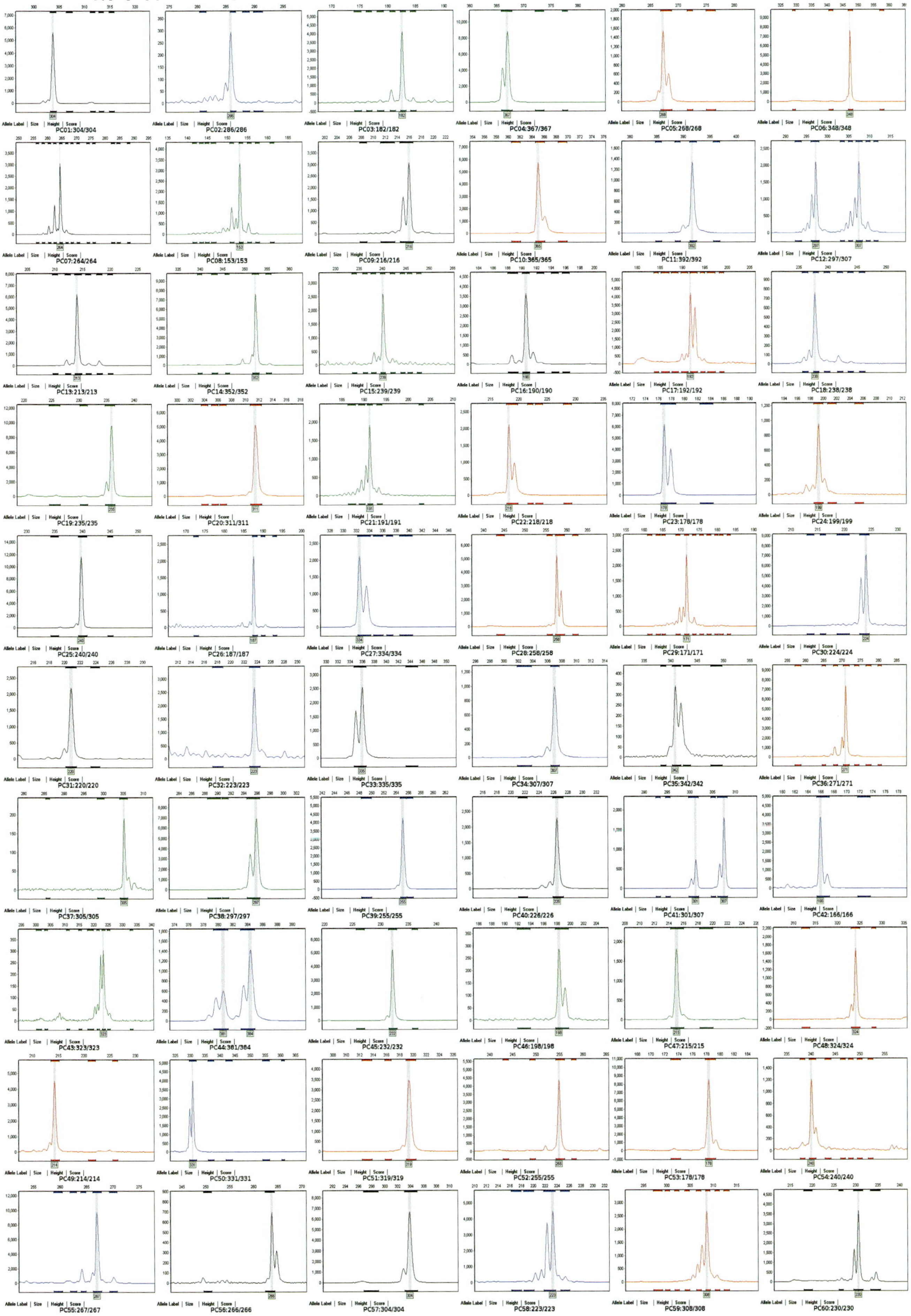

AW05（新审棉2021年37号）

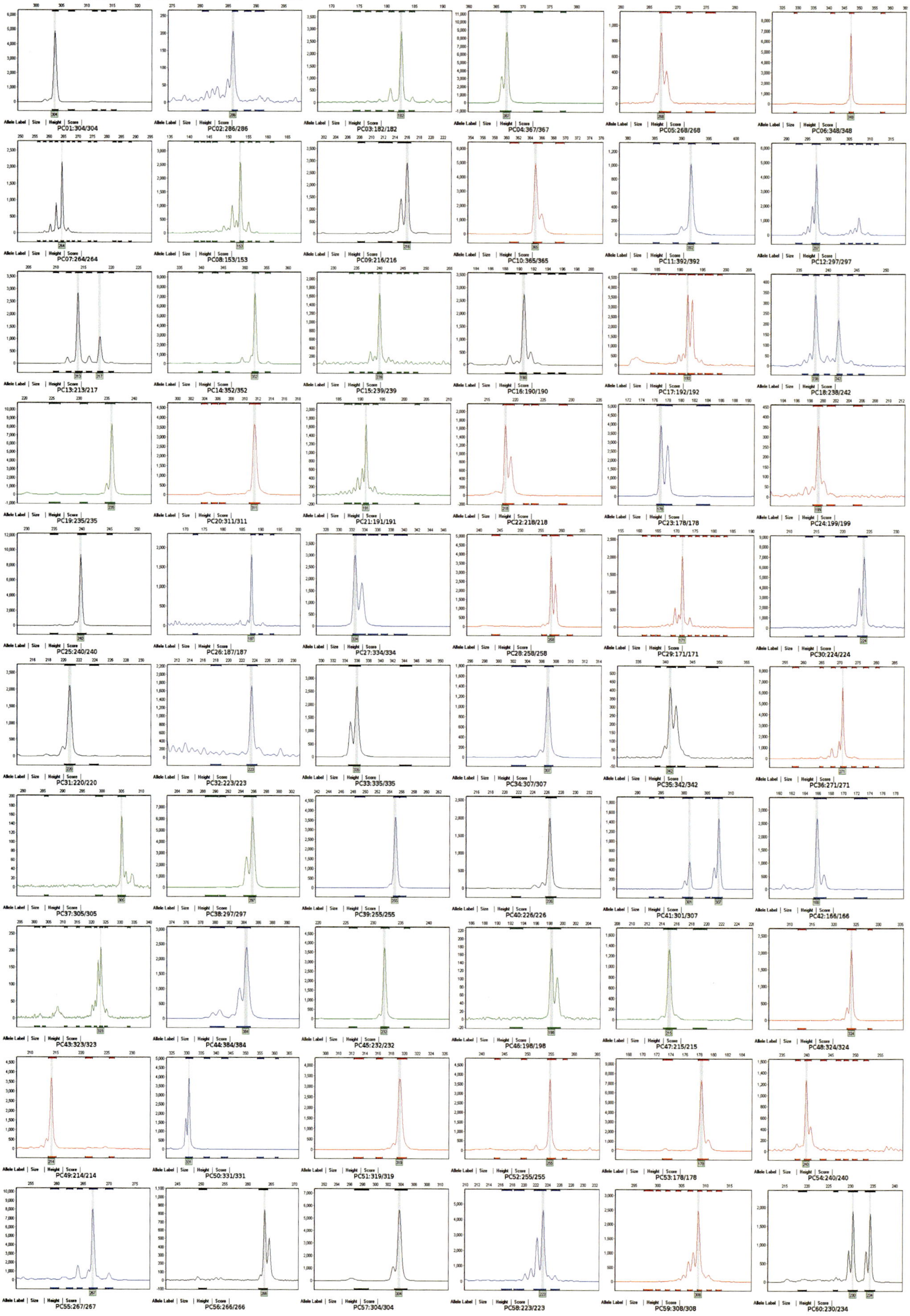

新6015（新审棉2021年38号）

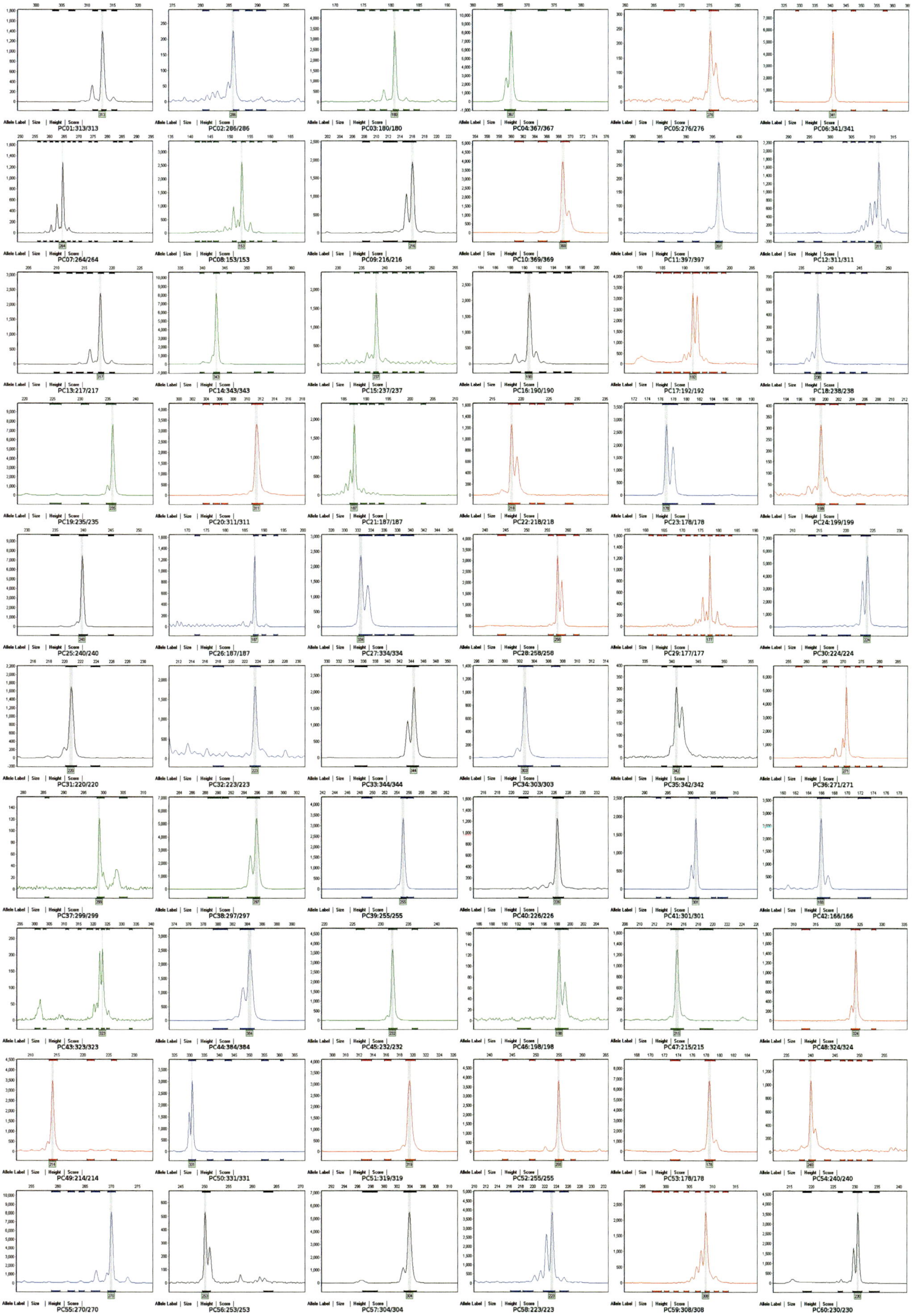

新石选122（新审棉2018年37号）

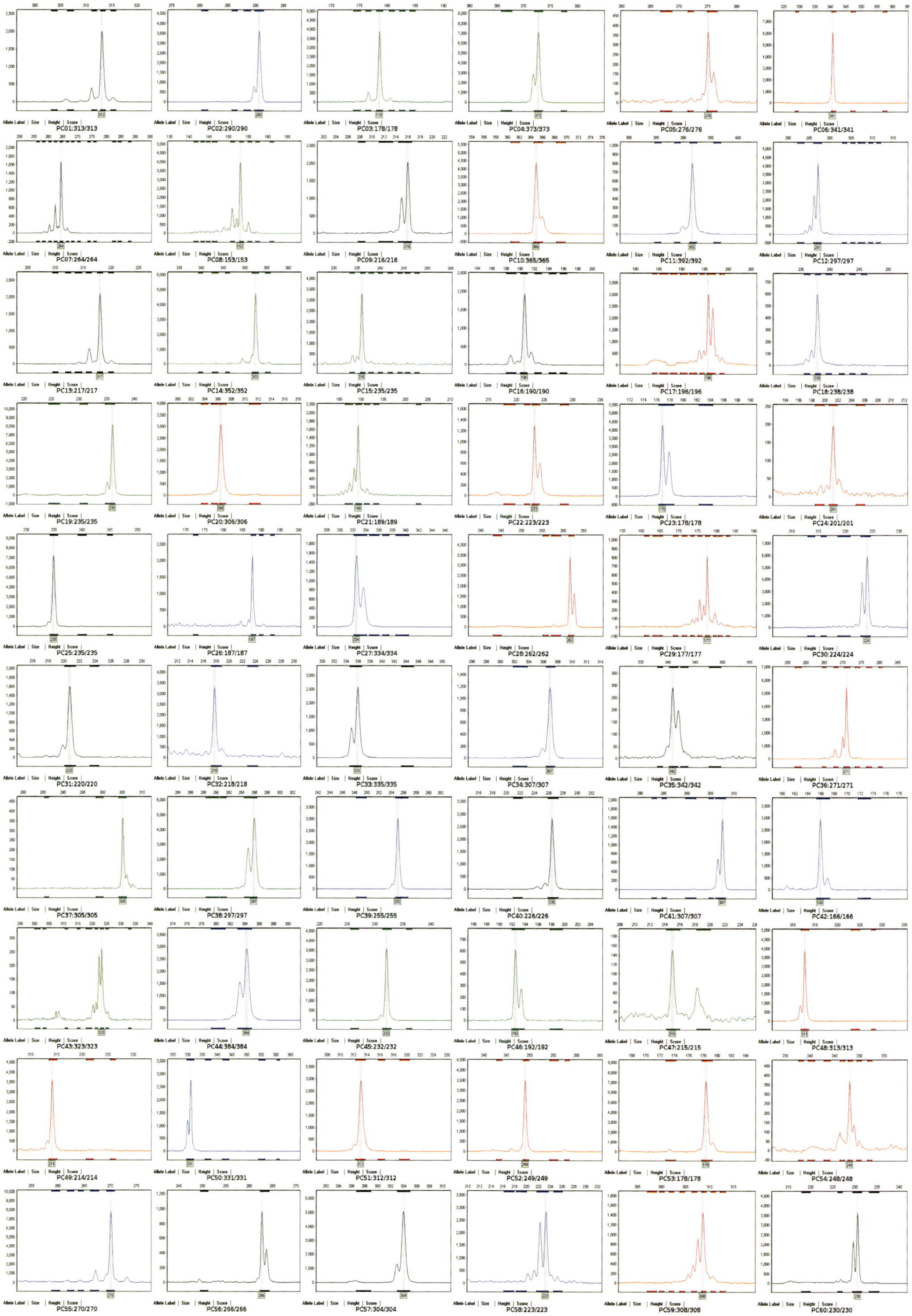

PC01:313/313 PC02:290/290 PC03:178/178 PC04:373/373 PC05:276/276 PC06:341/341
PC07:264/264 PC08:153/153 PC09:216/216 PC10:365/365 PC11:392/392 PC12:297/297
PC13:217/217 PC14:352/352 PC15:235/235 PC16:190/190 PC17:196/196 PC18:238/238
PC19:235/235 PC20:306/306 PC21:189/189 PC22:223/223 PC23:178/178 PC24:201/201
PC25:235/235 PC26:187/187 PC27:334/334 PC28:262/262 PC29:177/177 PC30:224/224
PC31:220/220 PC32:218/218 PC33:335/335 PC34:307/307 PC35:342/342 PC36:271/271
PC37:305/305 PC38:297/297 PC39:255/255 PC40:226/226 PC41:307/307 PC42:166/166
PC43:323/323 PC44:384/384 PC45:232/232 PC46:192/192 PC47:215/215 PC48:313/313
PC49:214/214 PC50:331/331 PC51:312/312 PC52:249/249 PC53:178/178 PC54:248/248
PC55:270/270 PC56:266/266 PC57:304/304 PC58:223/223 PC59:308/308 PC60:230/230

子鼎6号（新审棉2018年38号）

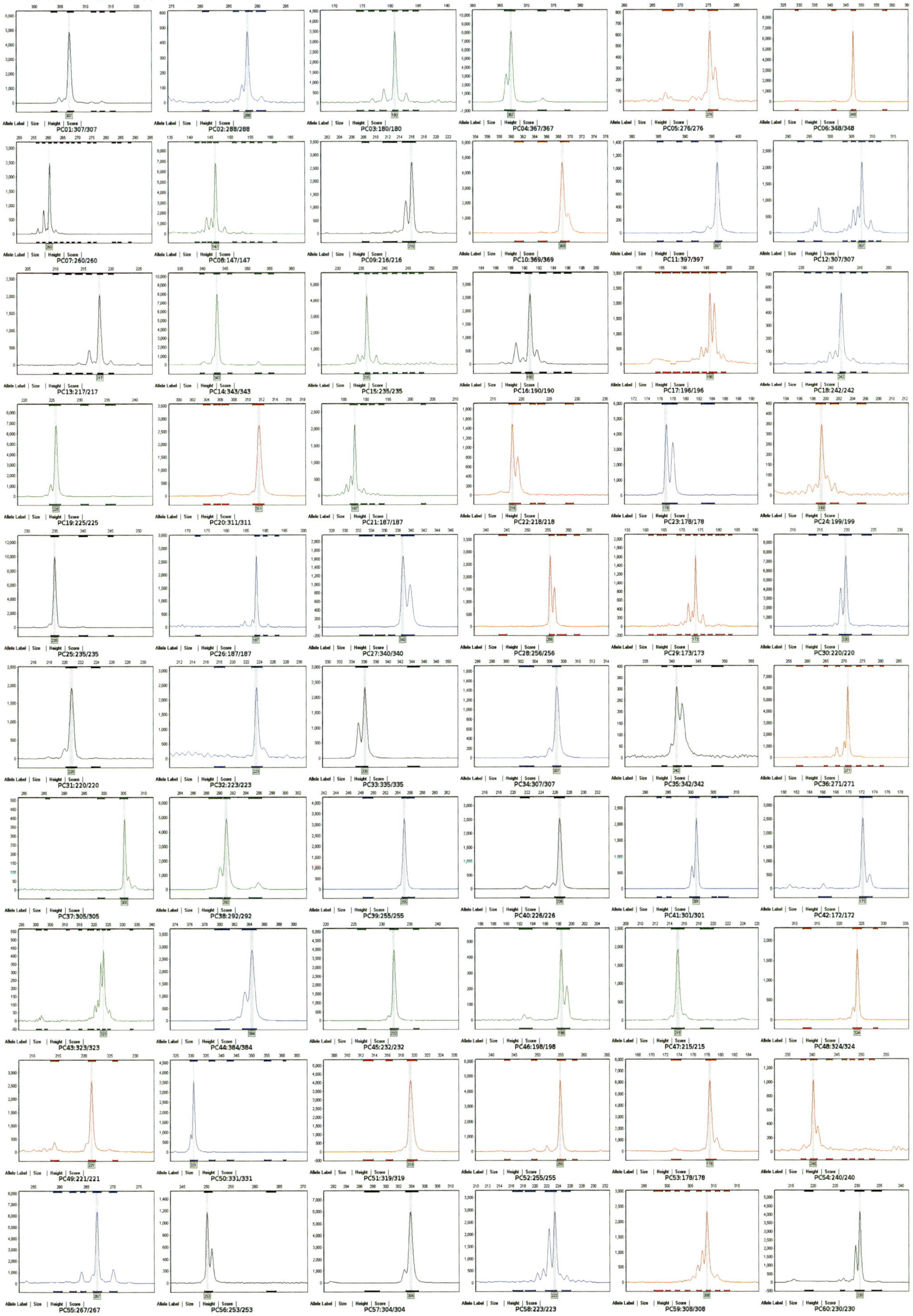

新石K25（新审棉2018年41号）

新石K24（新审棉2018年42号）

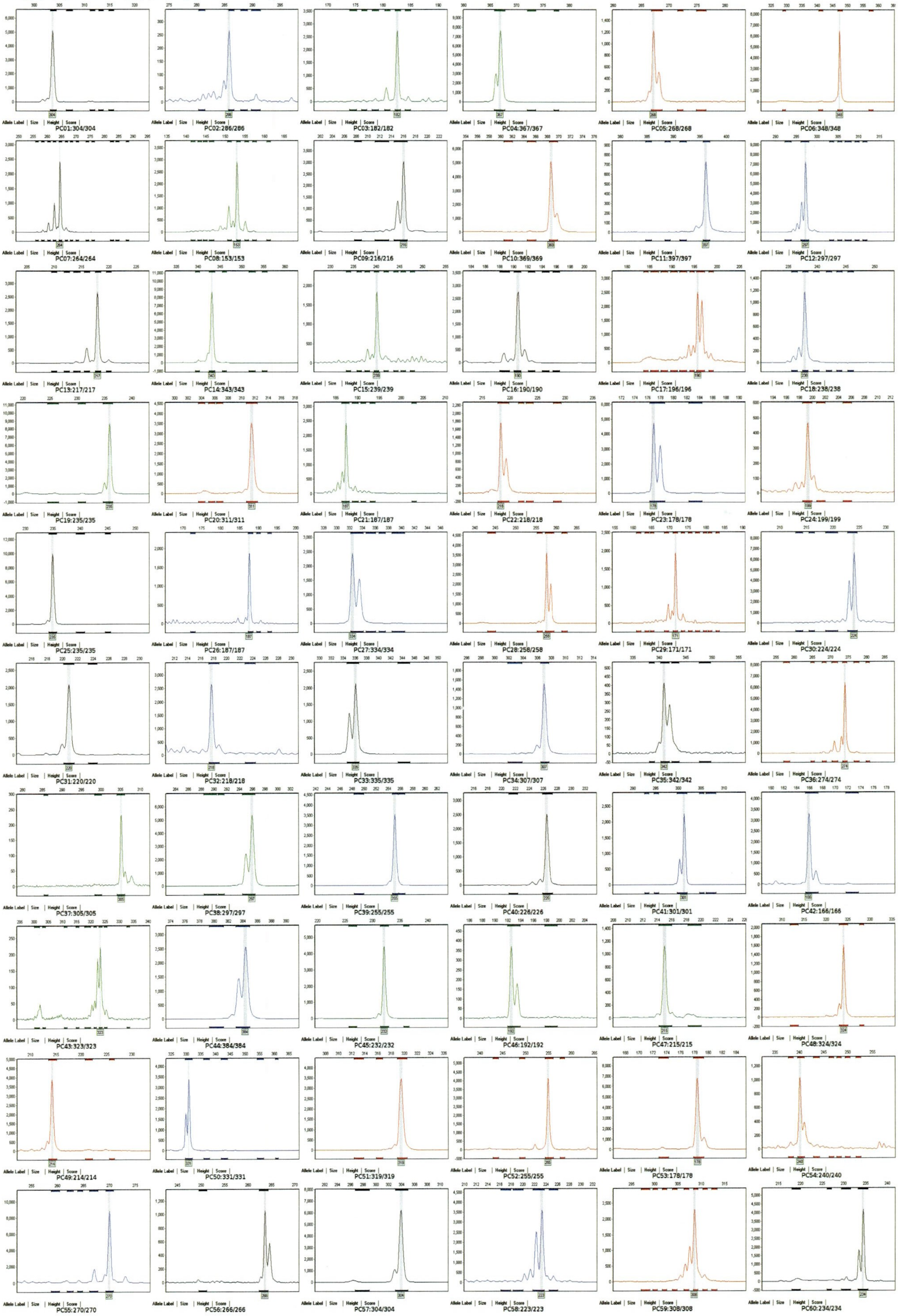

K2725（新审棉2018年43号）

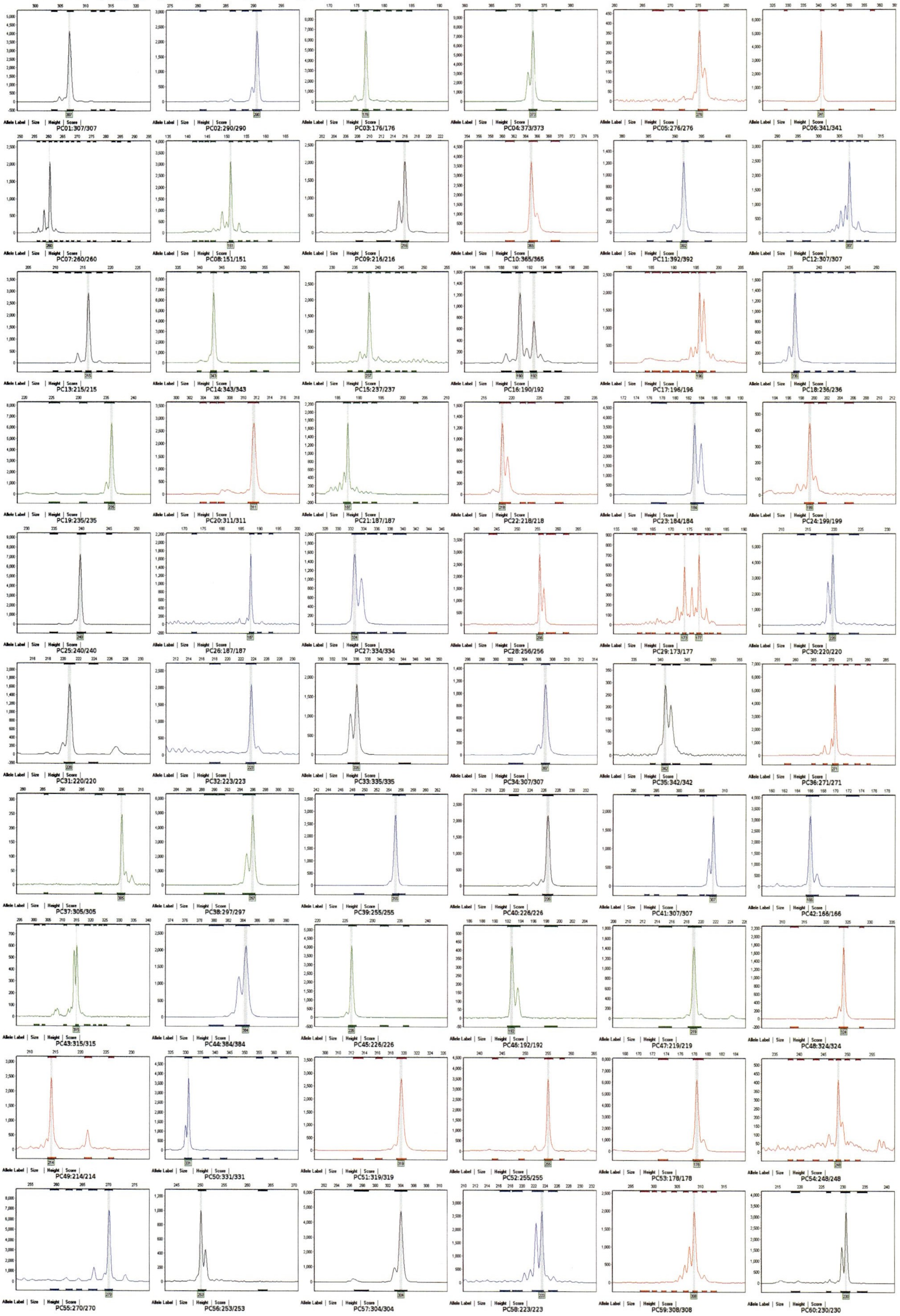

Y21（新审棉2018年44号）

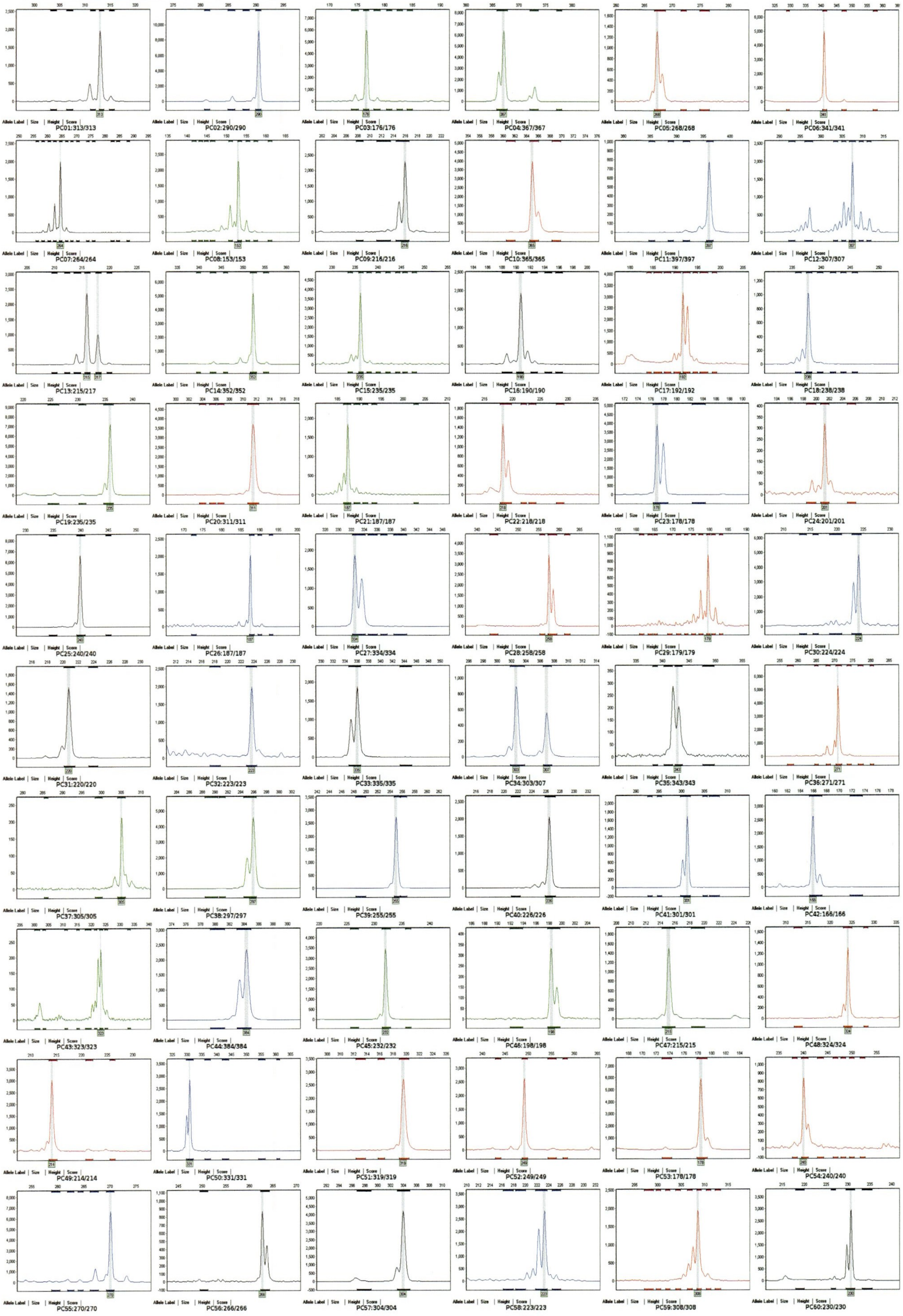

PC01:313/313 PC02:290/290 PC03:176/176 PC04:367/367 PC05:268/268 PC06:341/341

PC07:264/264 PC08:153/153 PC09:216/216 PC10:365/365 PC11:397/397 PC12:307/307

PC13:215/217 PC14:352/352 PC15:235/235 PC16:190/190 PC17:192/192 PC18:238/238

PC19:235/235 PC20:311/311 PC21:187/187 PC22:218/218 PC23:178/178 PC24:201/201

PC25:240/240 PC26:187/187 PC27:334/334 PC28:258/258 PC29:179/179 PC30:224/224

PC31:220/220 PC32:223/223 PC33:335/335 PC34:303/307 PC35:343/343 PC36:271/271

PC37:305/305 PC38:297/297 PC39:255/255 PC40:226/226 PC41:301/301 PC42:166/166

PC43:323/323 PC44:384/384 PC45:232/232 PC46:198/198 PC47:215/215 PC48:324/324

PC49:214/214 PC50:331/331 PC51:319/319 PC52:249/249 PC53:178/178 PC54:240/240

PC55:270/270 PC56:266/266 PC57:304/304 PC58:223/223 PC59:308/308 PC60:230/230

金垦杂1062（新审棉2018年45号）

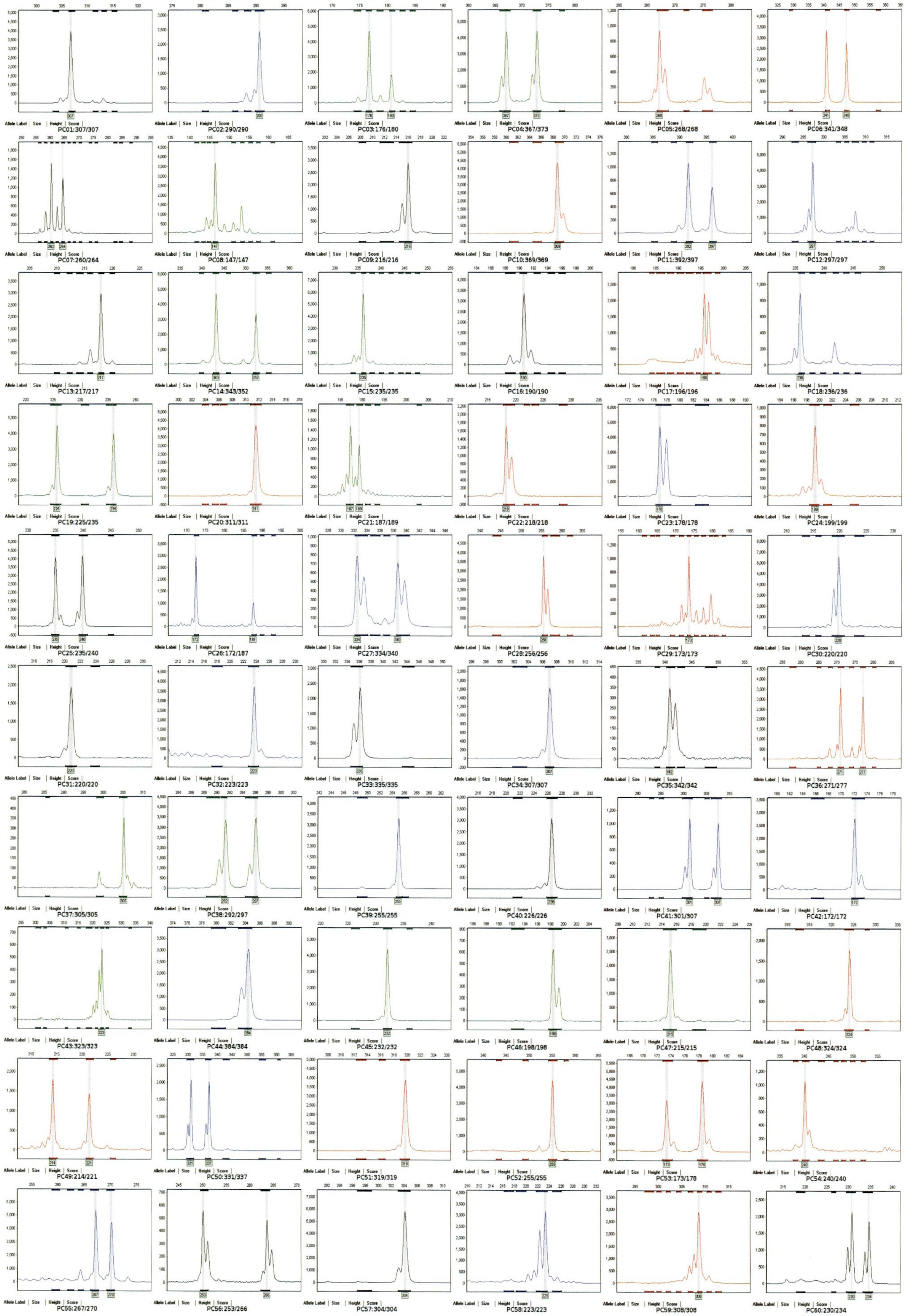

T115（新审棉2018年46号）

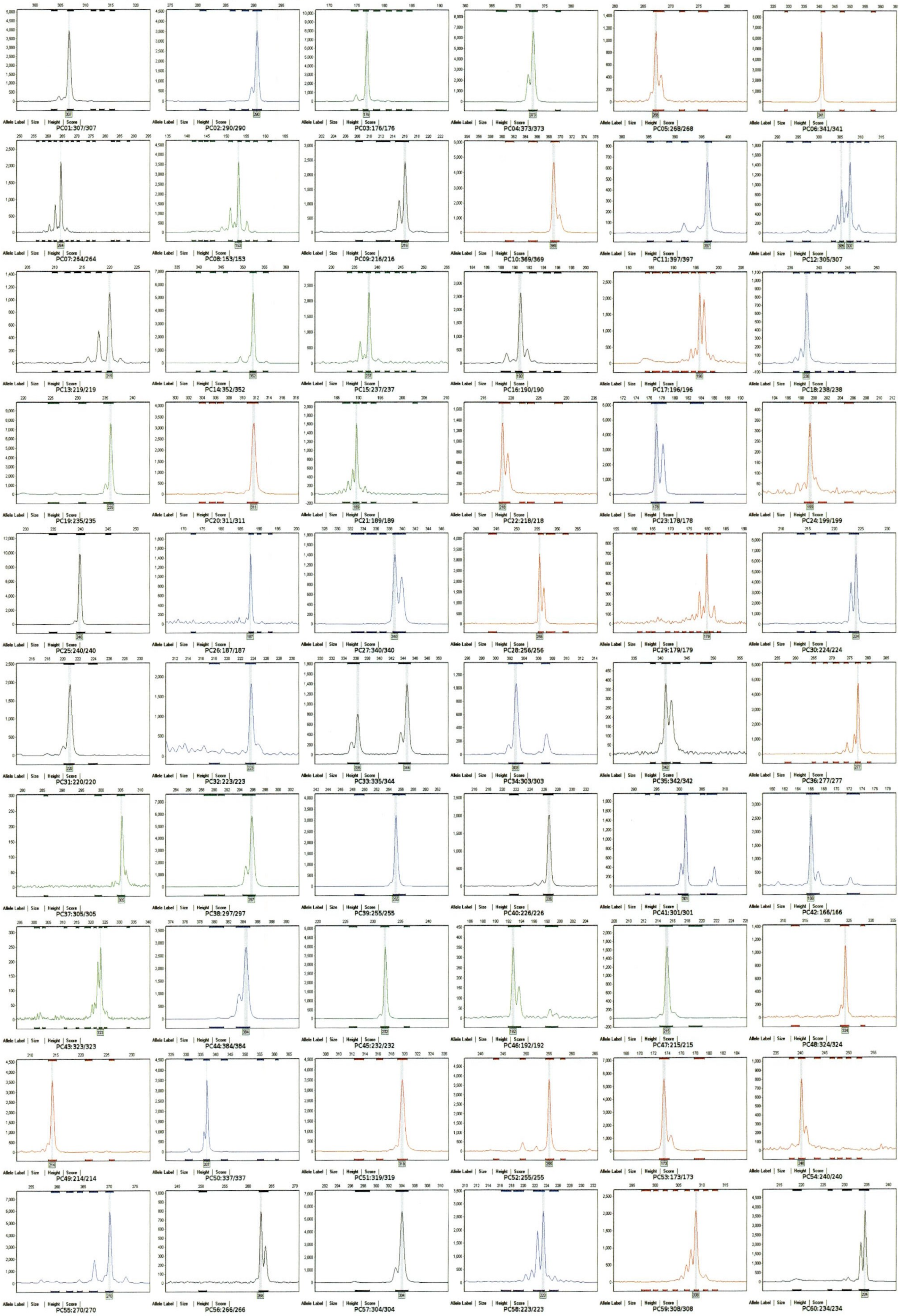

NH12026（新审棉2018年47号）

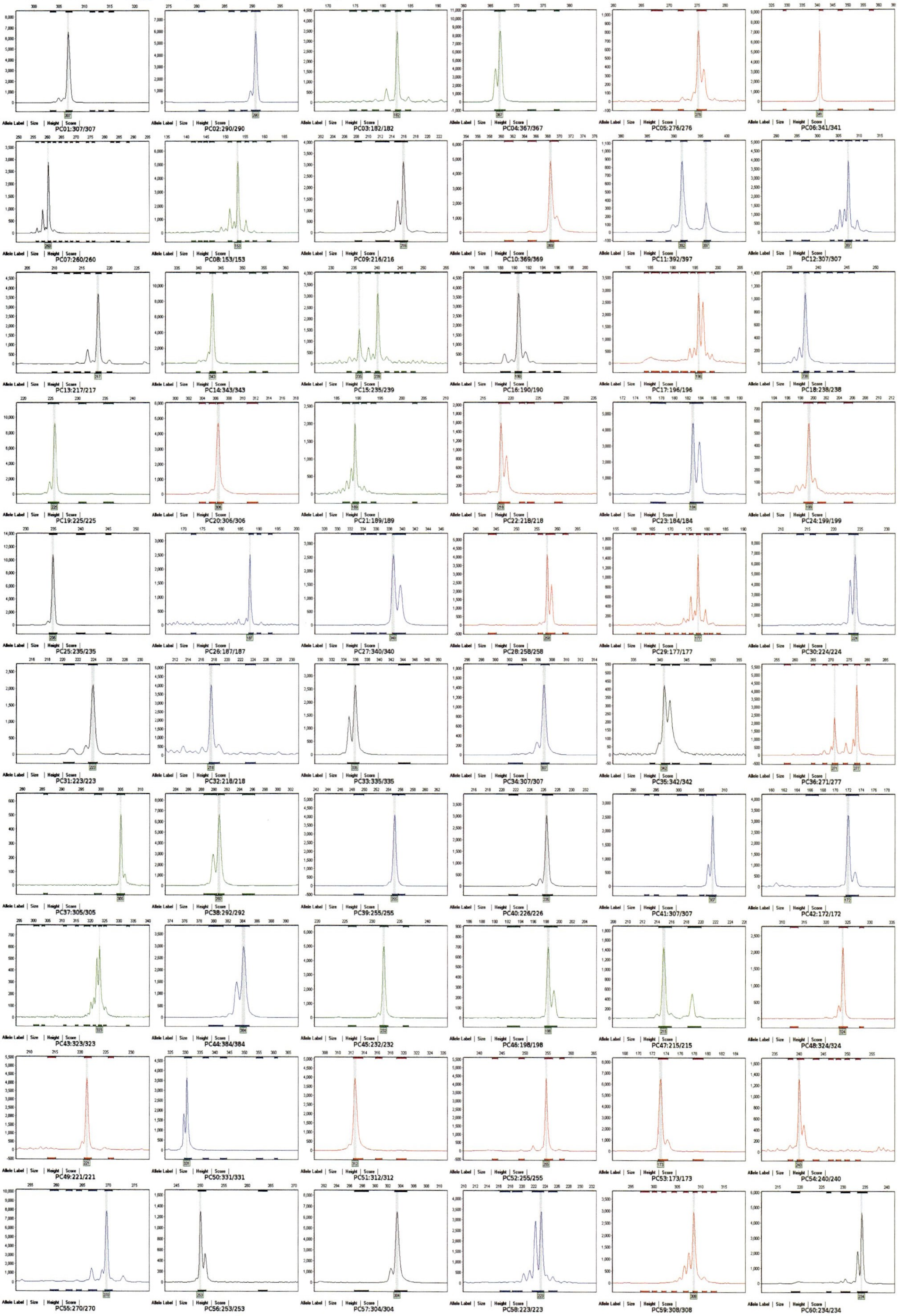

金垦1442（新审棉2018年48号）

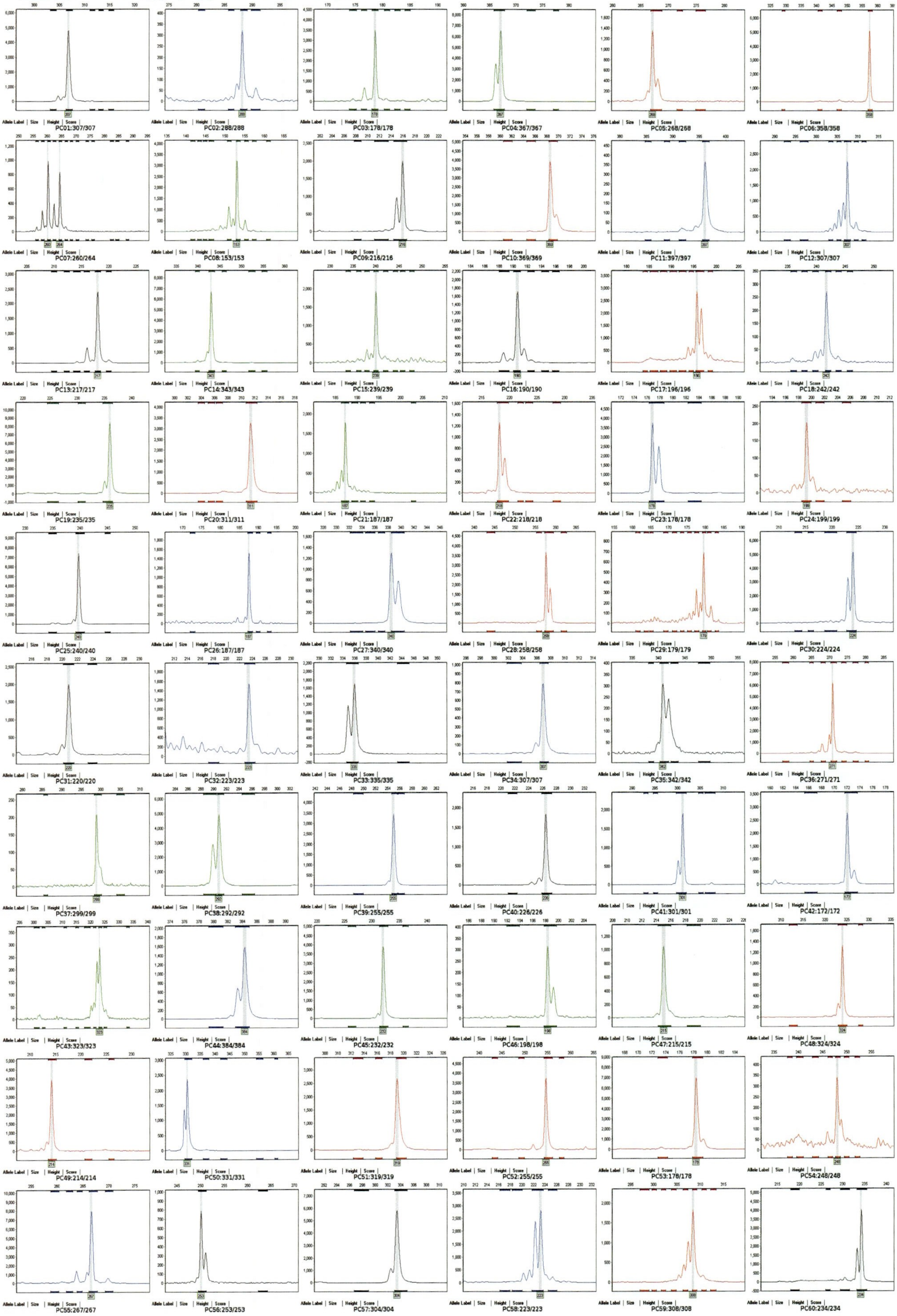

新石K26（新审棉2018年49号）

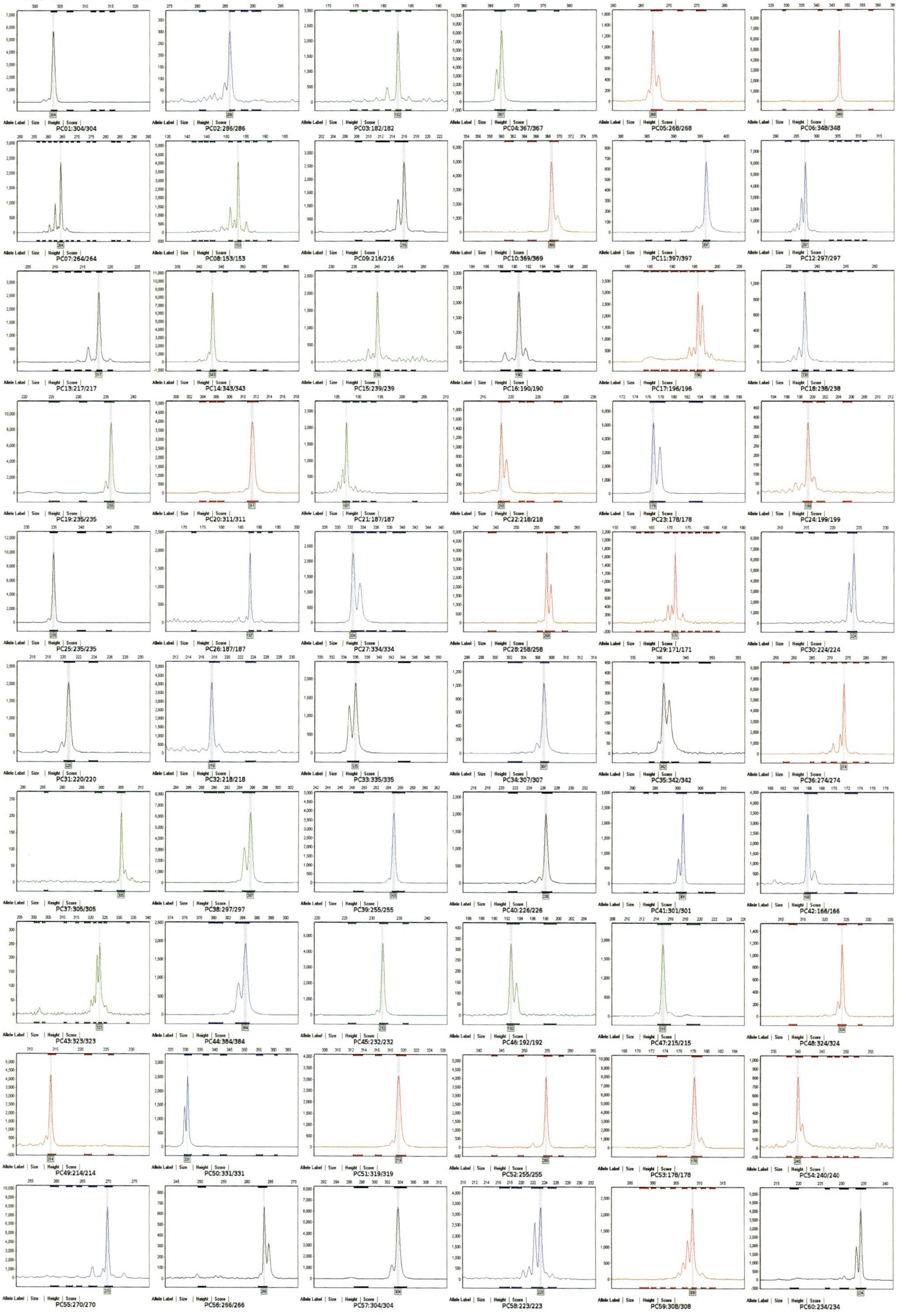

Z1146（新审棉2018年50号）

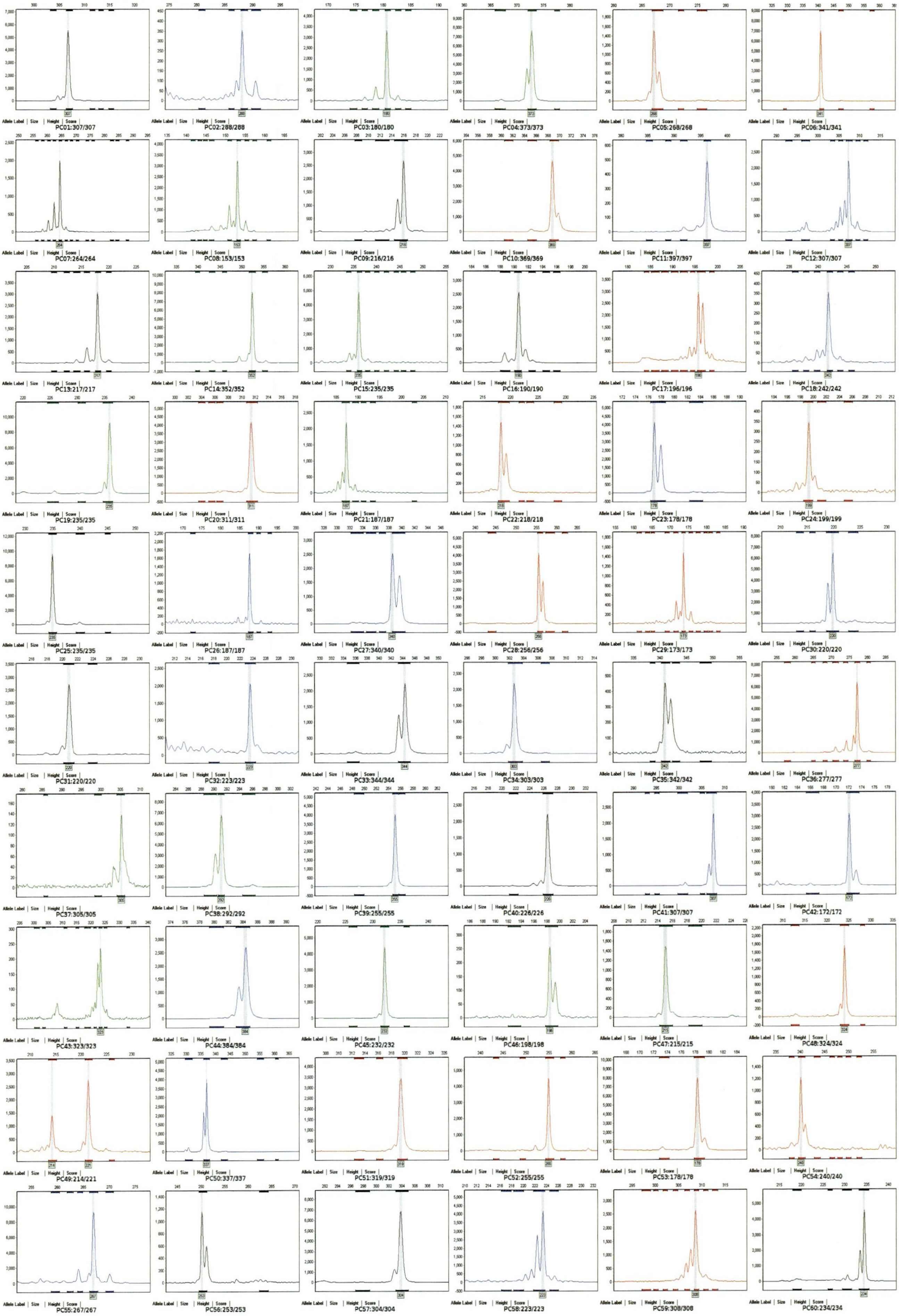

金垦1402（新审棉2018年51号）

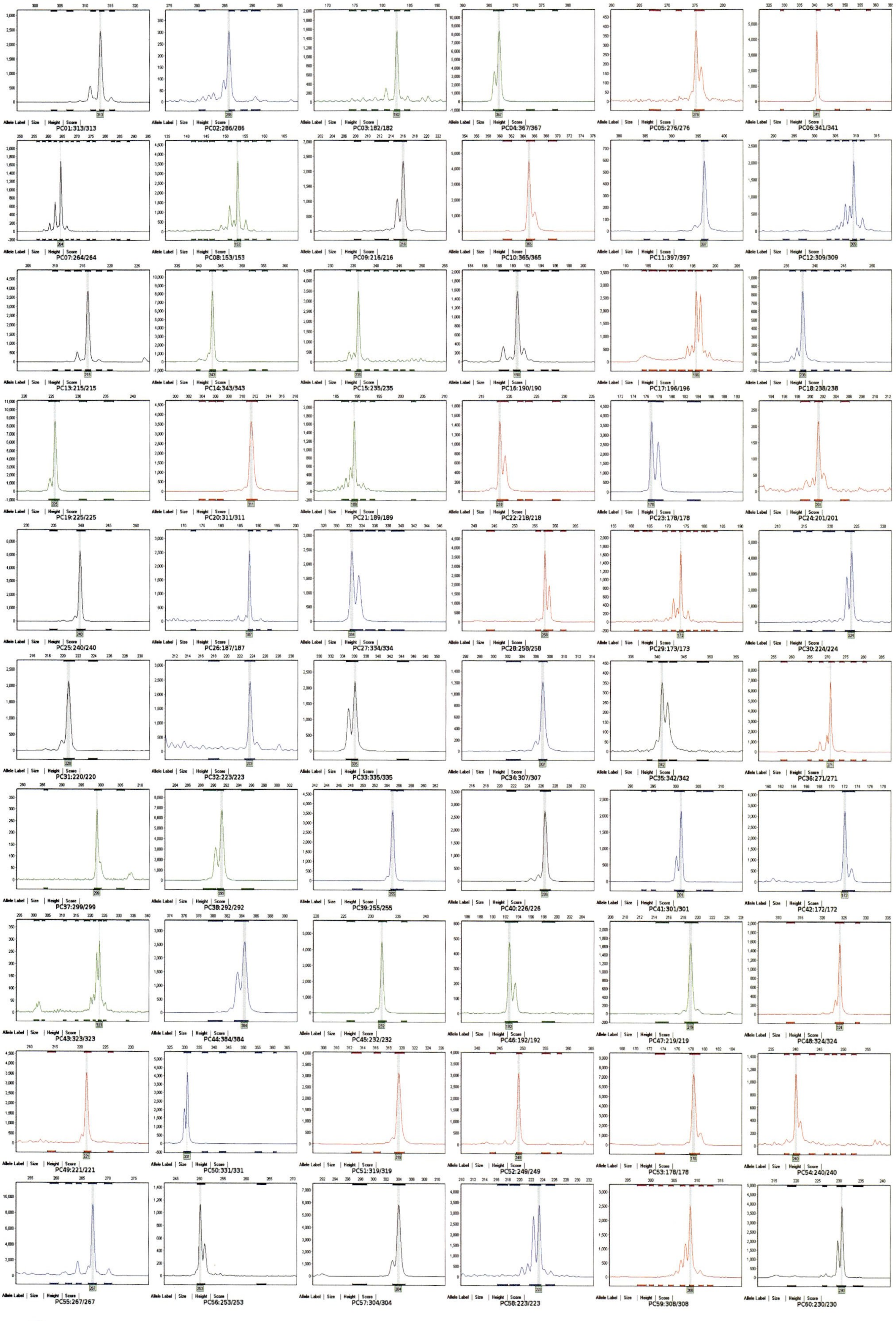

K418（新审棉2018年52号）

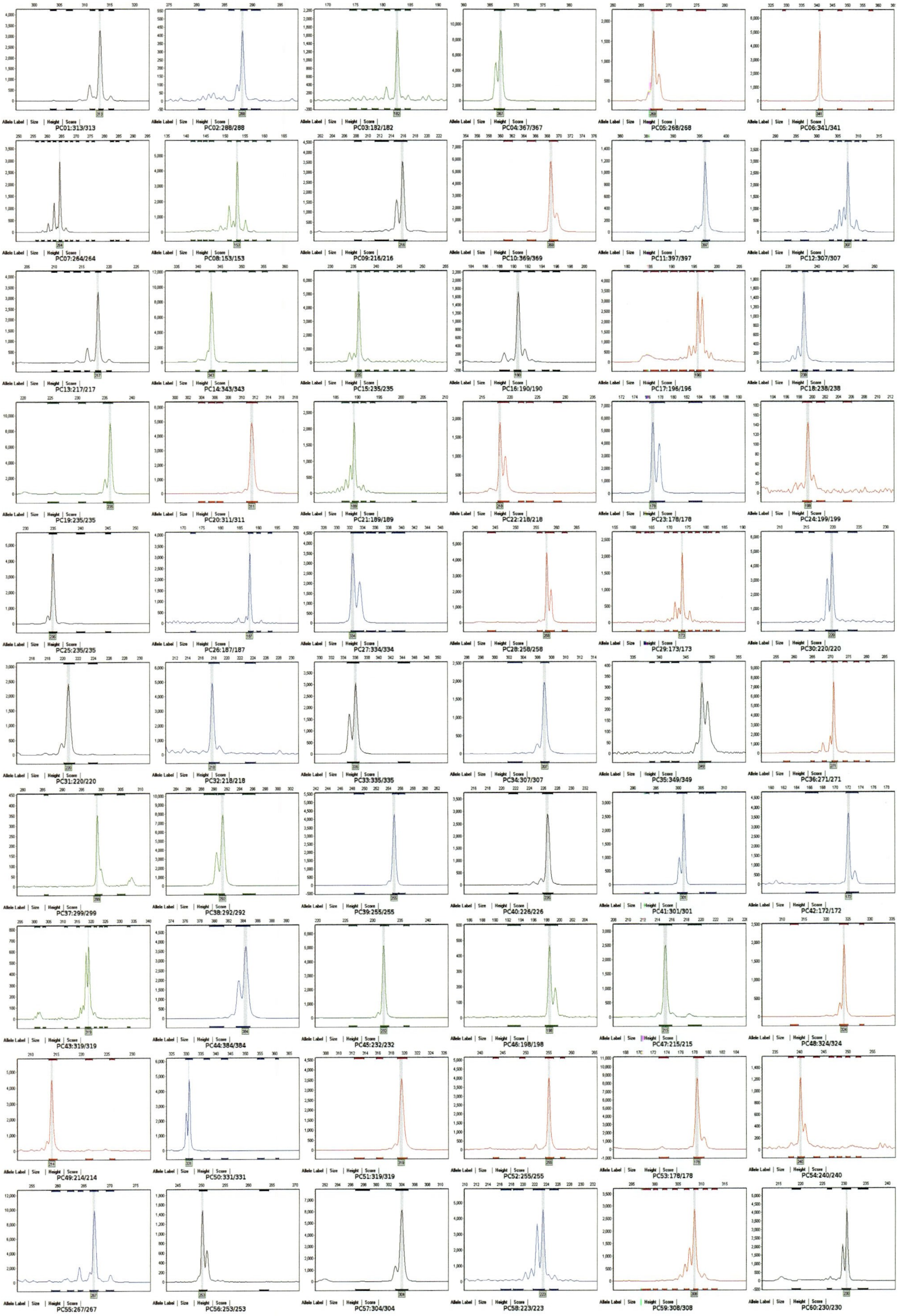

春秋S36（新审棉2018年53号）

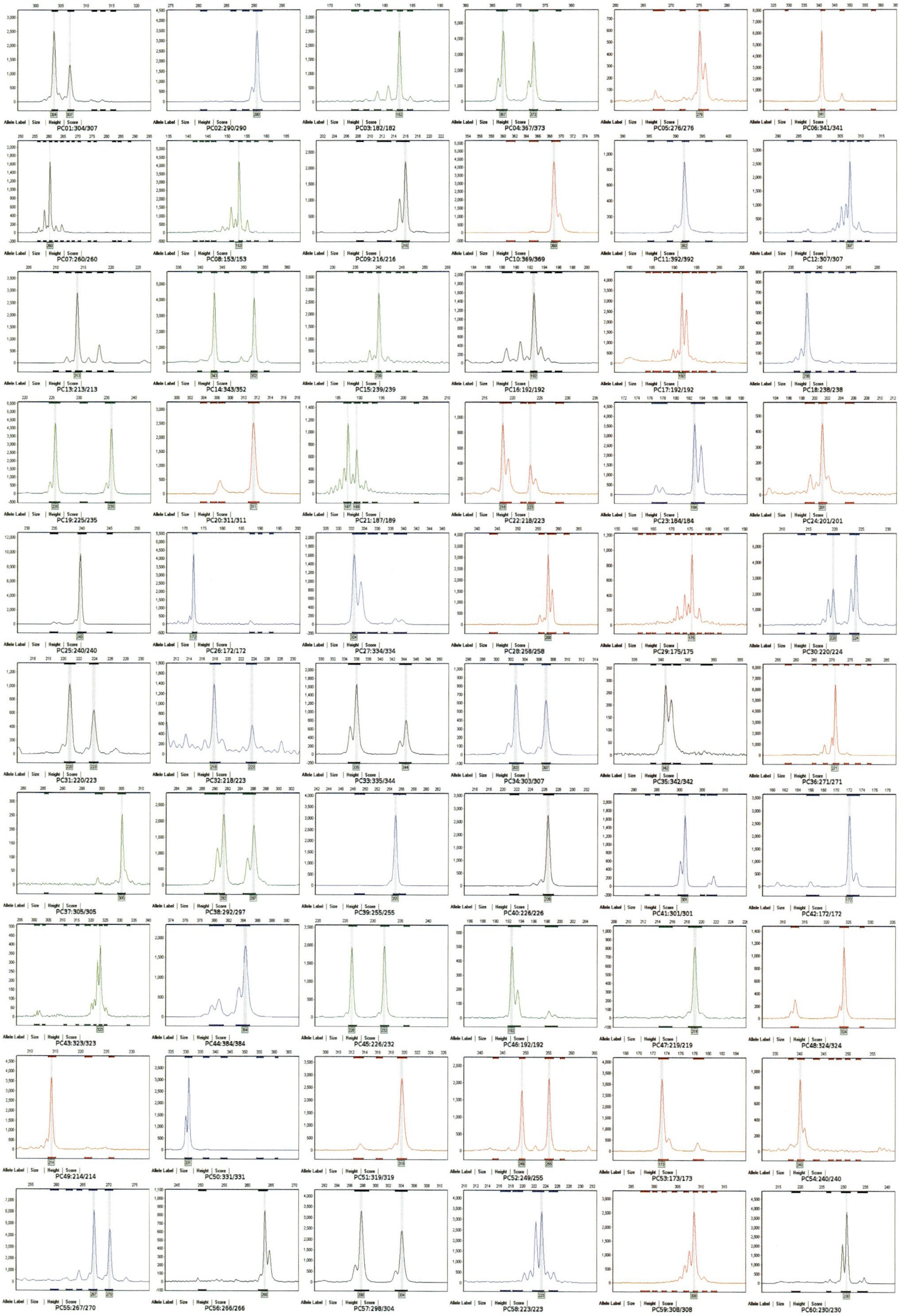

欣试518（新审棉2018年54号）

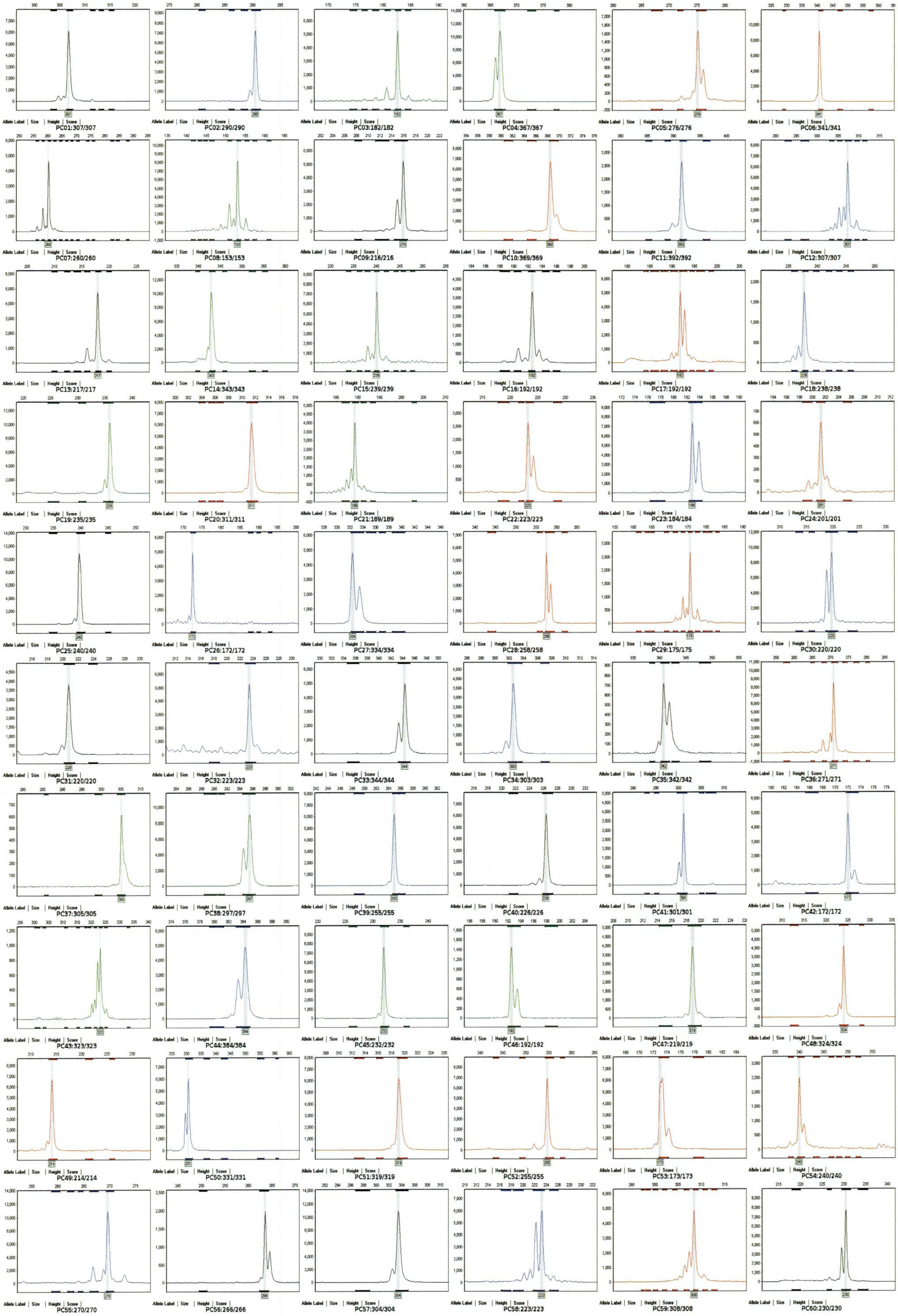

PC01:307/307 PC02:290/290 PC03:182/182 PC04:367/367 PC05:276/276 PC06:341/341
PC07:260/260 PC08:153/153 PC09:216/216 PC10:369/369 PC11:392/392 PC12:307/307
PC13:217/217 PC14:343/343 PC15:239/239 PC16:192/192 PC17:192/192 PC18:238/238
PC19:235/235 PC20:311/311 PC21:189/189 PC22:223/223 PC23:184/184 PC24:201/201
PC25:240/240 PC26:172/172 PC27:334/334 PC28:258/258 PC29:175/175 PC30:220/220
PC31:220/220 PC32:223/223 PC33:344/344 PC34:303/303 PC35:342/342 PC36:271/271
PC37:305/305 PC38:297/297 PC39:255/255 PC40:226/226 PC41:301/301 PC42:172/172
PC43:323/323 PC44:384/384 PC45:232/232 PC46:192/192 PC47:219/219 PC48:324/324
PC49:214/214 PC50:331/331 PC51:319/319 PC52:255/255 PC53:173/173 PC54:240/240
PC55:270/270 PC56:266/266 PC57:304/304 PC58:223/223 PC59:308/308 PC60:230/230

盛棉2号（新审棉2018年55号）

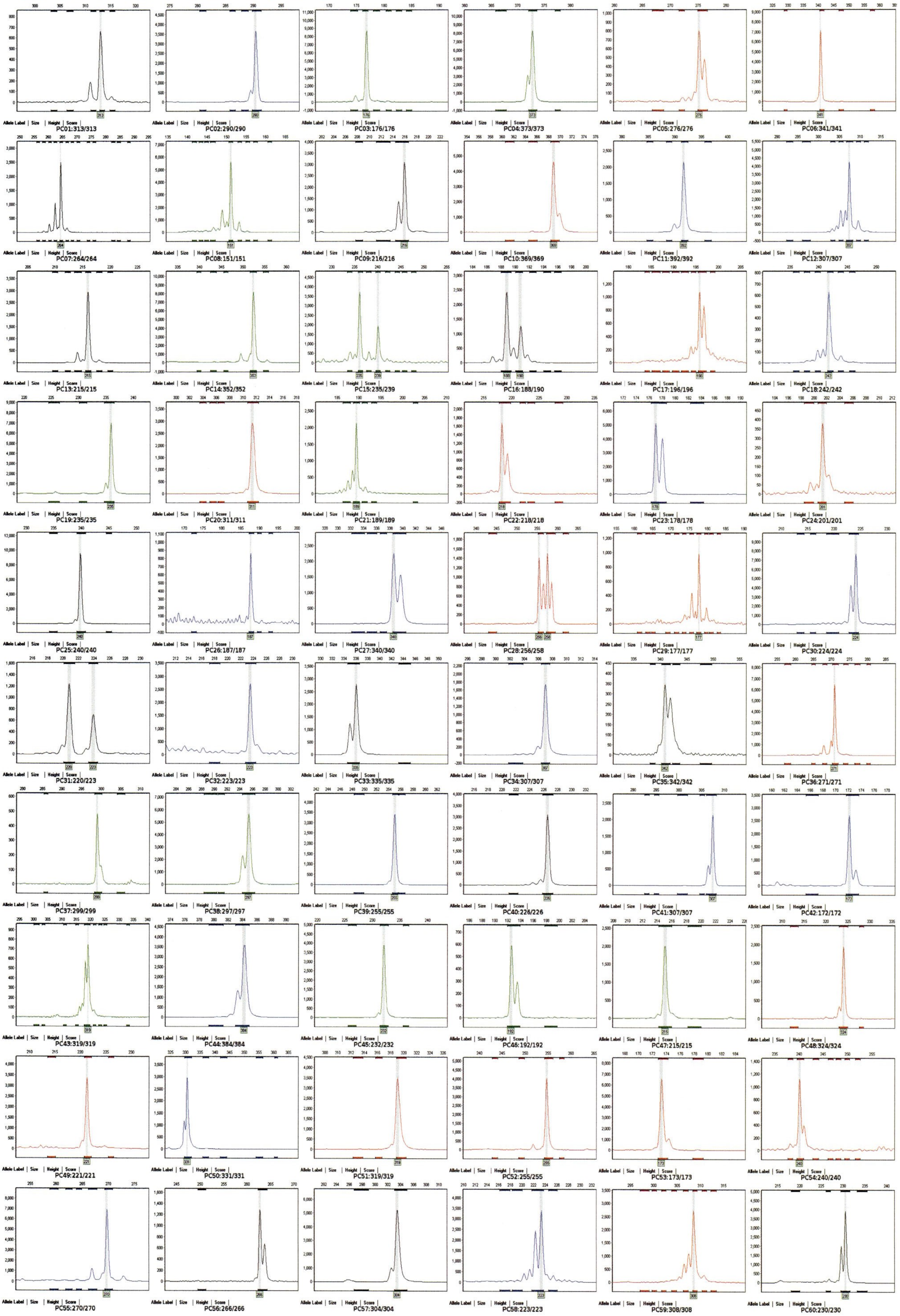

塔河2号（新审棉2018年56号）

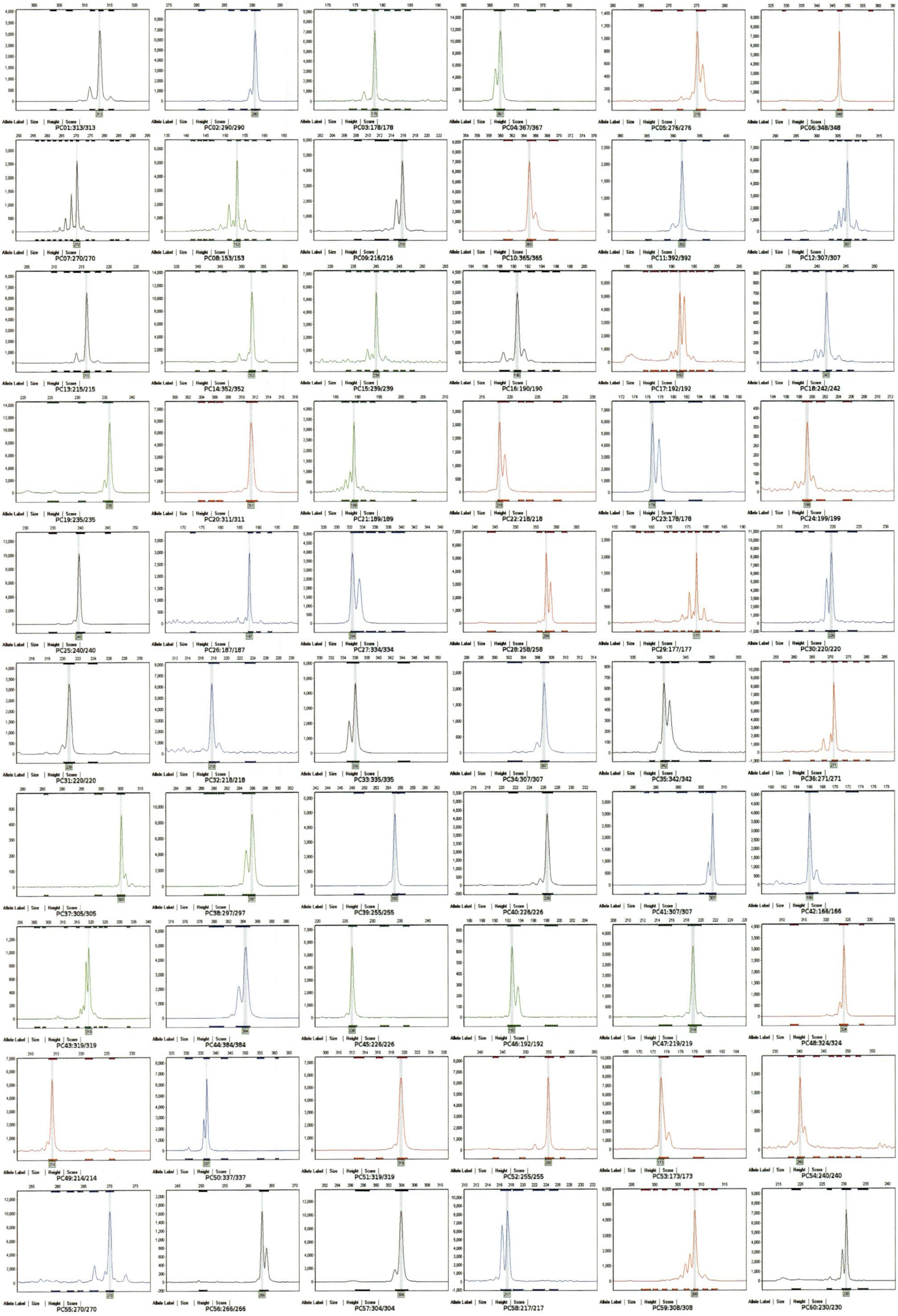

金凯9号（新审棉2018年57号）

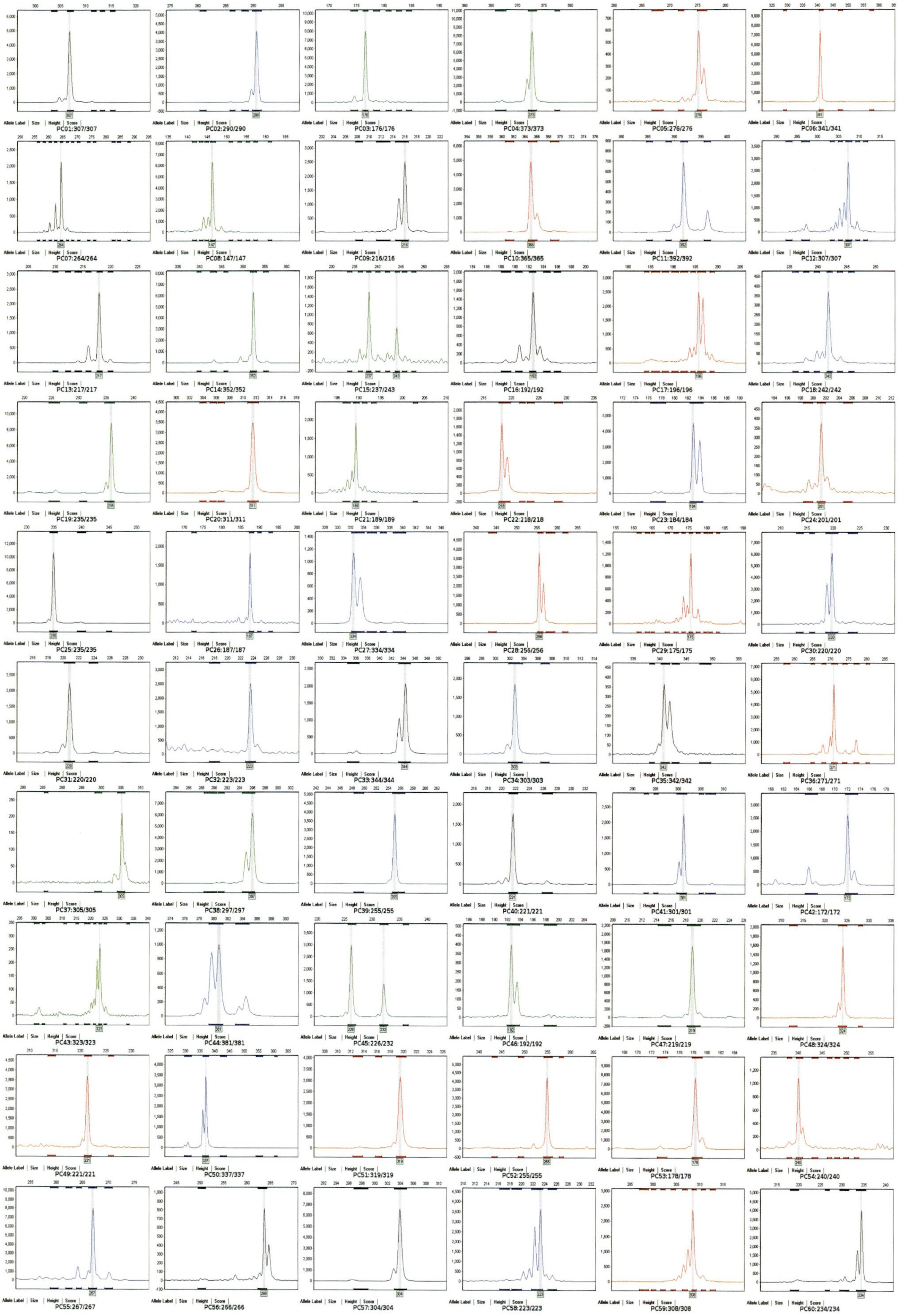

源棉新13305（新审棉2018年58号）

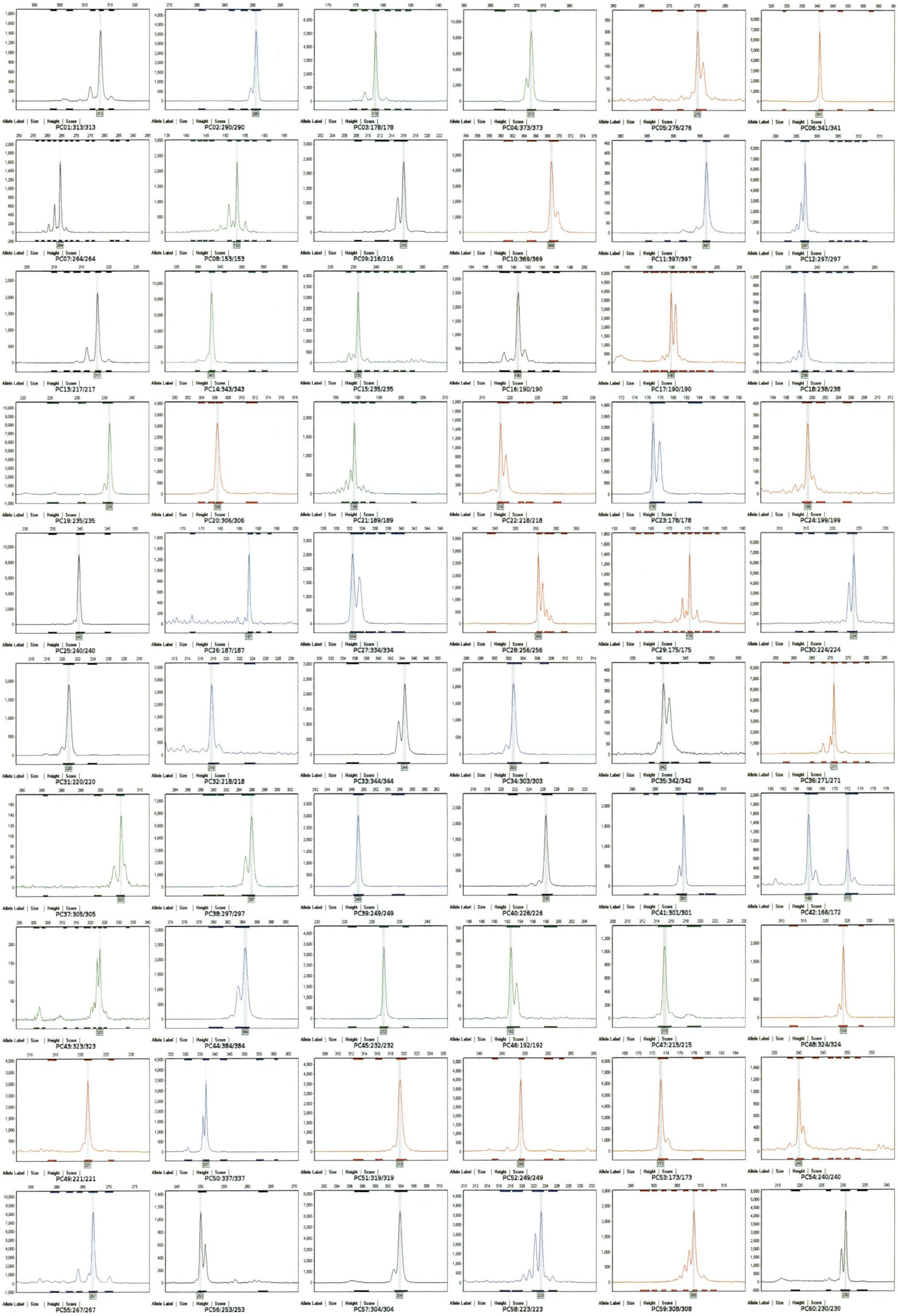

耕野2186（新审棉2018年59号）

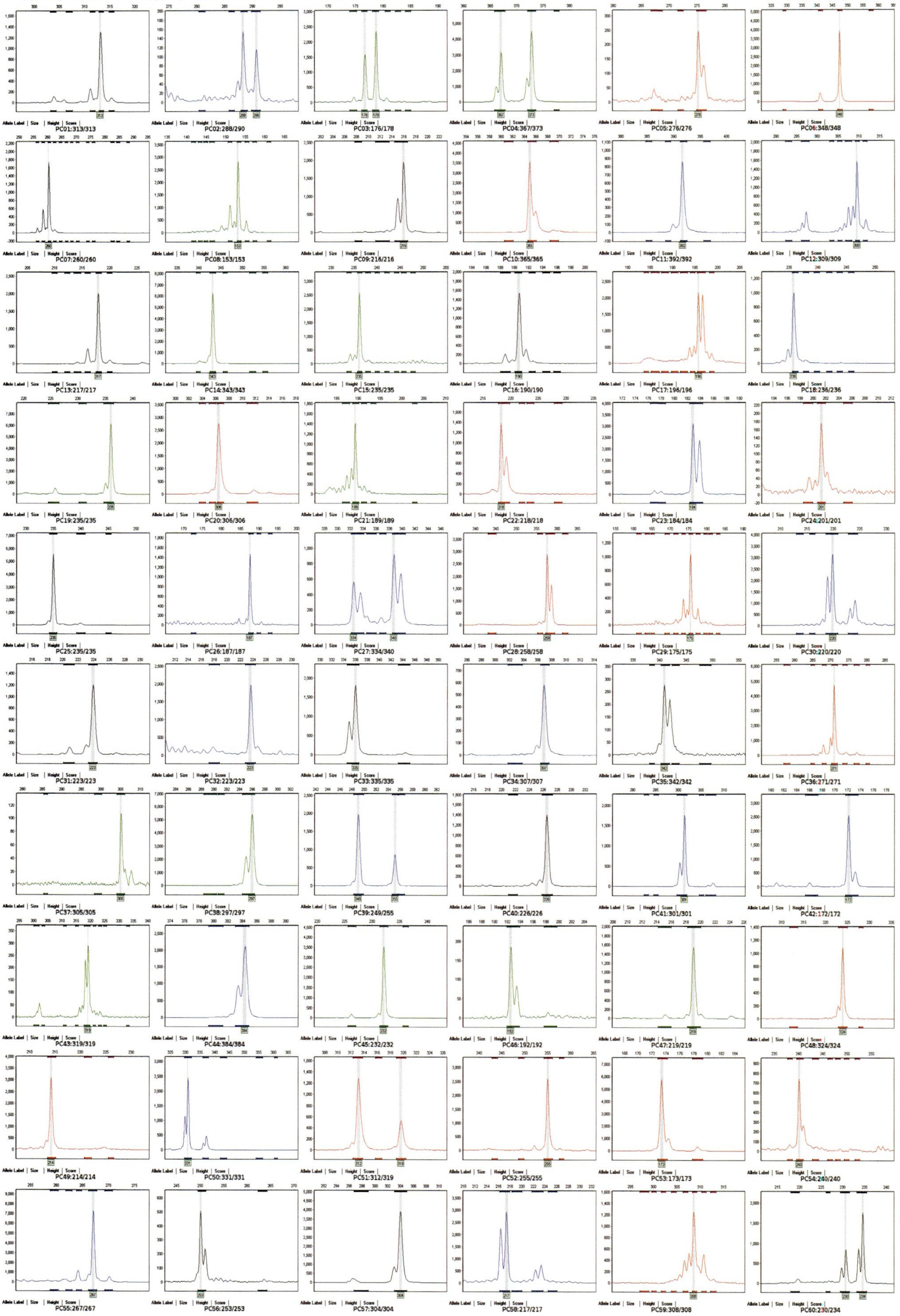

新78（新审棉2018年60号）

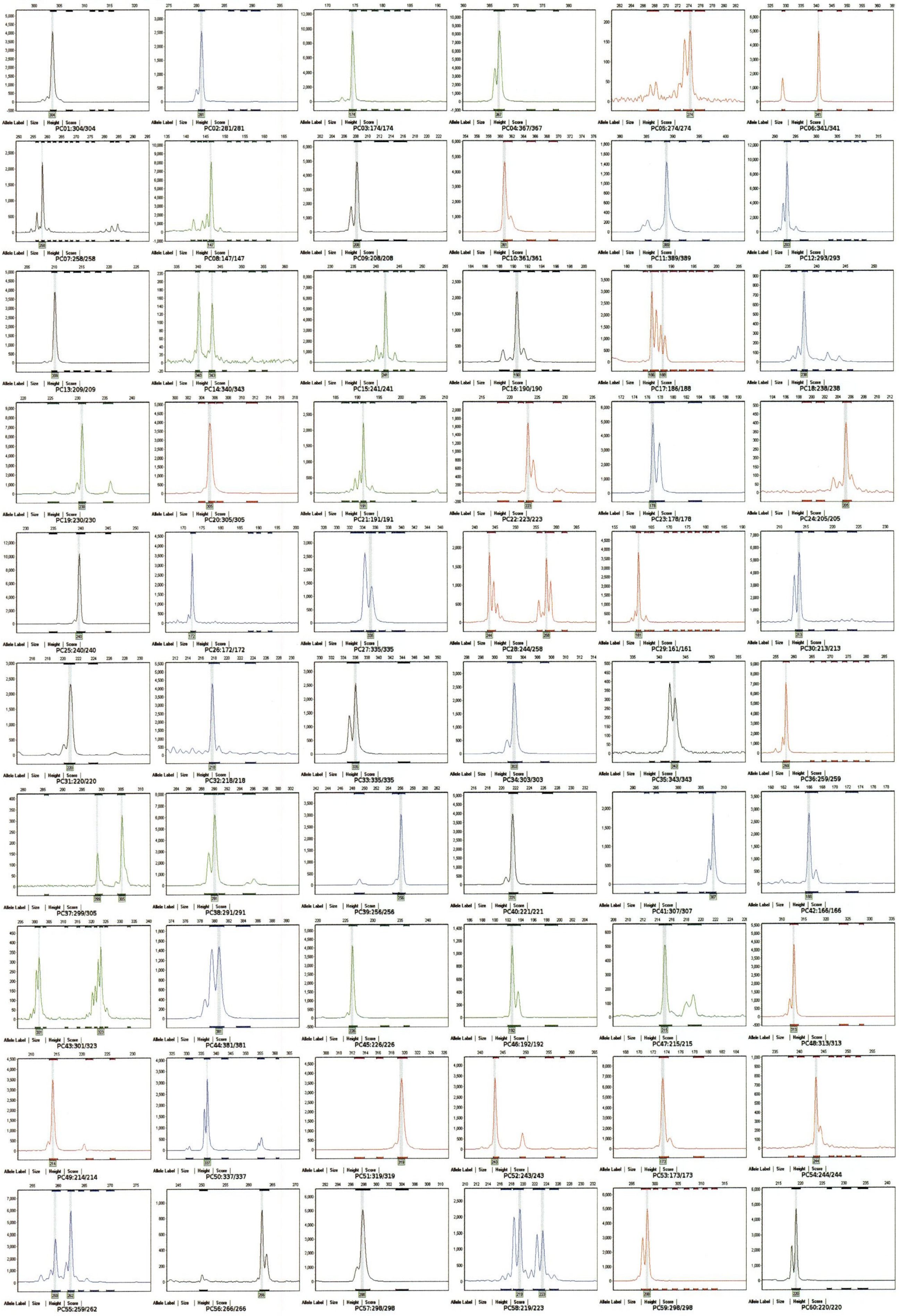

MCR3915（新审棉2018年61号）

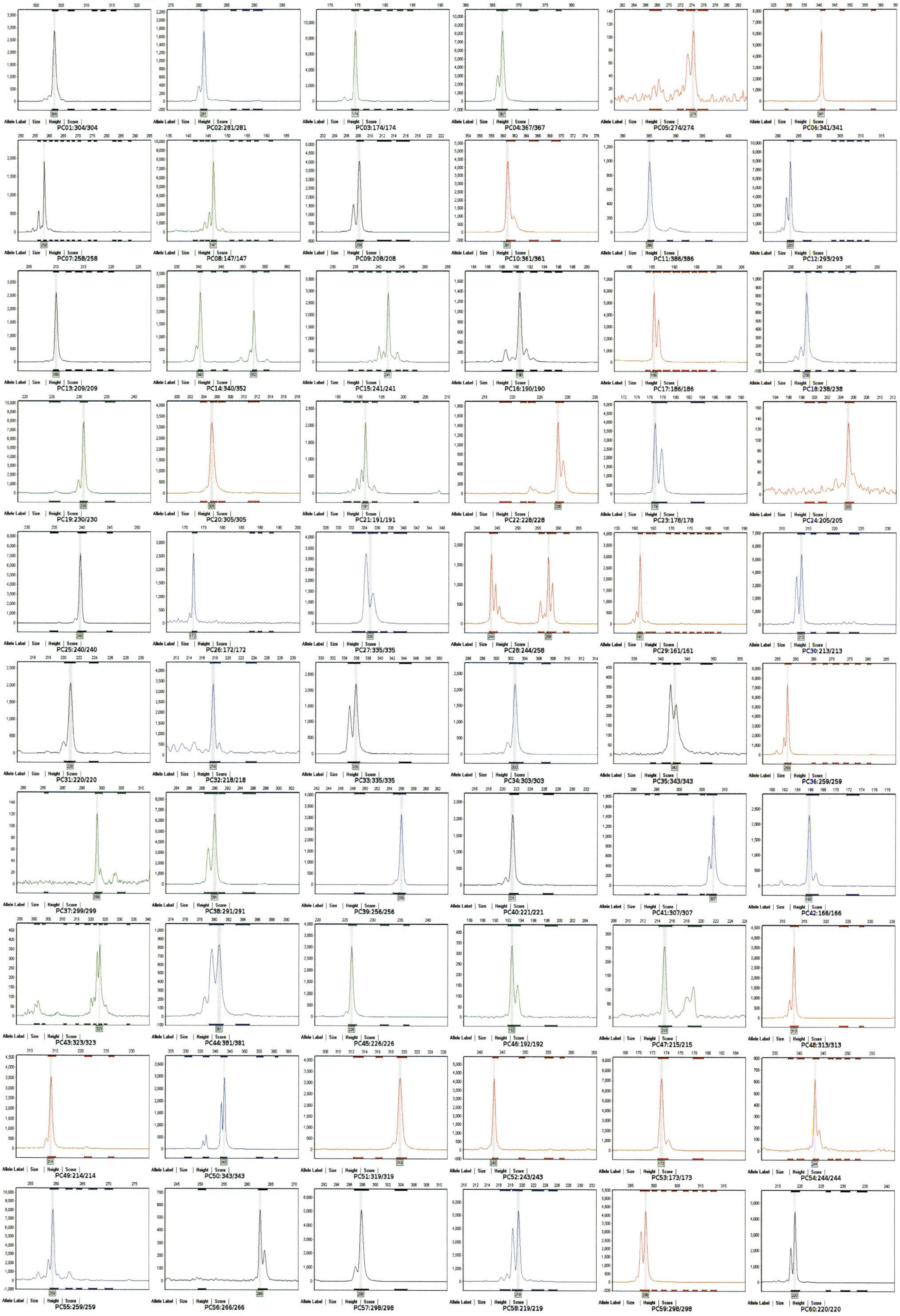

鲁泰700Q（新审棉2018年62号）

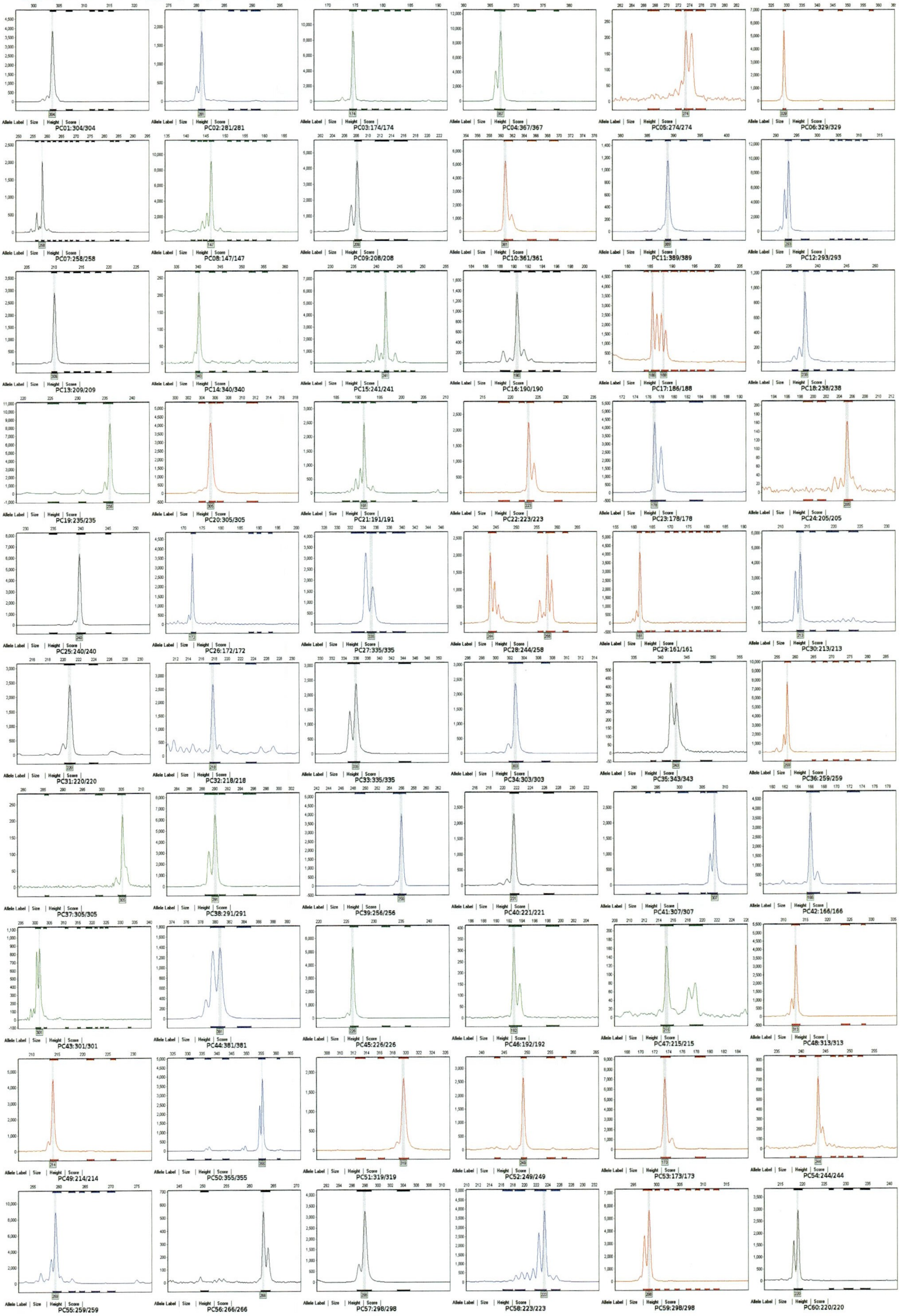

元龙17号（新审棉2018年63号）

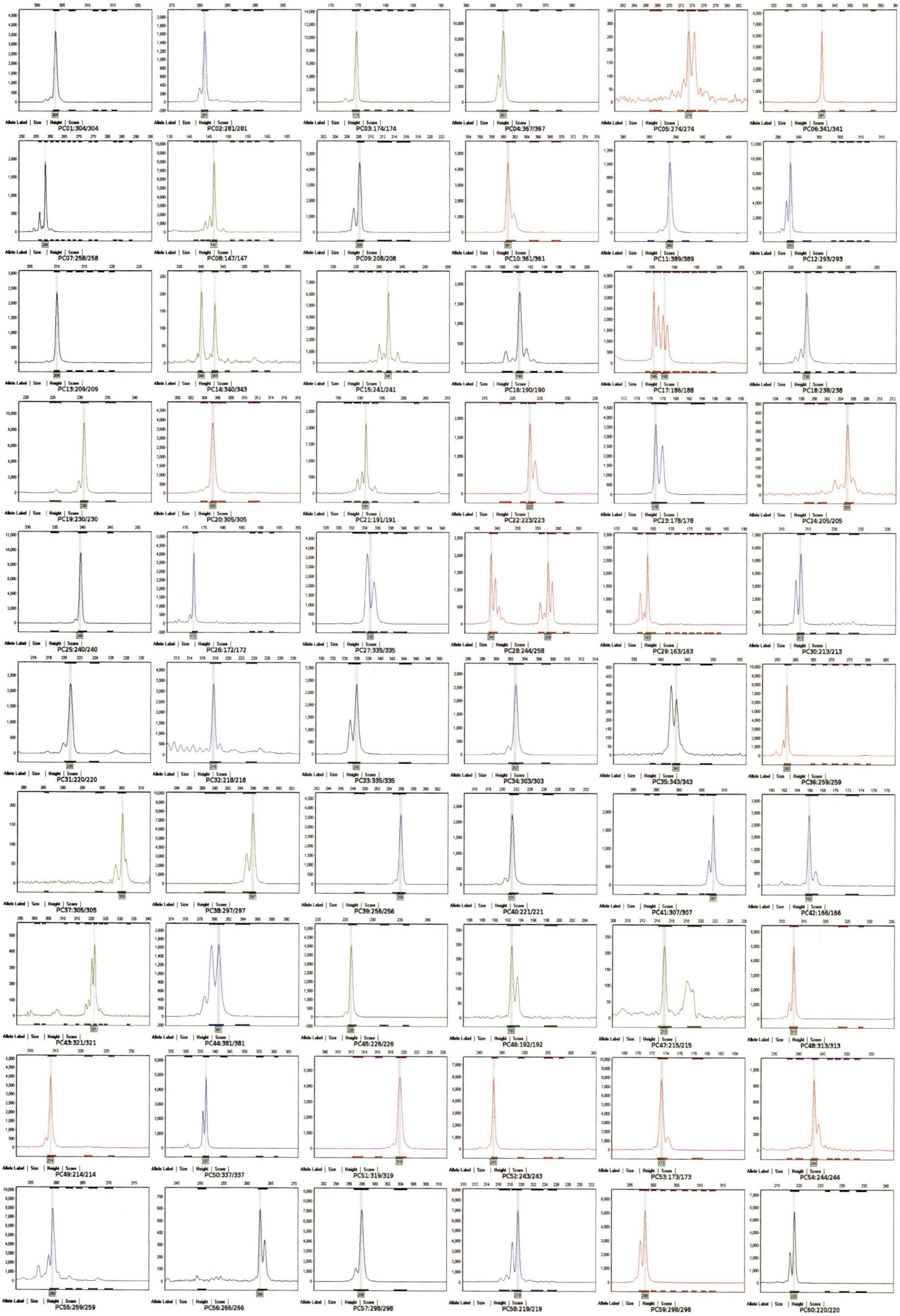

H39012（新审棉2018年64号）

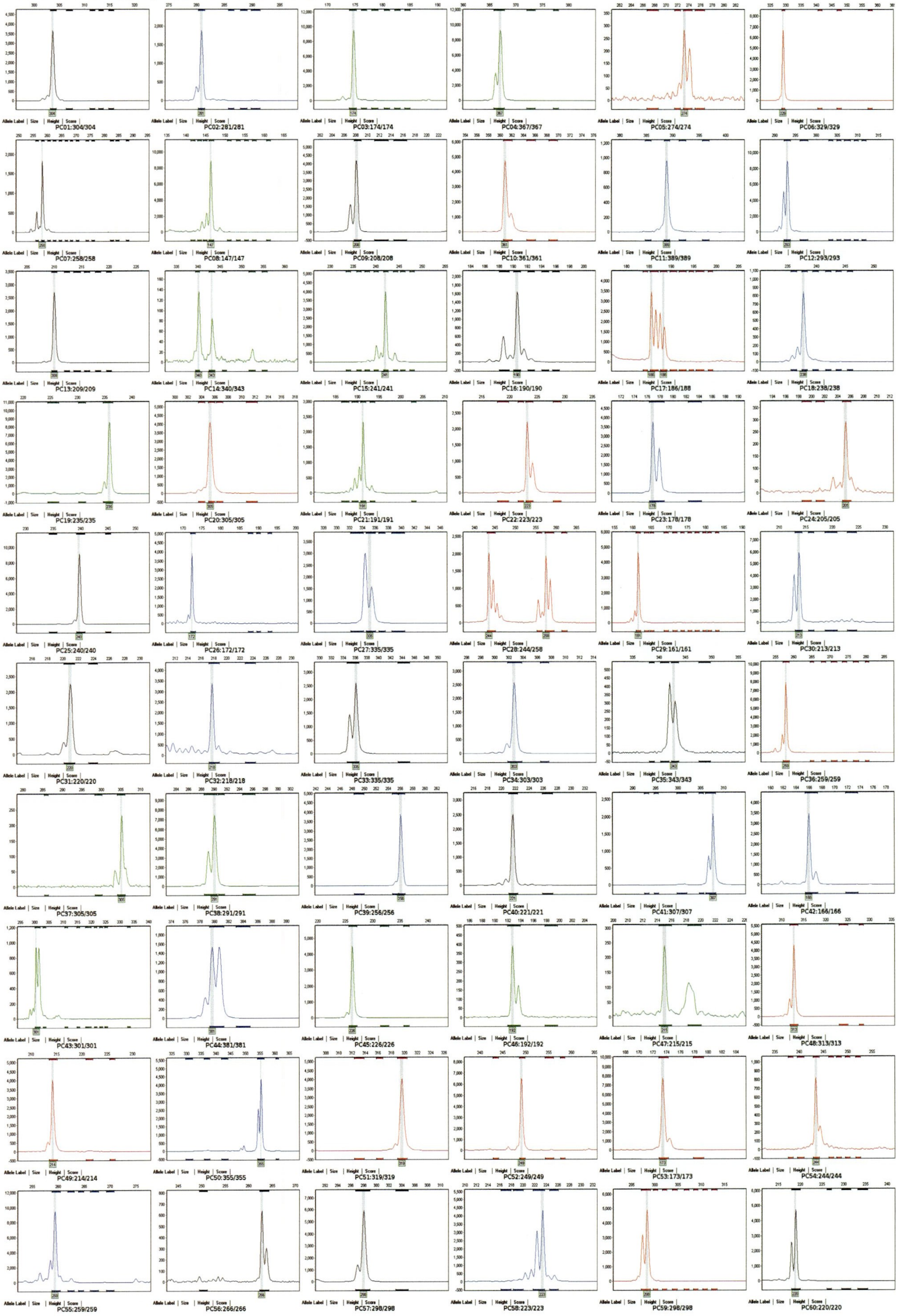

九棉27（新审棉2018年65号）

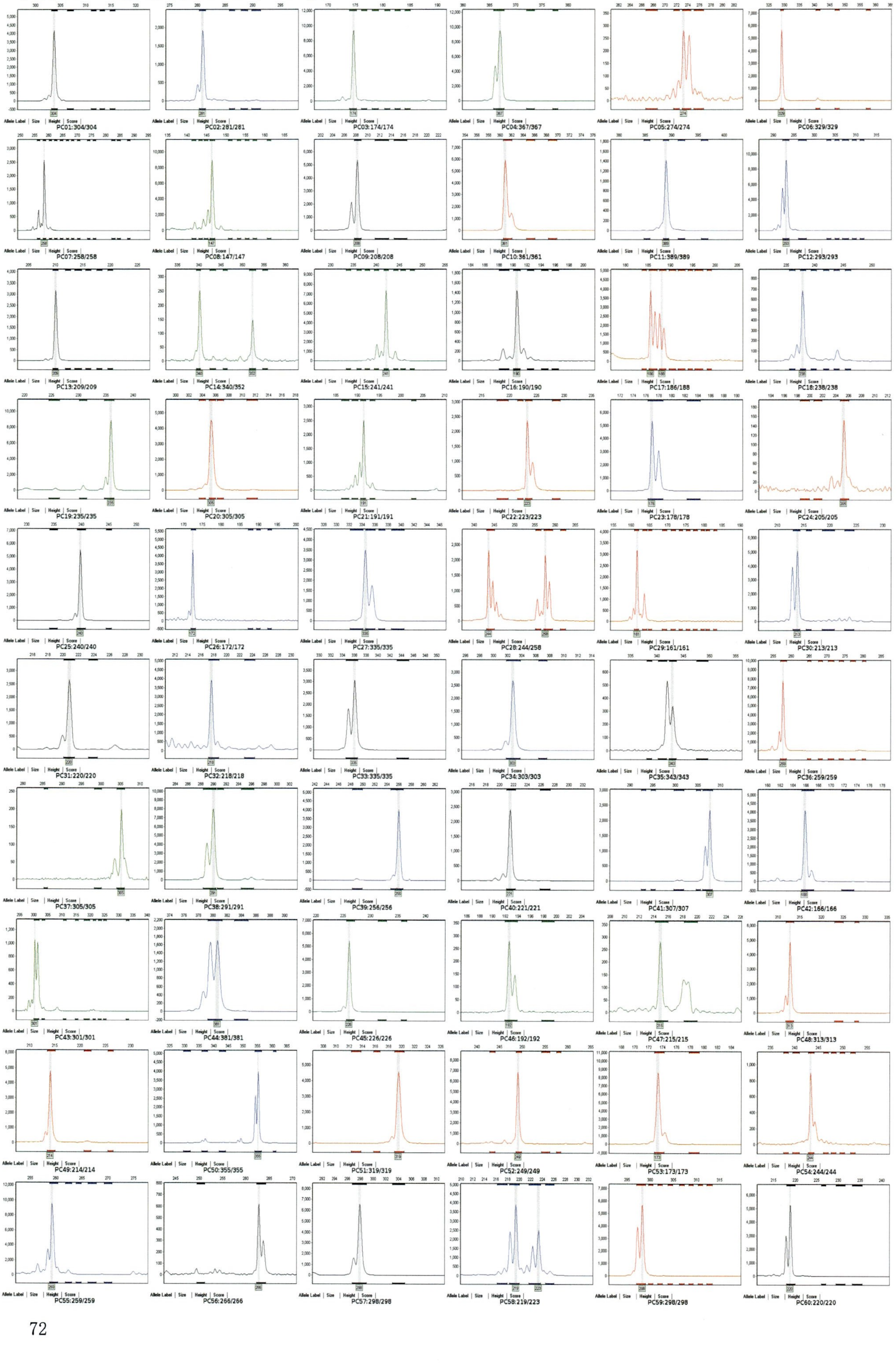

新陆早77号（新审棉2017年41号）

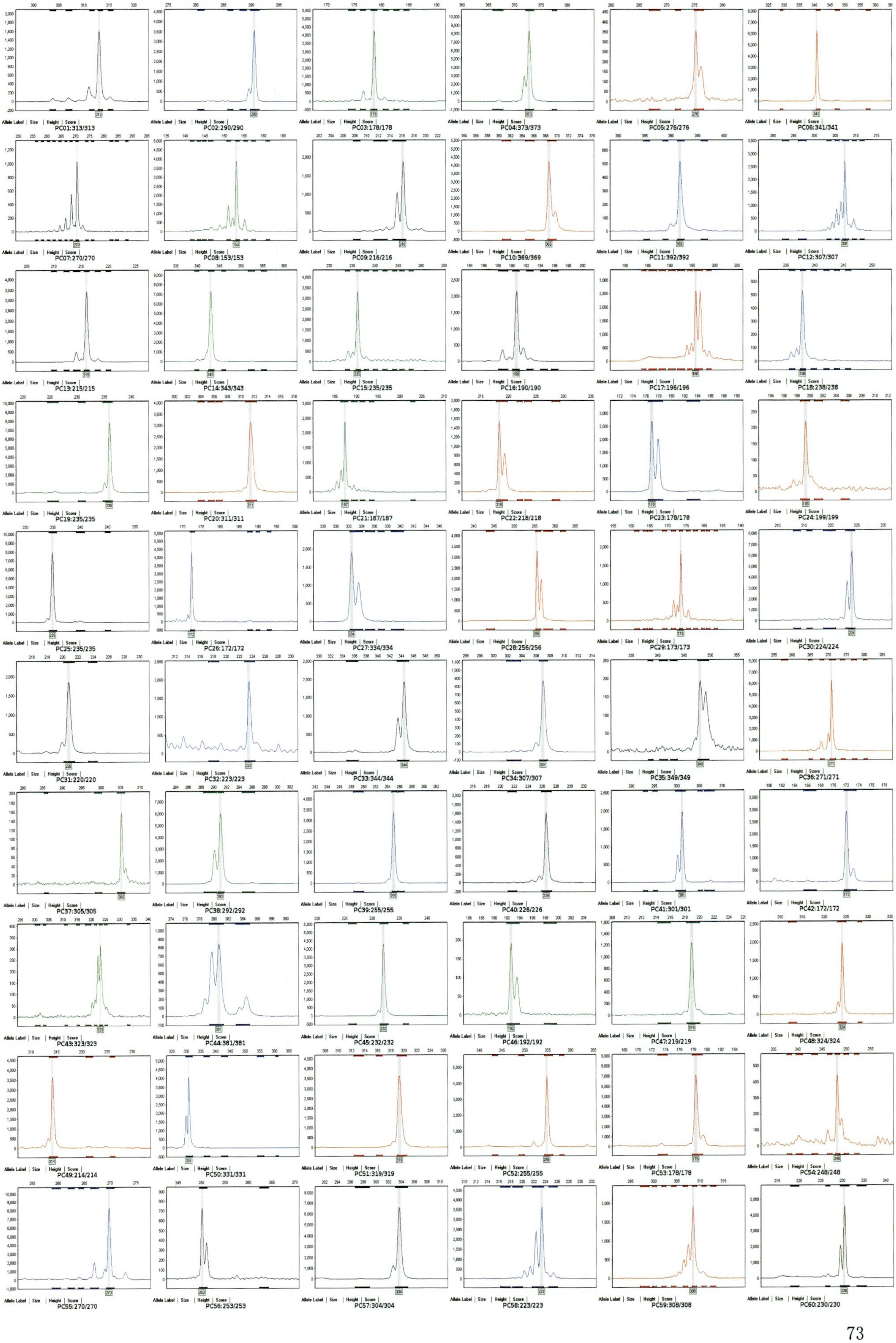

新陆早78号（新审棉2017年42号）

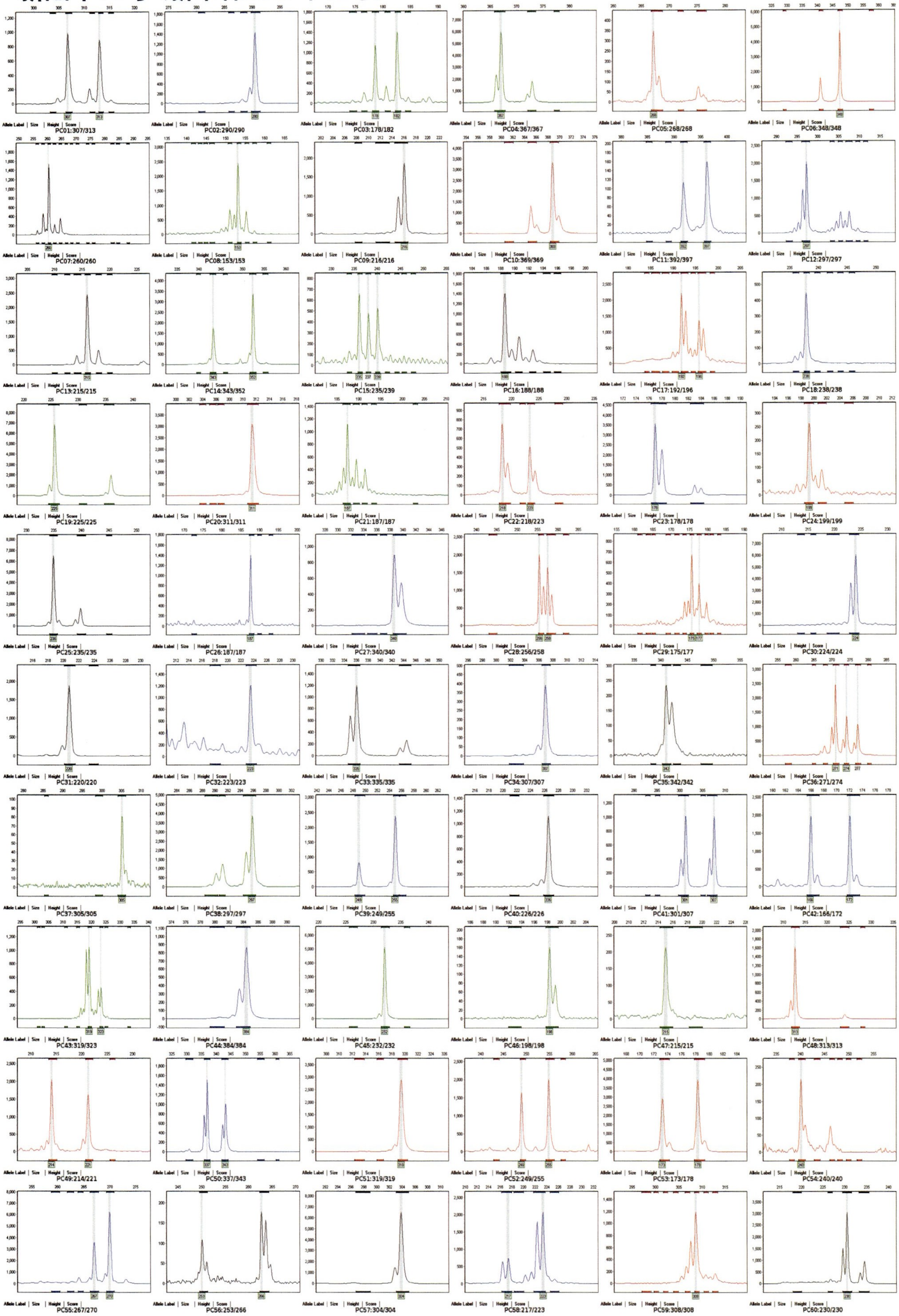

新陆早79号（新审棉2017年43号）

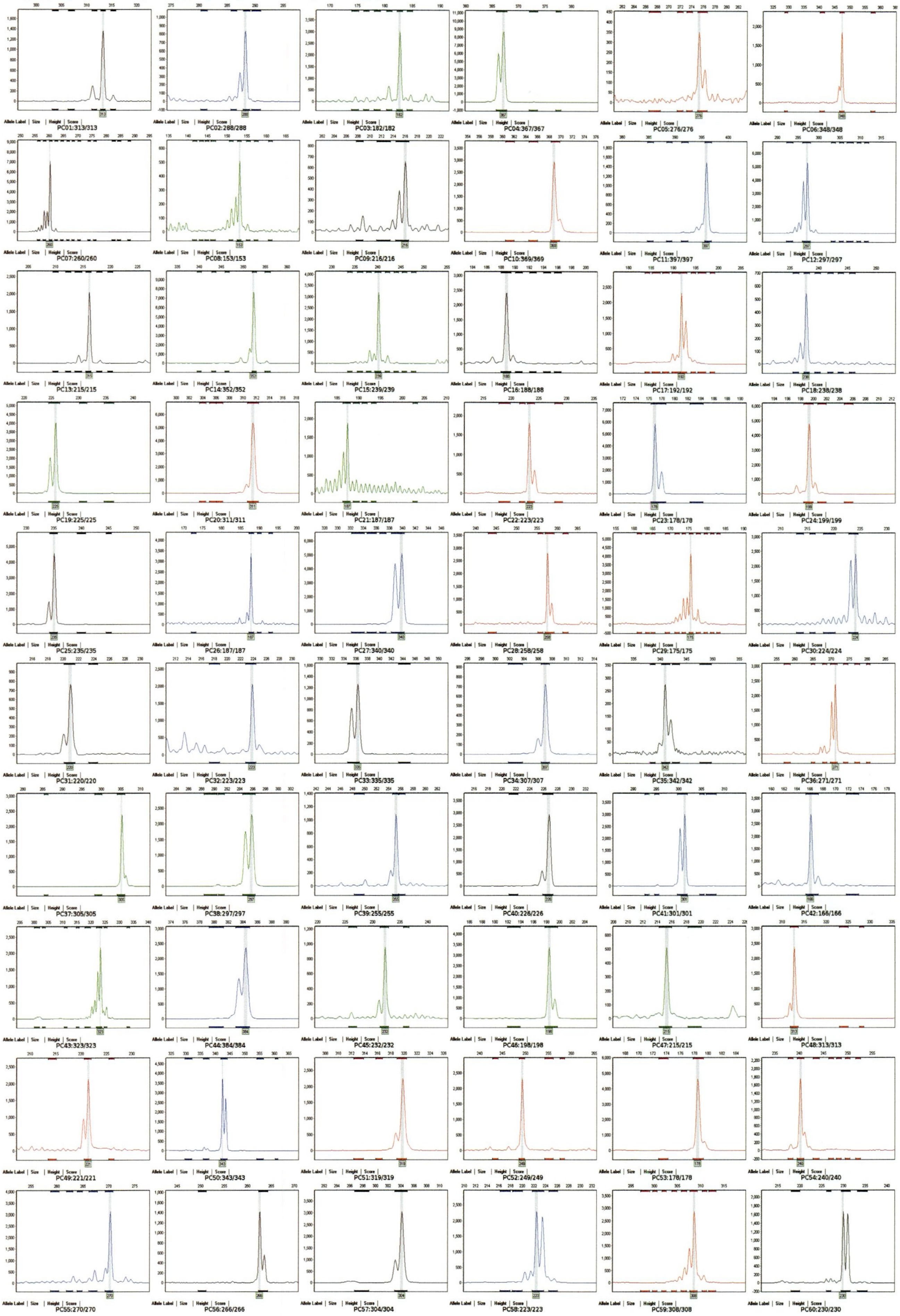

新陆早80号（新审棉2017年44号）

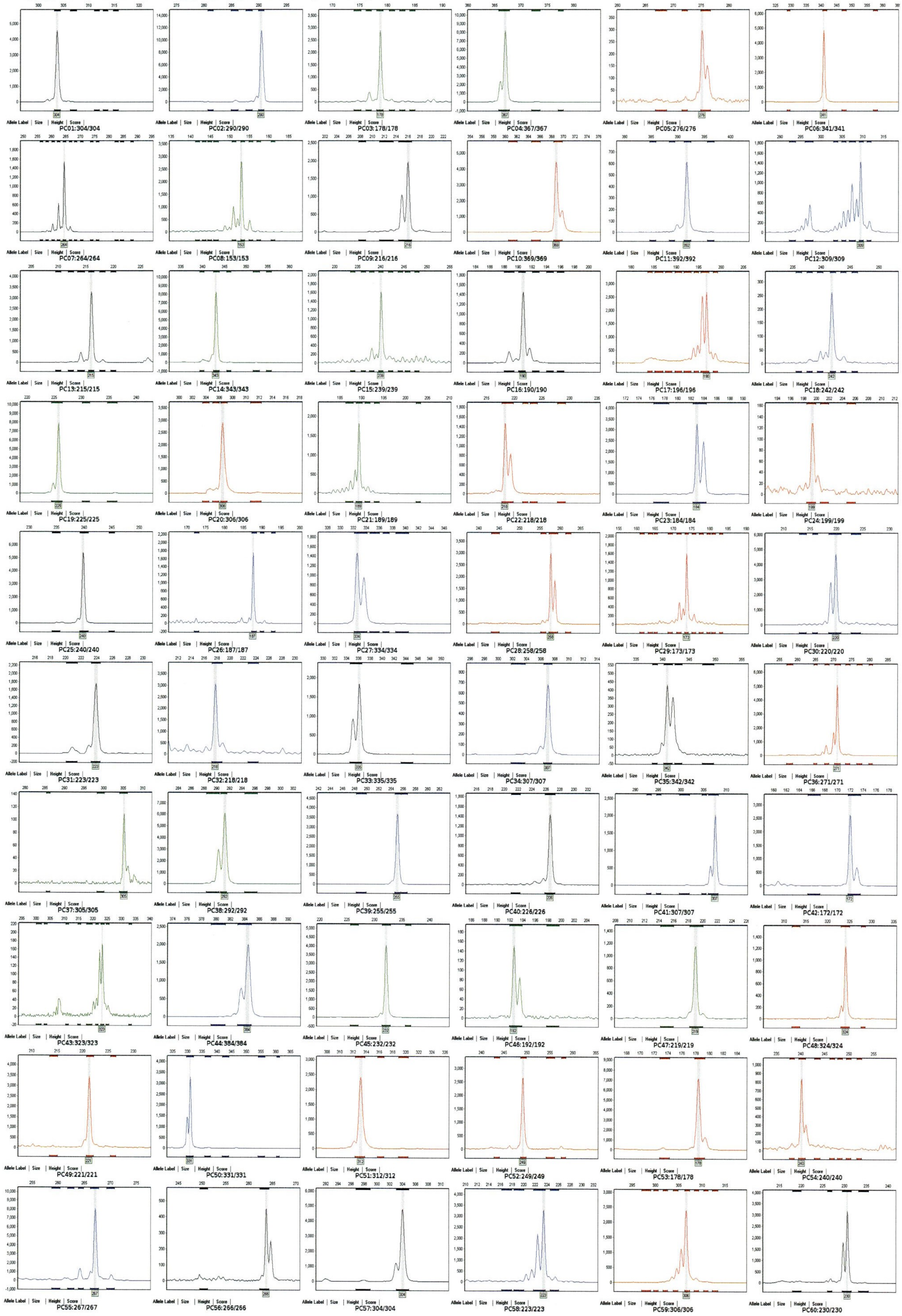

新陆早81号（新审棉2017年45号）

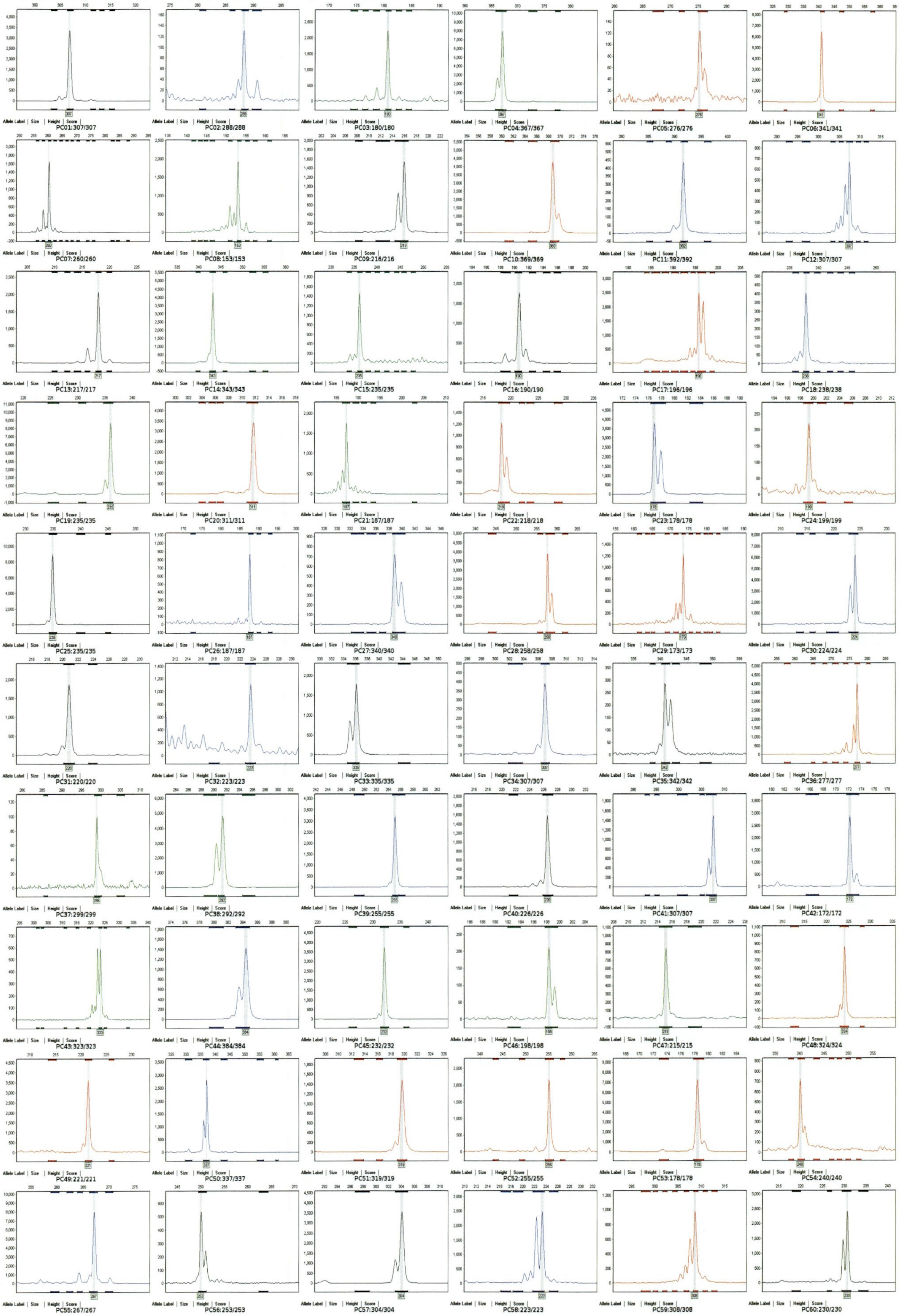

新陆早82号（新审棉2017年46号）

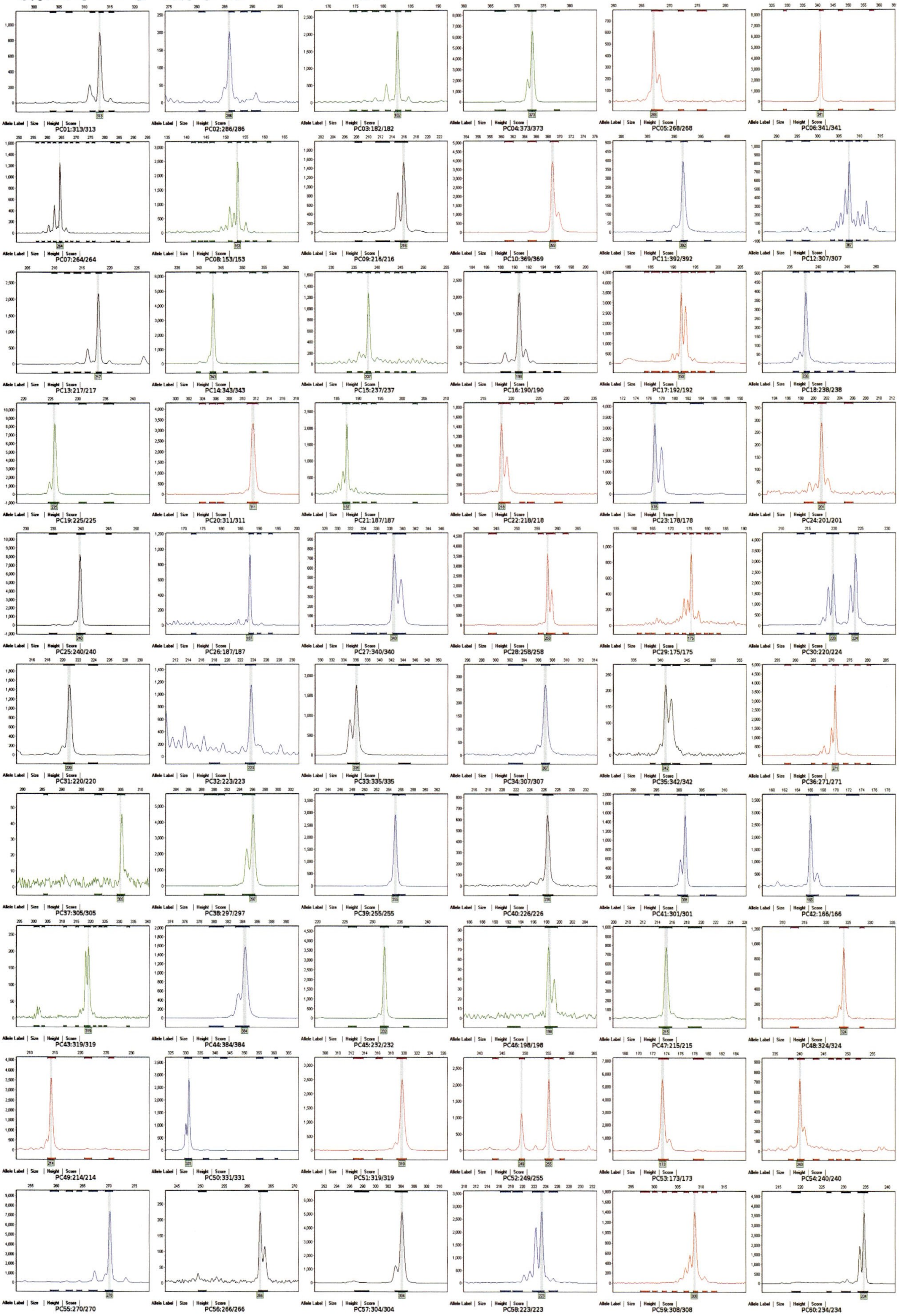

新陆早83号（新审棉2017年47号）

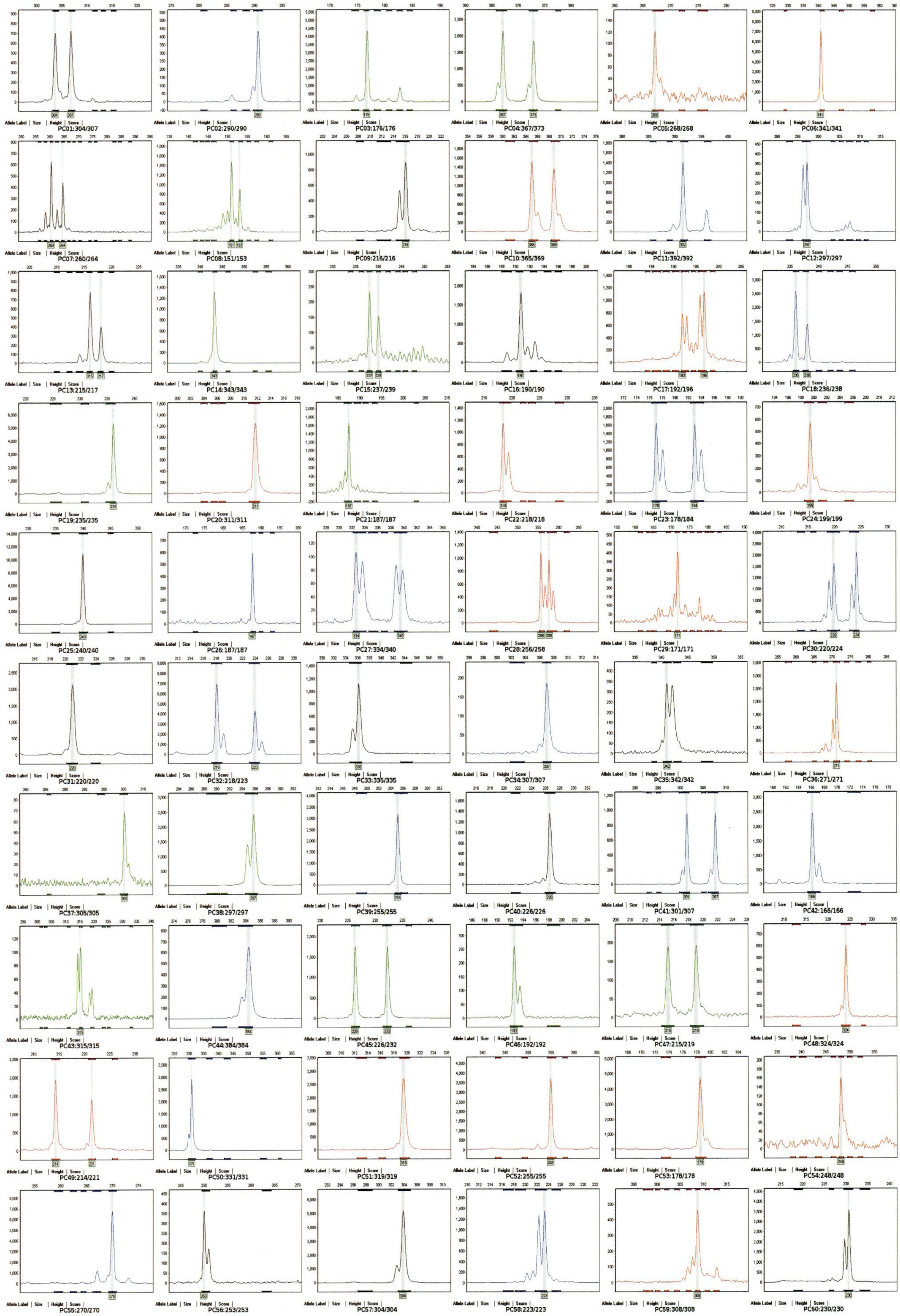

新陆中83号（新审棉2017年50号）

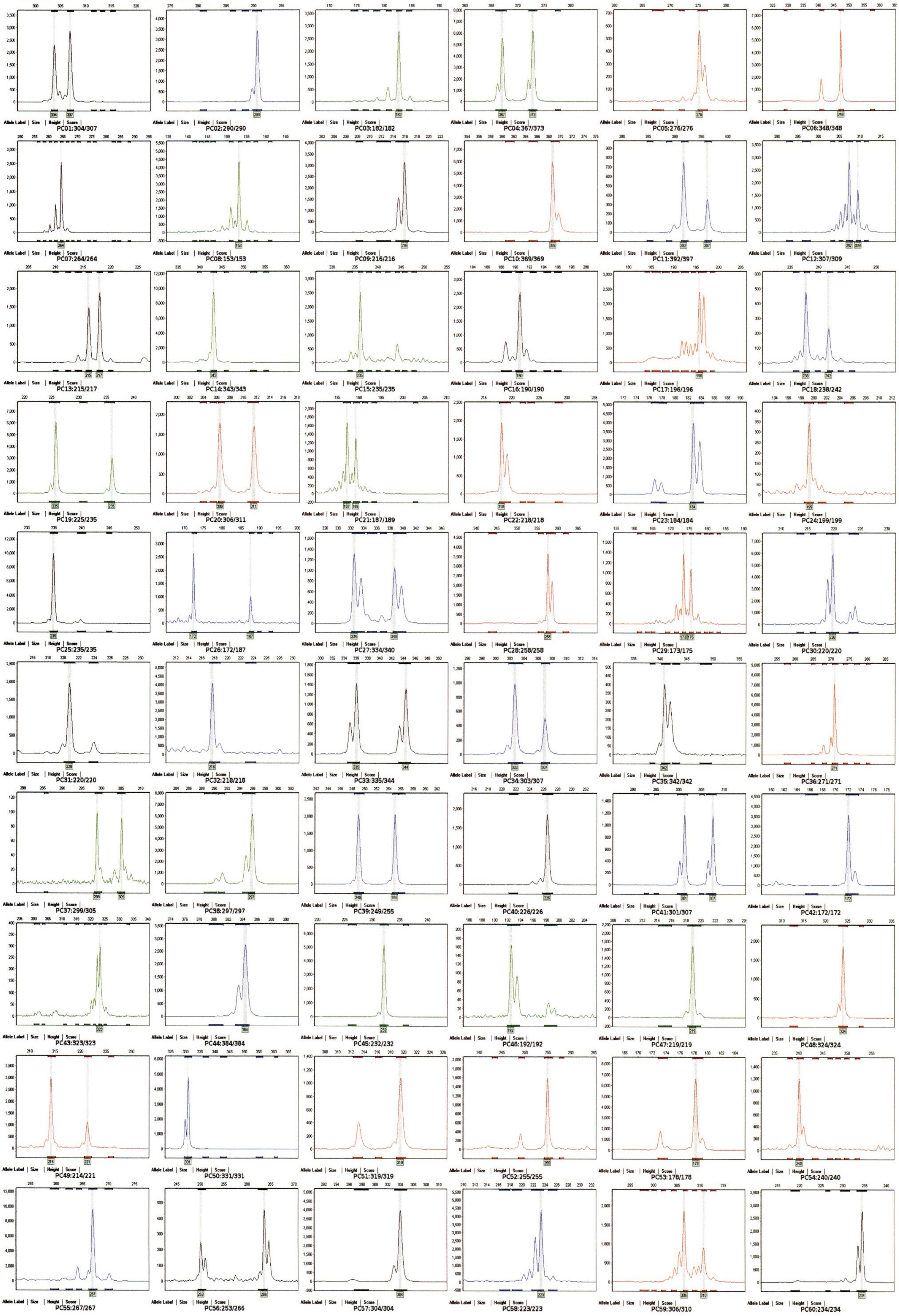

新陆中84号（新审棉2017年51号）

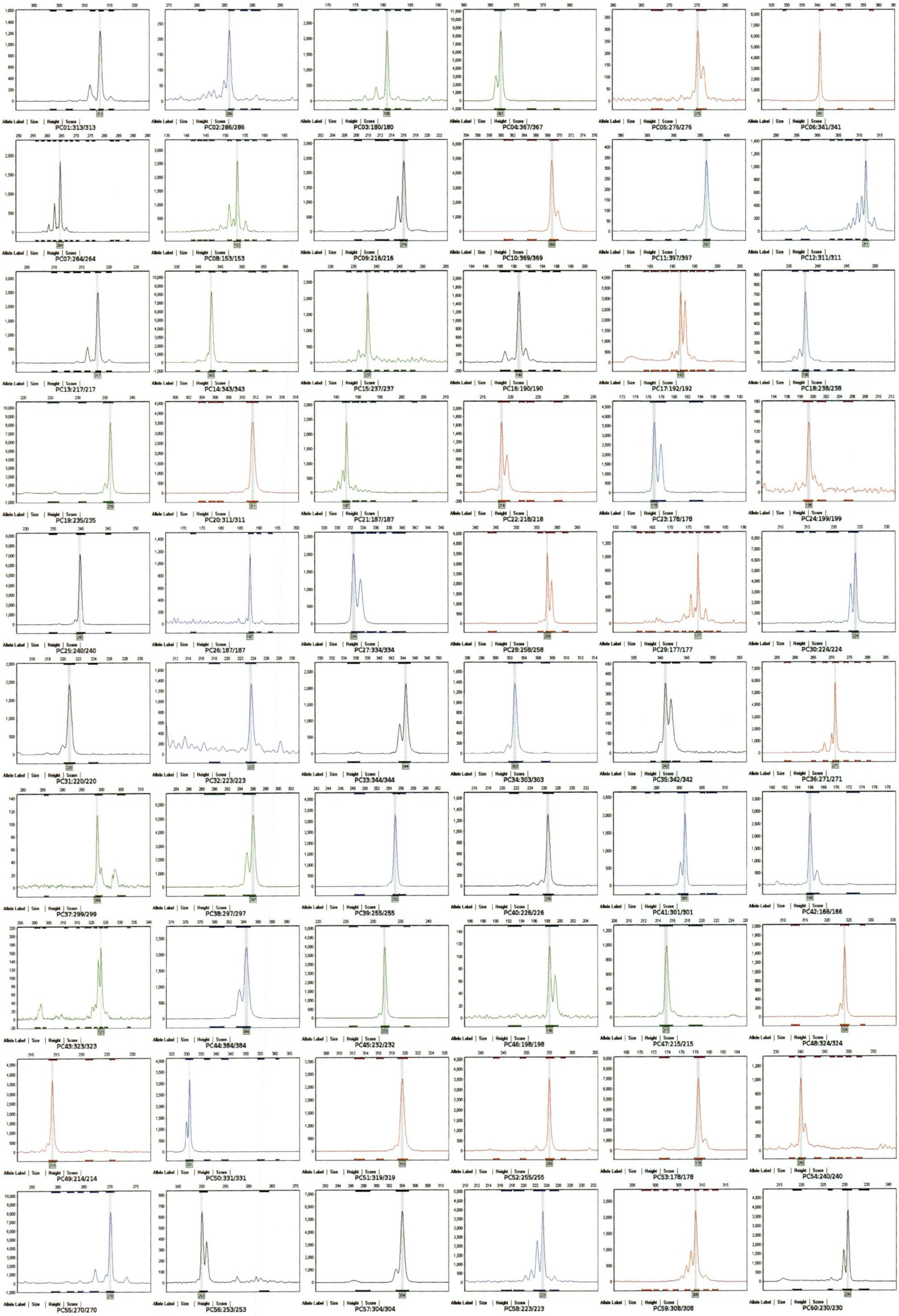

新陆中85号（新审棉2017年52号）

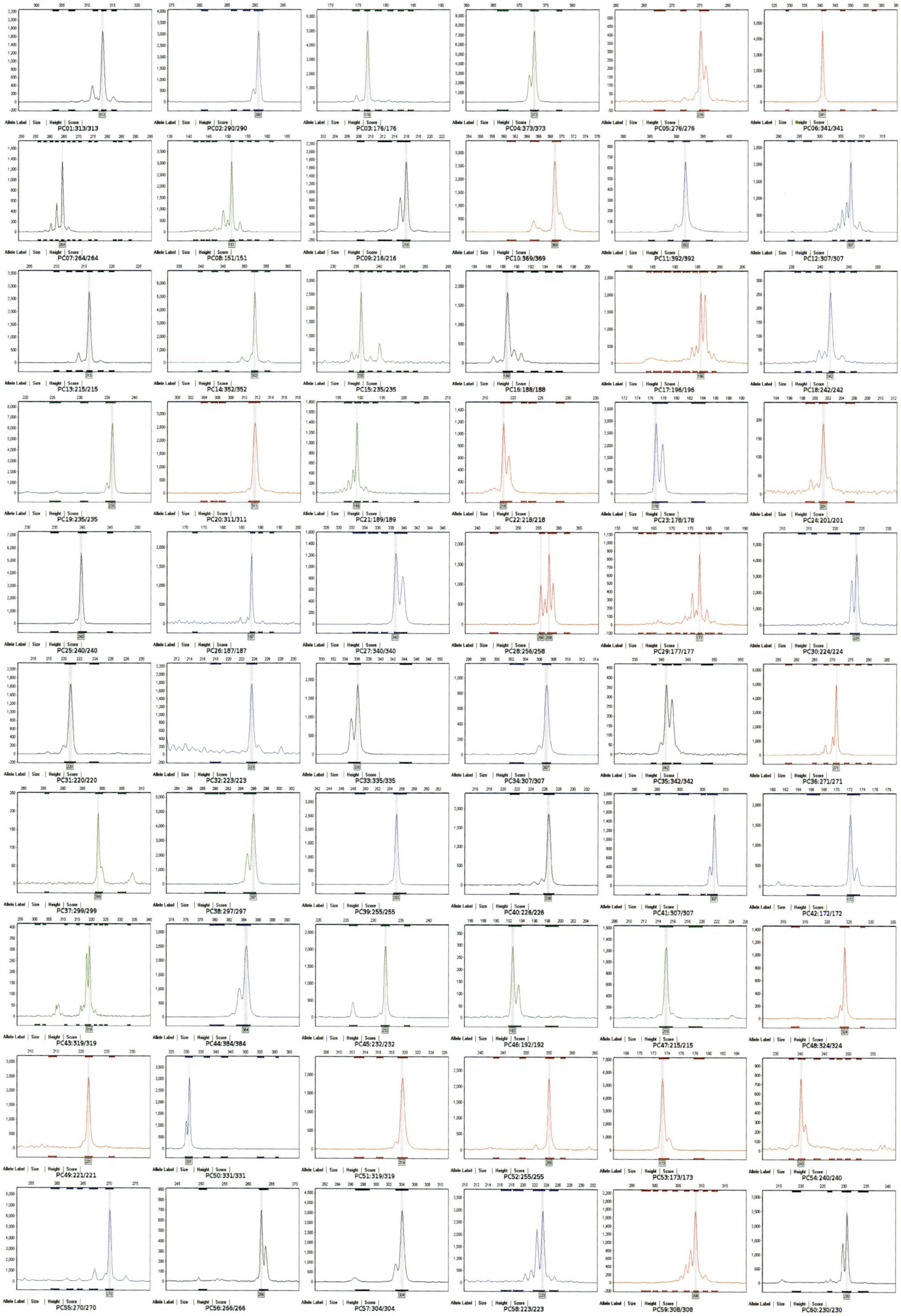

新陆中86号（新审棉2017年53号）

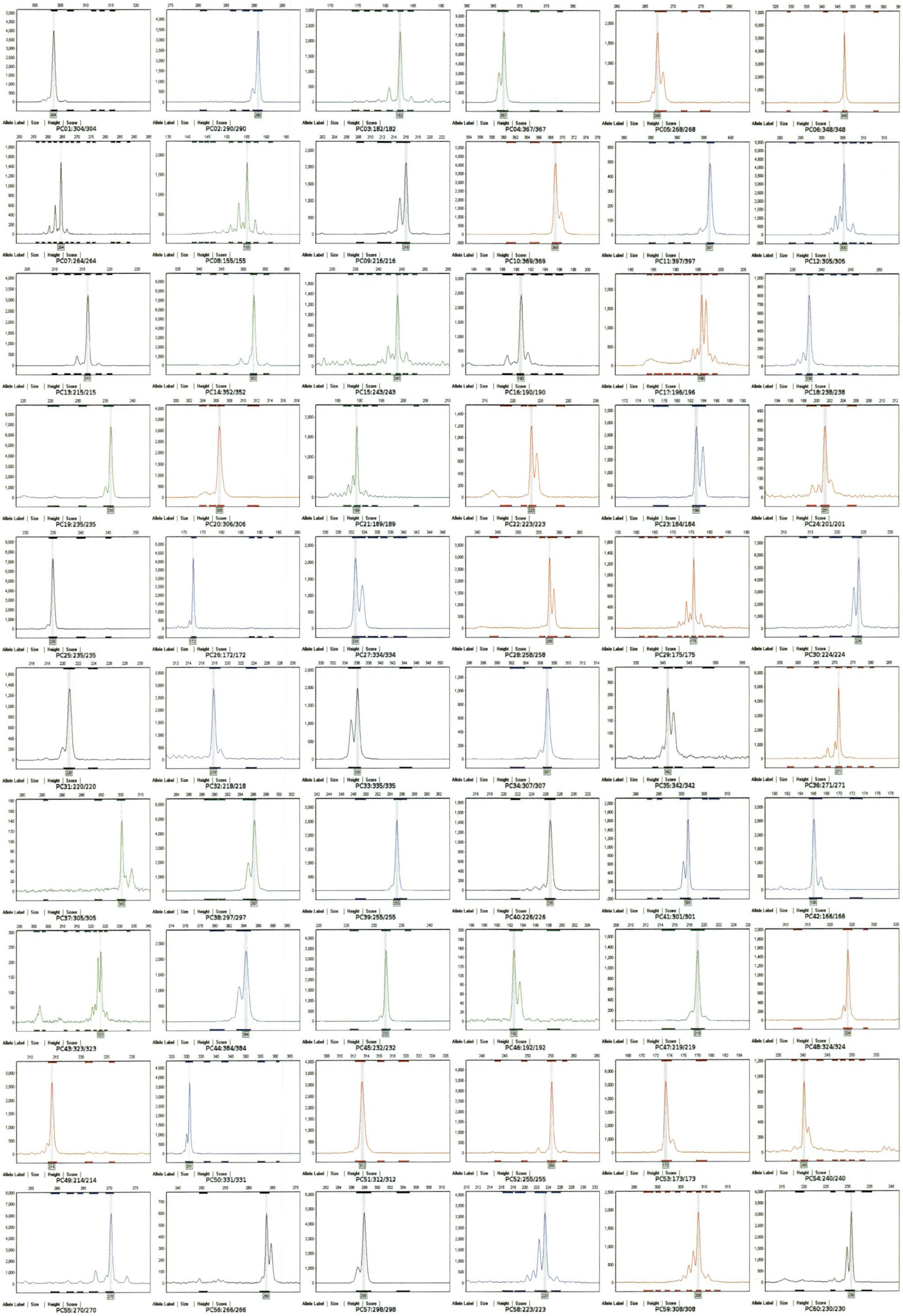

新陆中87号（新审棉2017年54号）

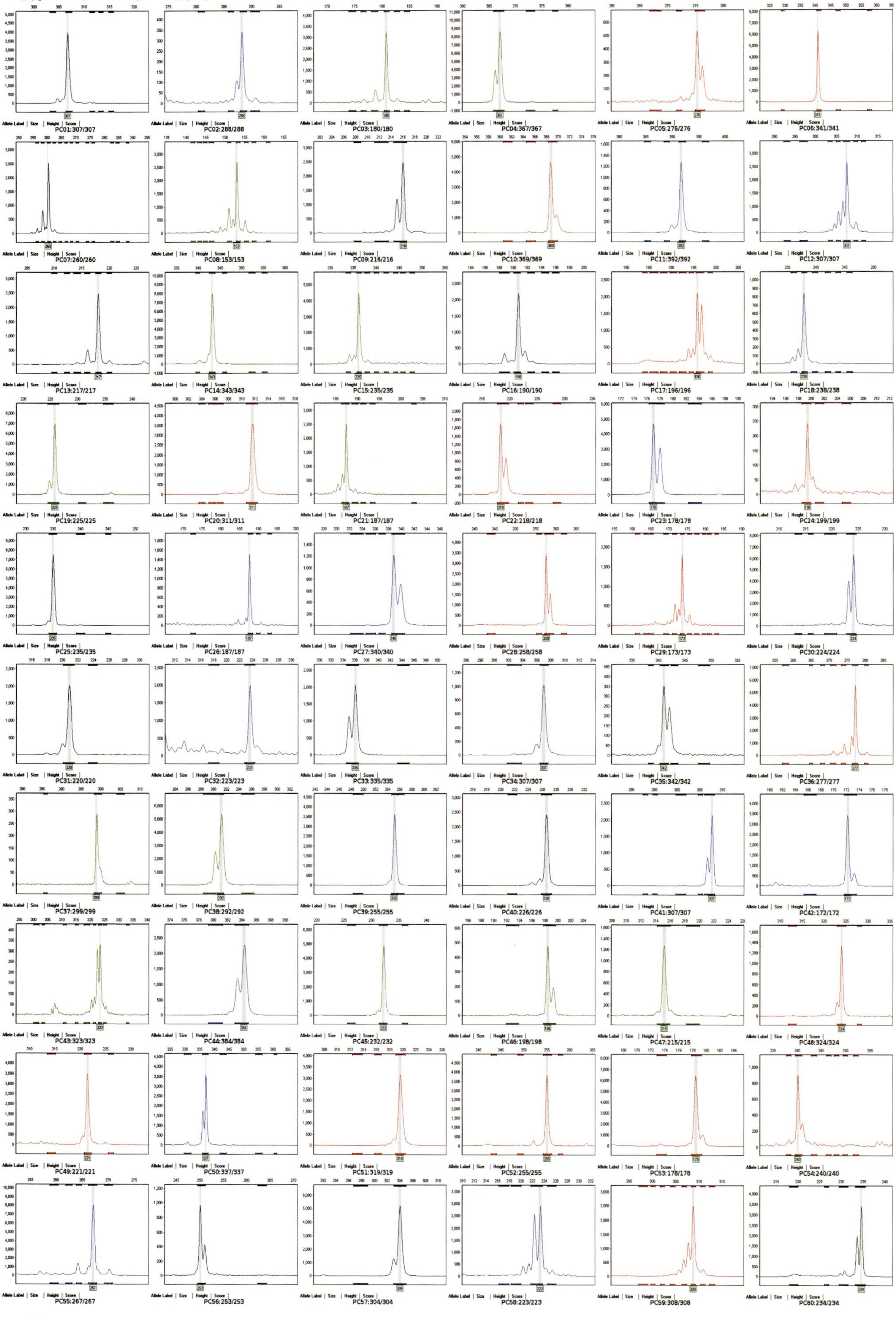

新陆中88号（新审棉2017年55号）

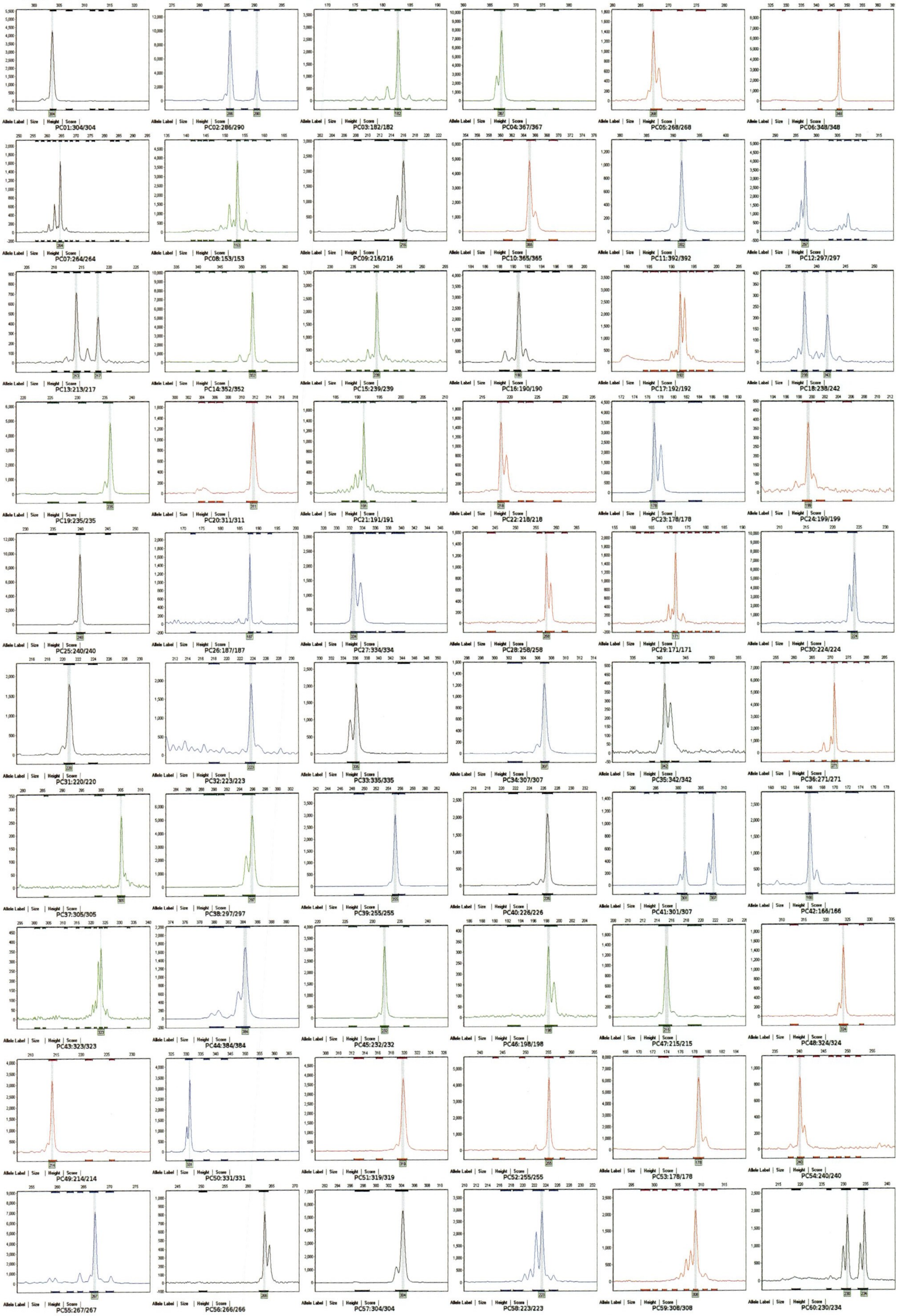

PC01:304/304 PC02:286/290 PC03:182/182 PC04:367/367 PC05:268/268 PC06:348/348
PC07:264/264 PC08:153/153 PC09:216/216 PC10:365/365 PC11:392/392 PC12:297/297
PC13:213/217 PC14:352/352 PC15:239/239 PC16:190/190 PC17:192/192 PC18:238/242
PC19:235/235 PC20:311/311 PC21:191/191 PC22:218/218 PC23:178/178 PC24:199/199
PC25:240/240 PC26:187/187 PC27:334/334 PC28:258/258 PC29:171/171 PC30:224/224
PC31:220/220 PC32:223/223 PC33:335/335 PC34:307/307 PC35:342/342 PC36:271/271
PC37:305/305 PC38:297/297 PC39:255/255 PC40:226/226 PC41:301/307 PC42:166/166
PC43:323/323 PC44:384/384 PC45:232/232 PC46:198/198 PC47:215/215 PC48:324/324
PC49:214/214 PC50:331/331 PC51:319/319 PC52:255/255 PC53:178/178 PC54:240/240
PC55:267/267 PC56:266/266 PC57:304/304 PC58:223/223 PC59:308/308 PC60:230/234

新海59号（新审棉2017年56号）

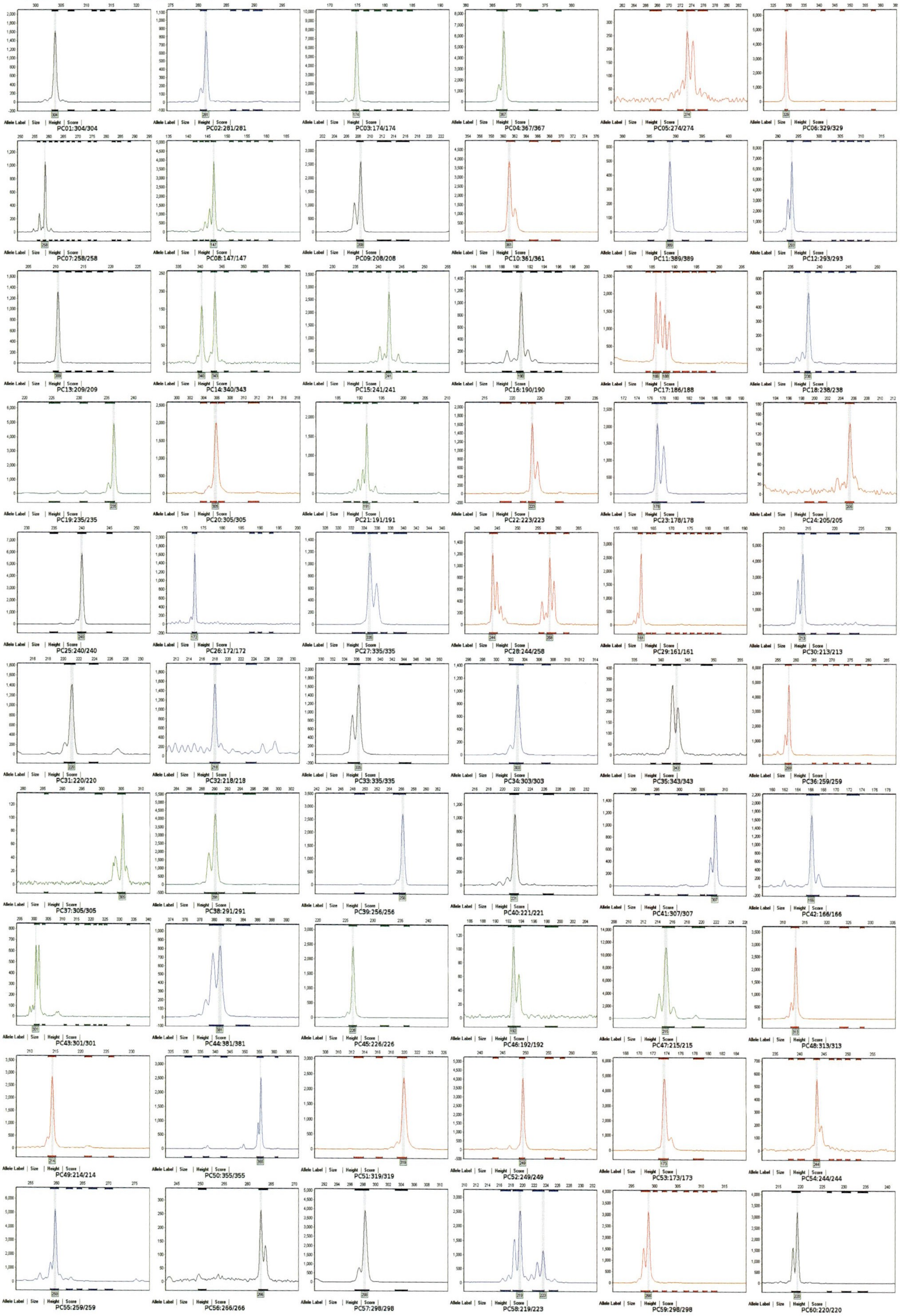

新海60号（新审棉2017年57号）

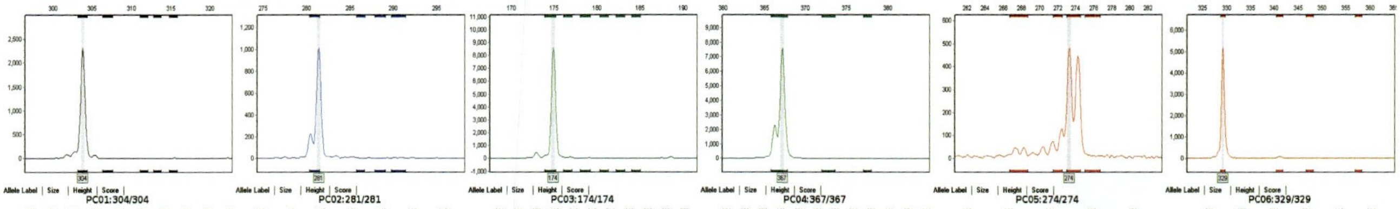

PC01:304/304 PC02:281/281 PC03:174/174 PC04:367/367 PC05:274/274 PC06:329/329

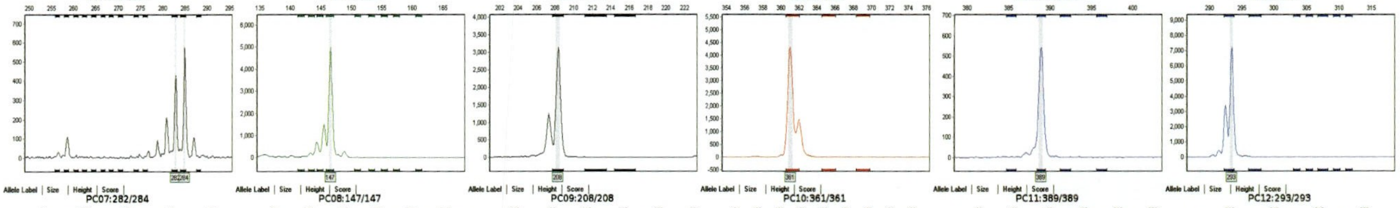

PC07:282/284 PC08:147/147 PC09:208/208 PC10:361/361 PC11:389/389 PC12:293/293

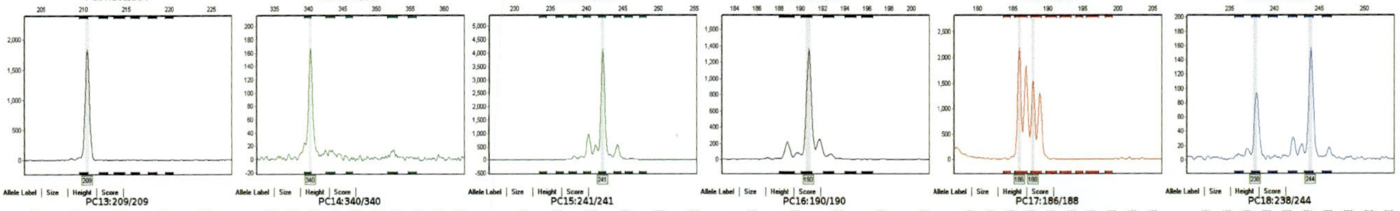

PC13:209/209 PC14:340/340 PC15:241/241 PC16:190/190 PC17:186/188 PC18:238/244

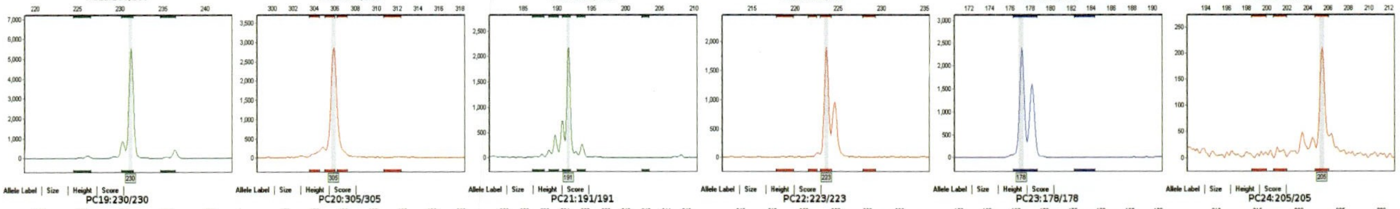

PC19:230/230 PC20:305/305 PC21:191/191 PC22:223/223 PC23:178/178 PC24:205/205

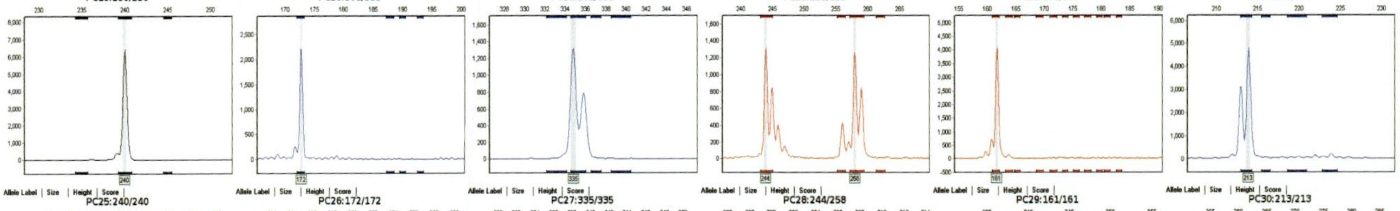

PC25:240/240 PC26:172/172 PC27:335/335 PC28:244/258 PC29:161/161 PC30:213/213

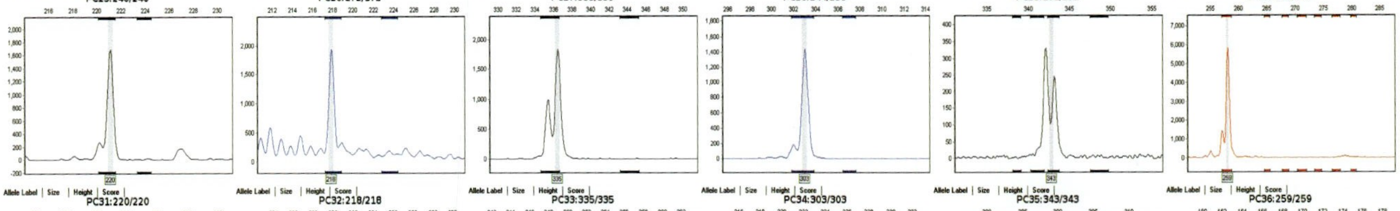

PC31:220/220 PC32:218/218 PC33:335/335 PC34:303/303 PC35:343/343 PC36:259/259

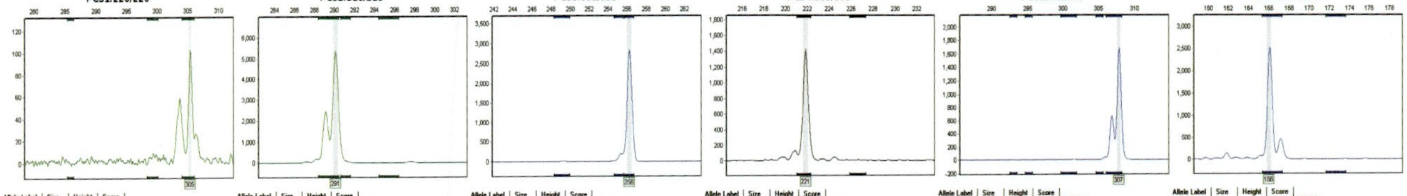

PC37:305/305 PC38:291/291 PC39:256/256 PC40:221/221 PC41:307/307 PC42:166/166

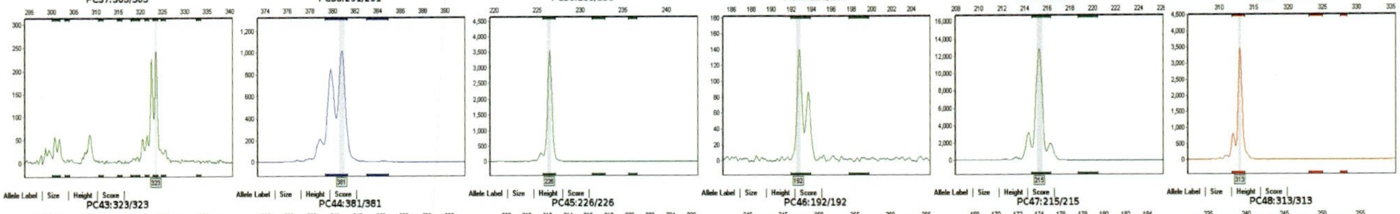

PC43:323/323 PC44:381/381 PC45:226/226 PC46:192/192 PC47:215/215 PC48:313/313

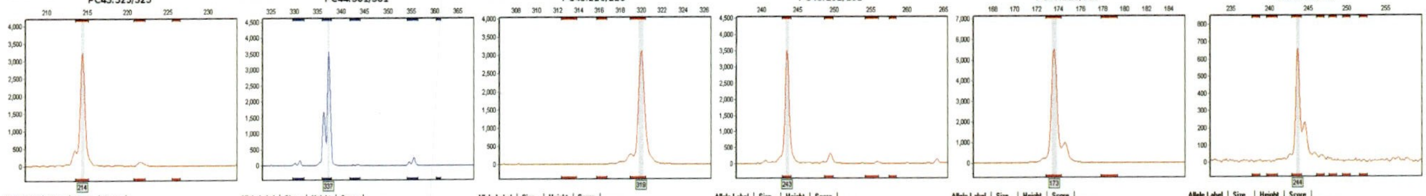

PC49:214/214 PC50:337/337 PC51:319/319 PC52:243/243 PC53:173/173 PC54:244/244

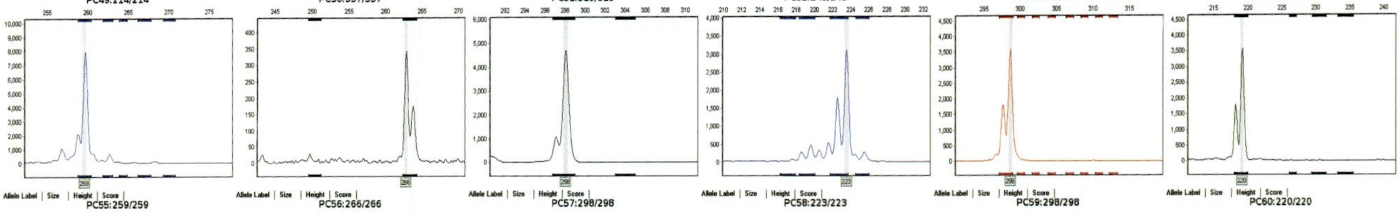

PC55:259/259 PC56:266/266 PC57:298/298 PC58:223/223 PC59:298/298 PC60:220/220

新海61号（新审棉2017年58号）

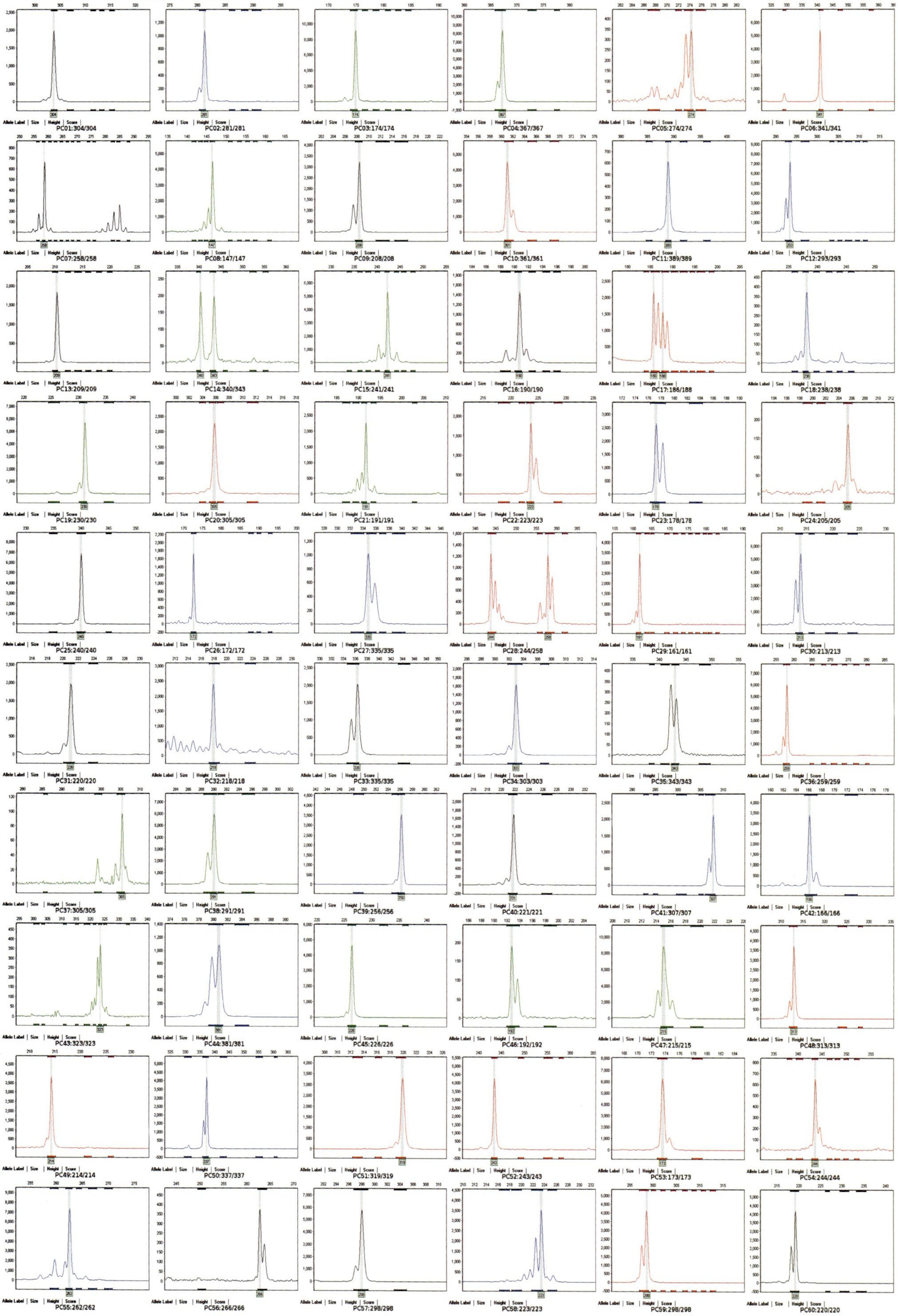

新海62号（新审棉2017年59号）

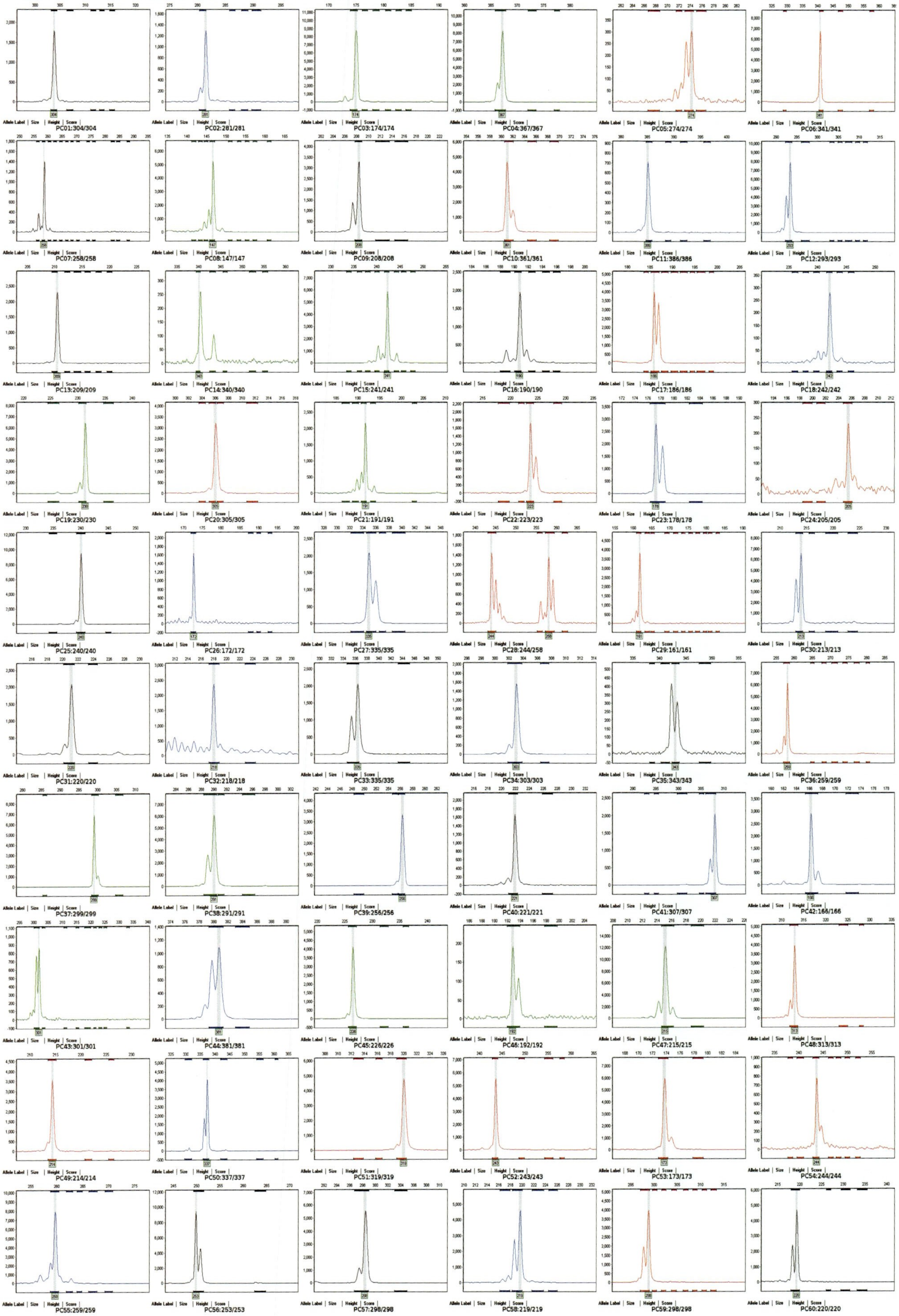

新海63号（新审棉2017年60号）

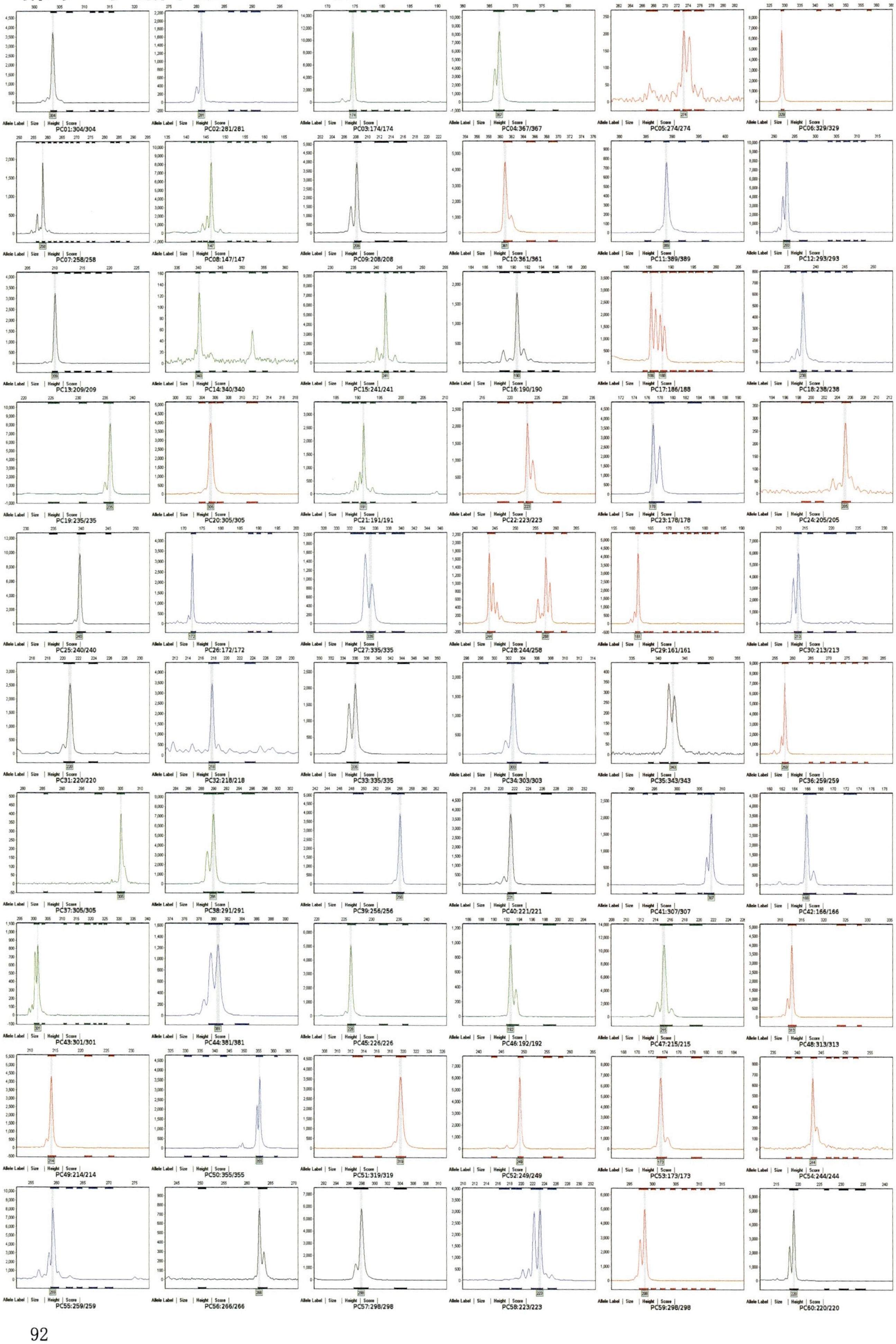

新彩28号（新审棉2017年61号）

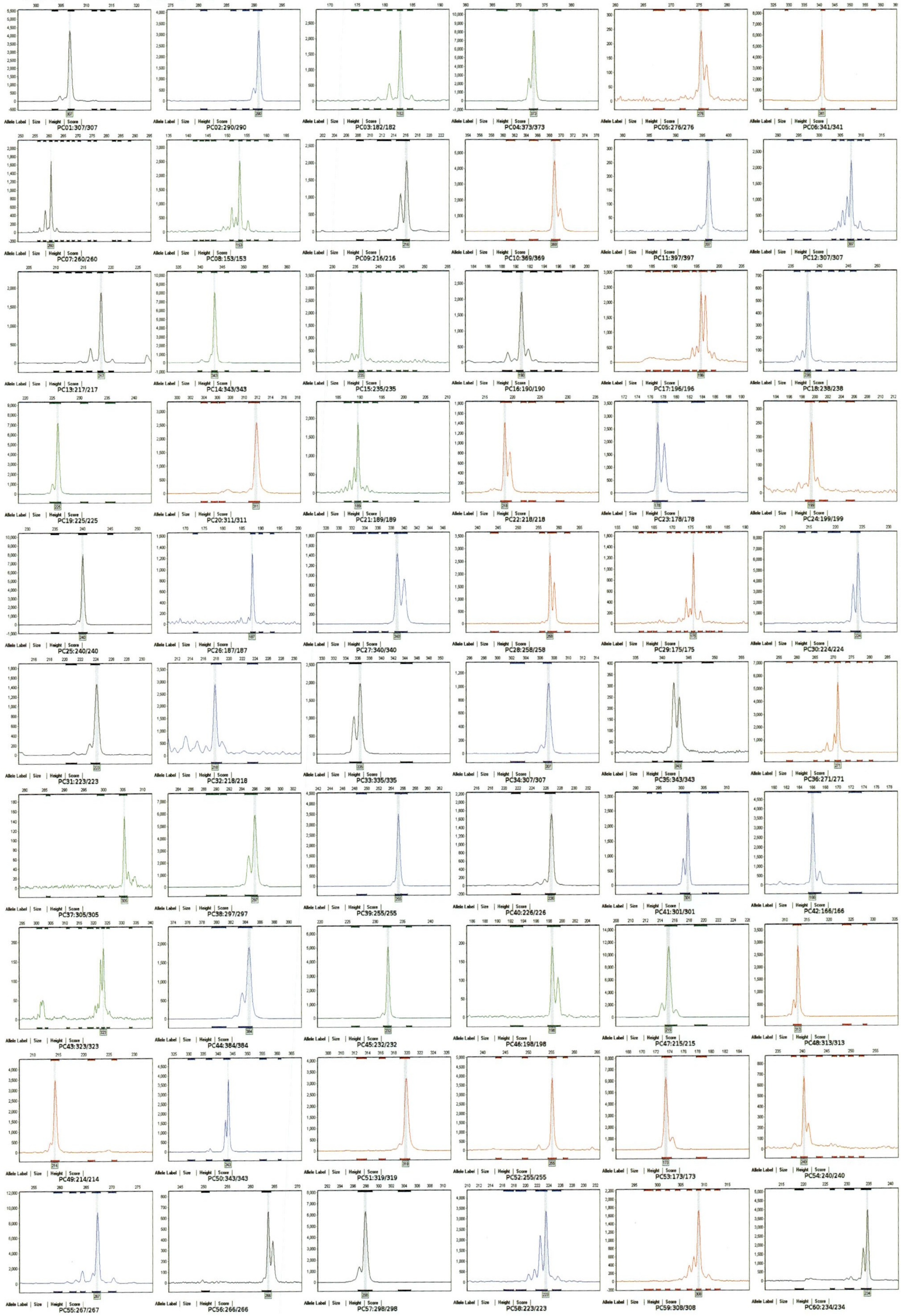

新陆早74号（新审棉2016年24号）

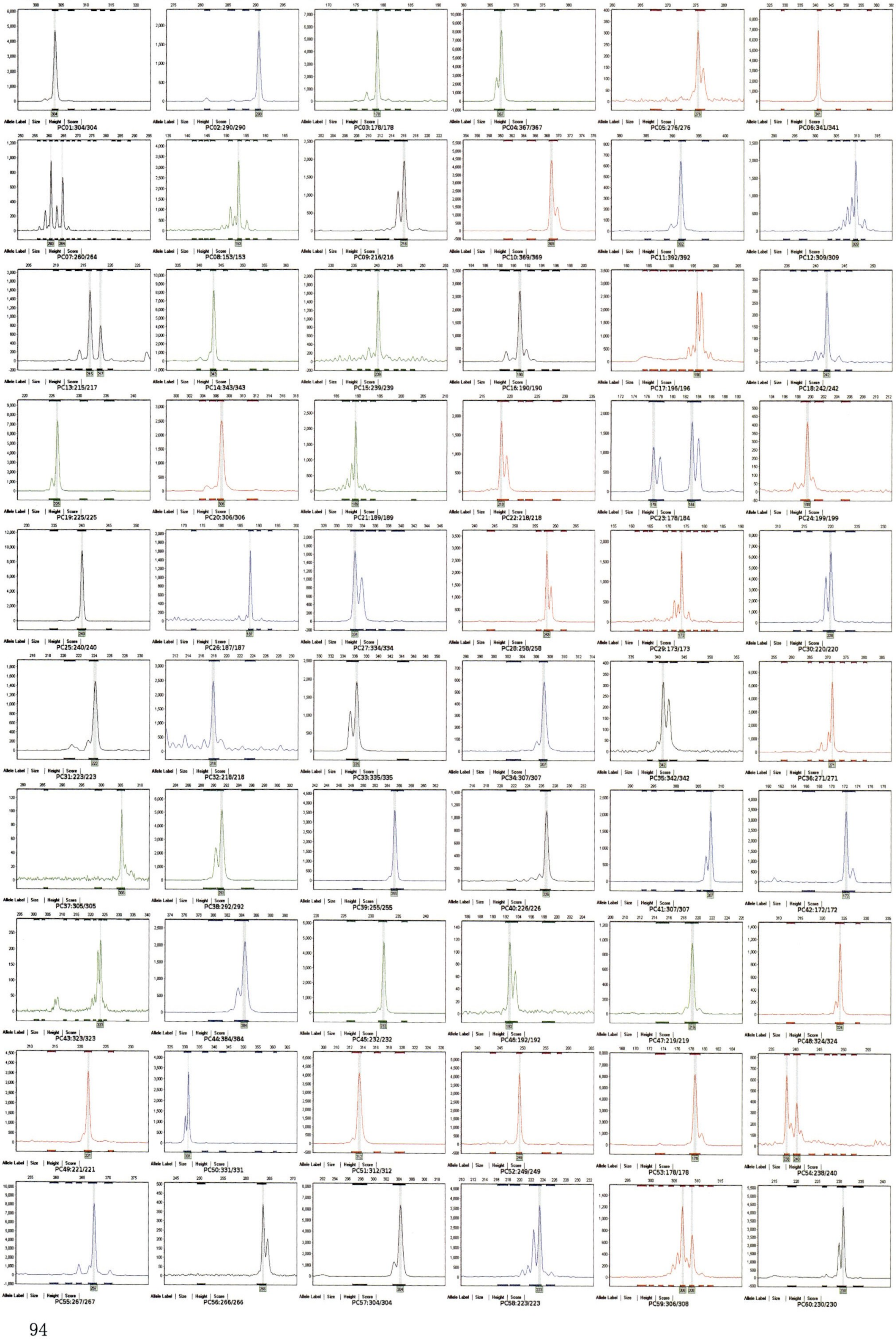

新陆早75号（新审棉2016年25号）

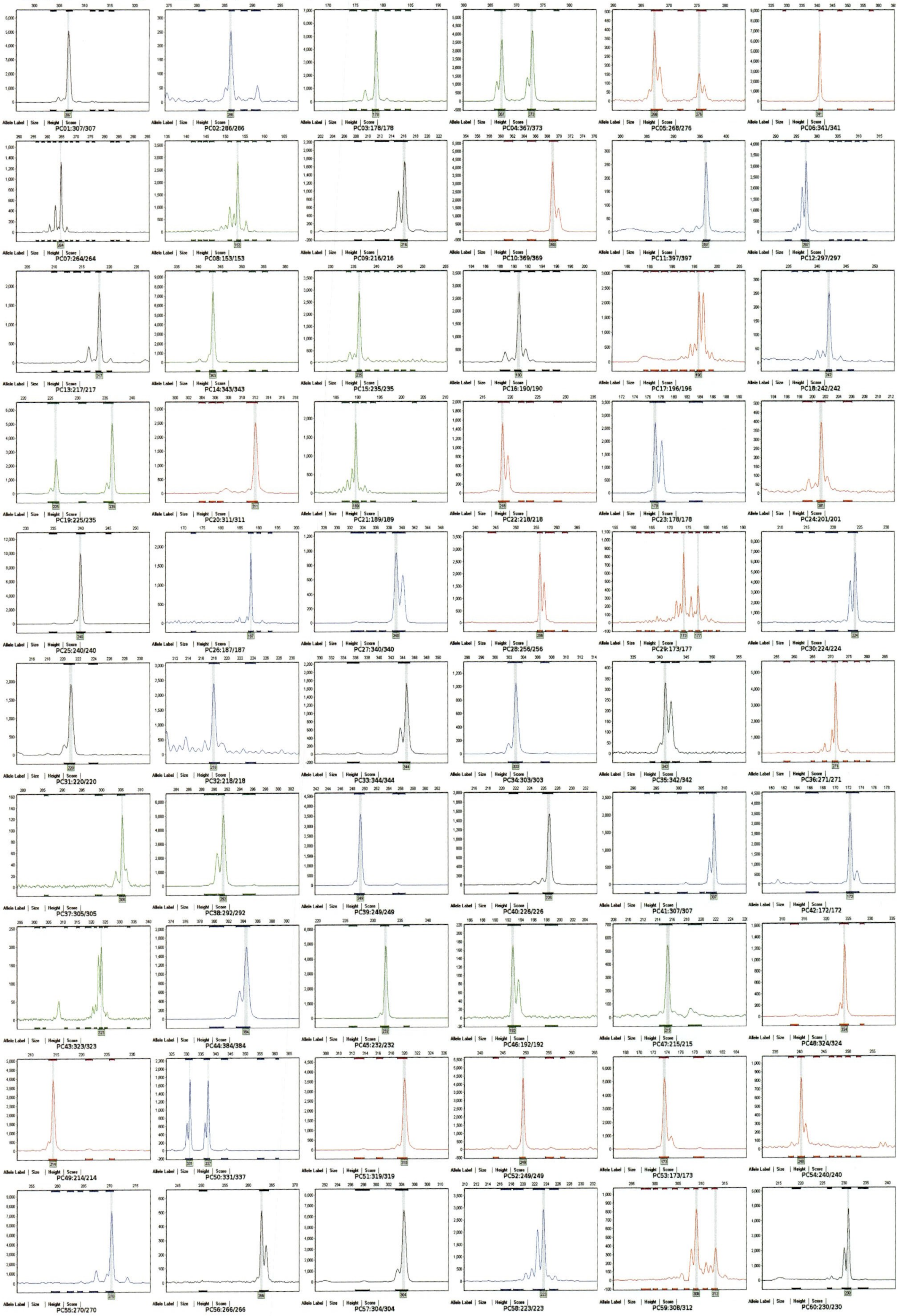

新陆早76号（新审棉2016年26号）

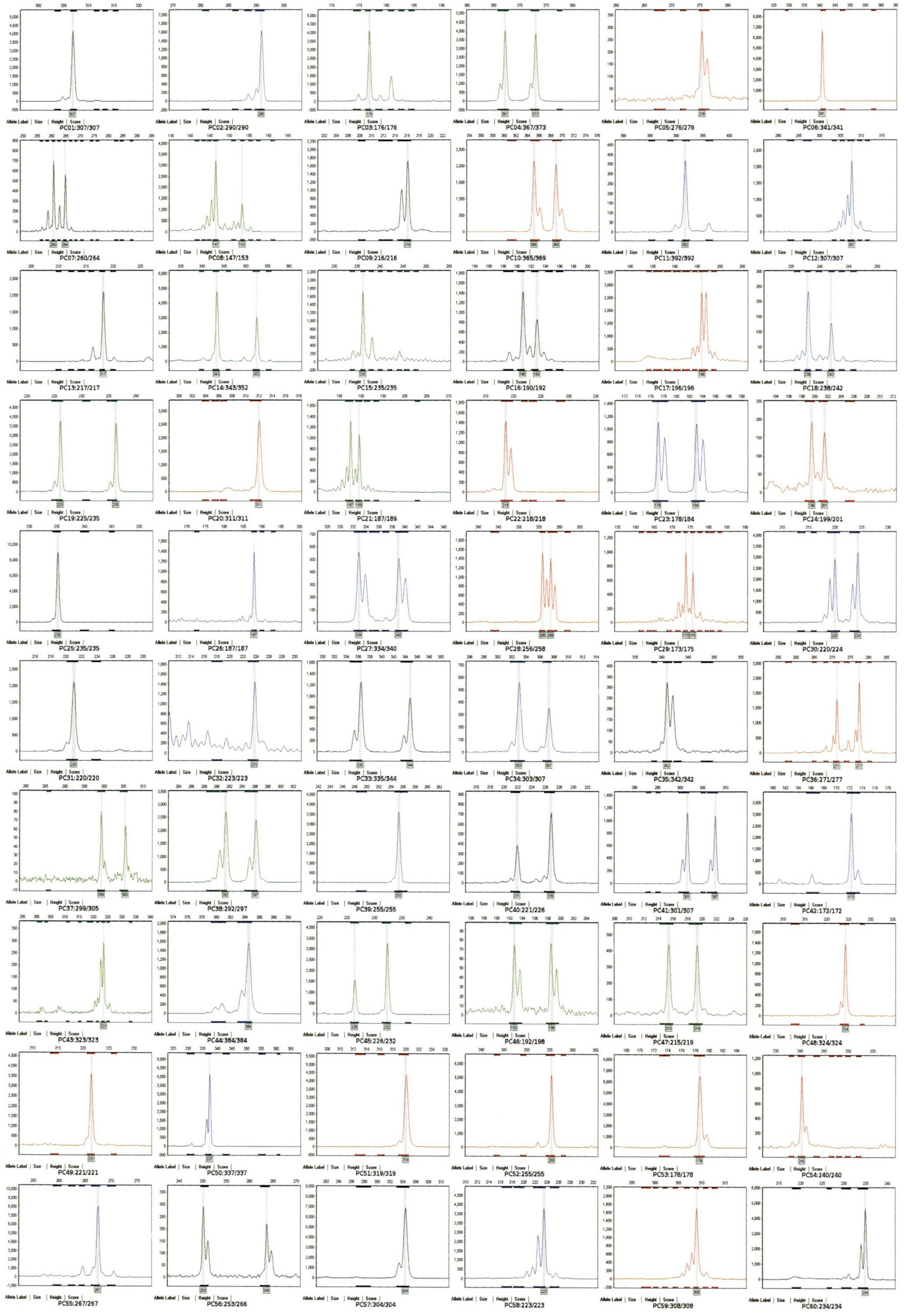

新陆中78号（新审棉2016年27号）

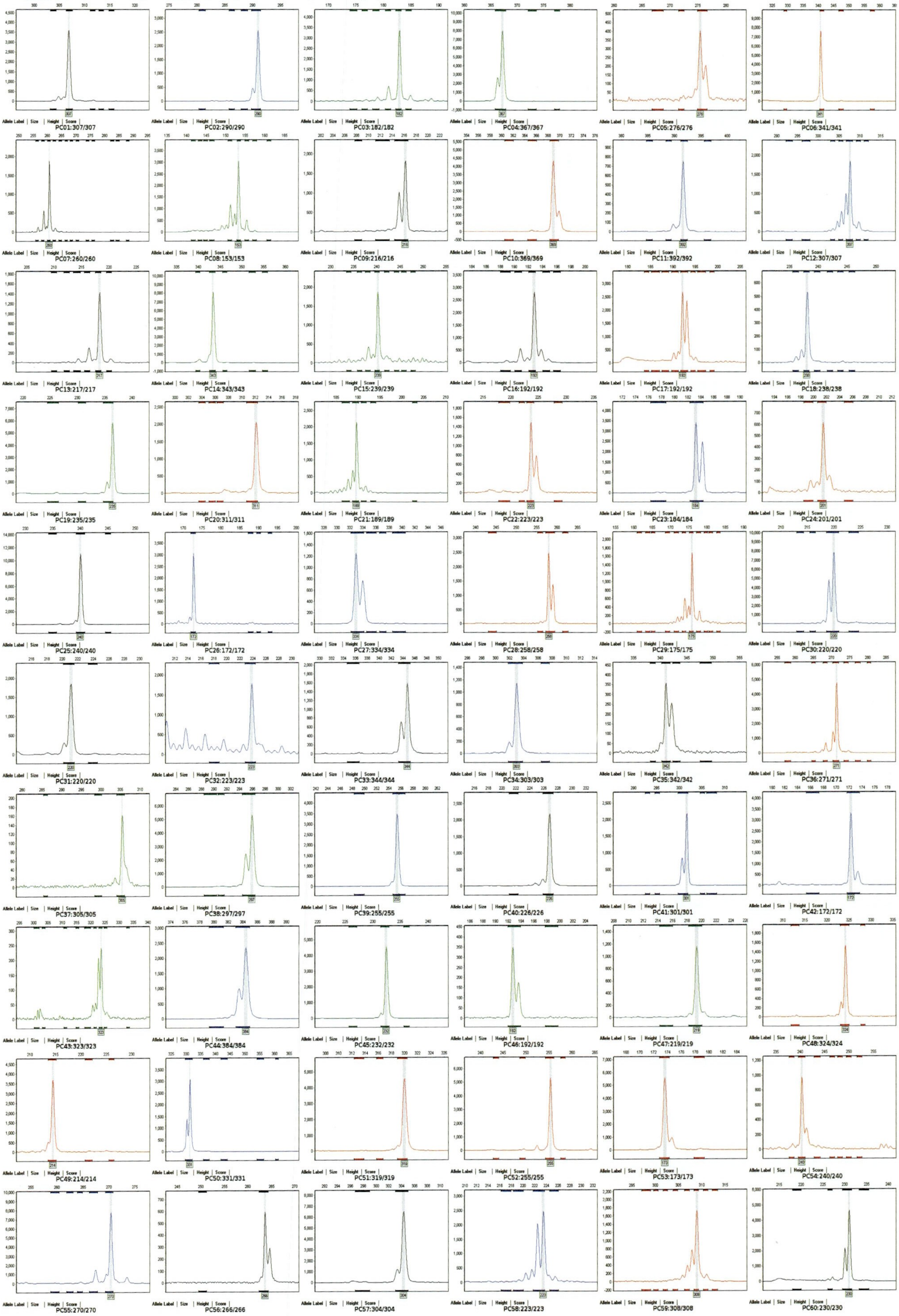

新陆中79号（新审棉2016年28号）

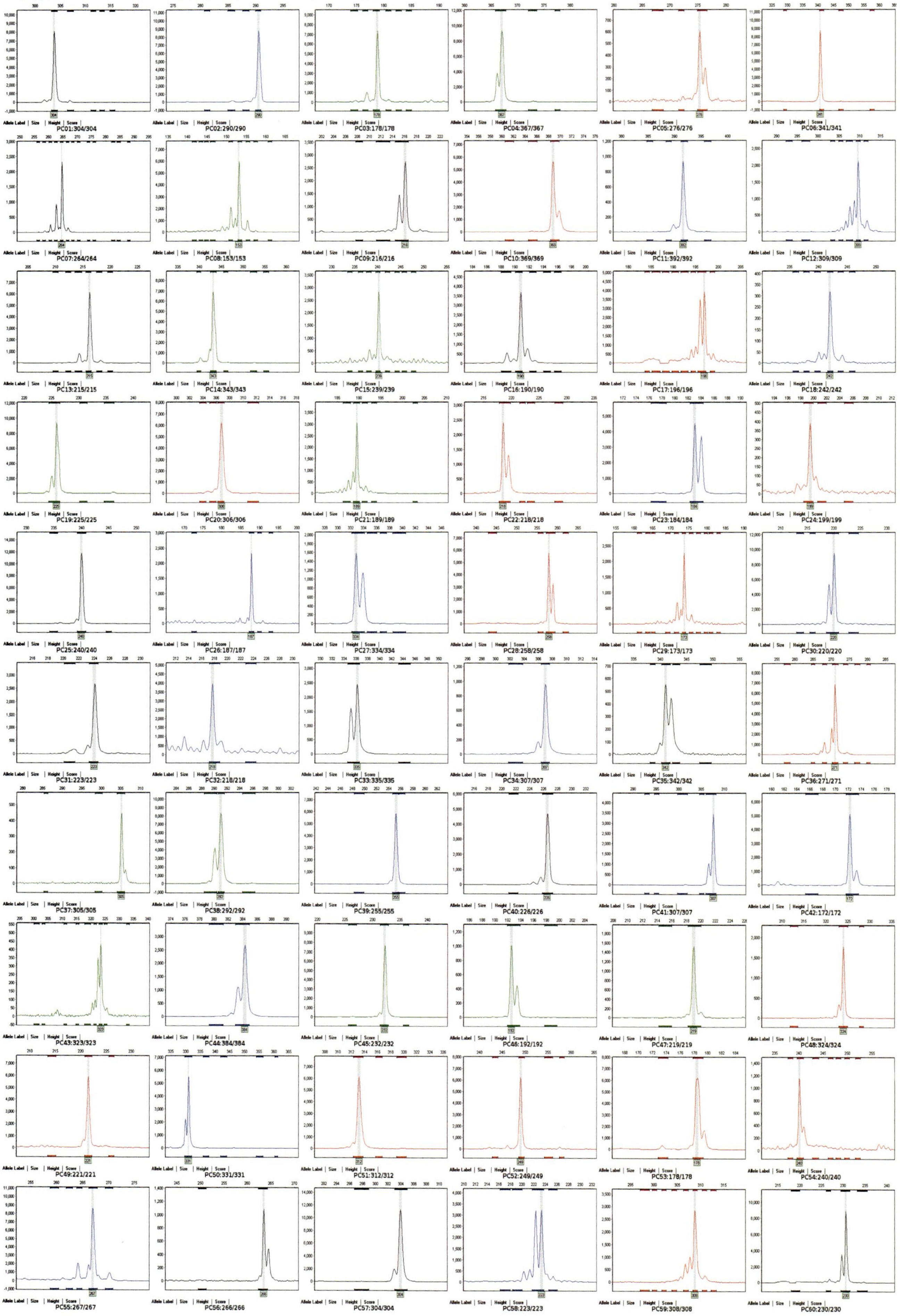

新陆中80号（新审棉2016年29号）

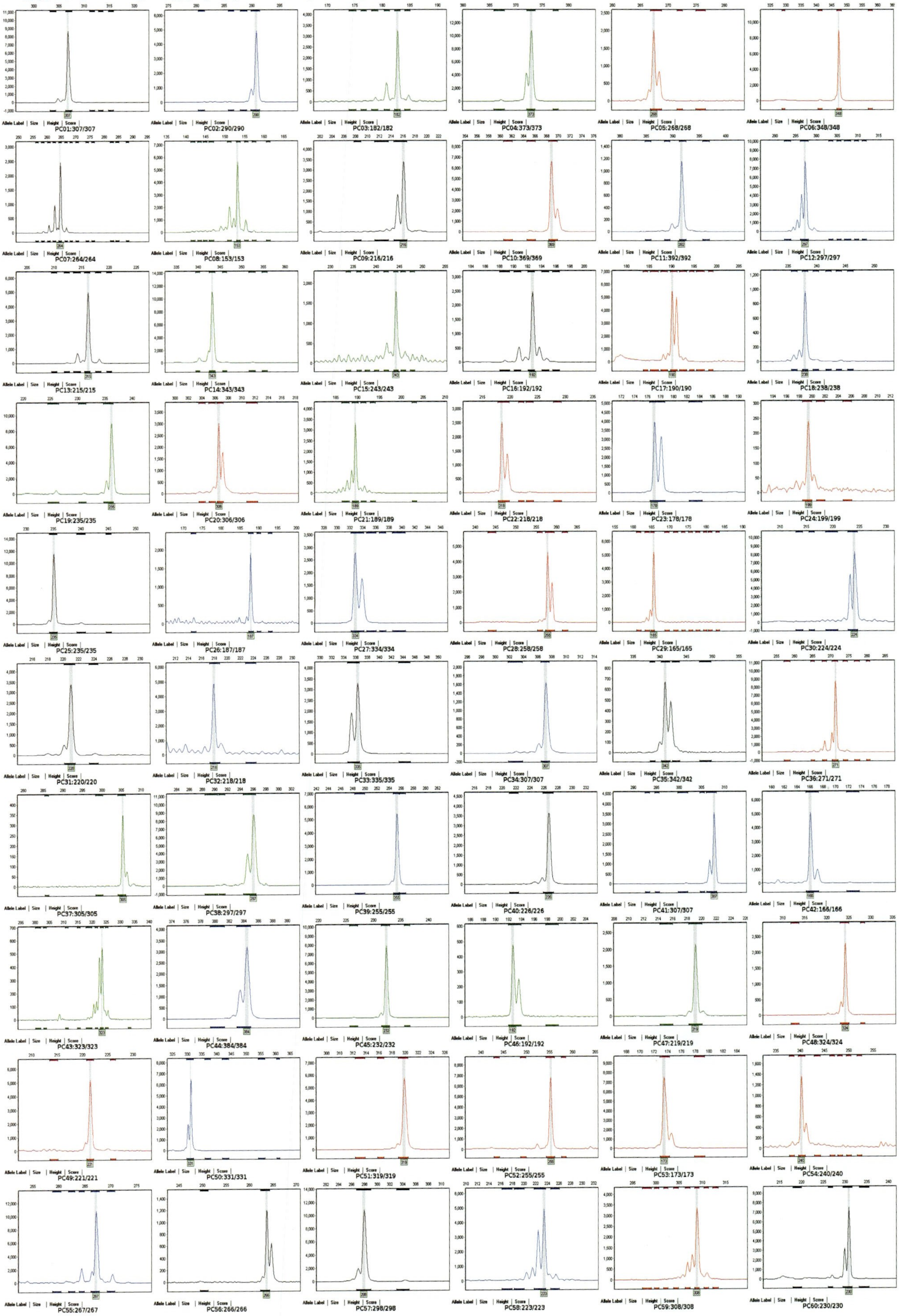

新陆中81号（新审棉2016年30号）

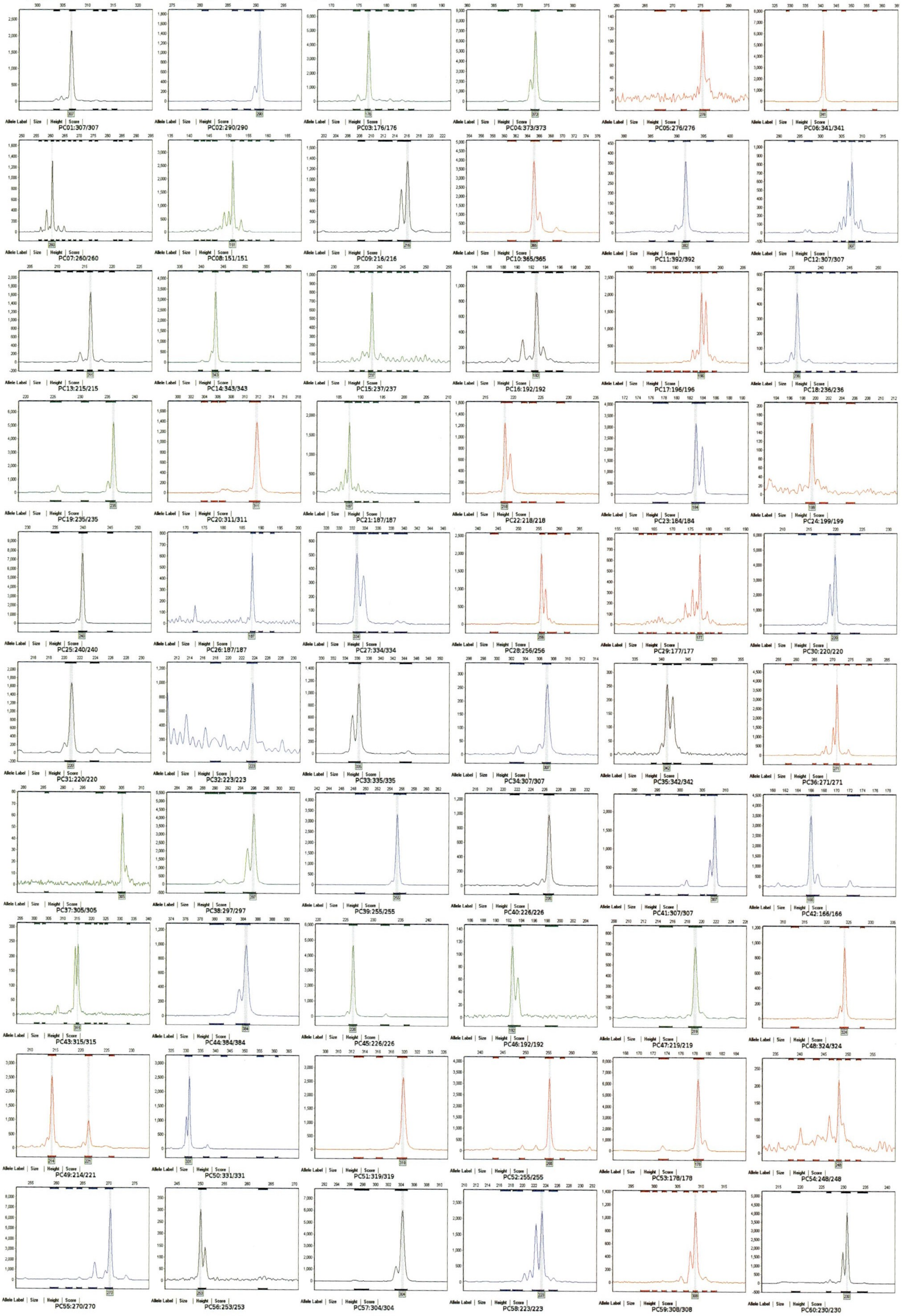

新海55号（新审棉2016年31号）

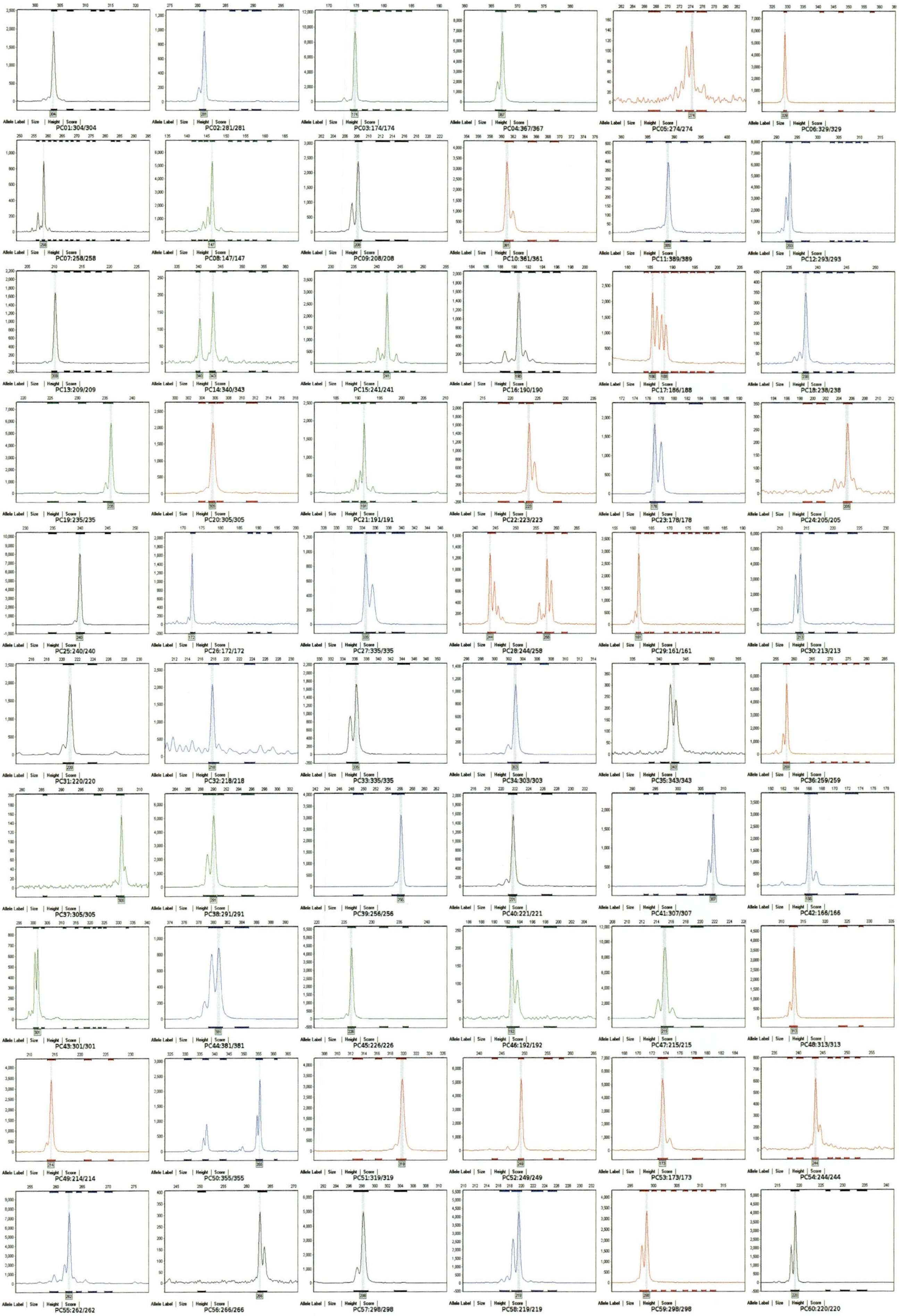

新海56号（新审棉2016年32号）

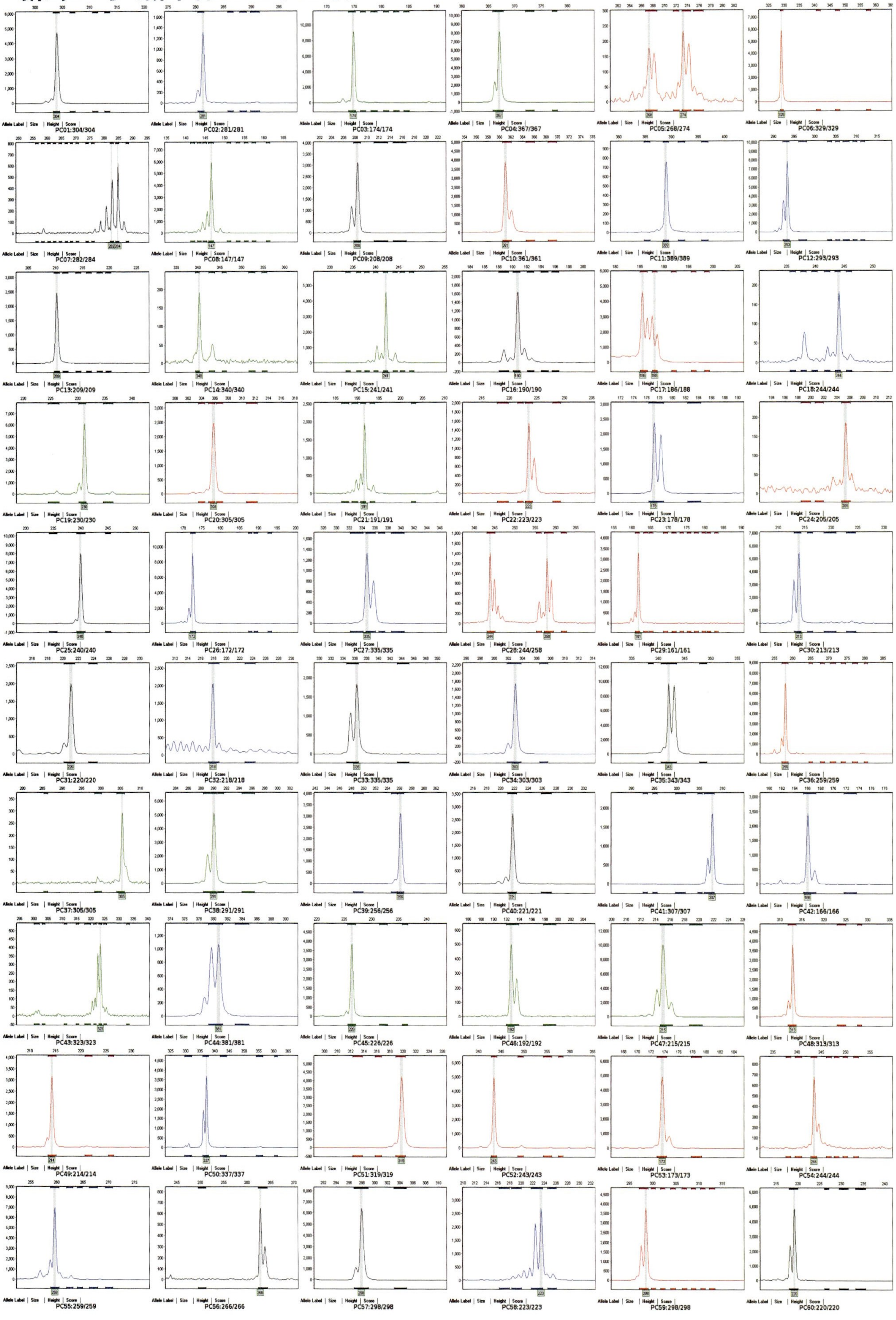

新海57号（新审棉2016年33号）

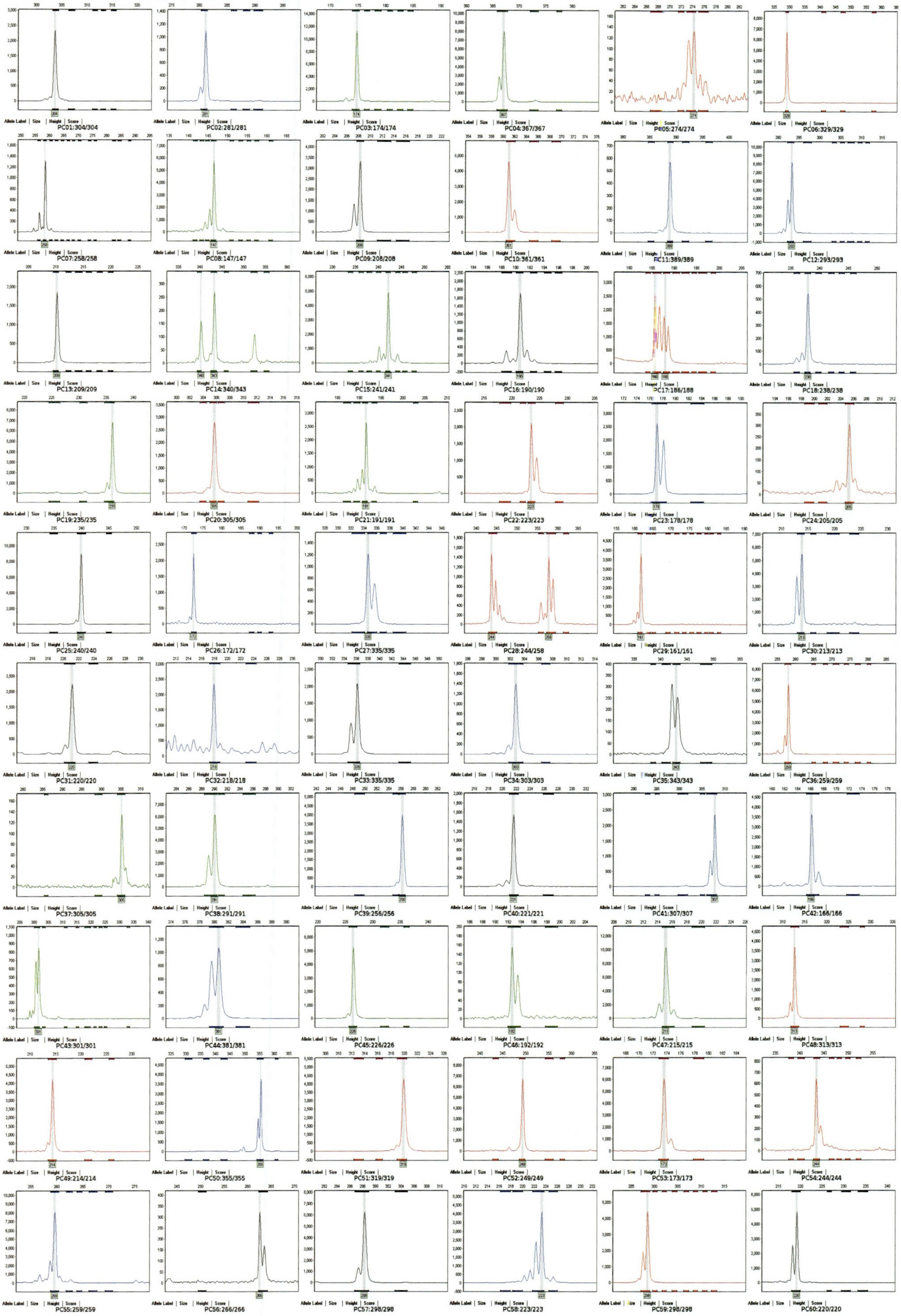

新海58号（新审棉2016年34号）

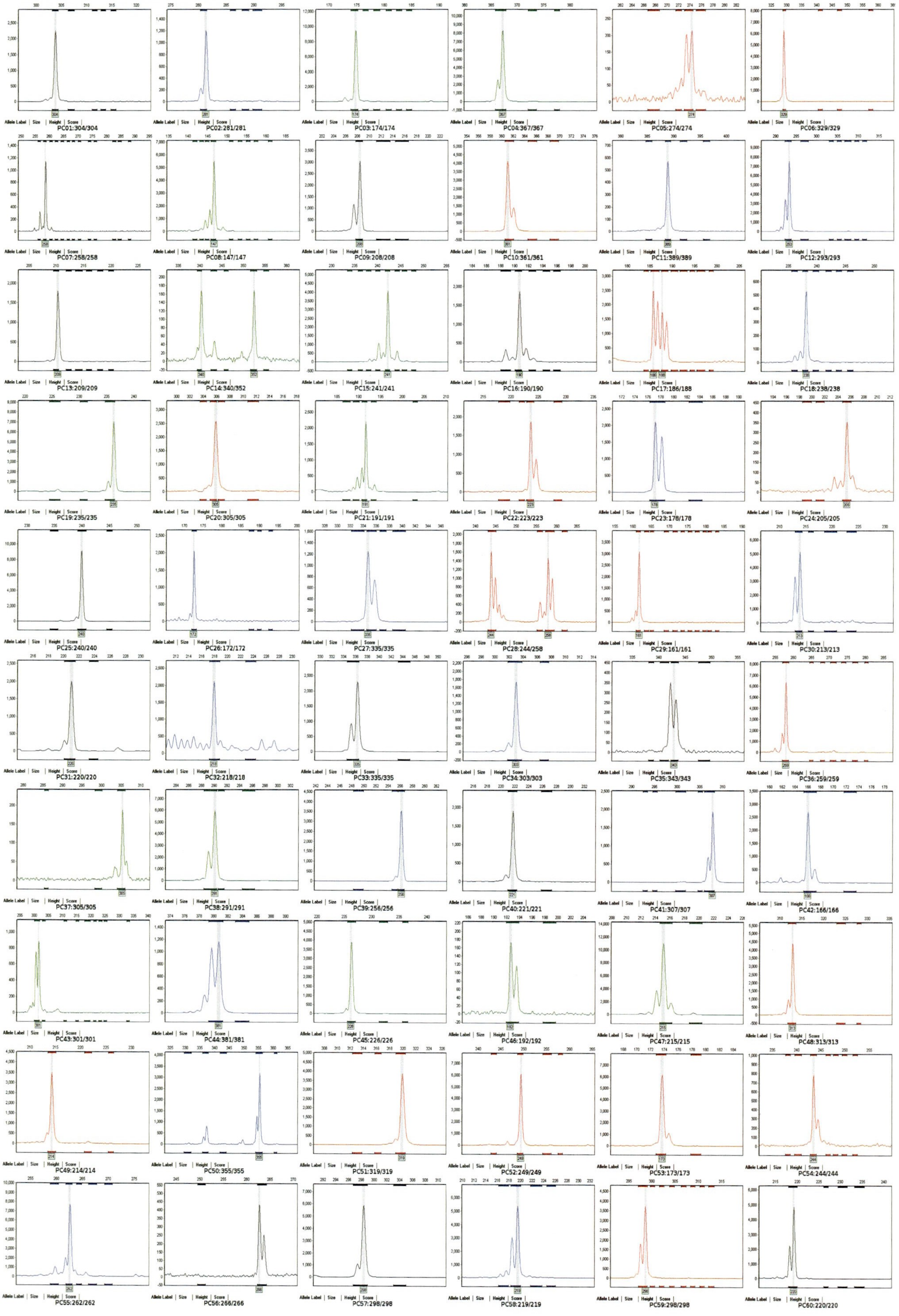

新陆早68号（新审棉2015年30号）

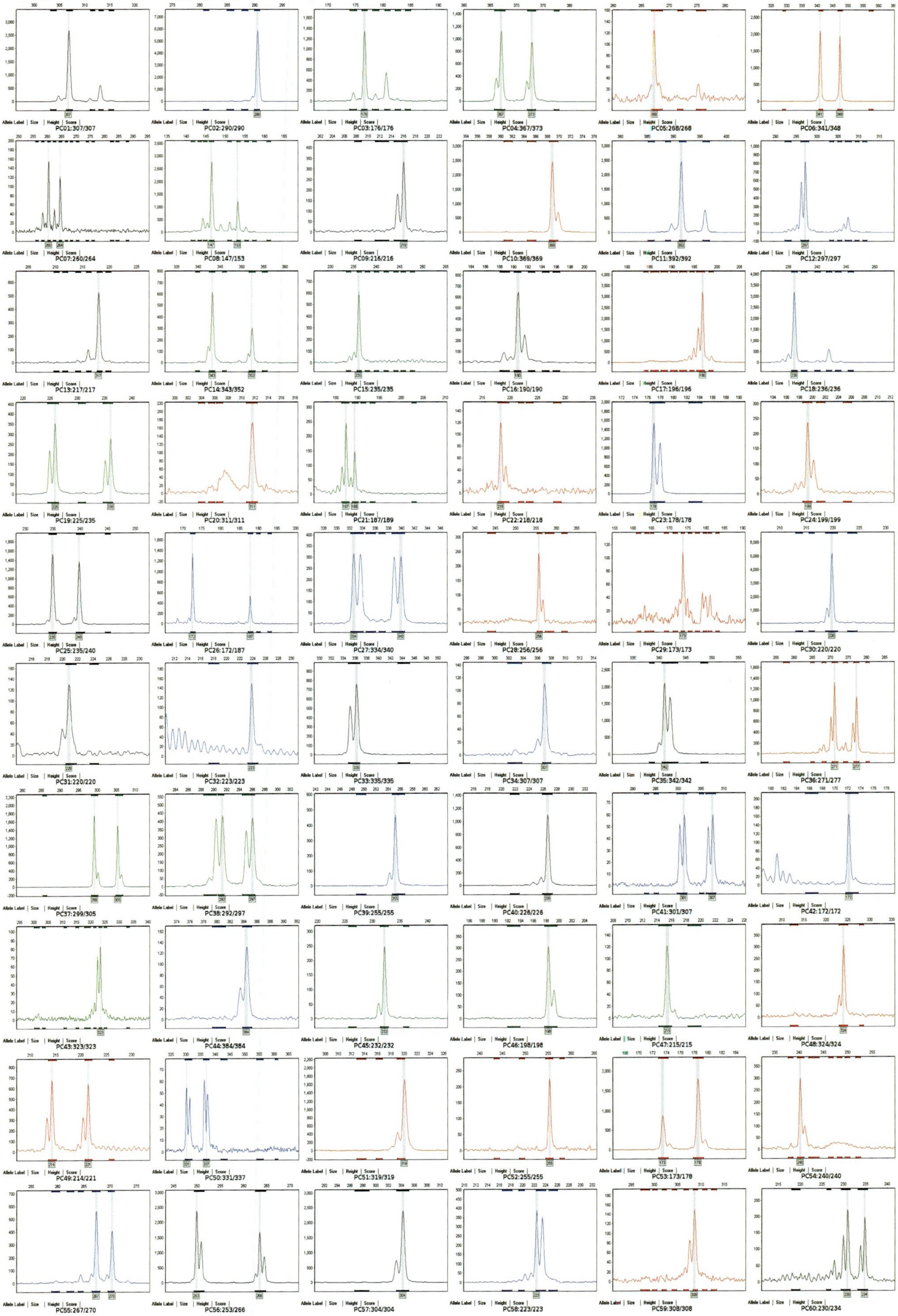

PC01:307/307 PC02:290/290 PC03:176/176 PC04:367/373 PC05:268/268 PC06:341/348

PC07:260/264 PC08:147/153 PC09:216/216 PC10:369/369 PC11:392/392 PC12:297/297

PC13:217/217 PC14:343/352 PC15:235/235 PC16:190/190 PC17:196/196 PC18:236/236

PC19:225/235 PC20:311/311 PC21:187/189 PC22:218/218 PC23:178/178 PC24:199/199

PC25:235/240 PC26:172/187 PC27:334/340 PC28:256/256 PC29:173/173 PC30:220/220

PC31:220/220 PC32:223/223 PC33:335/335 PC34:307/307 PC35:342/342 PC36:271/277

PC37:299/305 PC38:292/297 PC39:255/255 PC40:226/226 PC41:301/307 PC42:172/172

PC43:323/323 PC44:384/384 PC45:232/232 PC46:198/198 PC47:215/215 PC48:324/324

PC49:214/221 PC50:331/337 PC51:319/319 PC52:255/255 PC53:173/178 PC54:240/240

PC55:267/270 PC56:253/266 PC57:304/304 PC58:223/223 PC59:308/308 PC60:230/234

新陆早69号（新审棉2015年31号）

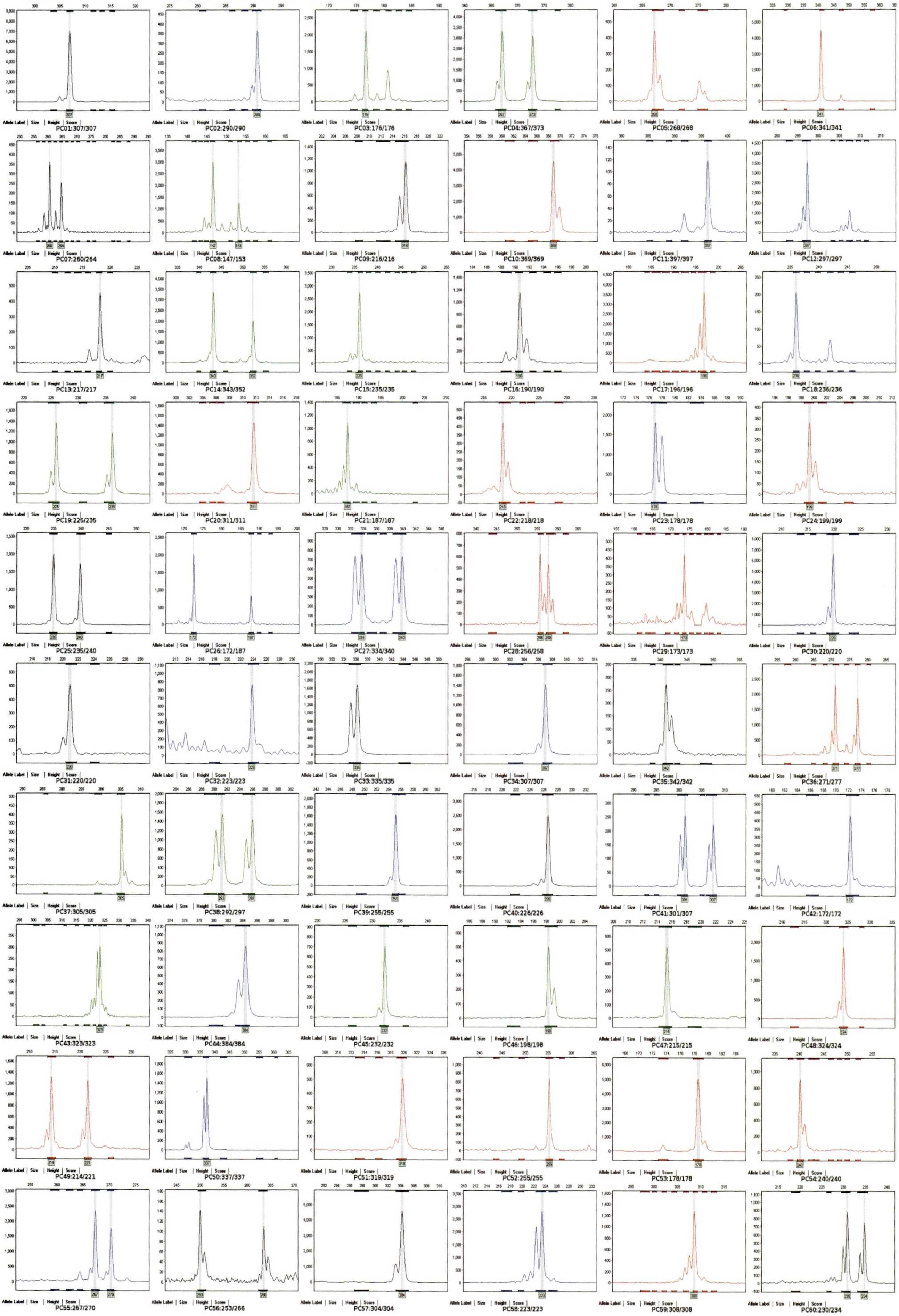

新陆早70号（新审棉2015年32号）

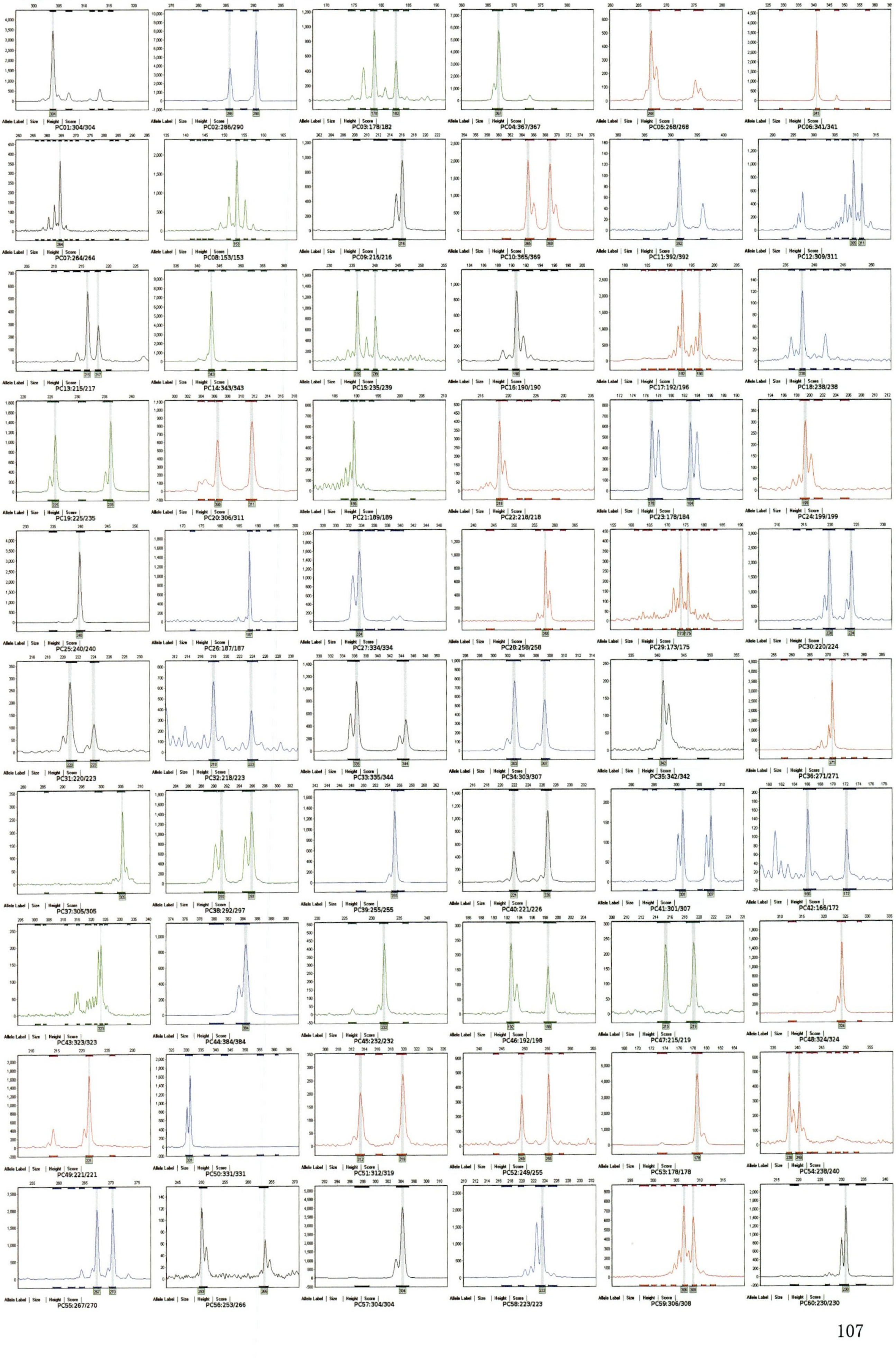

新陆早72号（新审棉2015年34号）

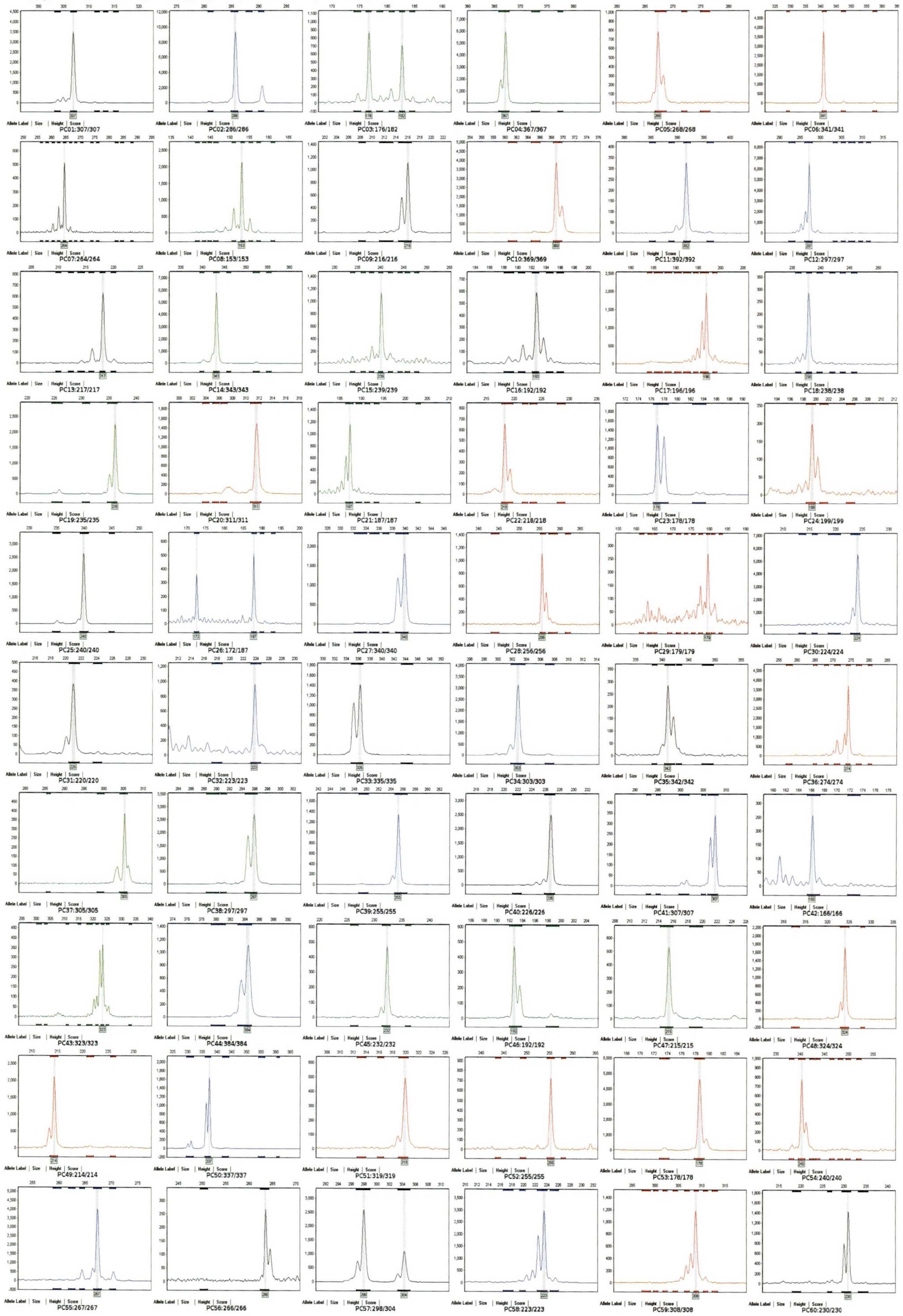

新陆早73号（新审棉2015年35号）

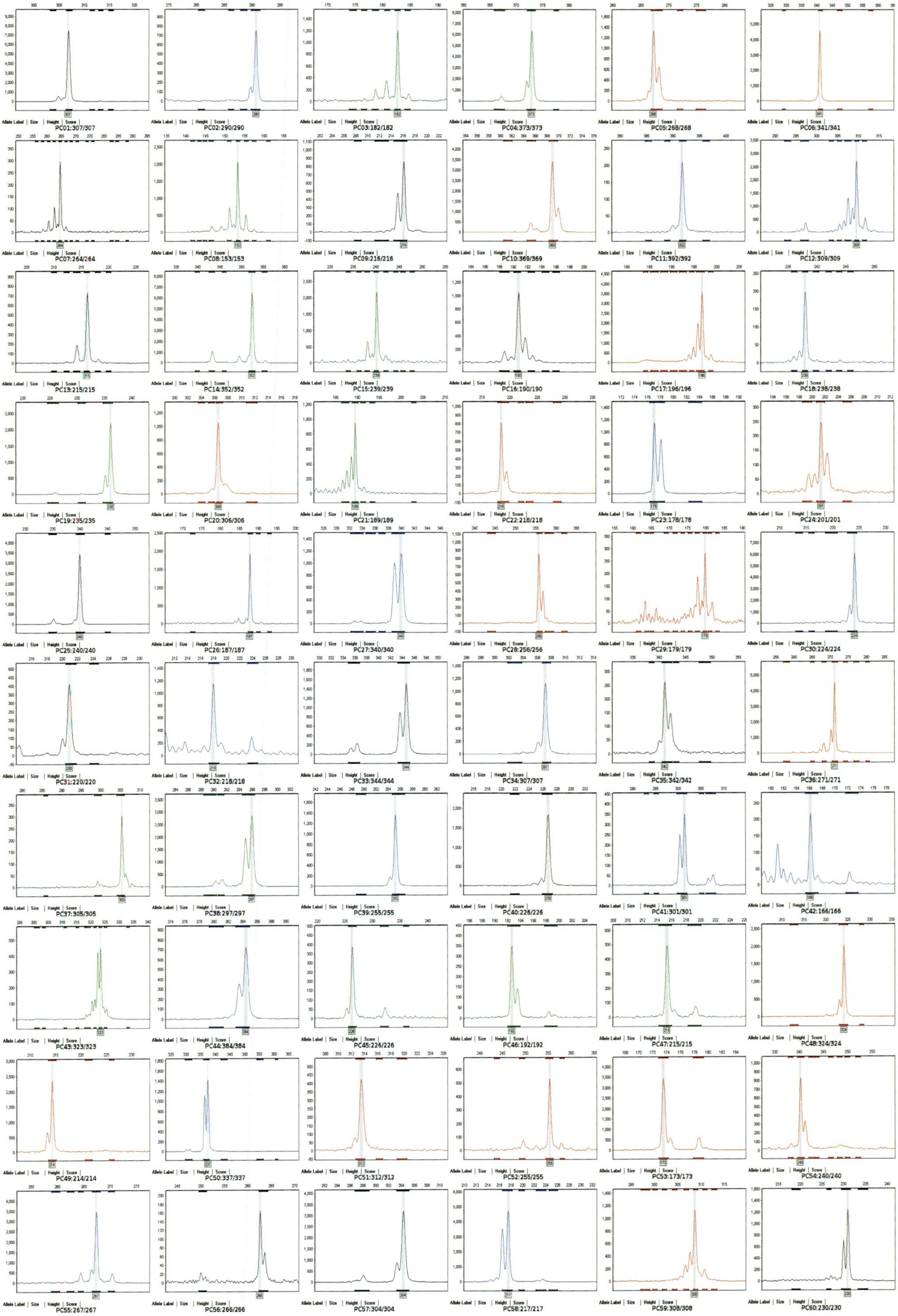

新陆中77号（新审棉2015年36号）

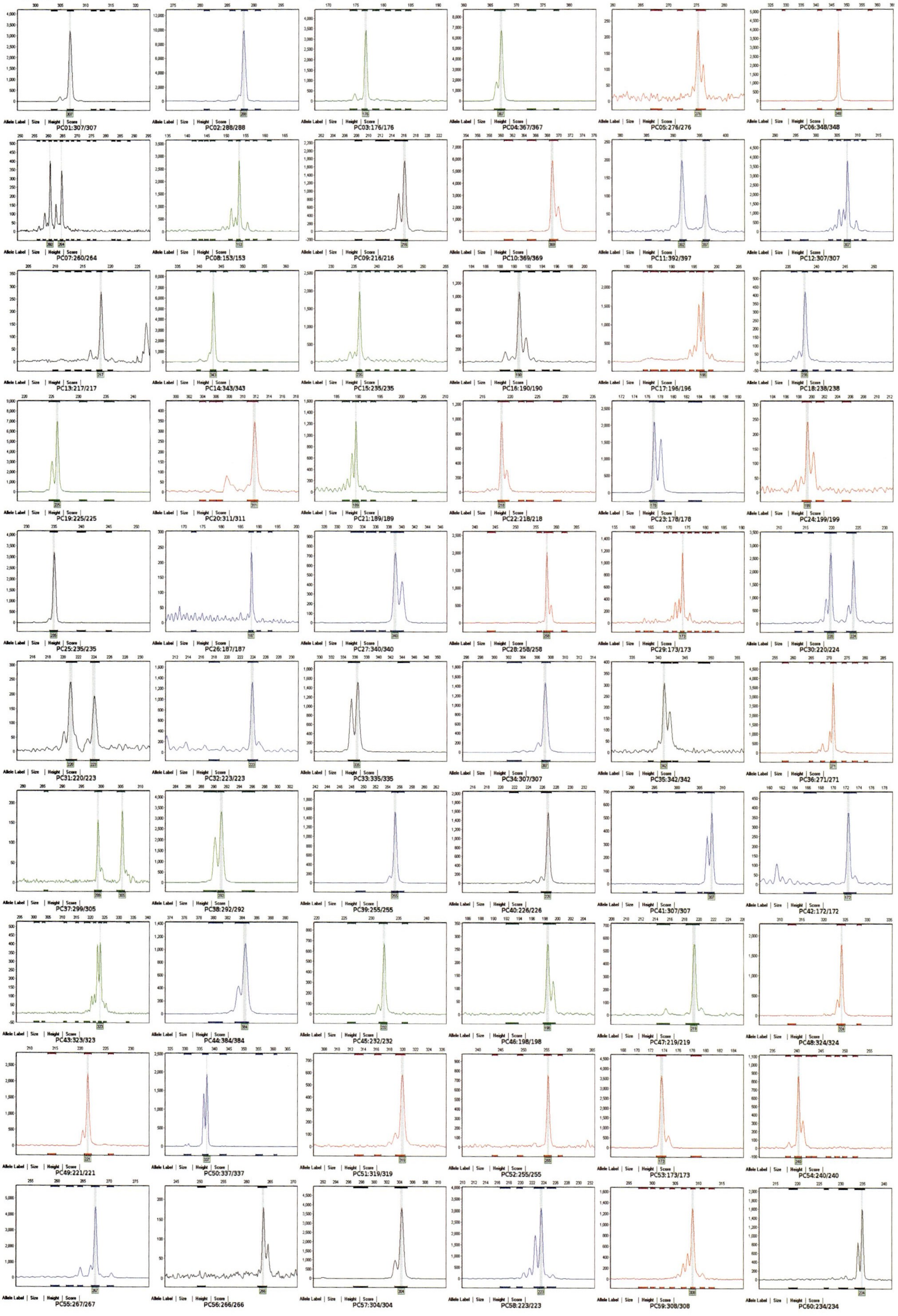

新海49号（新审棉2015年37号）

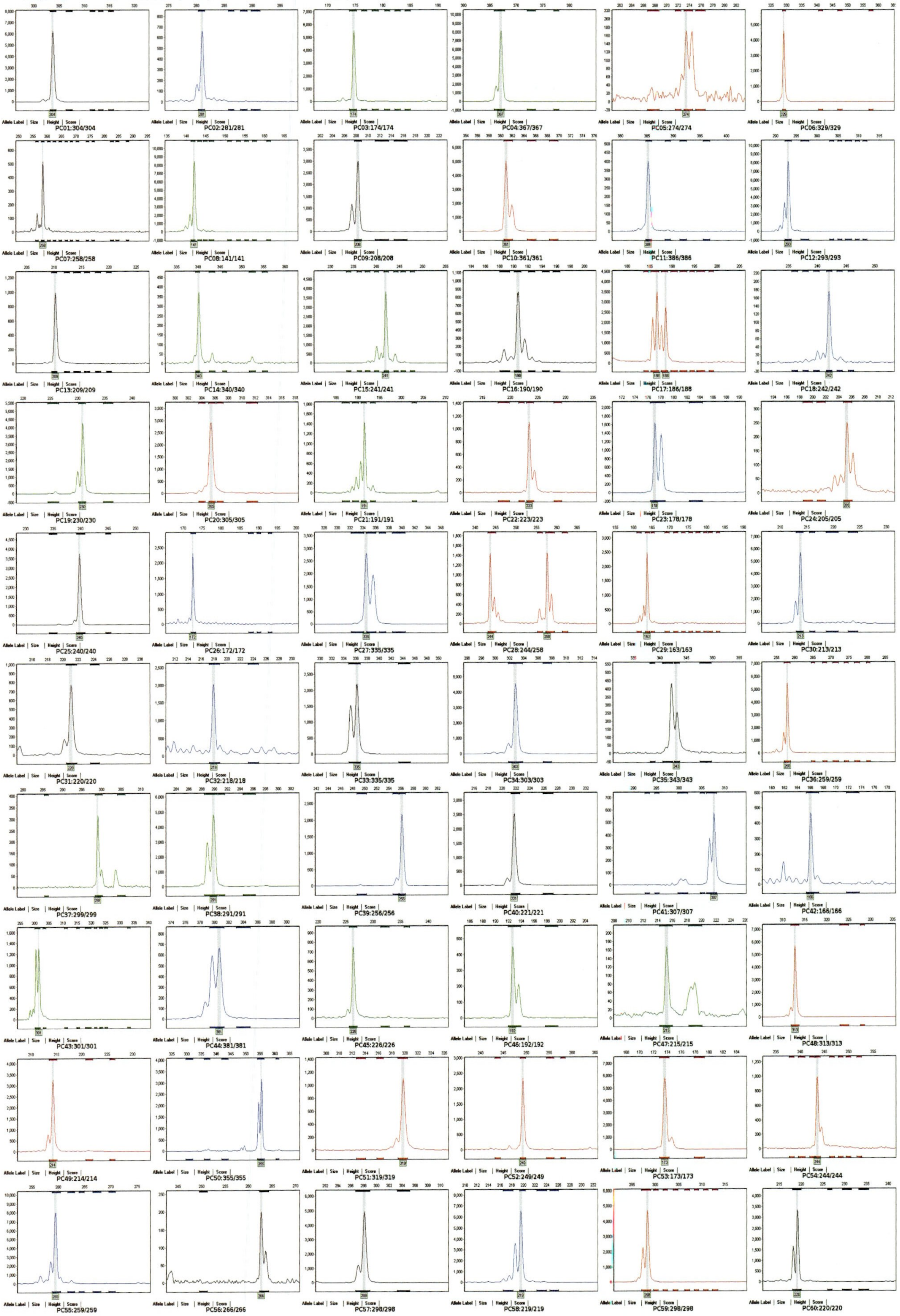

PC01:304/304 PC02:281/281 PC03:174/174 PC04:367/367 PC05:274/274 PC06:329/329

PC07:258/258 PC08:141/141 PC09:208/208 PC10:361/361 PC11:386/386 PC12:293/293

PC13:209/209 PC14:340/340 PC15:241/241 PC16:190/190 PC17:186/188 PC18:242/242

PC19:230/230 PC20:305/305 PC21:191/191 PC22:223/223 PC23:178/178 PC24:205/205

PC25:240/240 PC26:172/172 PC27:335/335 PC28:244/258 PC29:163/163 PC30:213/213

PC31:220/220 PC32:218/218 PC33:335/335 PC34:303/303 PC35:343/343 PC36:259/259

PC37:299/299 PC38:291/291 PC39:256/256 PC40:221/221 PC41:307/307 PC42:166/166

PC43:301/301 PC44:381/381 PC45:226/226 PC46:192/192 PC47:215/215 PC48:313/313

PC49:214/214 PC50:355/355 PC51:319/319 PC52:249/249 PC53:173/173 PC54:244/244

PC55:259/259 PC56:266/266 PC57:298/298 PC58:219/219 PC59:298/298 PC60:220/220

新海50号（新审棉2015年38号）

新海51号（新审棉2015年39号）

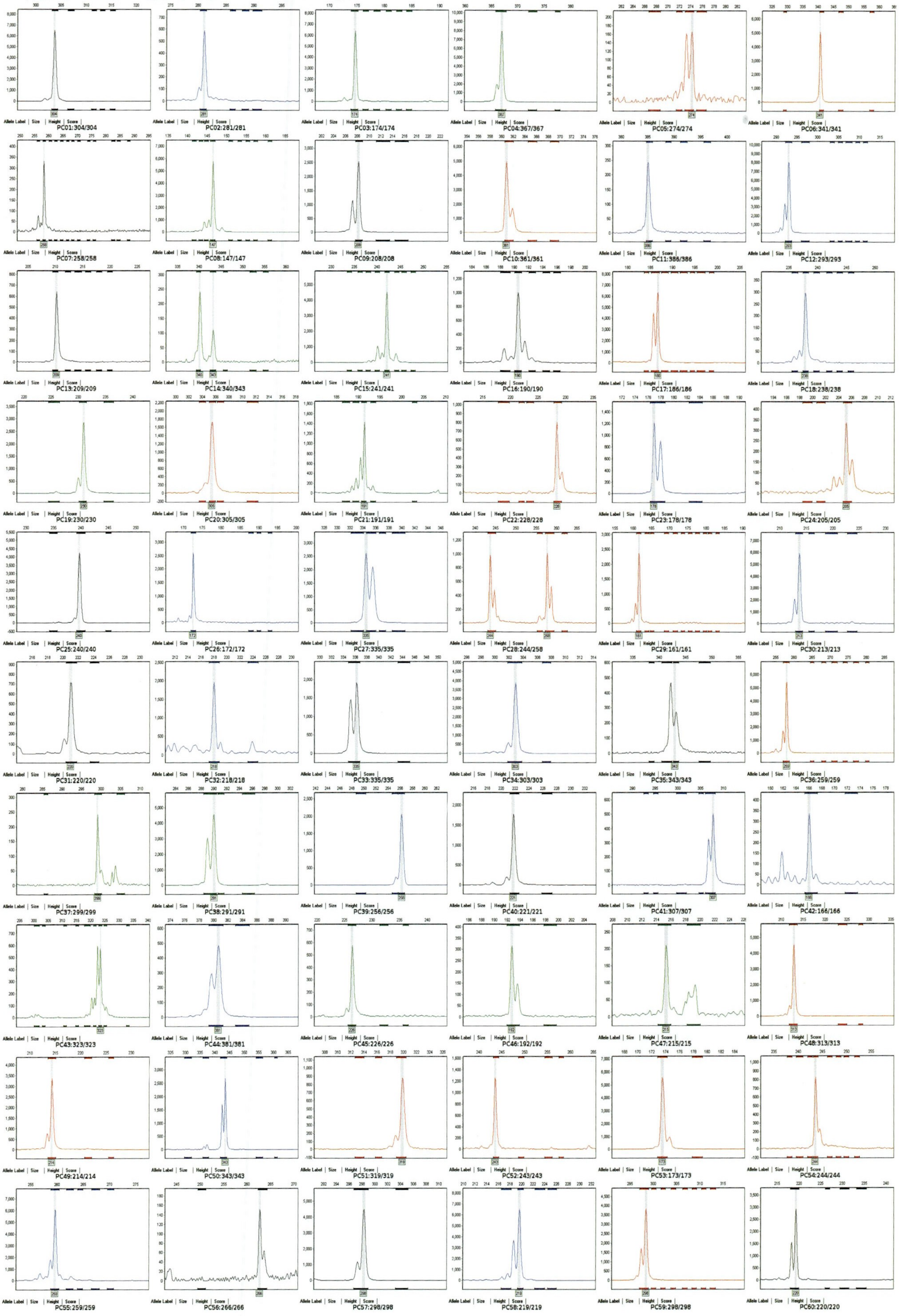

新海52号（新审棉2015年40号）

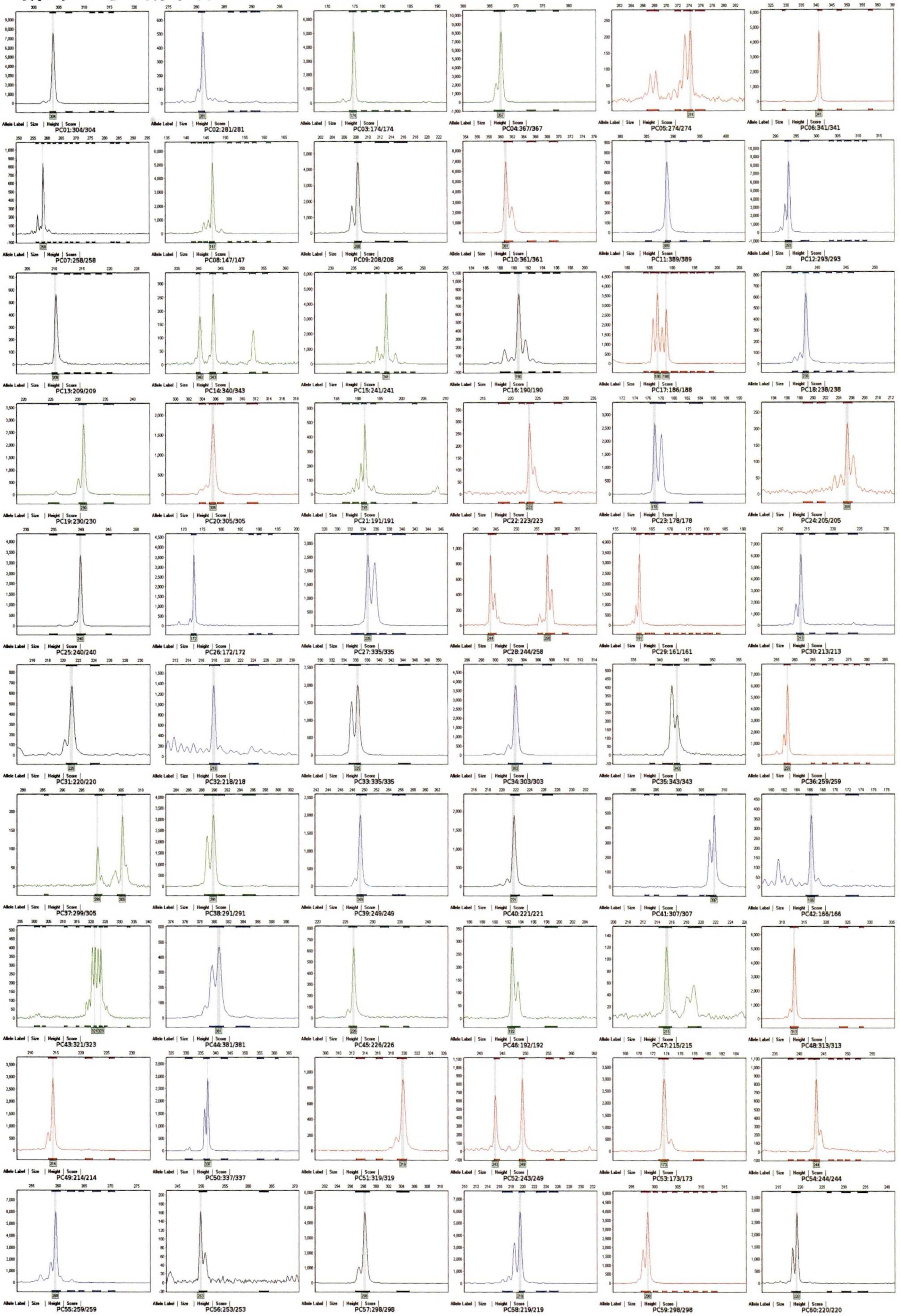

新海53号（新审棉2015年41号）

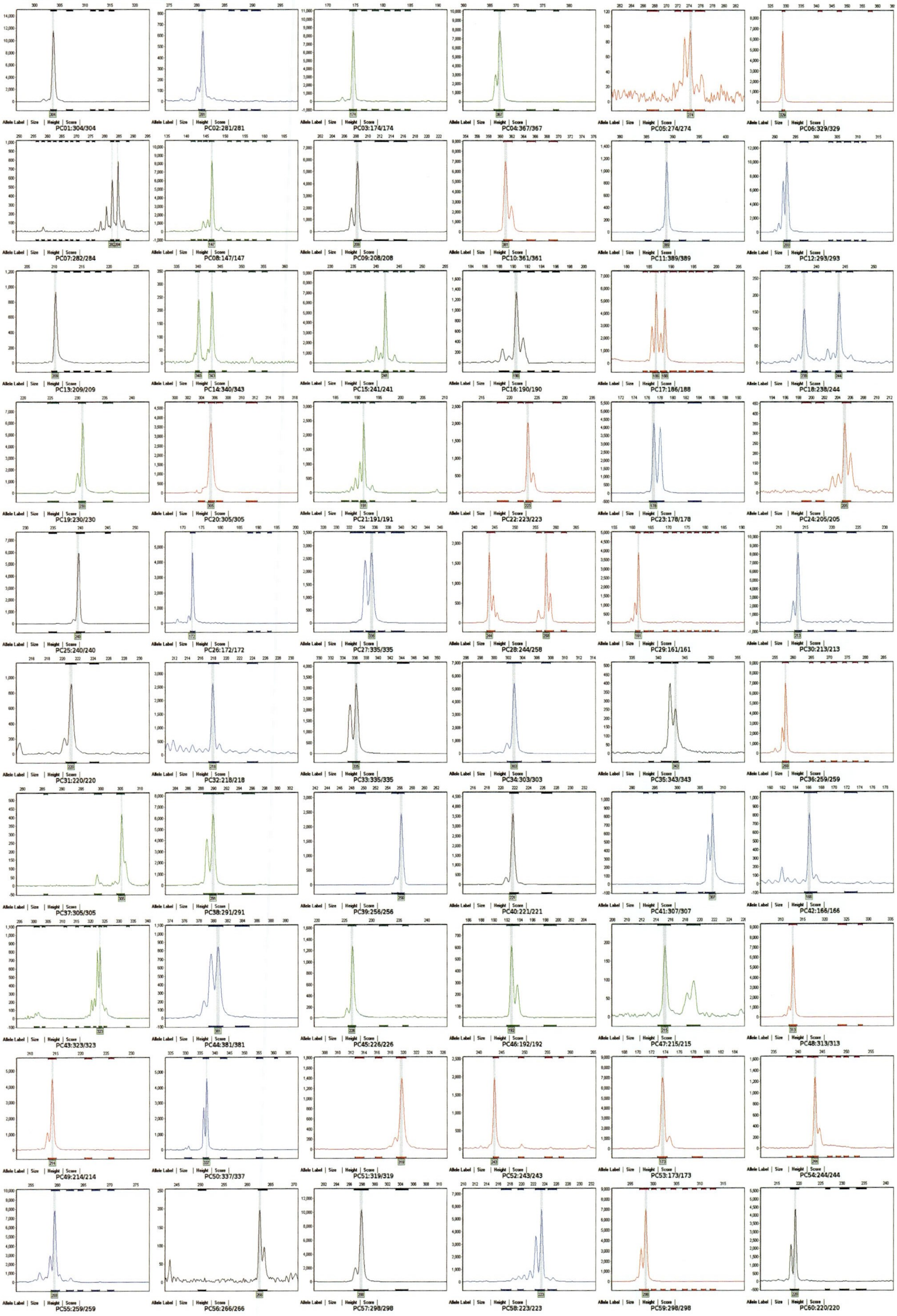

新海54号（新审棉2015年42号）

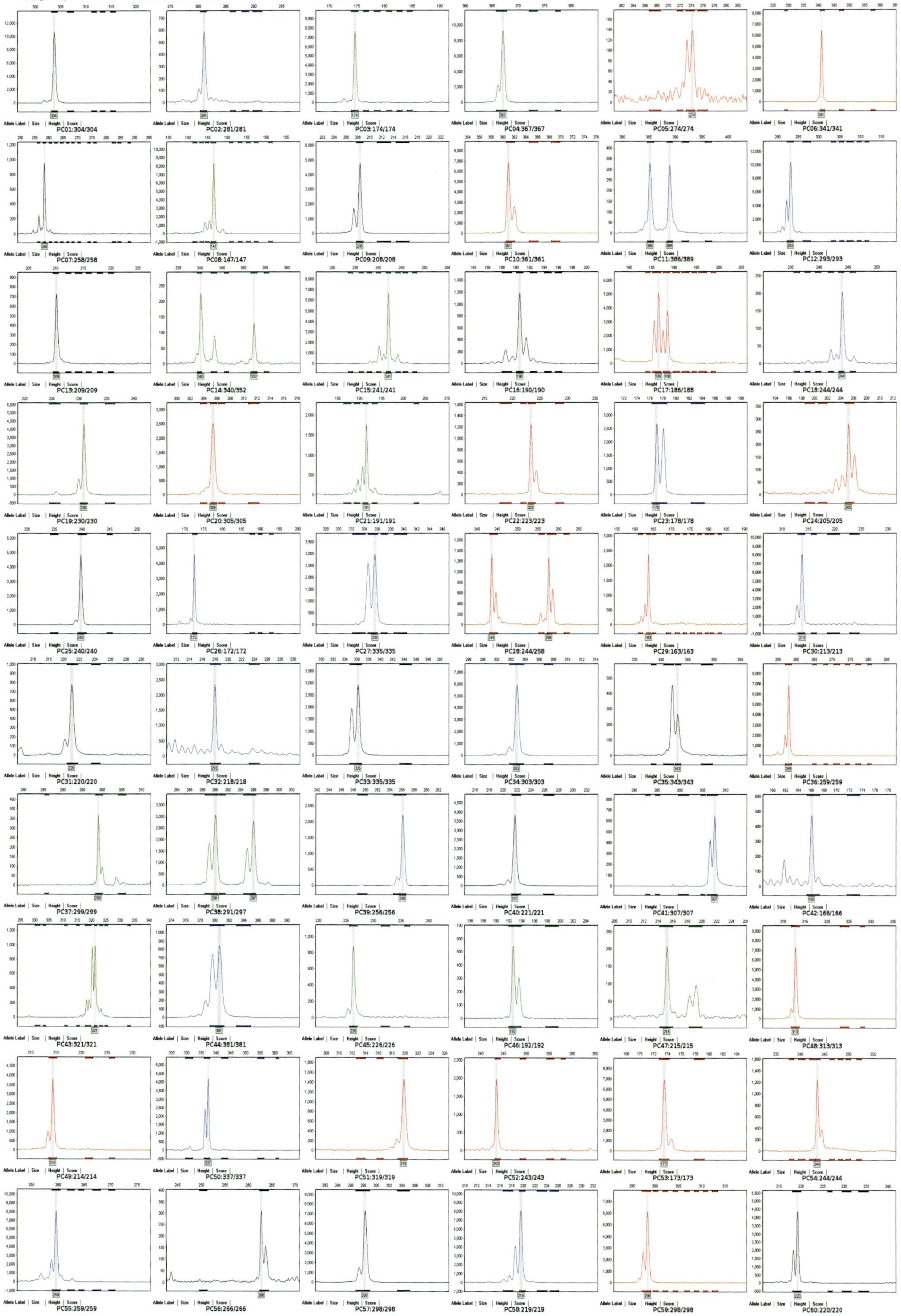

新陆早64号（新审棉2014年55号）

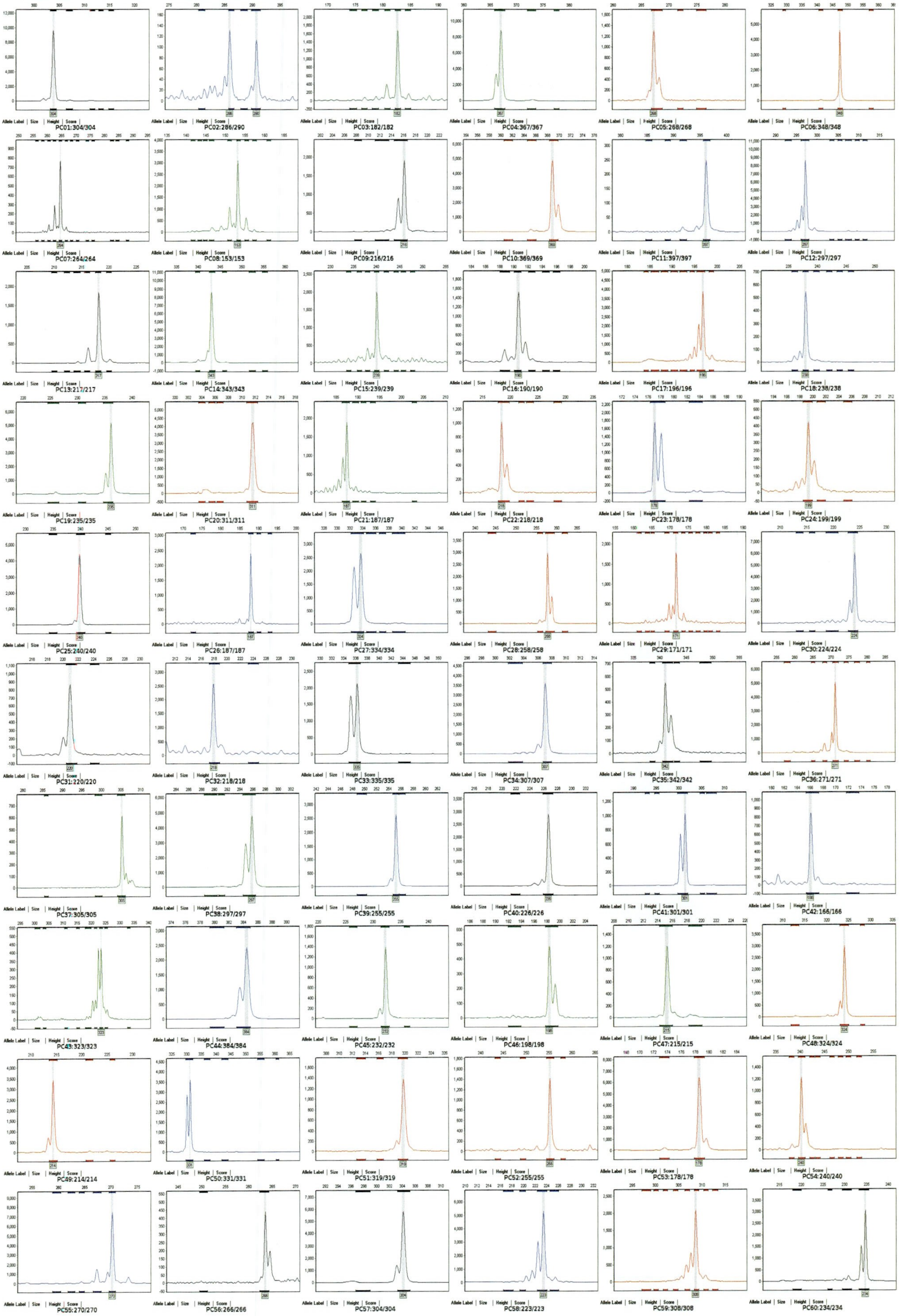

新陆早65号（新审棉2014年56号）

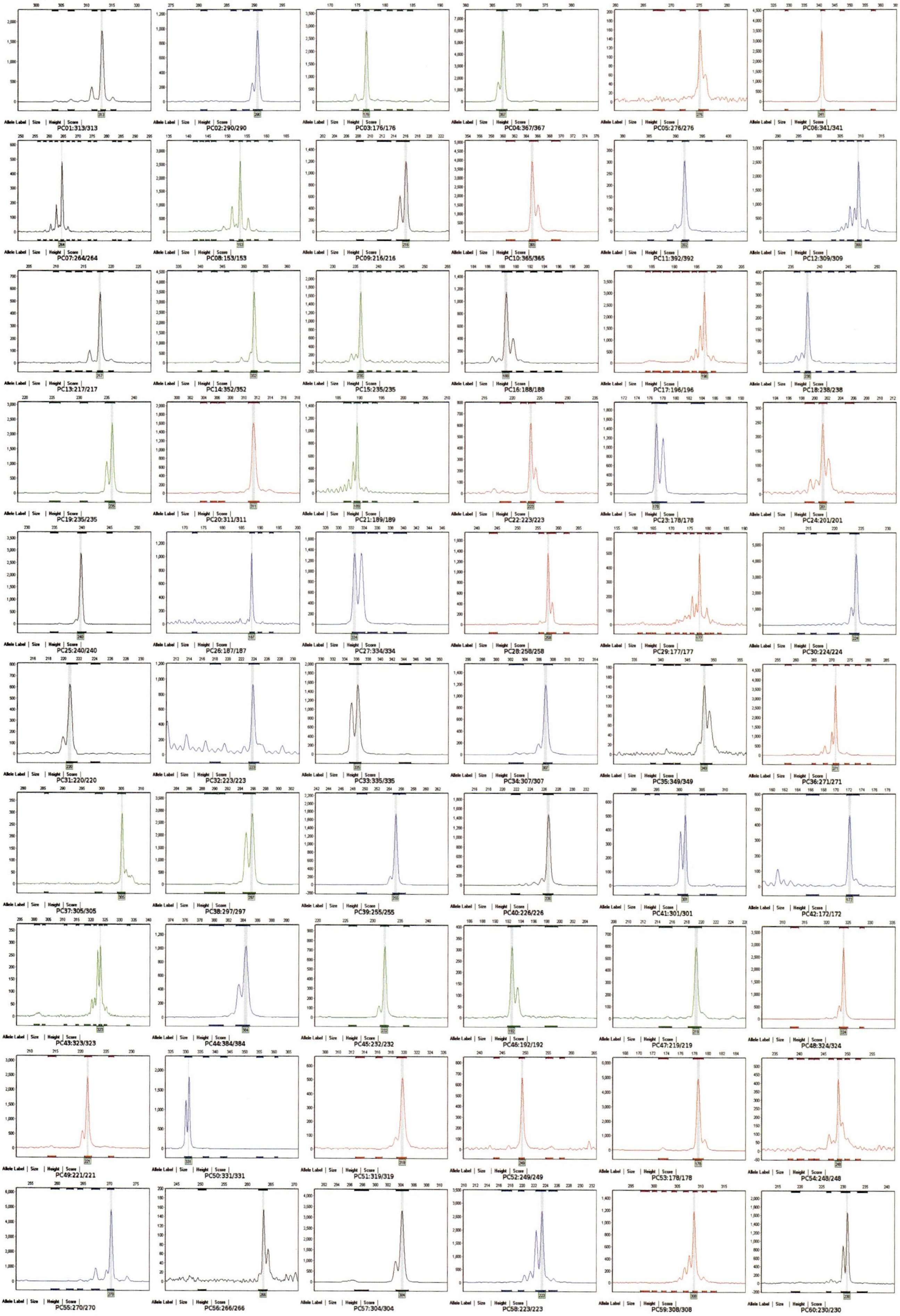

新陆早67号（金垦杂1061）（新审棉2014年58号）

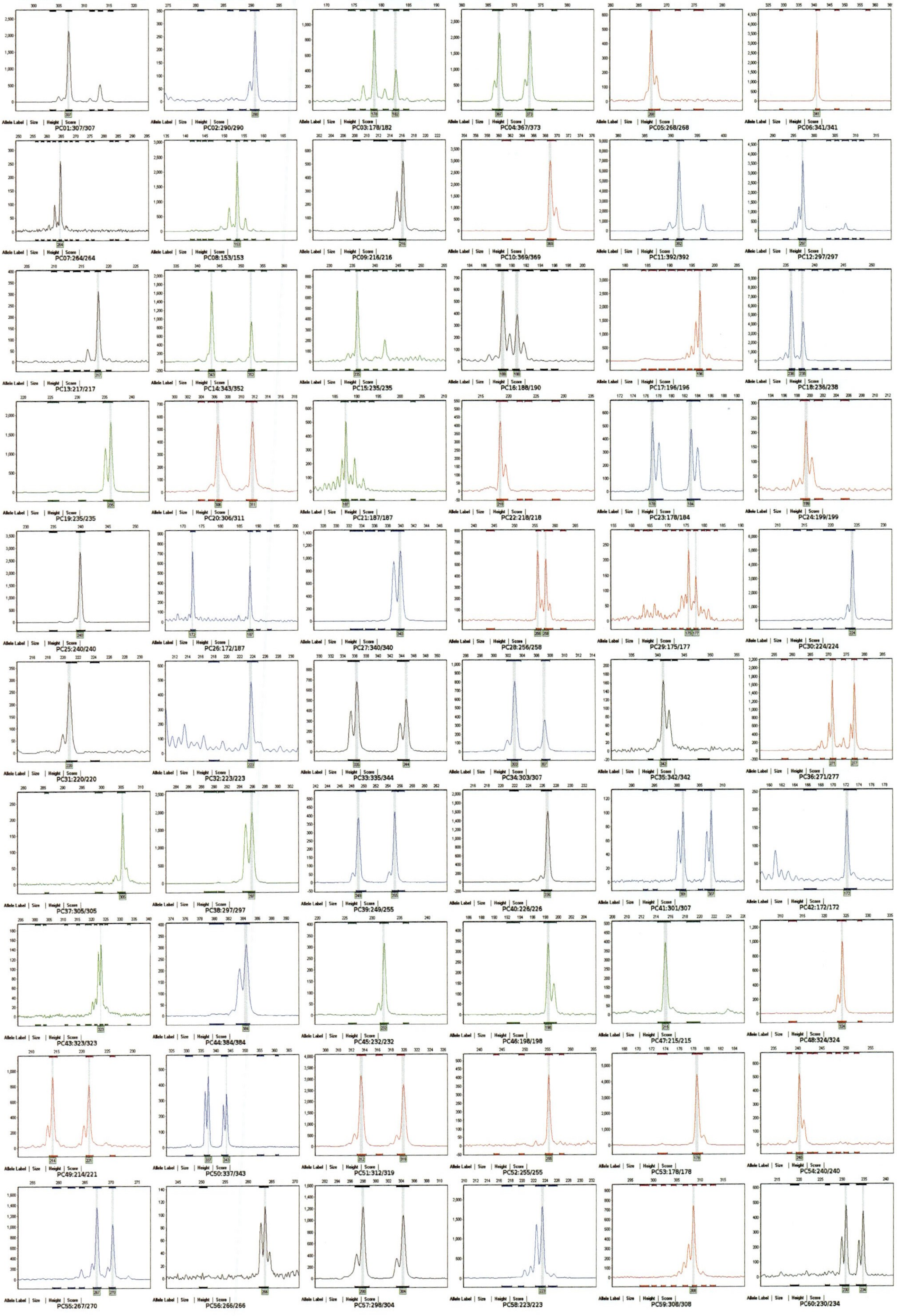

PC01:307/307　PC02:290/290　PC03:178/182　PC04:367/373　PC05:268/268　PC06:341/341

PC07:264/264　PC08:153/153　PC09:216/216　PC10:369/369　PC11:392/392　PC12:297/297

PC13:217/217　PC14:343/352　PC15:235/235　PC16:188/190　PC17:196/196　PC18:236/238

PC19:235/235　PC20:306/311　PC21:187/187　PC22:218/218　PC23:178/184　PC24:199/199

PC25:240/240　PC26:172/187　PC27:340/340　PC28:256/258　PC29:175/177　PC30:224/224

PC31:220/220　PC32:223/223　PC33:335/344　PC34:303/307　PC35:342/342　PC36:271/277

PC37:305/305　PC38:297/297　PC39:249/255　PC40:226/226　PC41:301/307　PC42:172/172

PC43:323/323　PC44:384/384　PC45:232/232　PC46:198/198　PC47:215/215　PC48:324/324

PC49:214/221　PC50:337/343　PC51:312/319　PC52:255/255　PC53:178/178　PC54:240/240

PC55:267/270　PC56:266/266　PC57:298/304　PC58:223/223　PC59:308/308　PC60:230/234

新陆中70号（新审棉2014年59号）

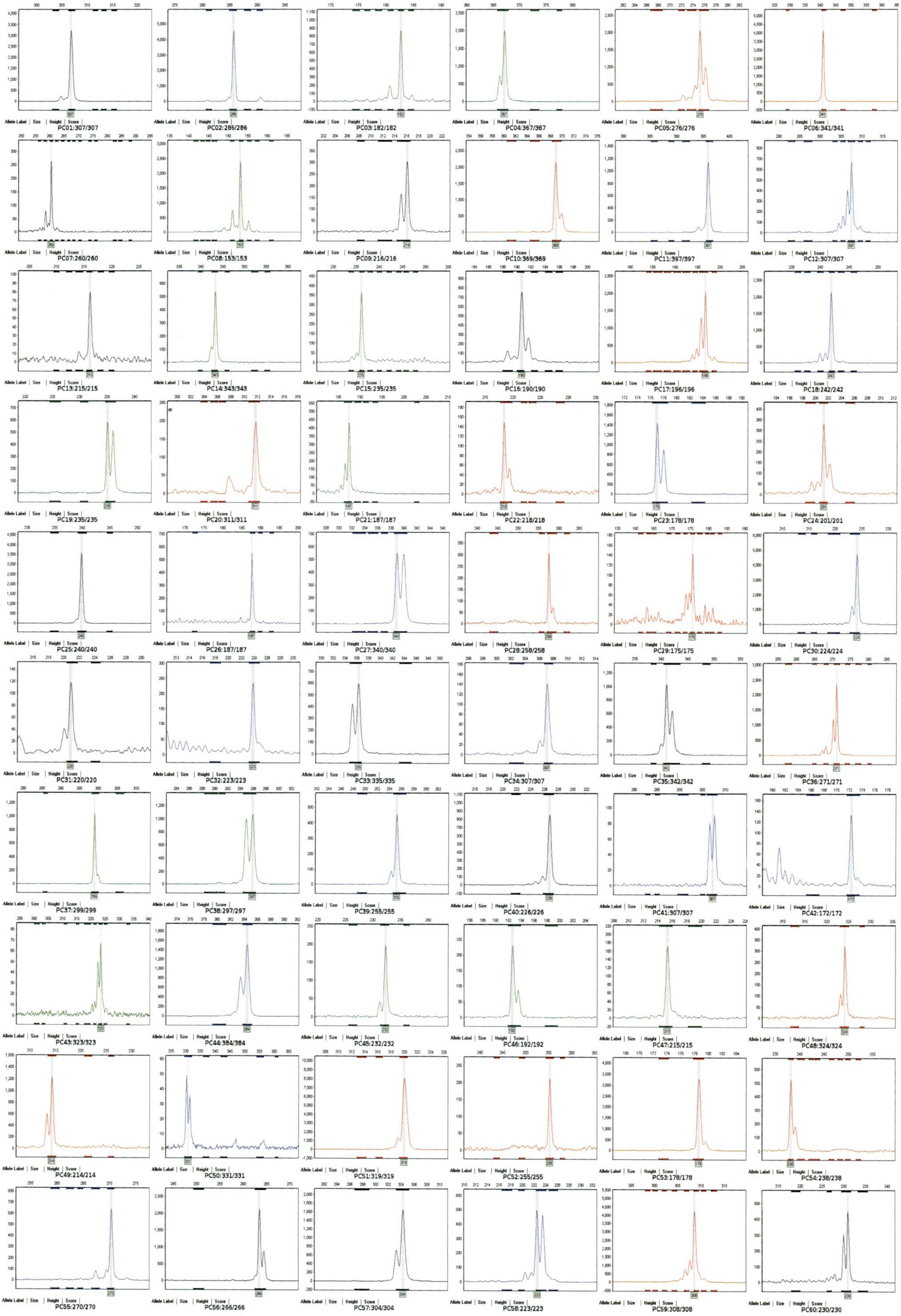

新陆中71号（新审棉2014年60号）

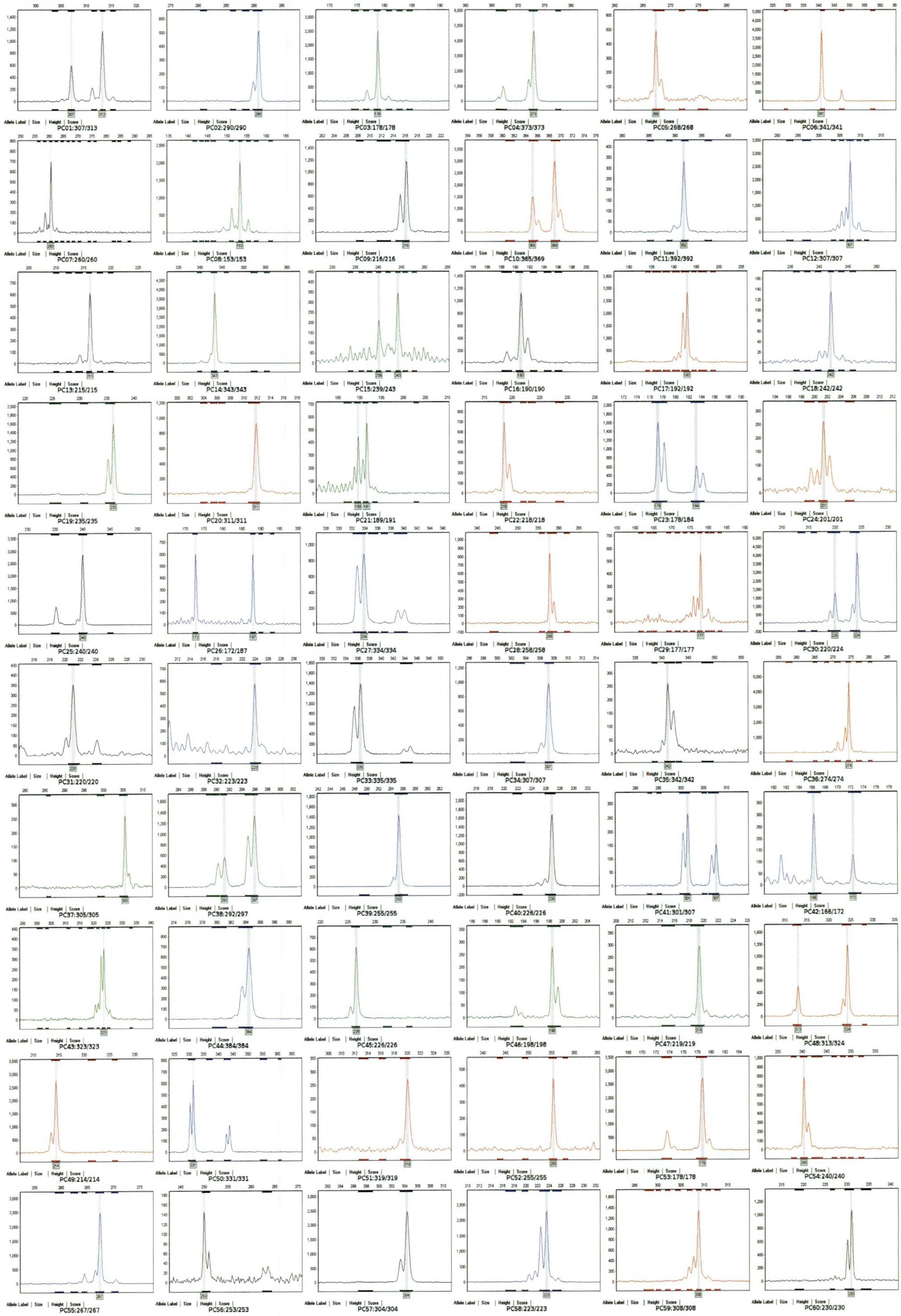

新陆中73号（新审棉2014年62号）

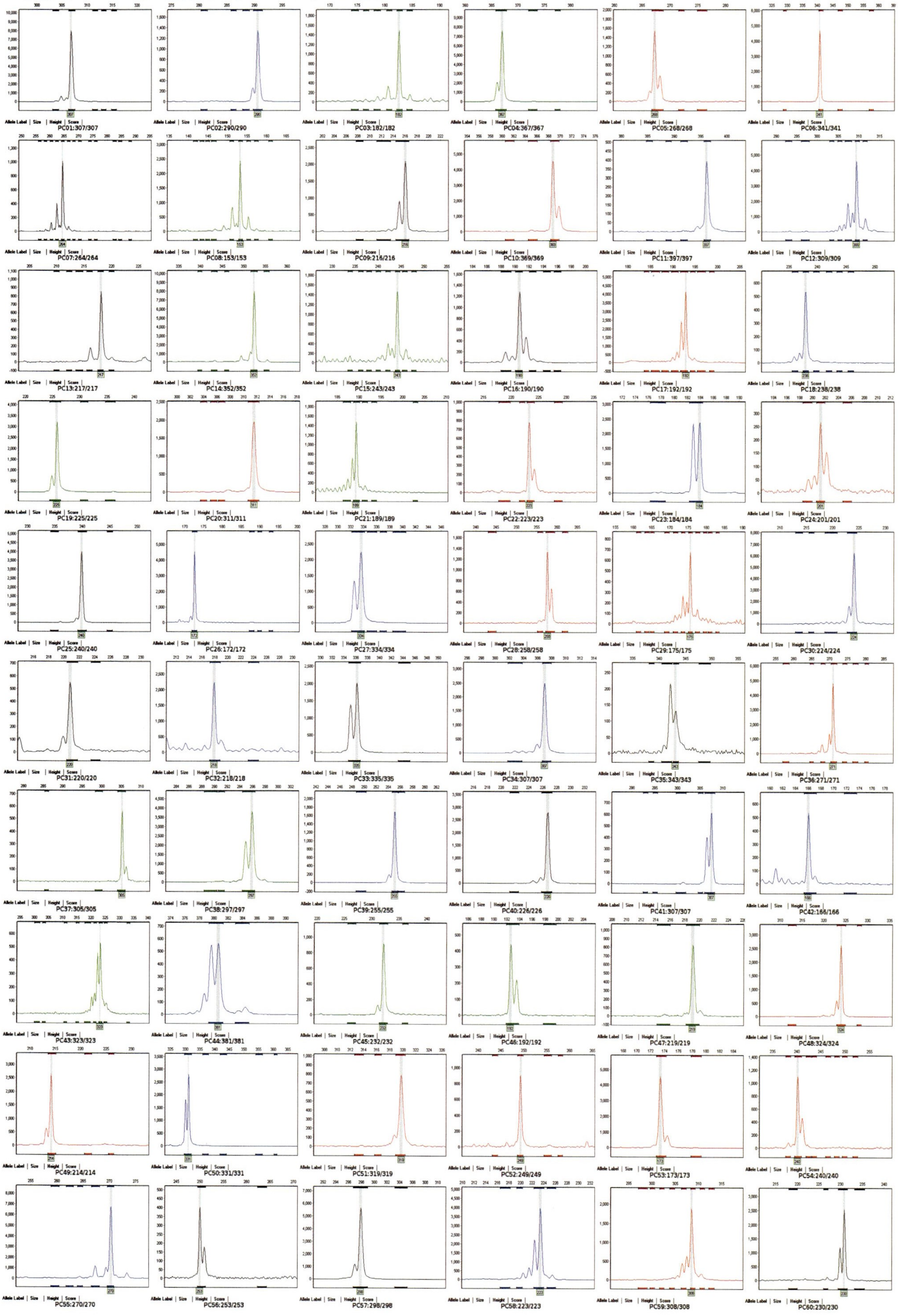

新陆中74号（新审棉2014年63号）

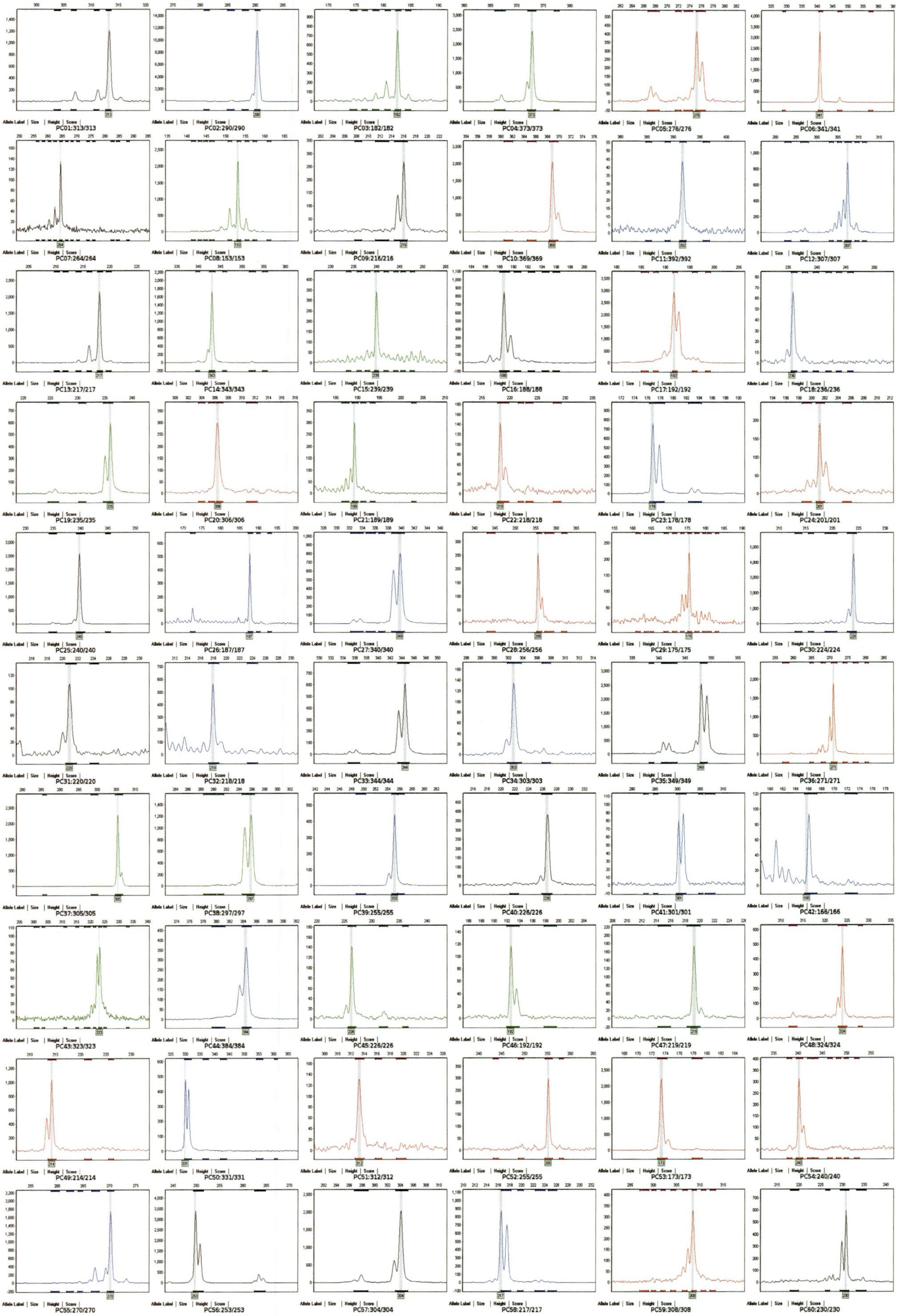

新陆中75号（新审棉2014年64号）

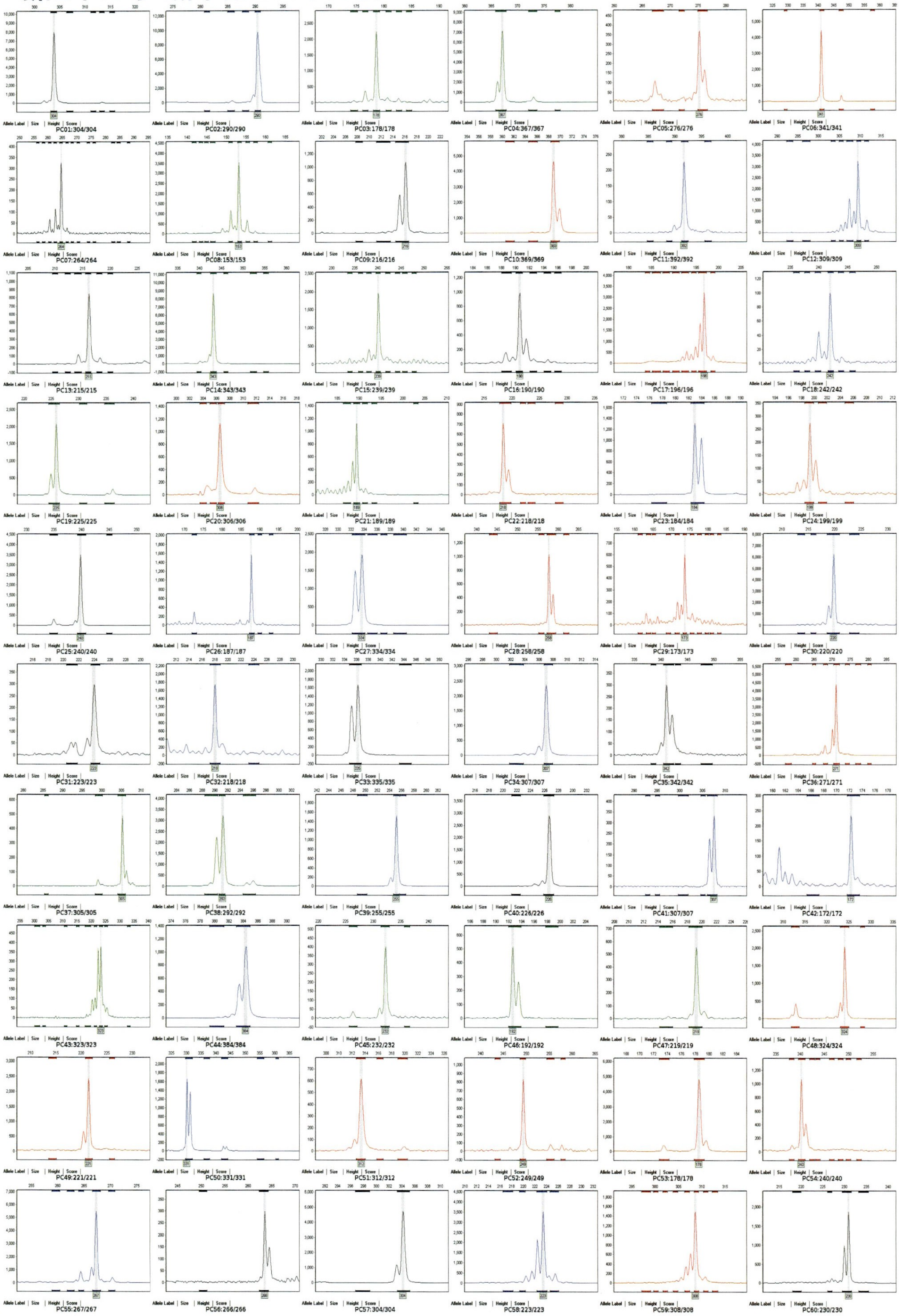

新陆中76号（新审棉2014年65号）

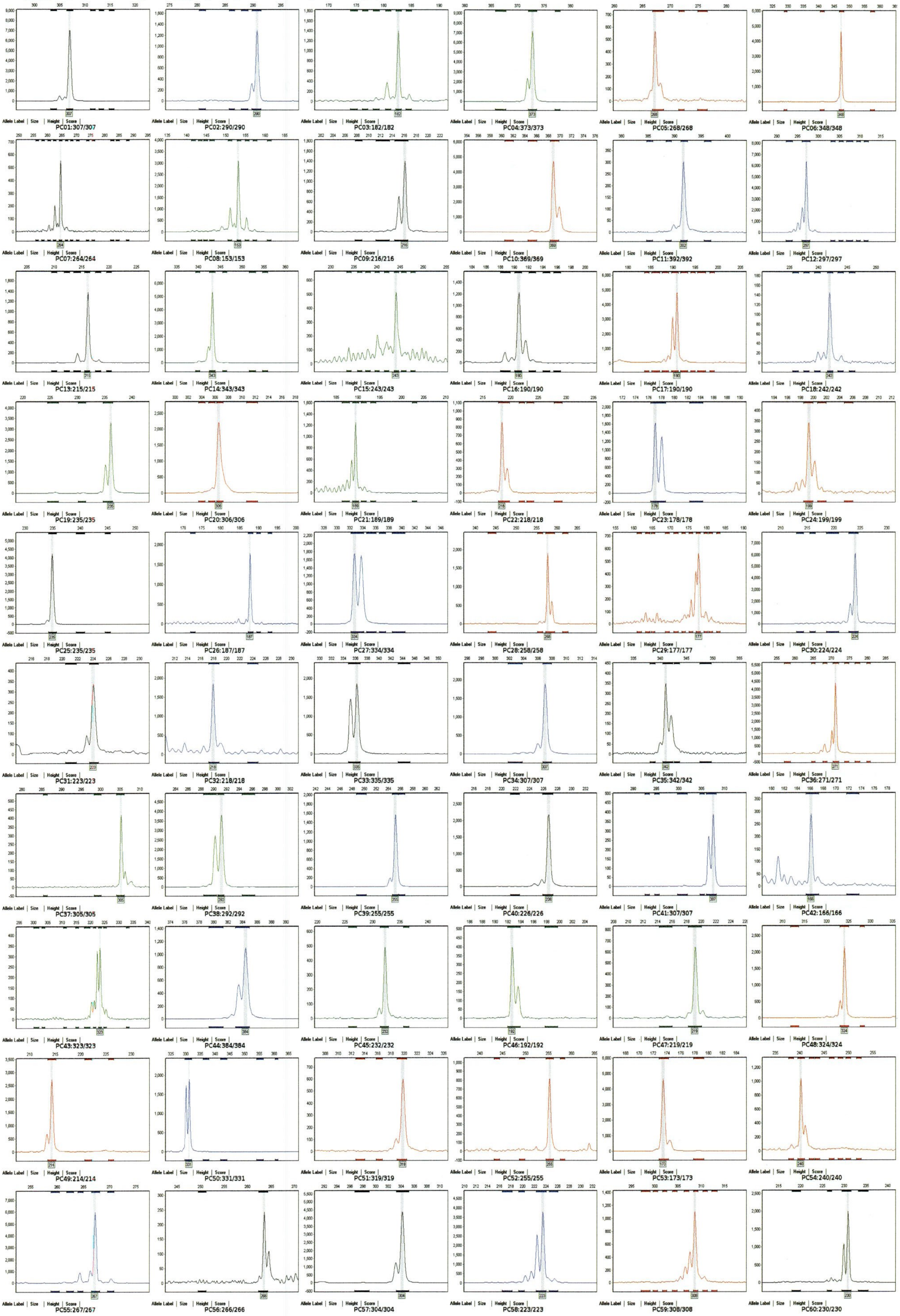

新海45号（新审棉2014年66号）

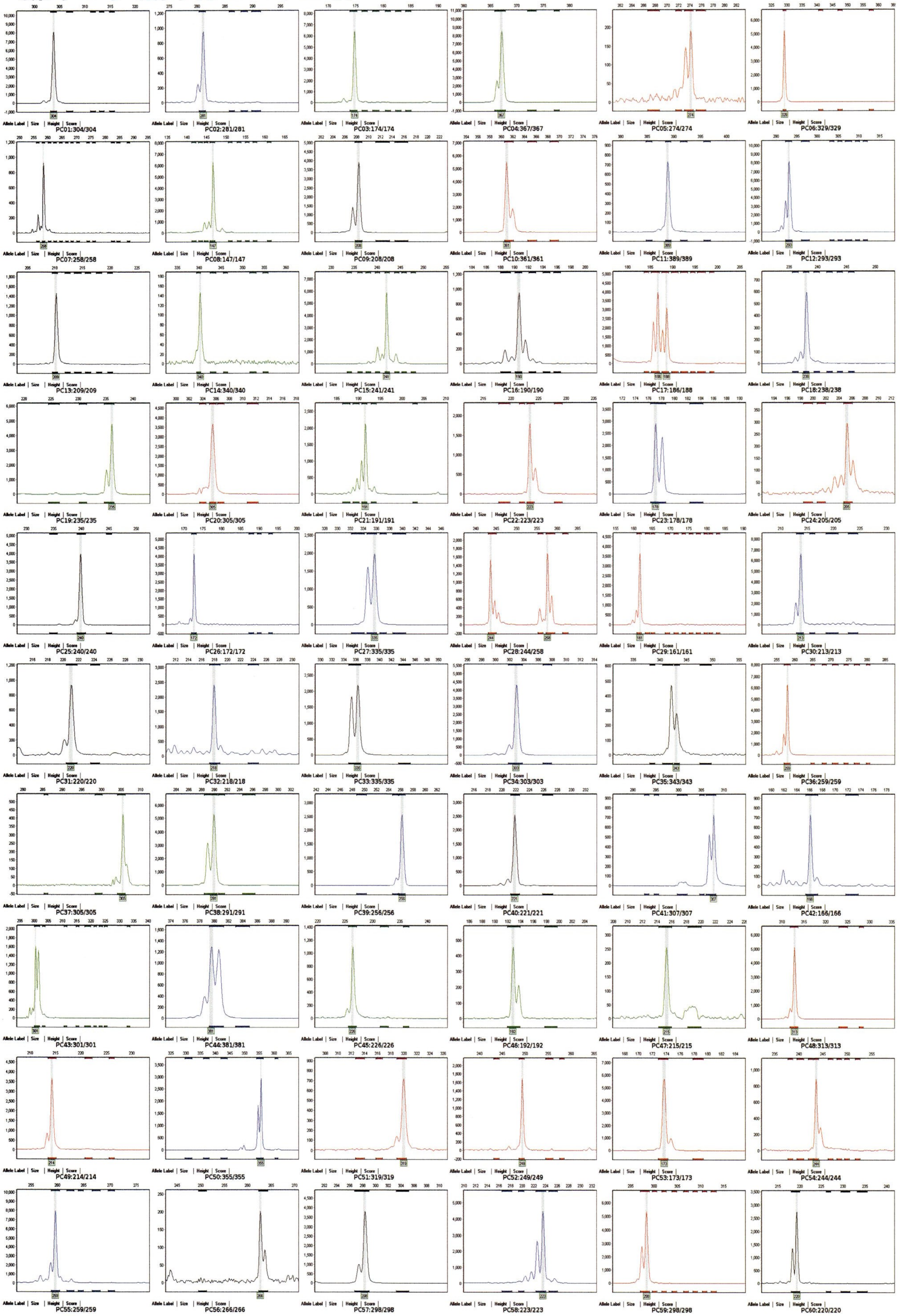

新海46号（新审棉2014年67号）

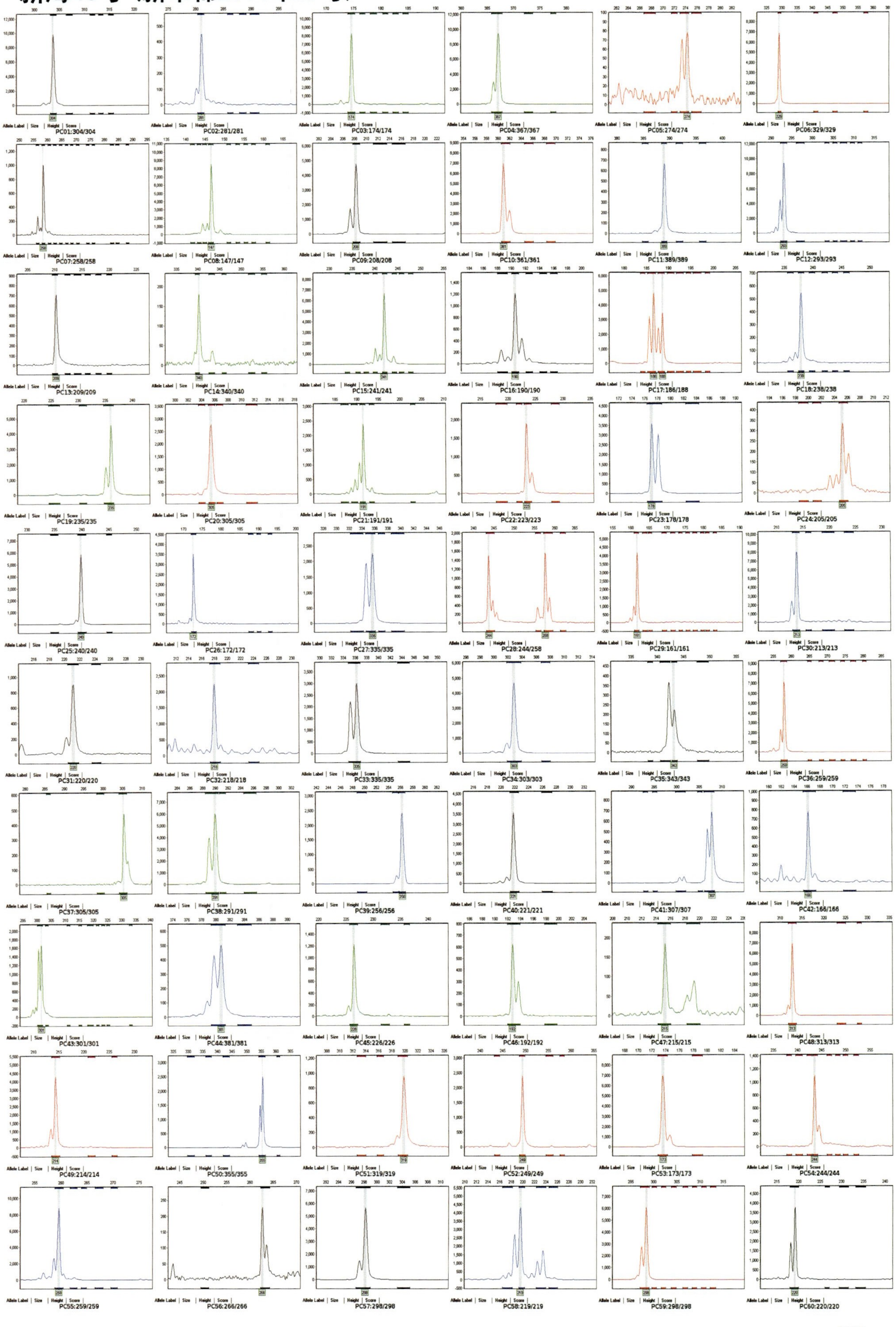

PC01:304/304 PC02:281/281 PC03:174/174 PC04:367/367 PC05:274/274 PC06:329/329
PC07:258/258 PC08:147/147 PC09:208/208 PC10:361/361 PC11:389/389 PC12:293/293
PC13:209/209 PC14:340/340 PC15:241/241 PC16:190/190 PC17:186/188 PC18:238/238
PC19:235/235 PC20:305/305 PC21:191/191 PC22:223/223 PC23:178/178 PC24:205/205
PC25:240/240 PC26:172/172 PC27:335/335 PC28:244/258 PC29:161/161 PC30:213/213
PC31:220/220 PC32:218/218 PC33:335/335 PC34:303/303 PC35:343/343 PC36:259/259
PC37:305/305 PC38:291/291 PC39:256/256 PC40:221/221 PC41:307/307 PC42:166/166
PC43:301/301 PC44:381/381 PC45:226/226 PC46:192/192 PC47:215/215 PC48:313/313
PC49:214/214 PC50:355/355 PC51:319/319 PC52:249/249 PC53:173/173 PC54:244/244
PC55:259/259 PC56:266/266 PC57:298/298 PC58:219/219 PC59:298/298 PC60:220/220

新陆早57号（新审棉2013年35号）

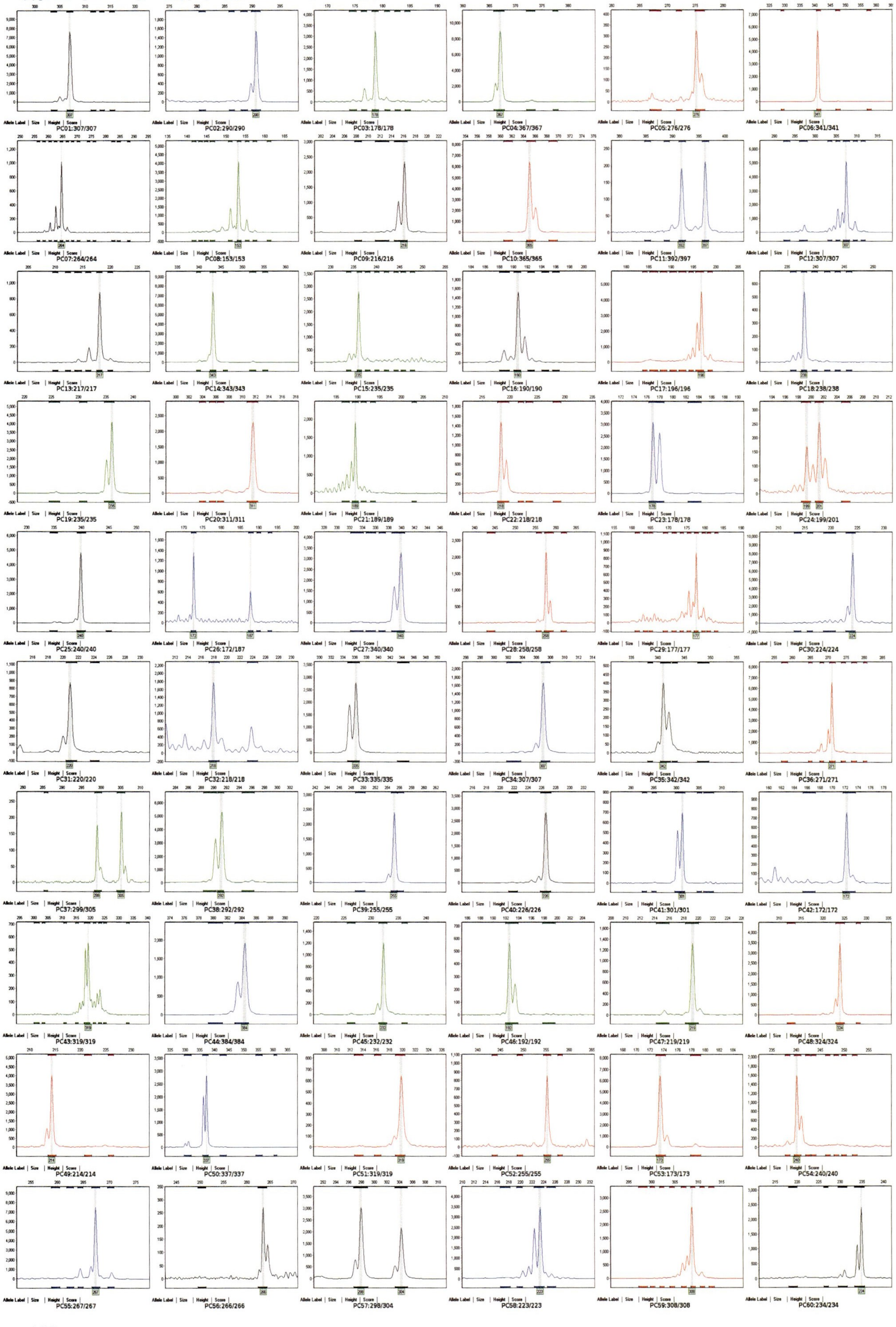

新陆早58号（新审棉2013年36号）

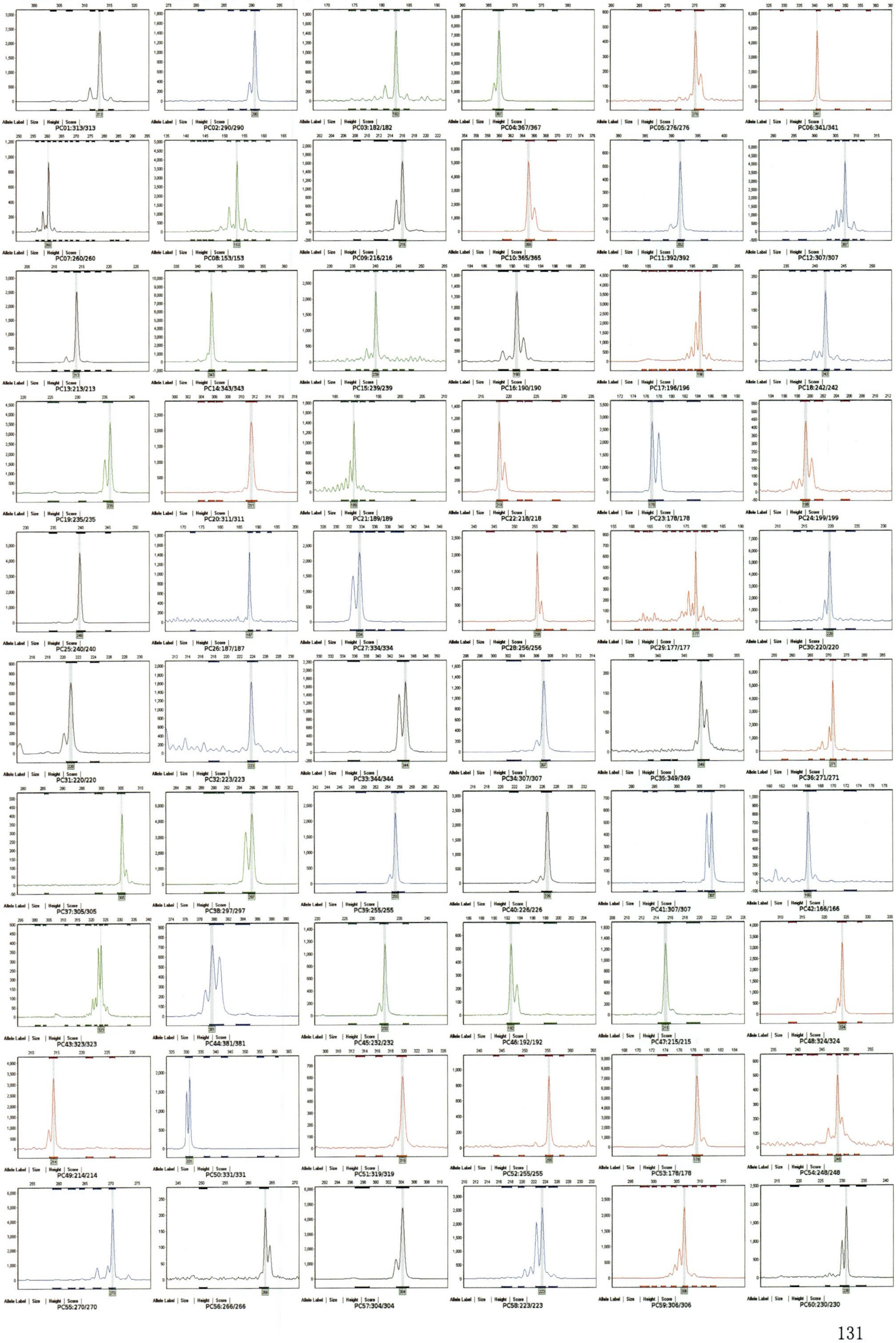

新陆早59号（新审棉2013年37号）

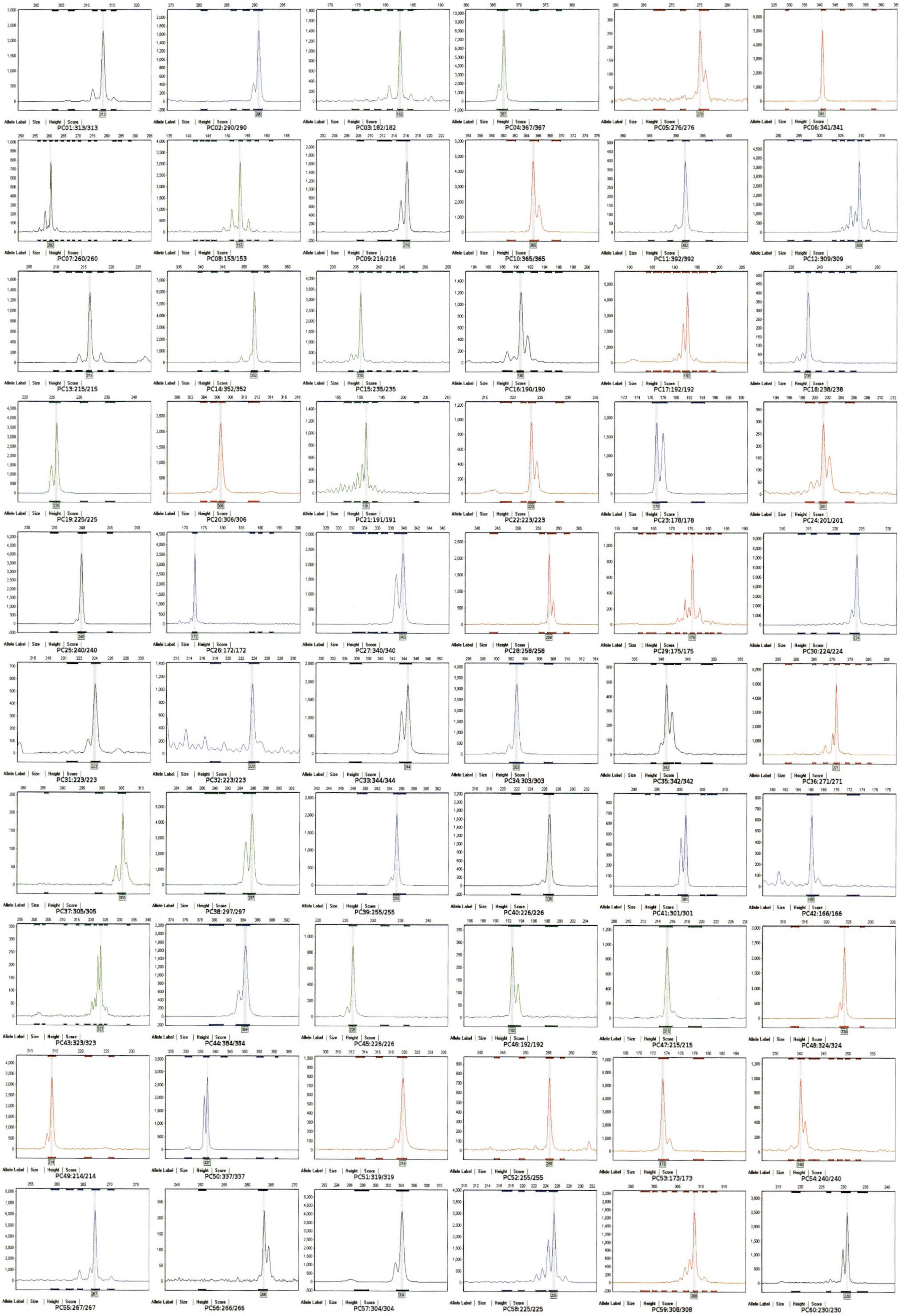

新陆早60号（新审棉2013年38号）

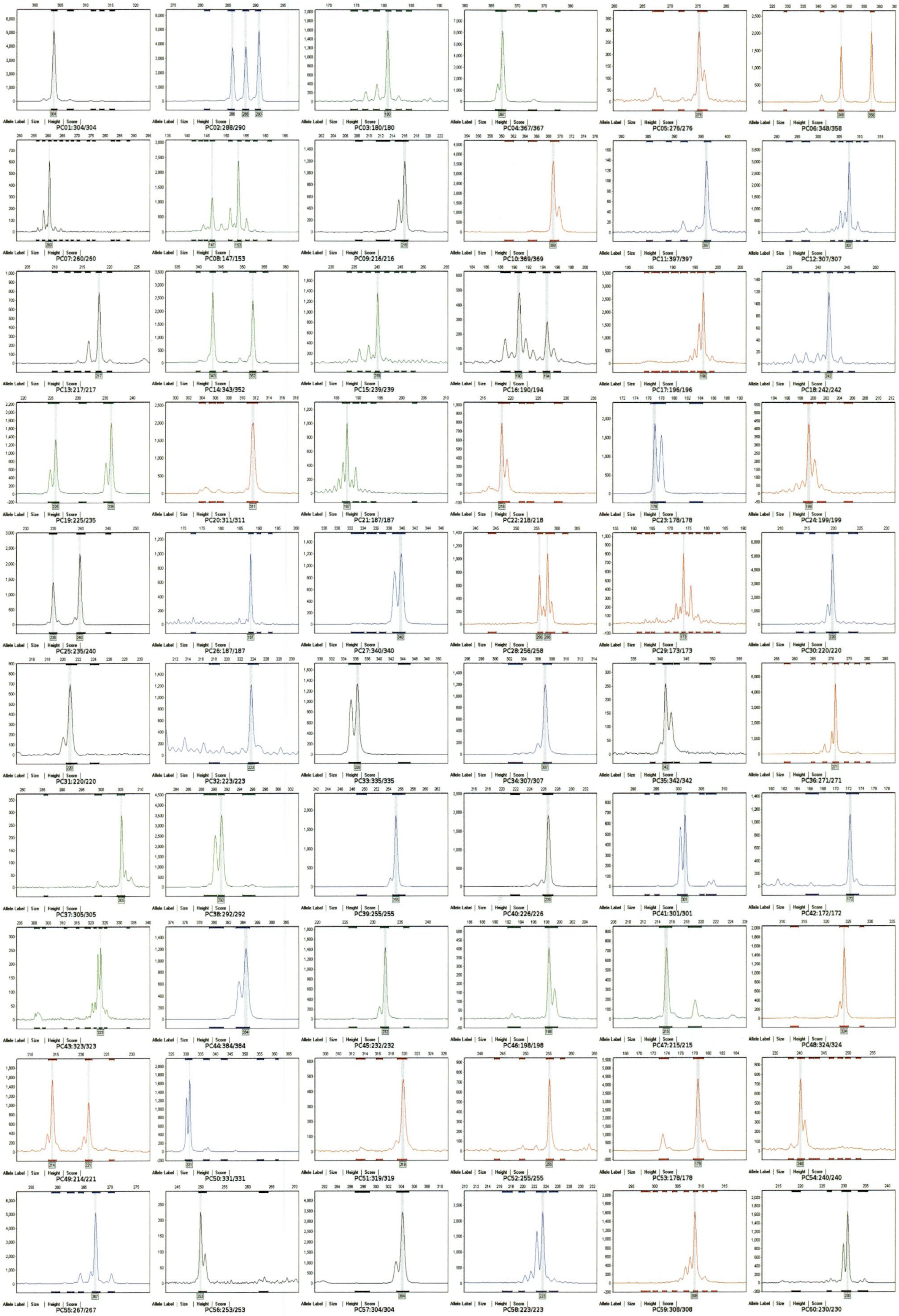

PC01:304/304　PC02:288/290　PC03:180/180　PC04:367/367　PC05:276/276　PC06:348/358

PC07:260/260　PC08:147/153　PC09:216/216　PC10:369/369　PC11:397/397　PC12:307/307

PC13:217/217　PC14:343/352　PC15:239/239　PC16:190/194　PC17:196/196　PC18:242/242

PC19:225/235　PC20:311/311　PC21:187/187　PC22:218/218　PC23:178/178　PC24:199/199

PC25:235/240　PC26:187/187　PC27:340/340　PC28:256/258　PC29:173/173　PC30:220/220

PC31:220/220　PC32:223/223　PC33:335/335　PC34:307/307　PC35:342/342　PC36:271/271

PC37:305/305　PC38:292/292　PC39:255/255　PC40:226/226　PC41:301/301　PC42:172/172

PC43:323/323　PC44:384/384　PC45:232/232　PC46:198/198　PC47:215/215　PC48:324/324

PC49:214/221　PC50:331/331　PC51:319/319　PC52:255/255　PC53:178/178　PC54:240/240

PC55:267/267　PC56:253/253　PC57:304/304　PC58:223/223　PC59:308/308　PC60:230/230

新陆早61号（新审棉2013年39号）

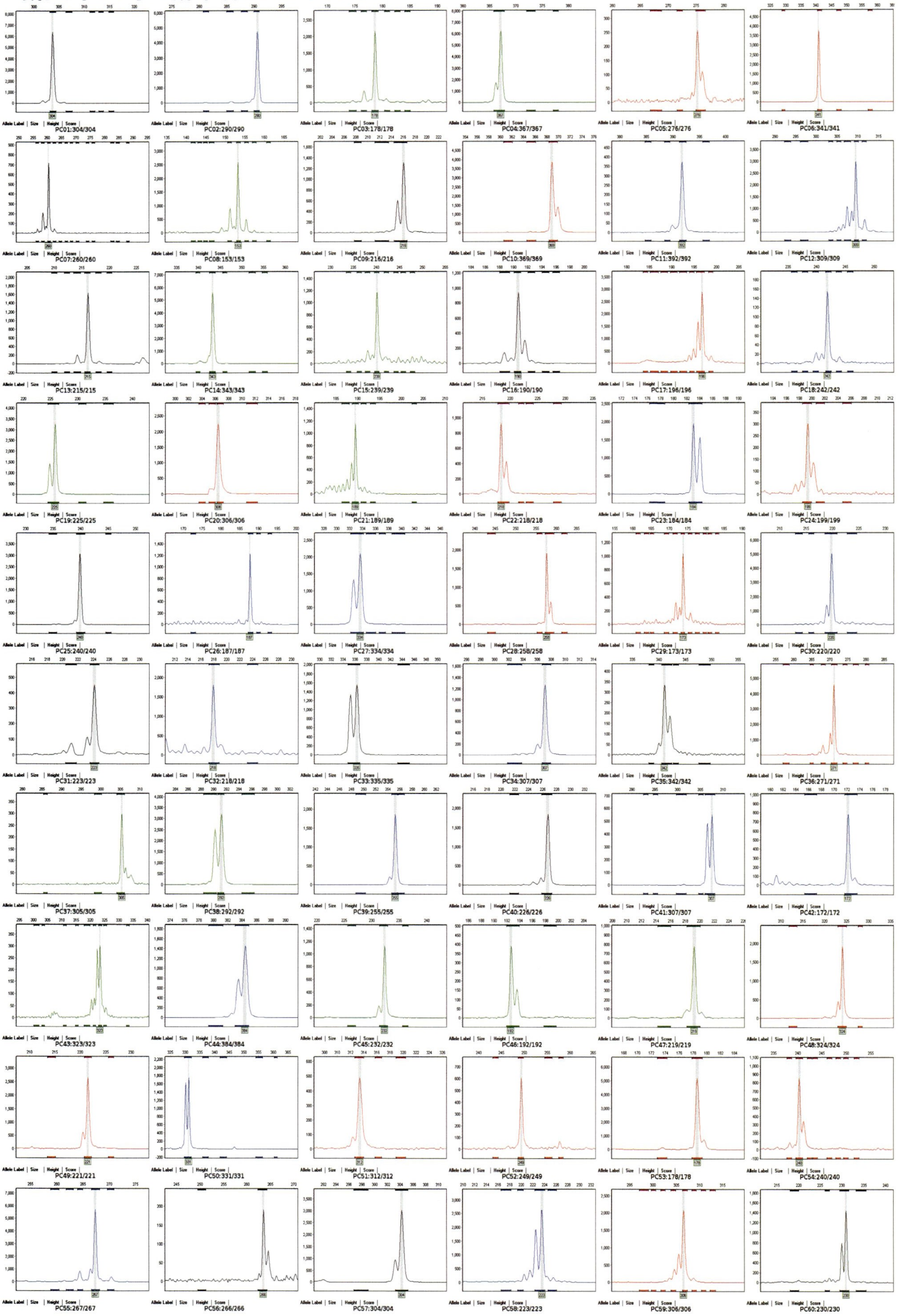

新陆早62号（新审棉2013年40号）

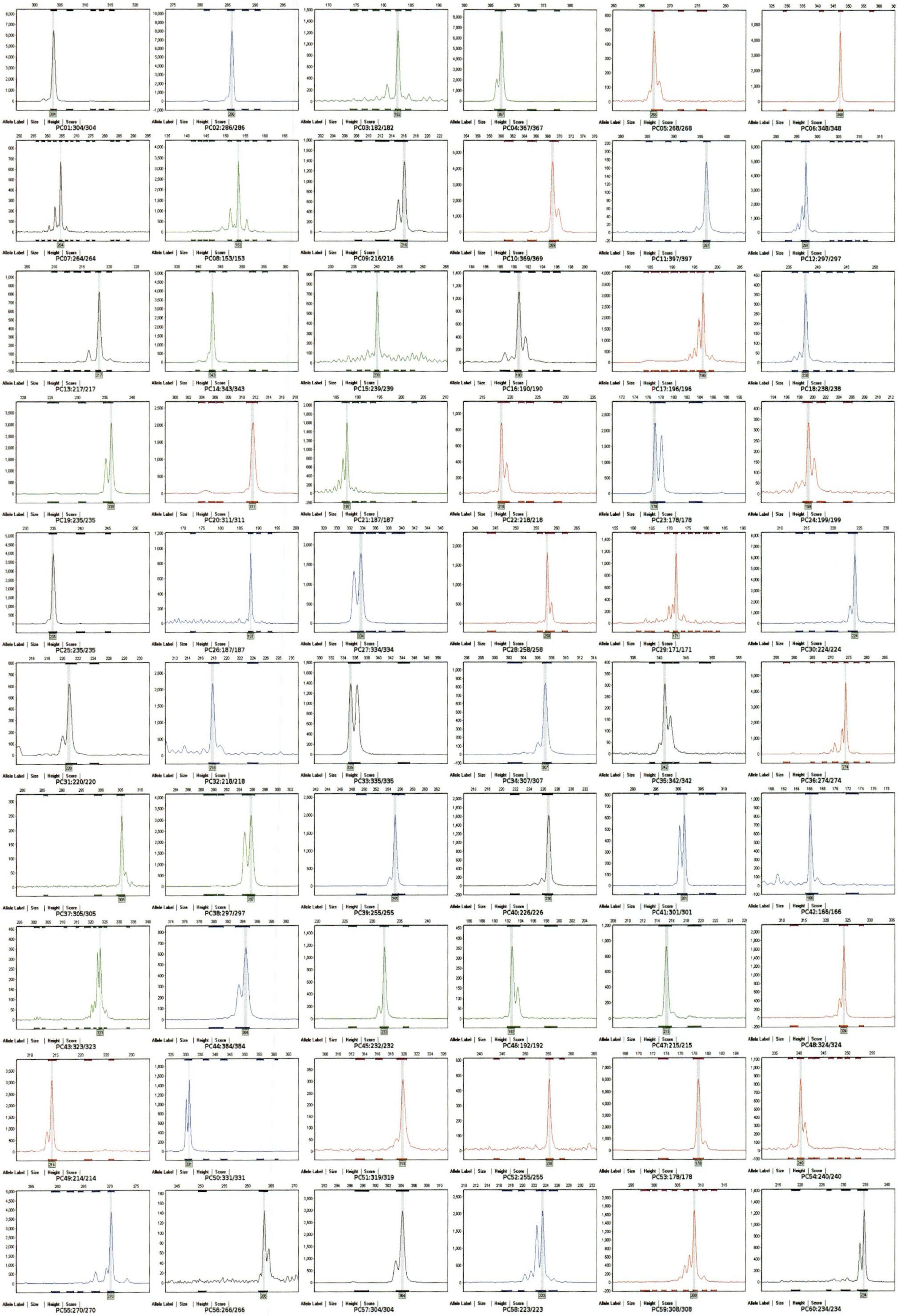

新陆中62号（新审棉2013年43号）

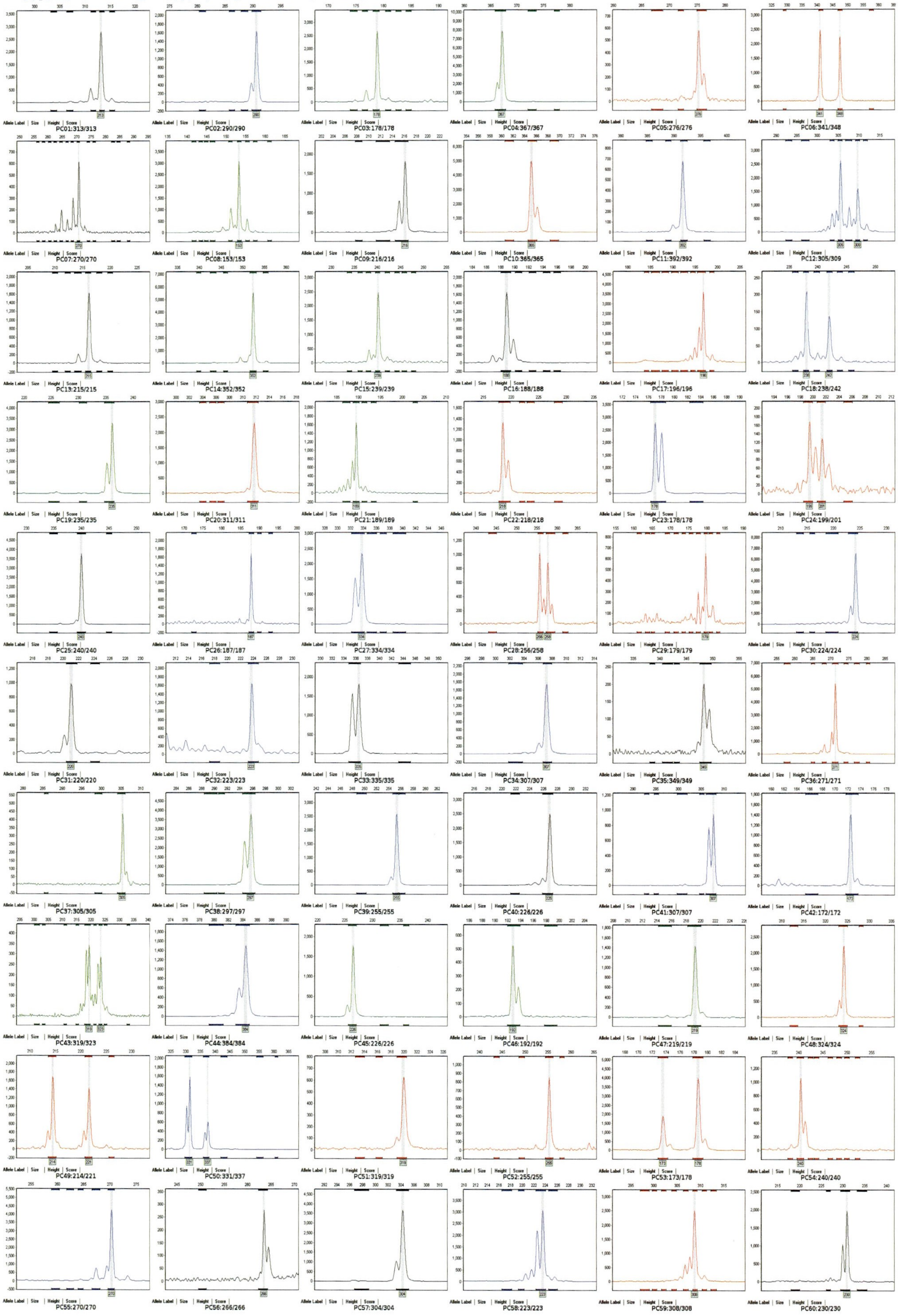

新陆中63号（新审棉2013年44号）

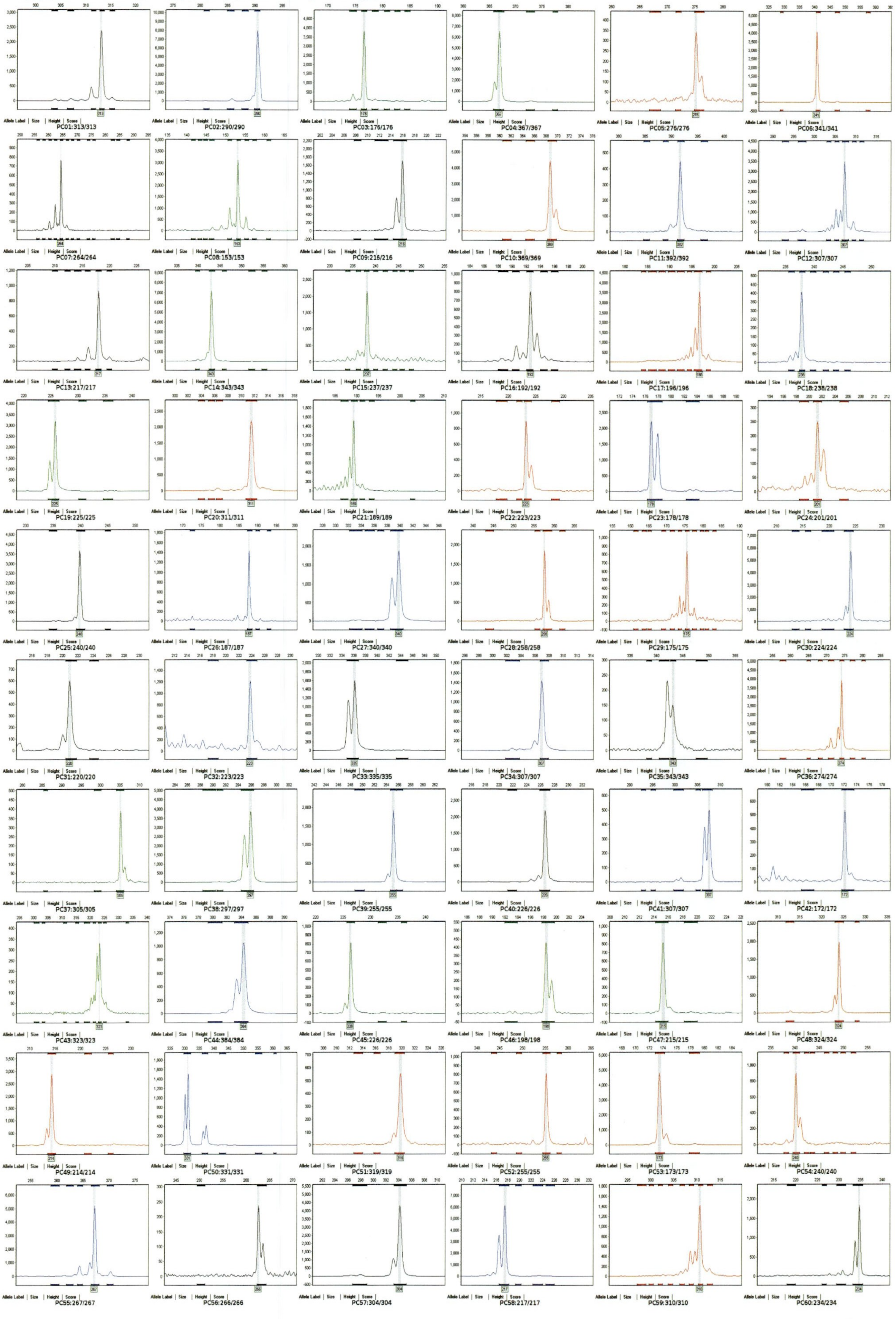

新陆中64号（新审棉2013年45号）

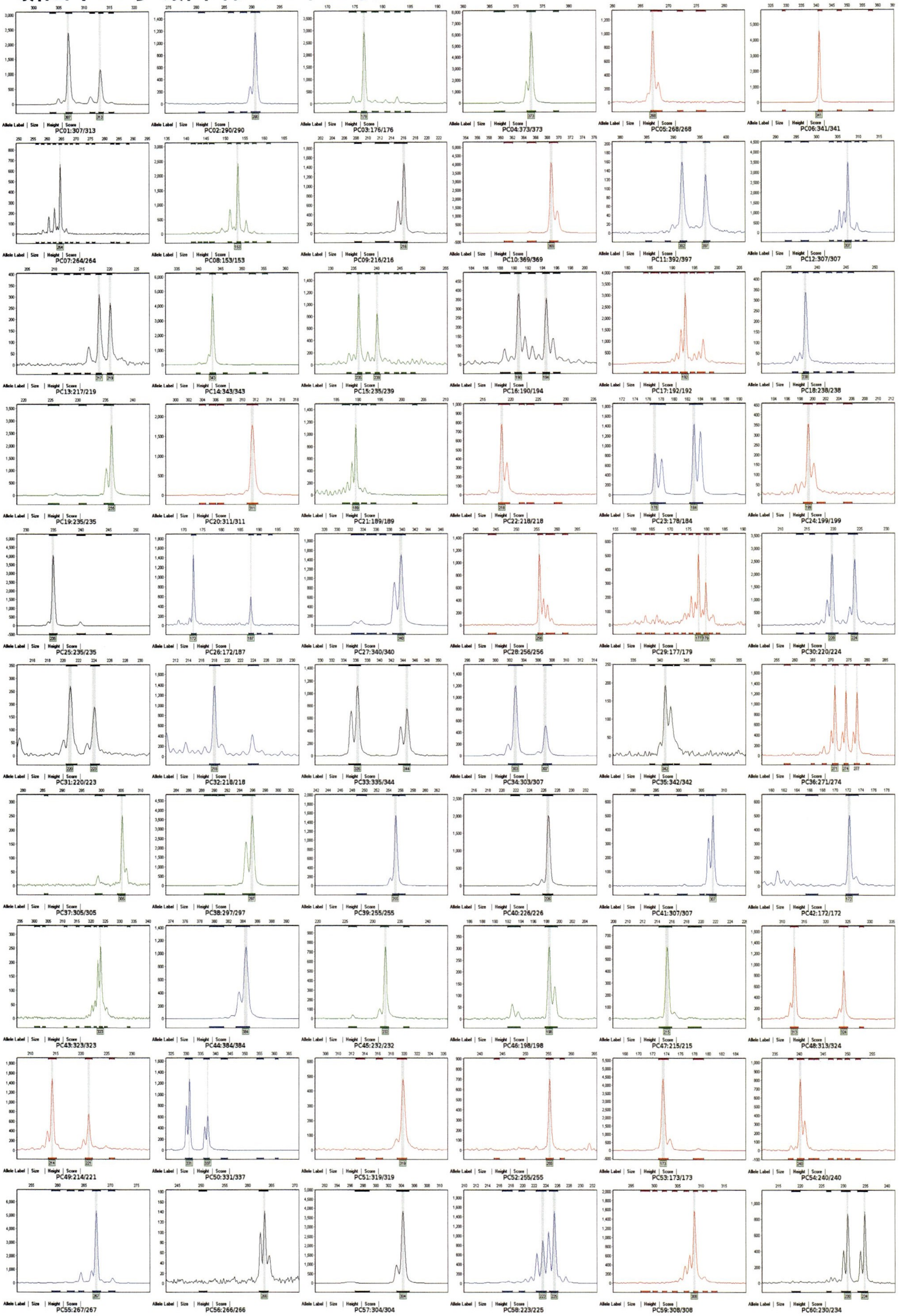

新陆中65号（新审棉2013年46号）

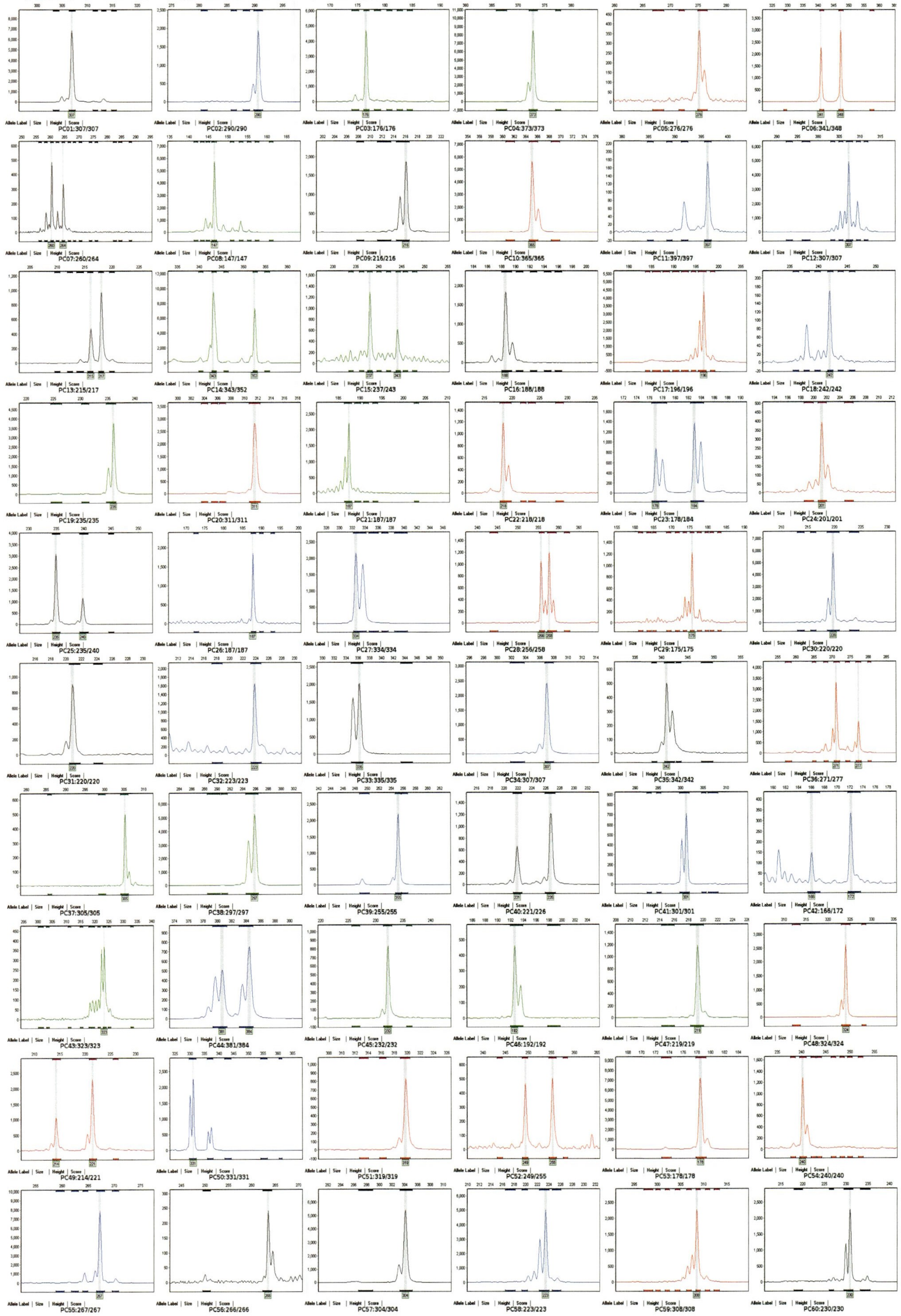

新陆中69号（新审棉2013年50号）

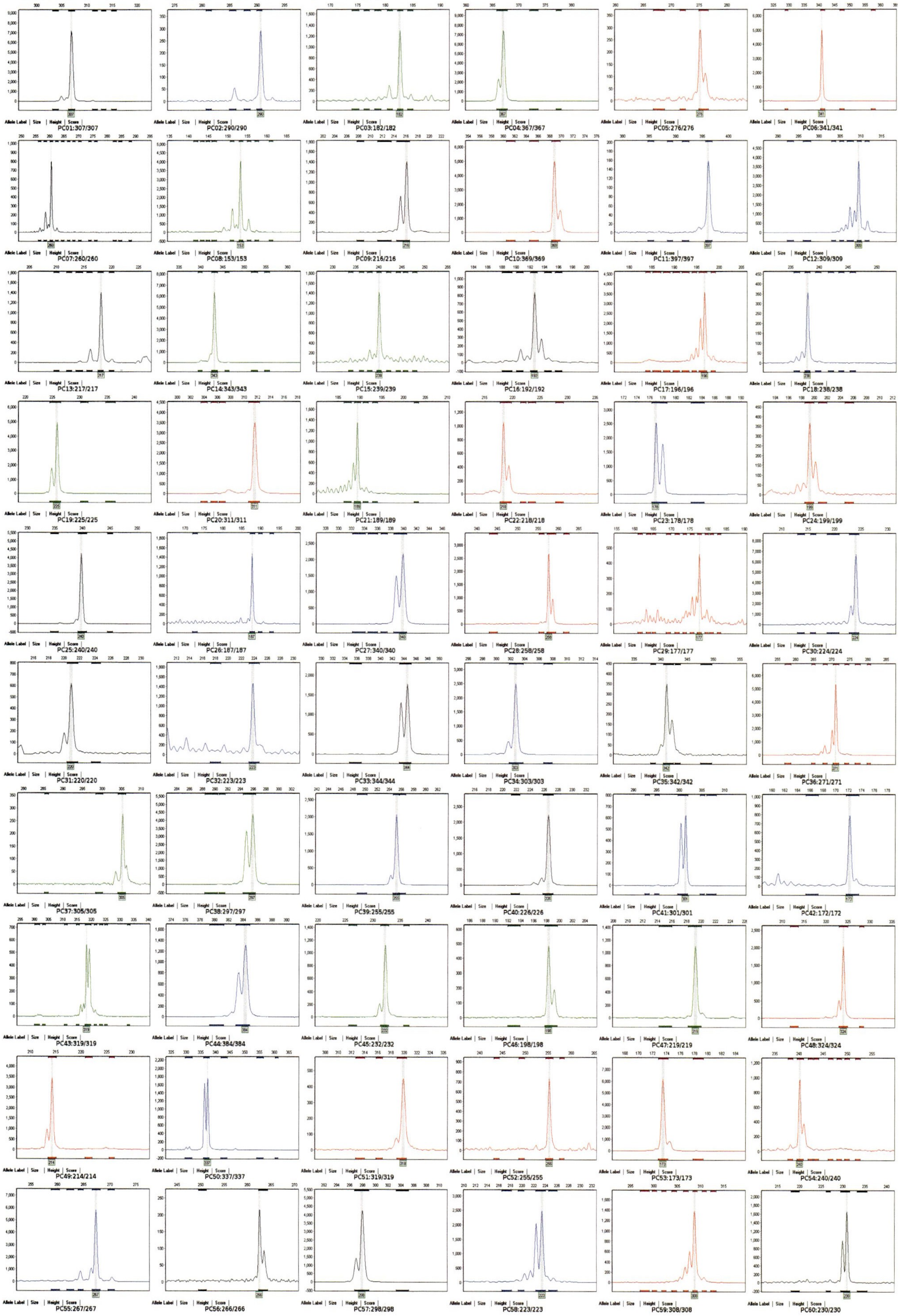

新海42号（新审棉2013年51号）

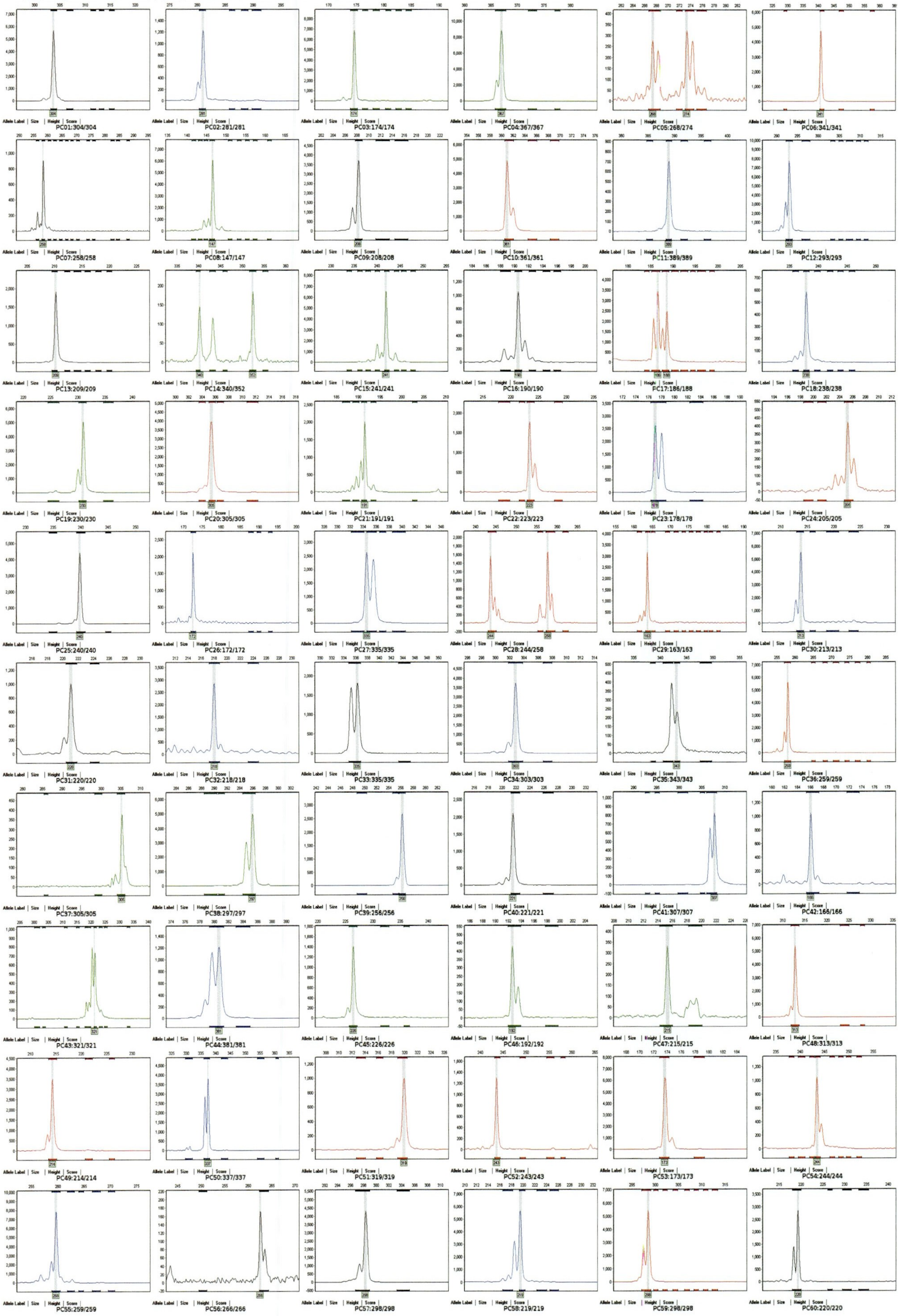

新海43号（新审棉2013年52号）

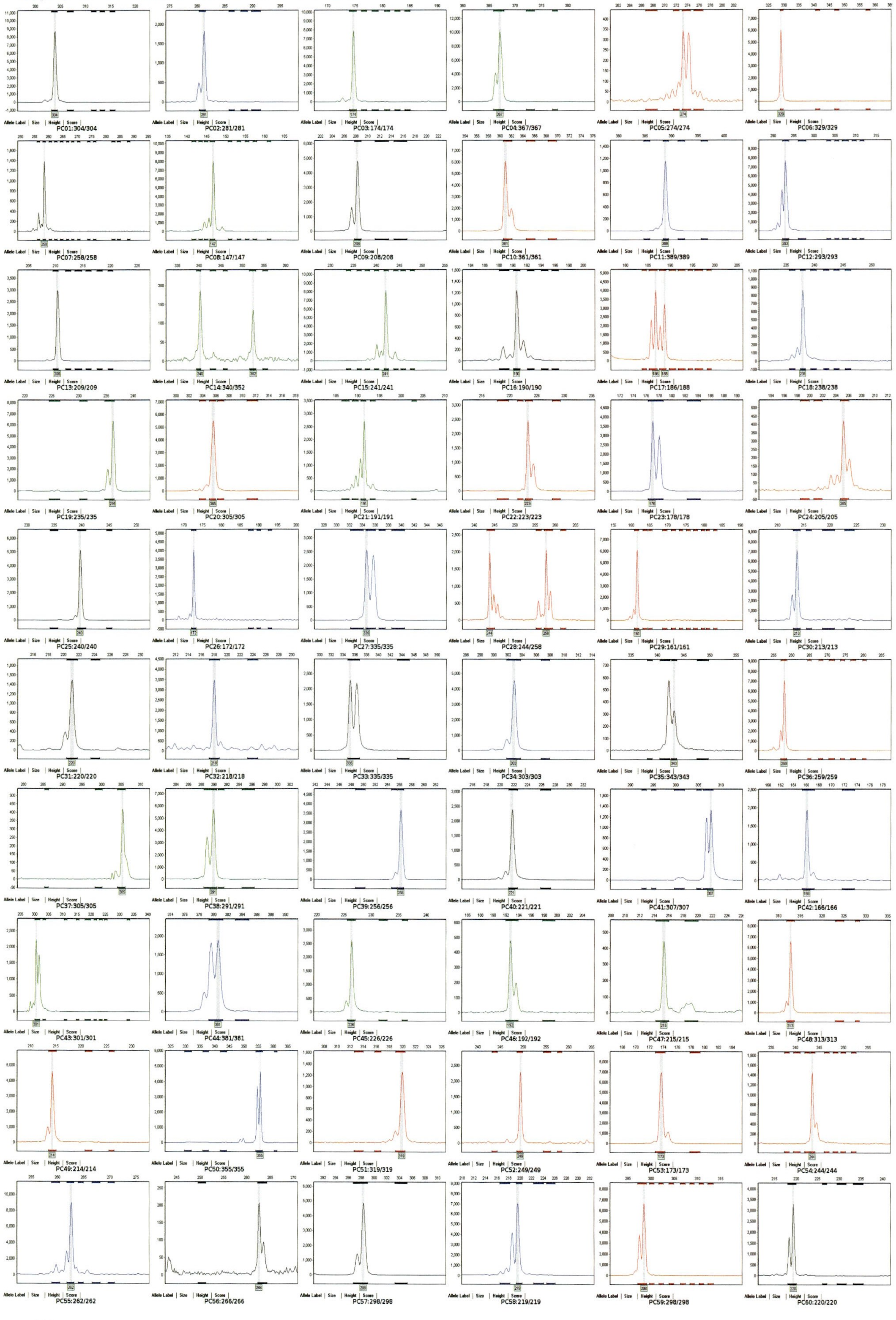

新海44号（新审棉2013年53号）

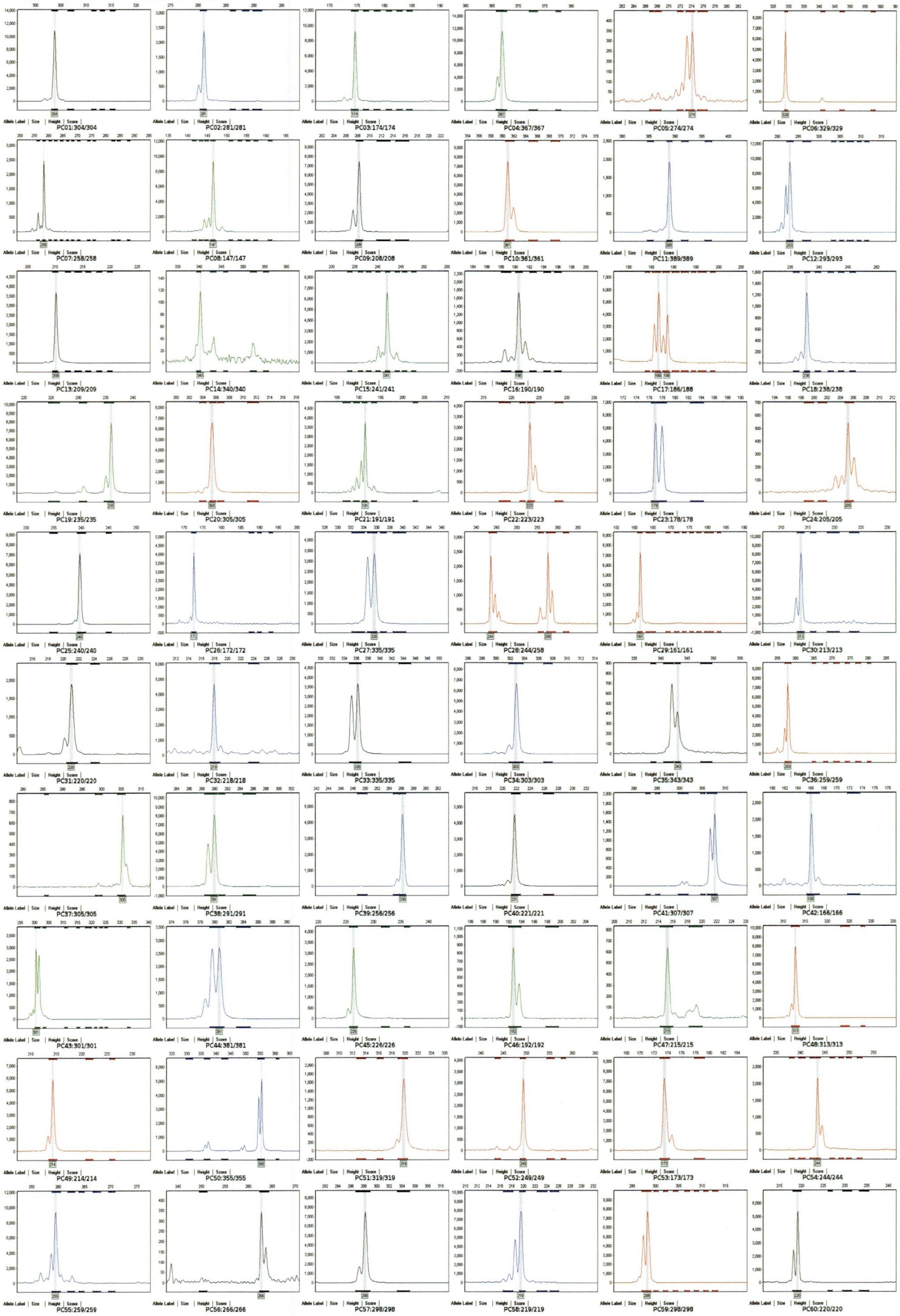

新彩棉24号（新审棉2013年54号）

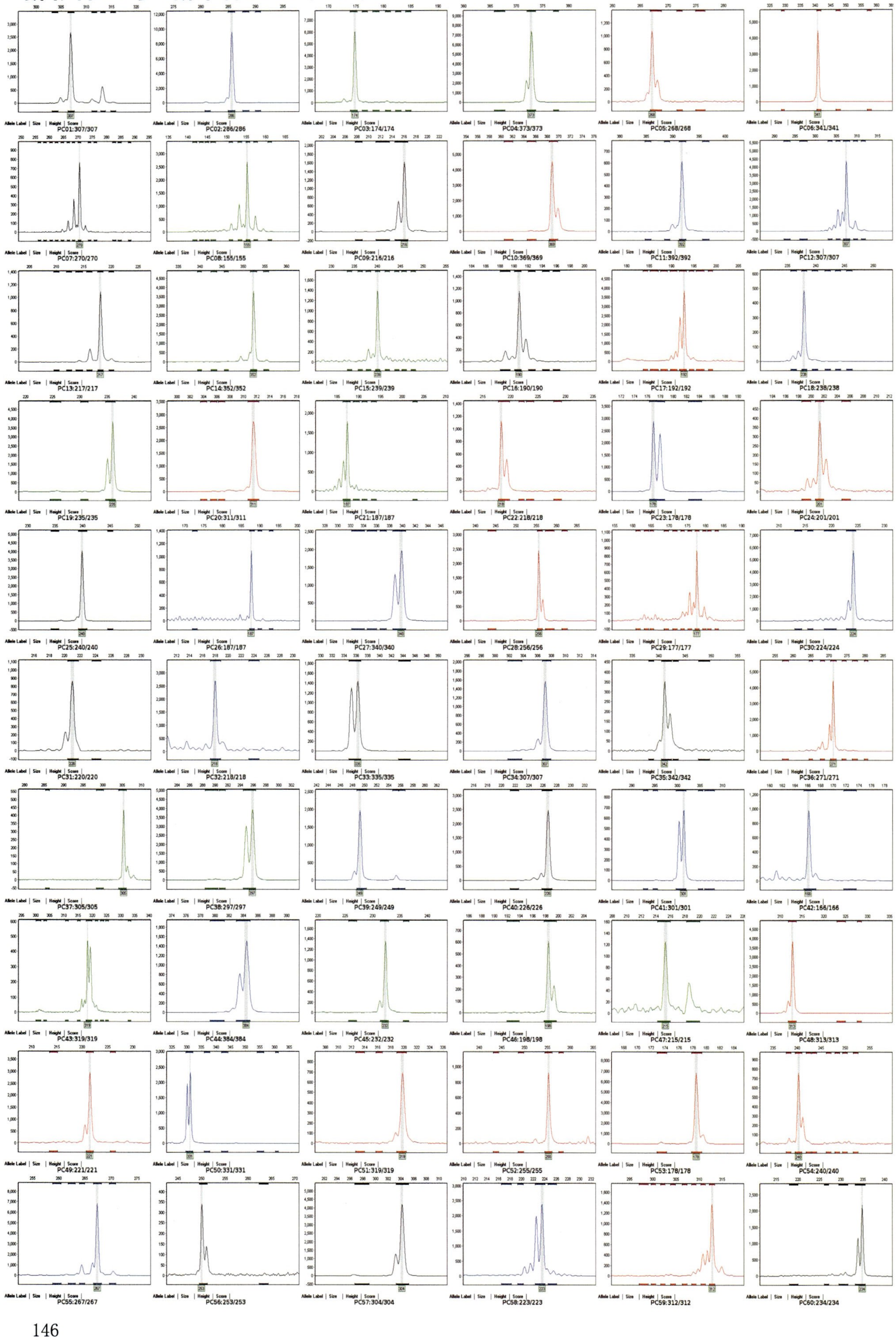

新彩棉25号（新审棉2013年55号）

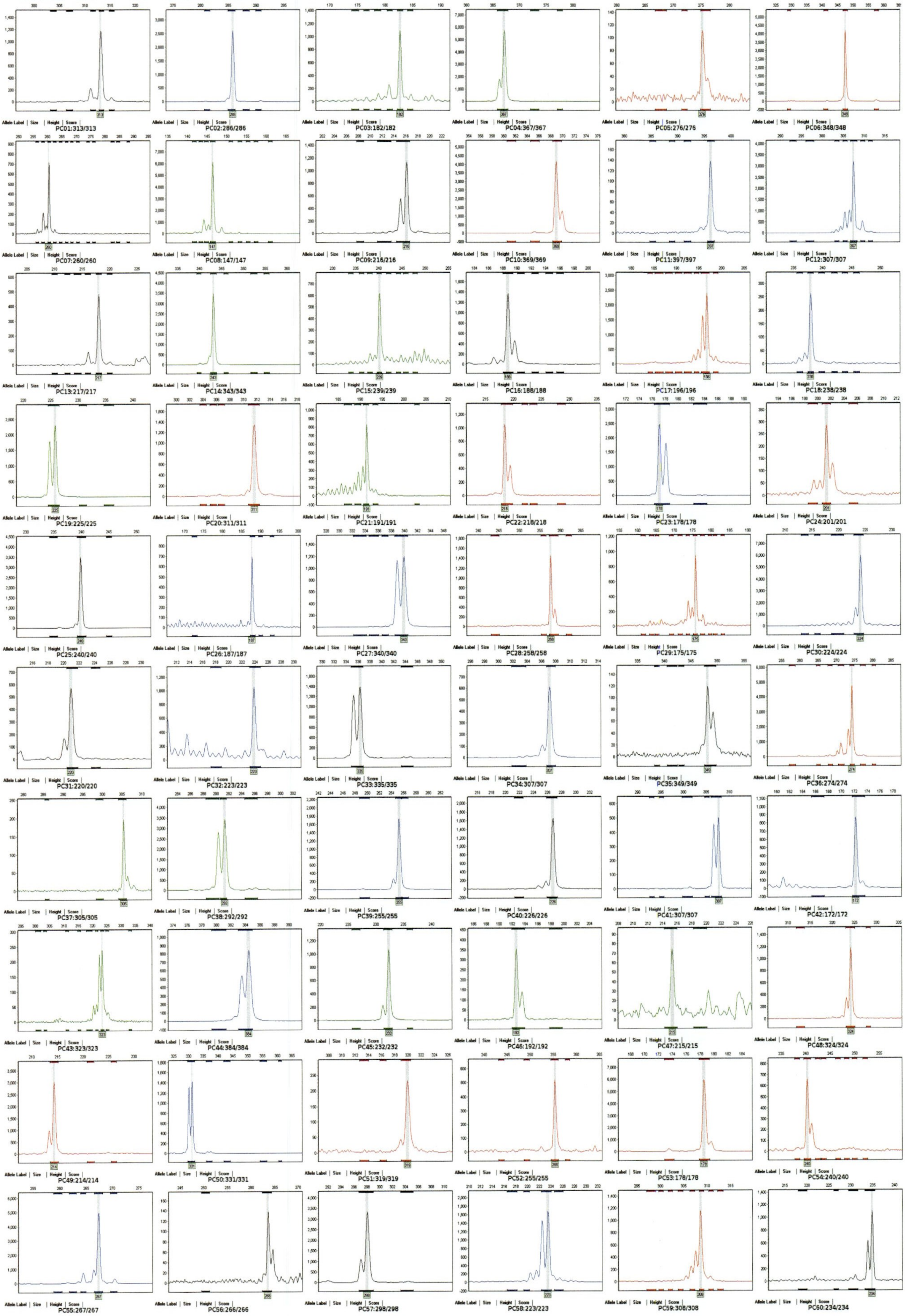

新彩棉27号（新审棉2013年57号）

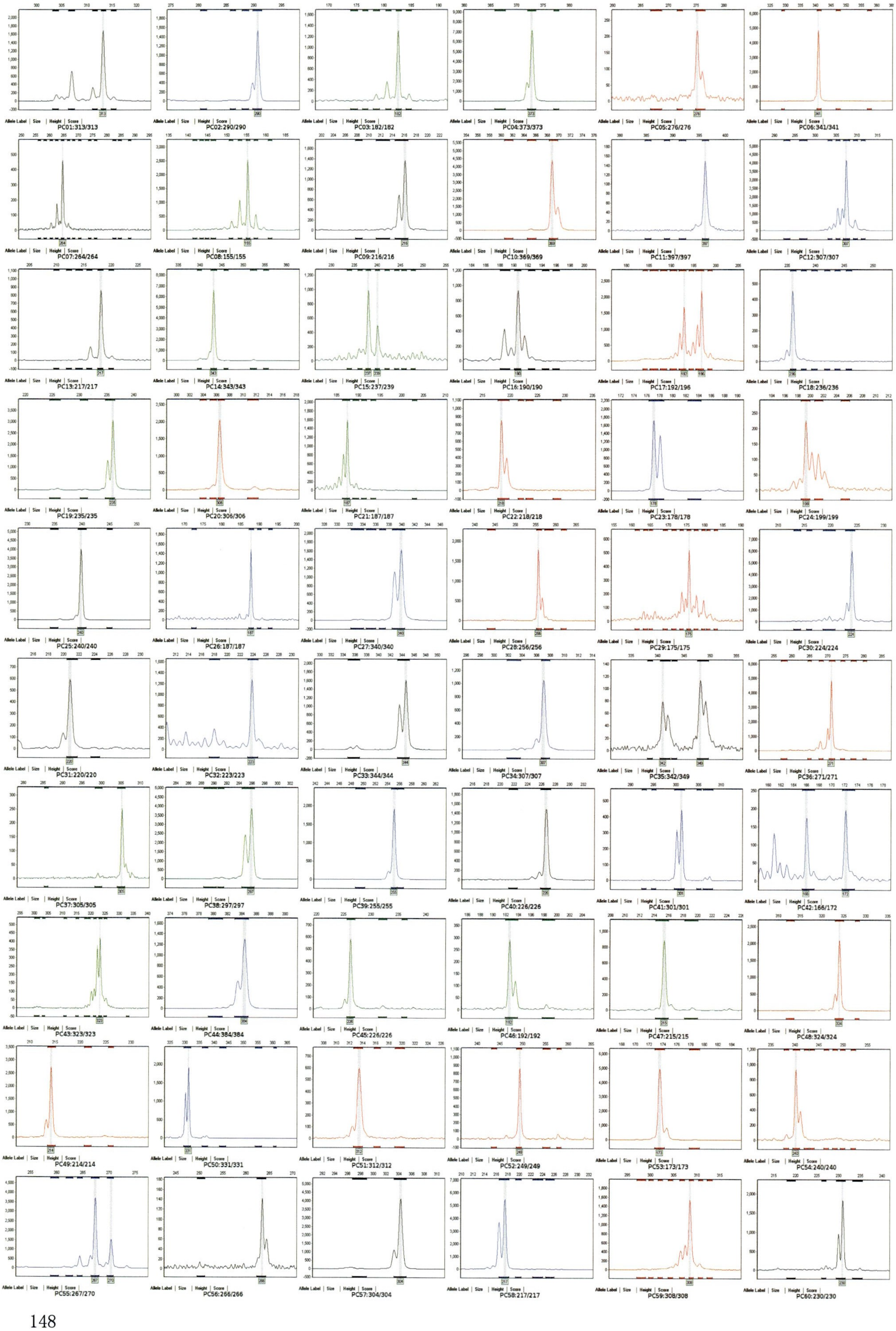

新陆早52号（新审棉2012年47号）

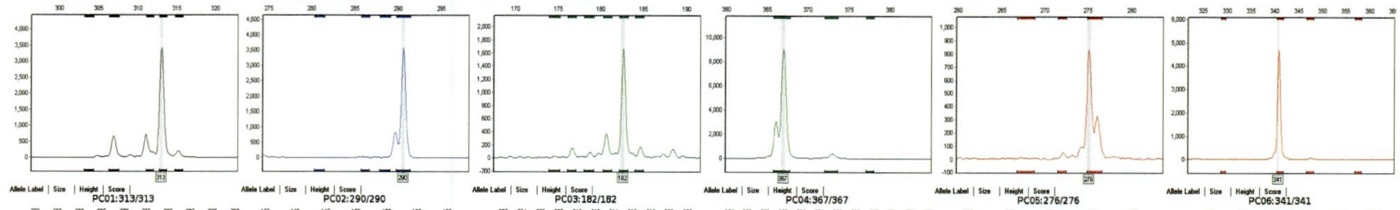

PC01:313/313　PC02:290/290　PC03:182/182　PC04:367/367　PC05:276/276　PC06:341/341

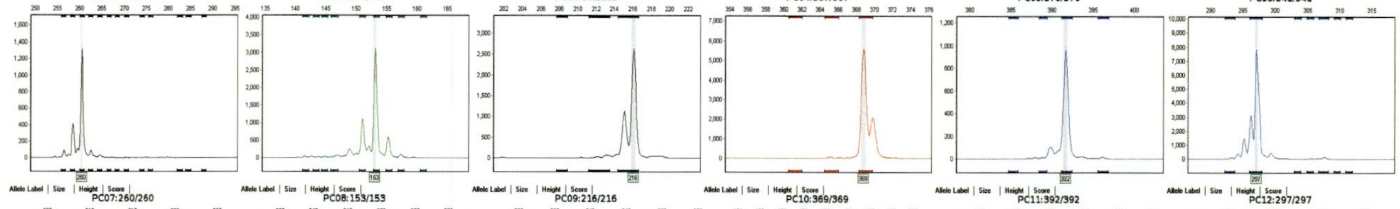

PC07:260/260　PC08:153/153　PC09:216/216　PC10:369/369　PC11:392/392　PC12:297/297

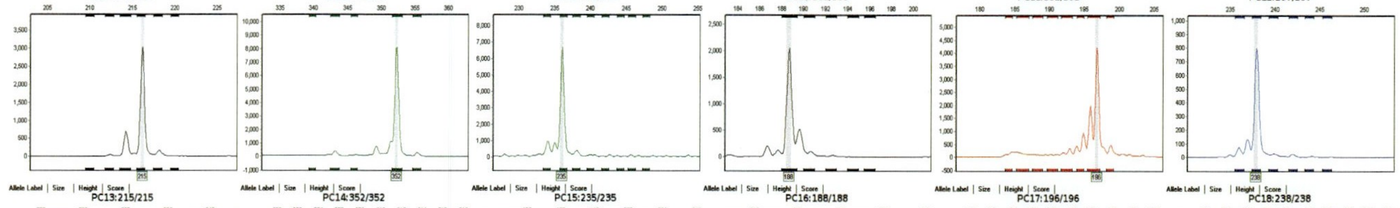

PC13:215/215　PC14:352/352　PC15:235/235　PC16:188/188　PC17:196/196　PC18:238/238

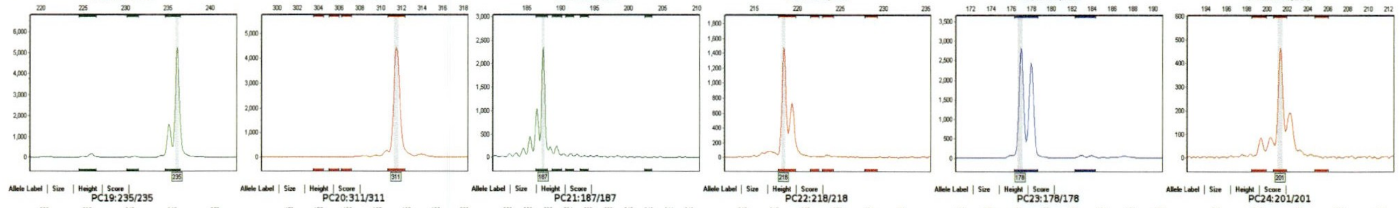

PC19:235/235　PC20:311/311　PC21:187/187　PC22:218/218　PC23:178/178　PC24:201/201

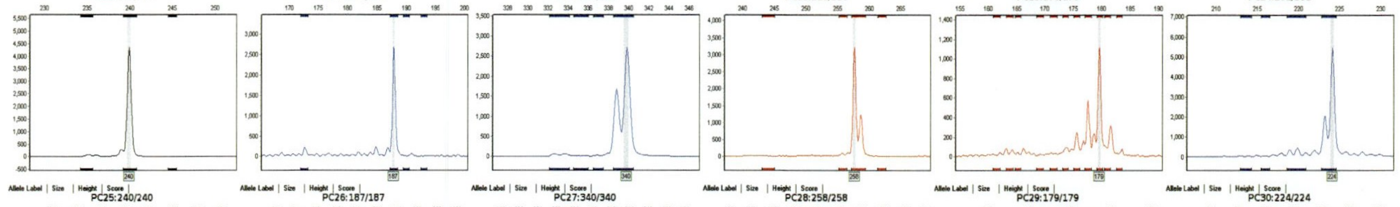

PC25:240/240　PC26:187/187　PC27:340/340　PC28:258/258　PC29:179/179　PC30:224/224

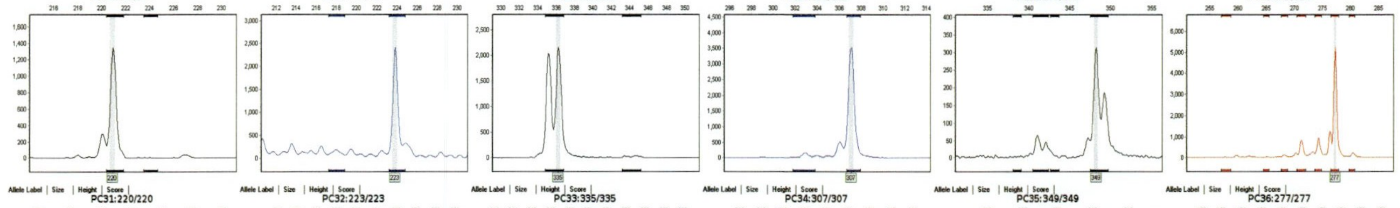

PC31:220/220　PC32:223/223　PC33:335/335　PC34:307/307　PC35:349/349　PC36:277/277

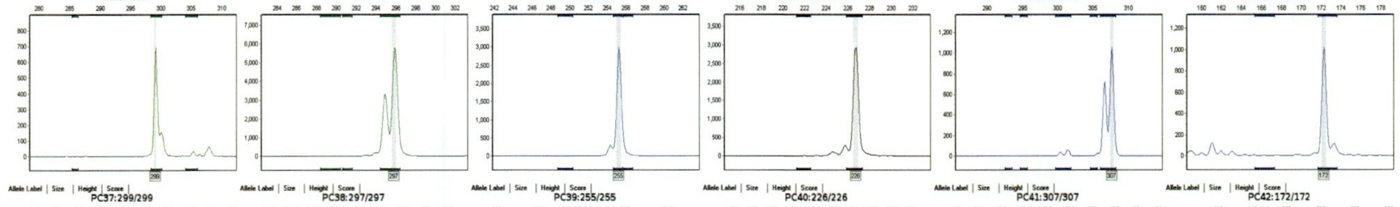

PC37:299/299　PC38:297/297　PC39:255/255　PC40:226/226　PC41:307/307　PC42:172/172

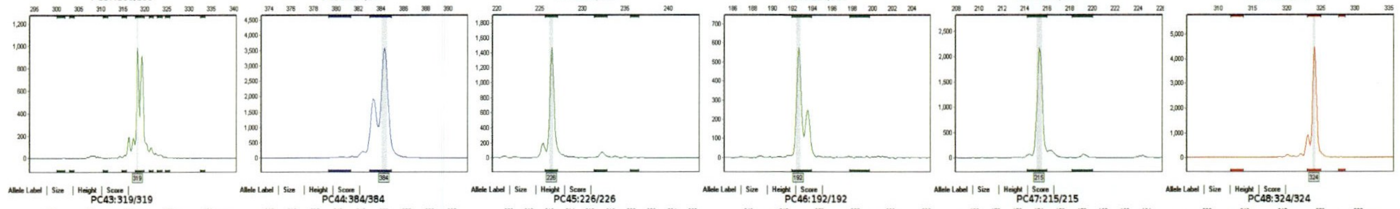

PC43:319/319　PC44:384/384　PC45:226/226　PC46:192/192　PC47:215/215　PC48:324/324

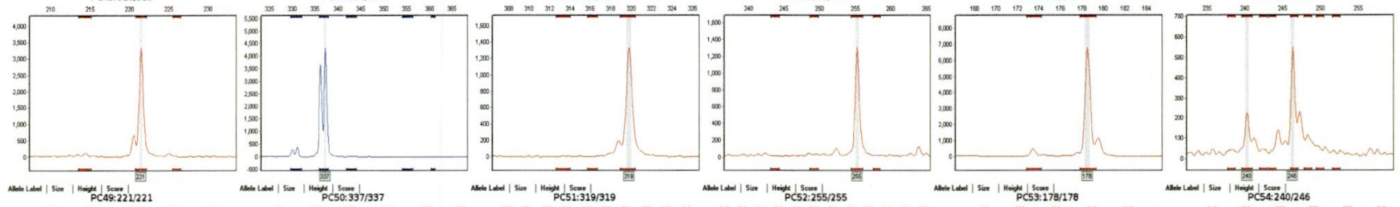

PC49:221/221　PC50:337/337　PC51:319/319　PC52:255/255　PC53:178/178　PC54:240/246

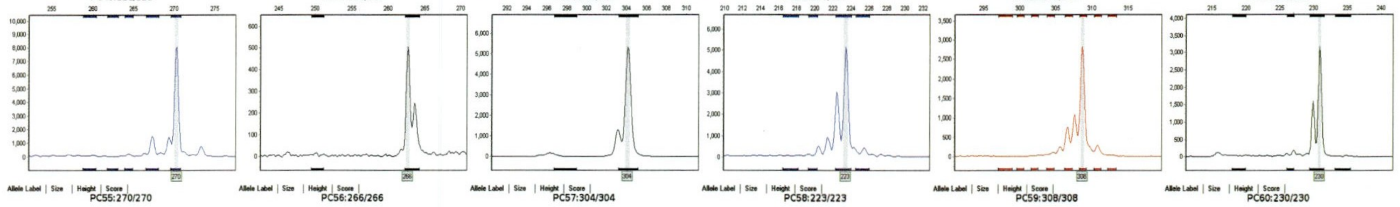

PC55:270/270　PC56:266/266　PC57:304/304　PC58:223/223　PC59:308/308　PC60:230/230

新陆早53号（新审棉2012年48号）

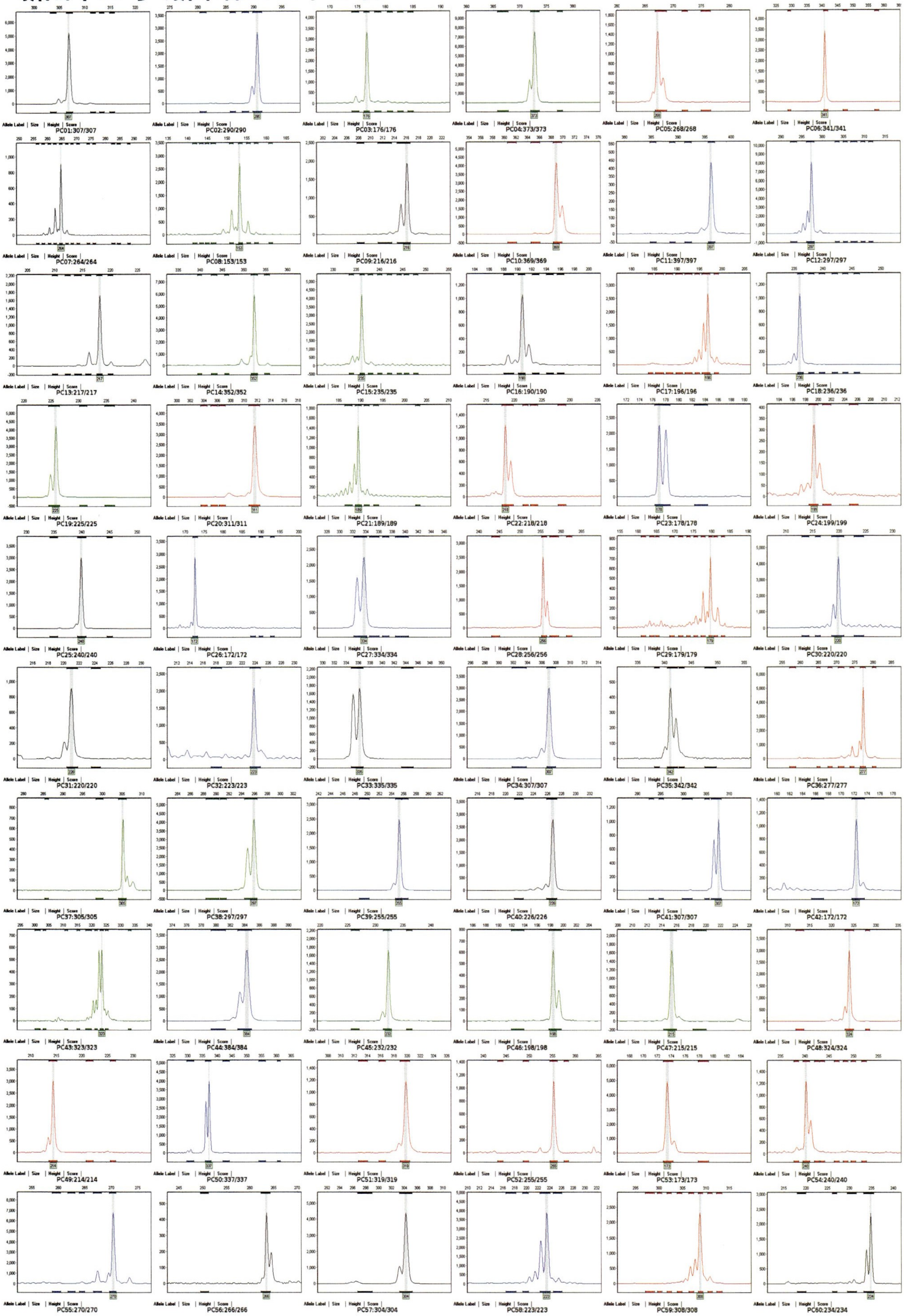

新陆早54号（新审棉2012年49号）

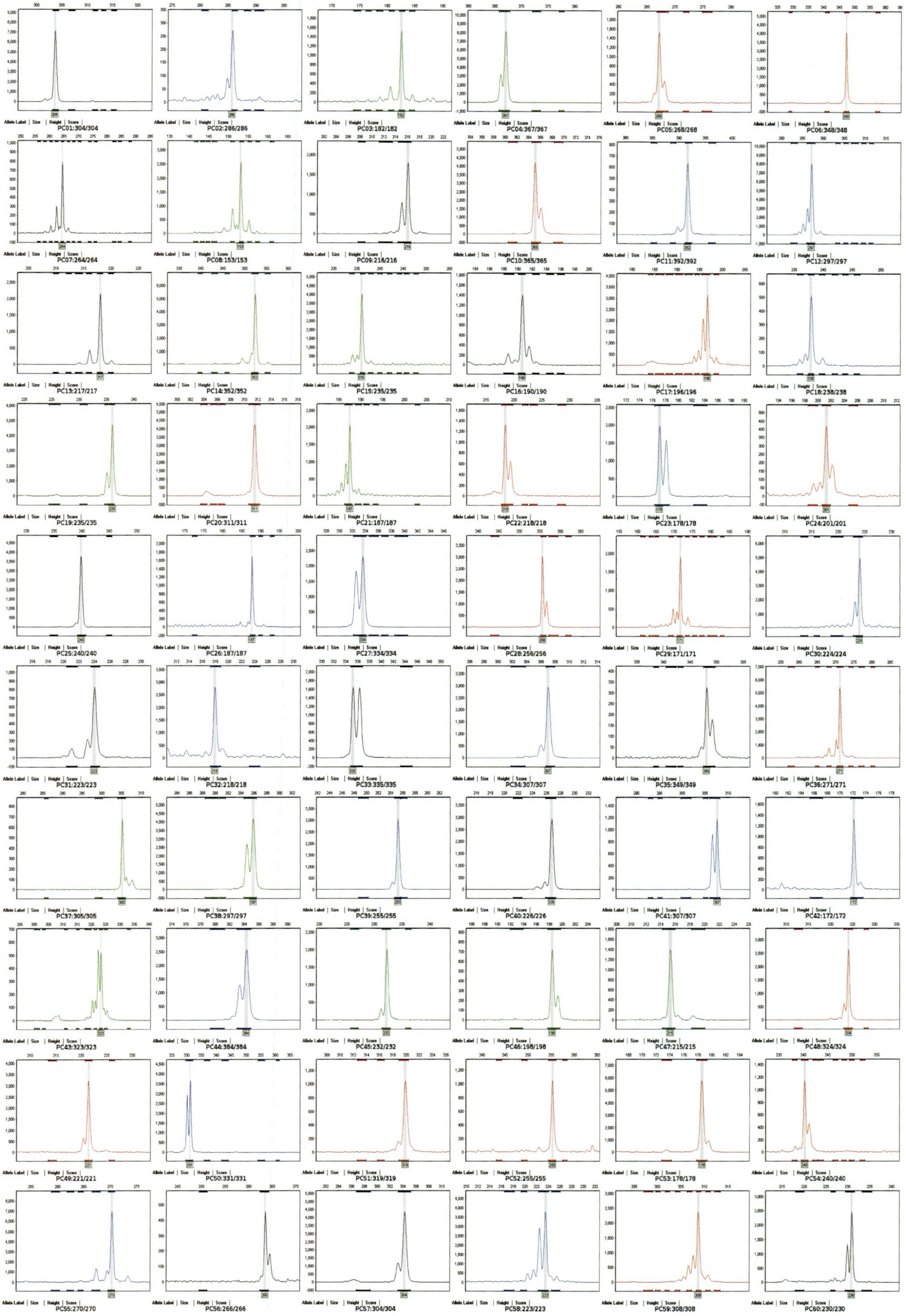

新陆早55号（新审棉2012年50号）

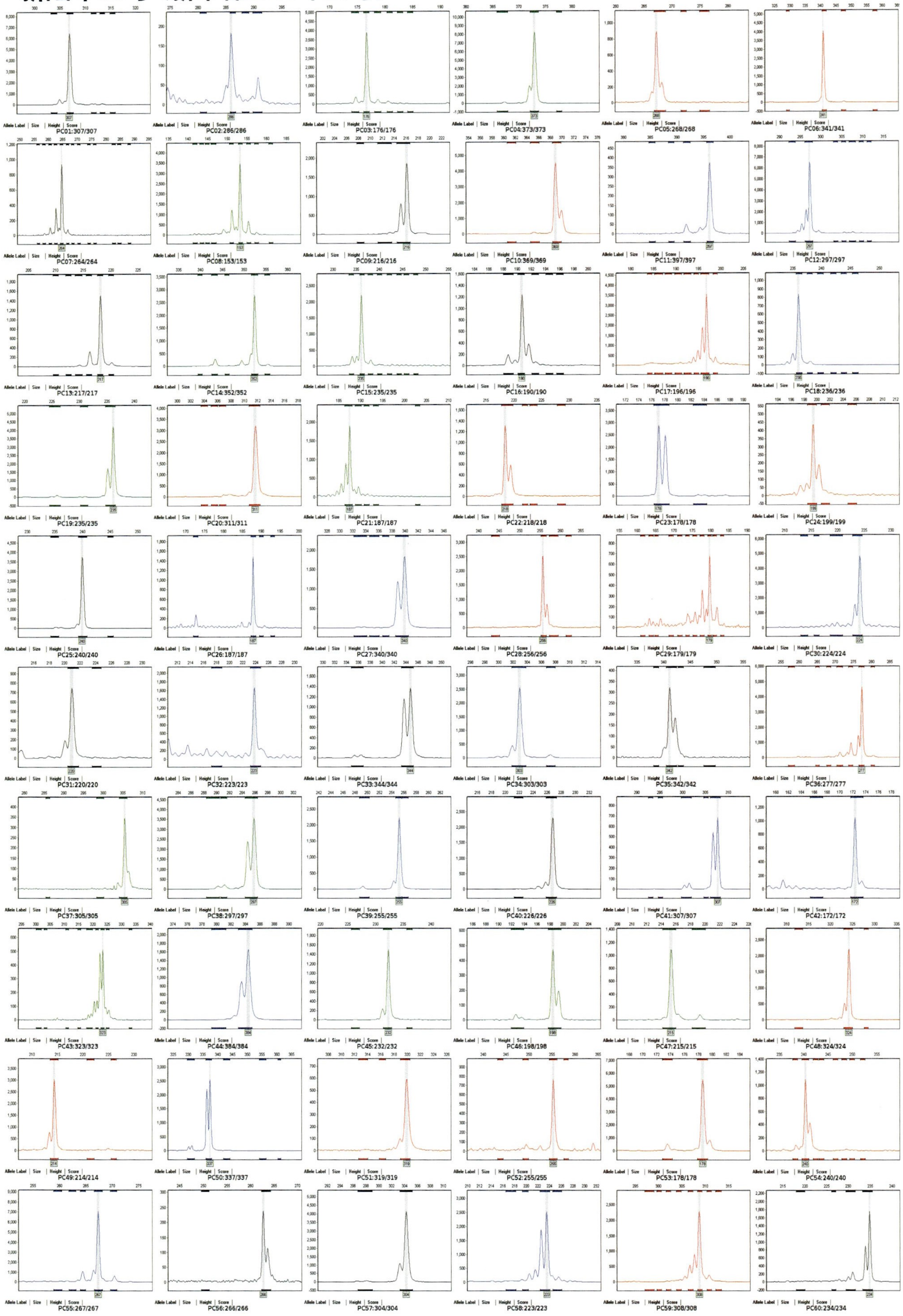

新陆早56号（新审棉2012年51号）

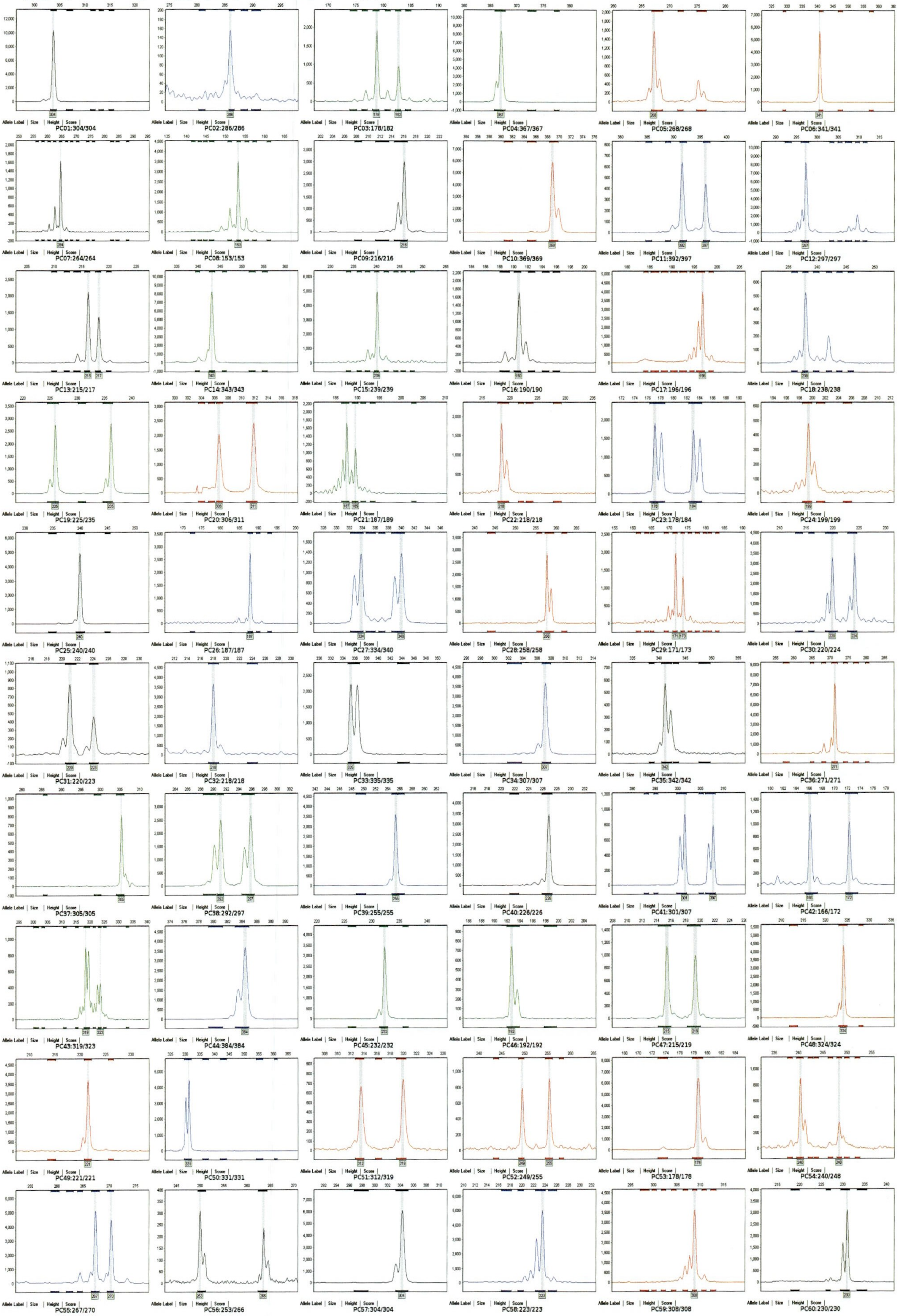

PC01:304/304 PC02:286/286 PC03:178/182 PC04:367/367 PC05:268/268 PC06:341/341

PC07:264/264 PC08:153/153 PC09:216/216 PC10:369/369 PC11:392/397 PC12:297/297

PC13:215/217 PC14:343/343 PC15:239/239 PC16:190/190 PC17:196/196 PC18:238/238

PC19:225/235 PC20:306/311 PC21:187/189 PC22:218/218 PC23:178/184 PC24:199/199

PC25:240/240 PC26:187/187 PC27:334/340 PC28:258/258 PC29:171/173 PC30:220/224

PC31:220/223 PC32:218/218 PC33:335/335 PC34:307/307 PC35:342/342 PC36:271/271

PC37:305/305 PC38:292/297 PC39:255/255 PC40:226/226 PC41:301/307 PC42:166/172

PC43:319/323 PC44:384/384 PC45:232/232 PC46:192/192 PC47:215/219 PC48:324/324

PC49:221/221 PC50:331/331 PC51:312/319 PC52:249/255 PC53:178/178 PC54:240/248

PC55:267/270 PC56:253/266 PC57:304/304 PC58:223/223 PC59:308/308 PC60:230/230

新陆中54号（新审棉2012年52号）

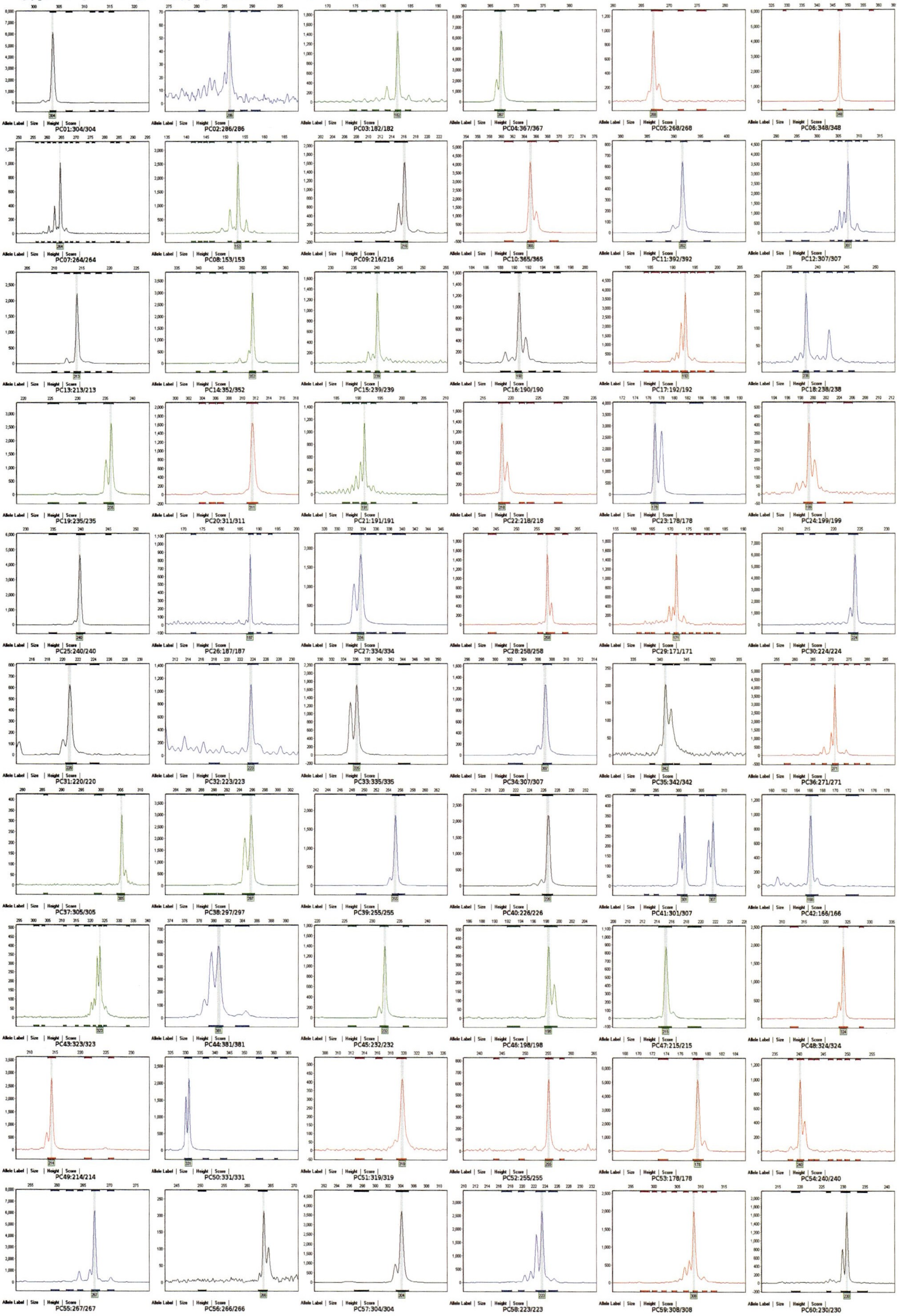

新陆中55号（新审棉2012年53号）

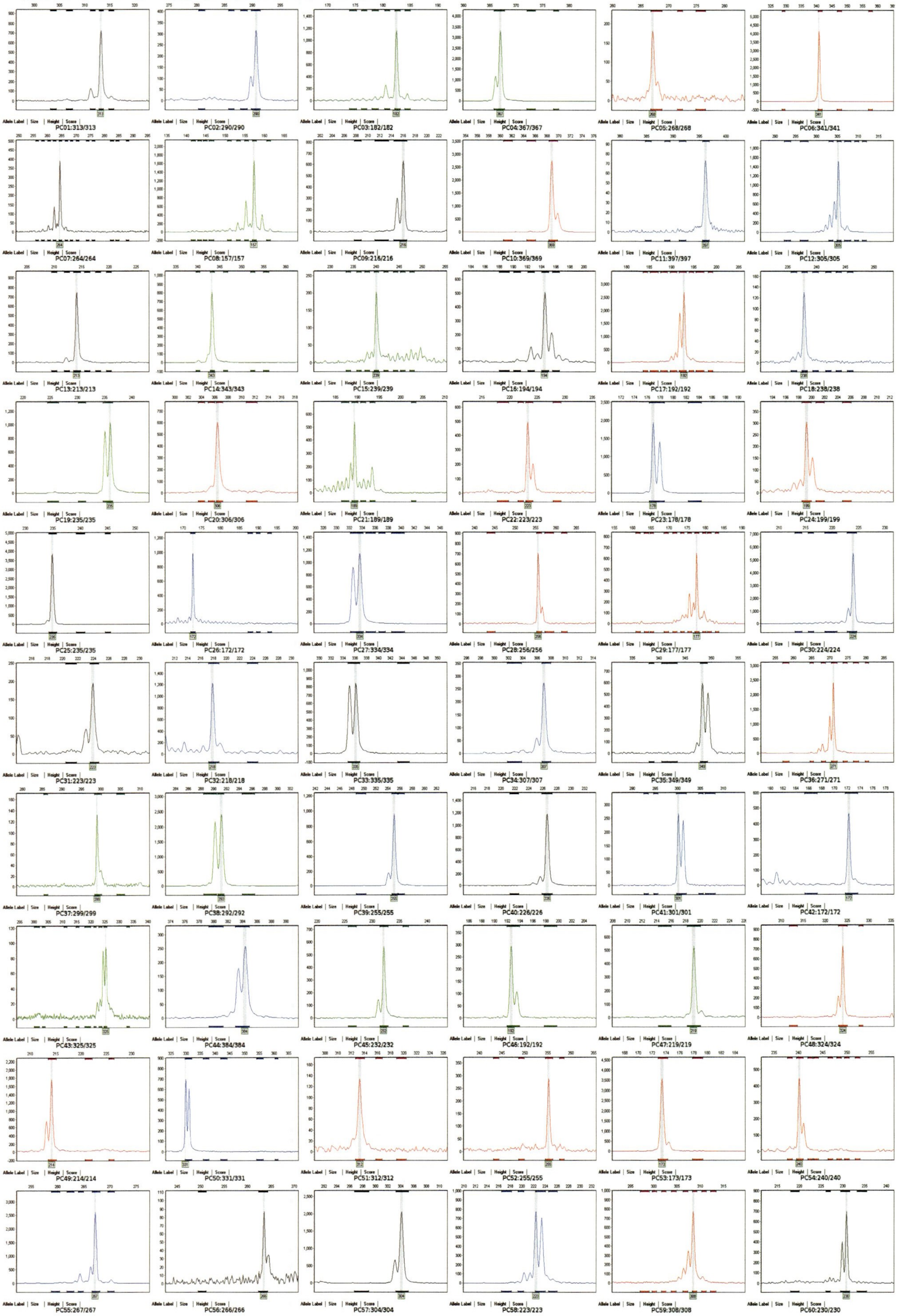

新海41号（新审棉2012年61号）

新彩棉20号（棕）（新审棉2012年62号）

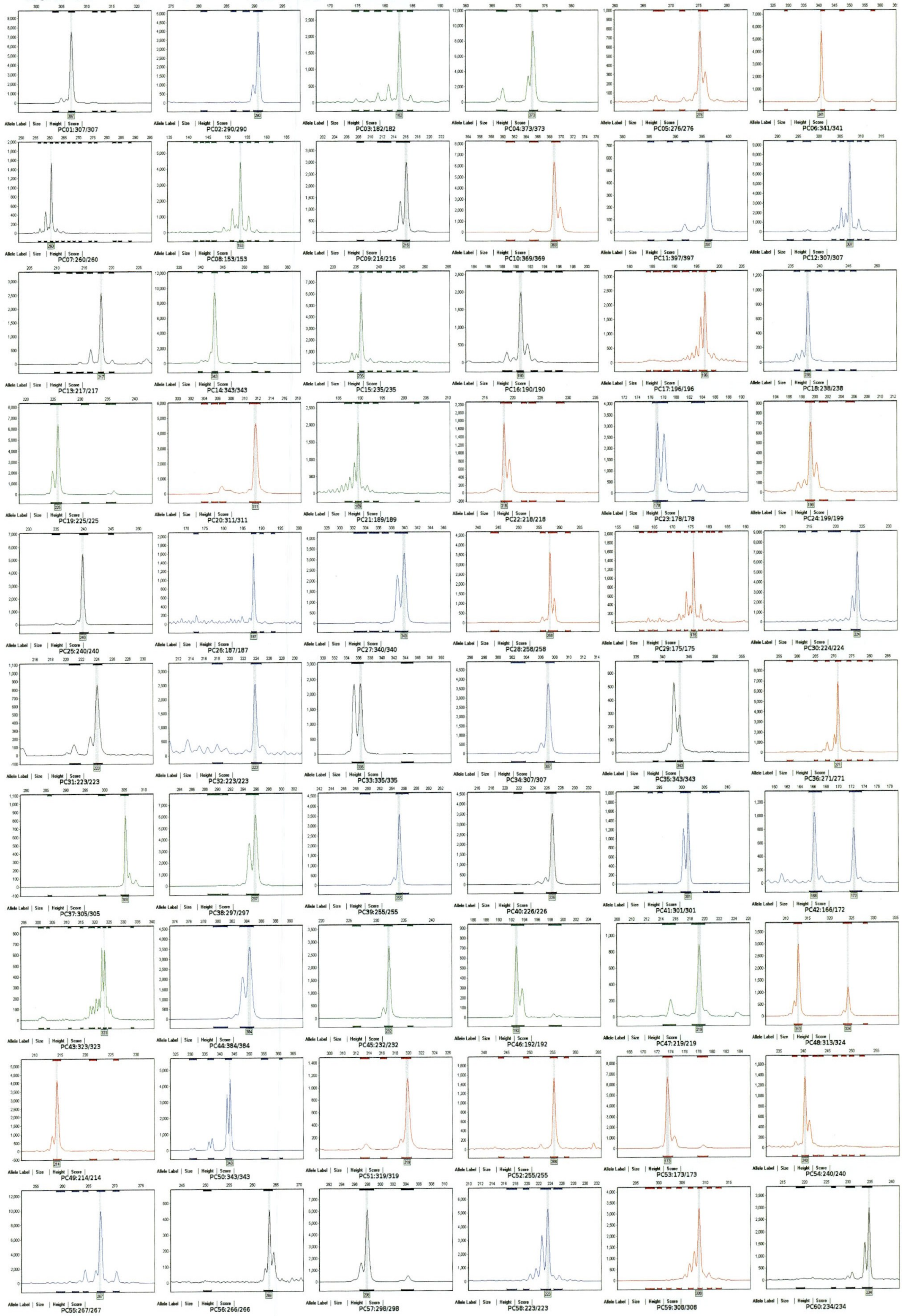

新彩棉21号（棕）（新审棉2012年63号）

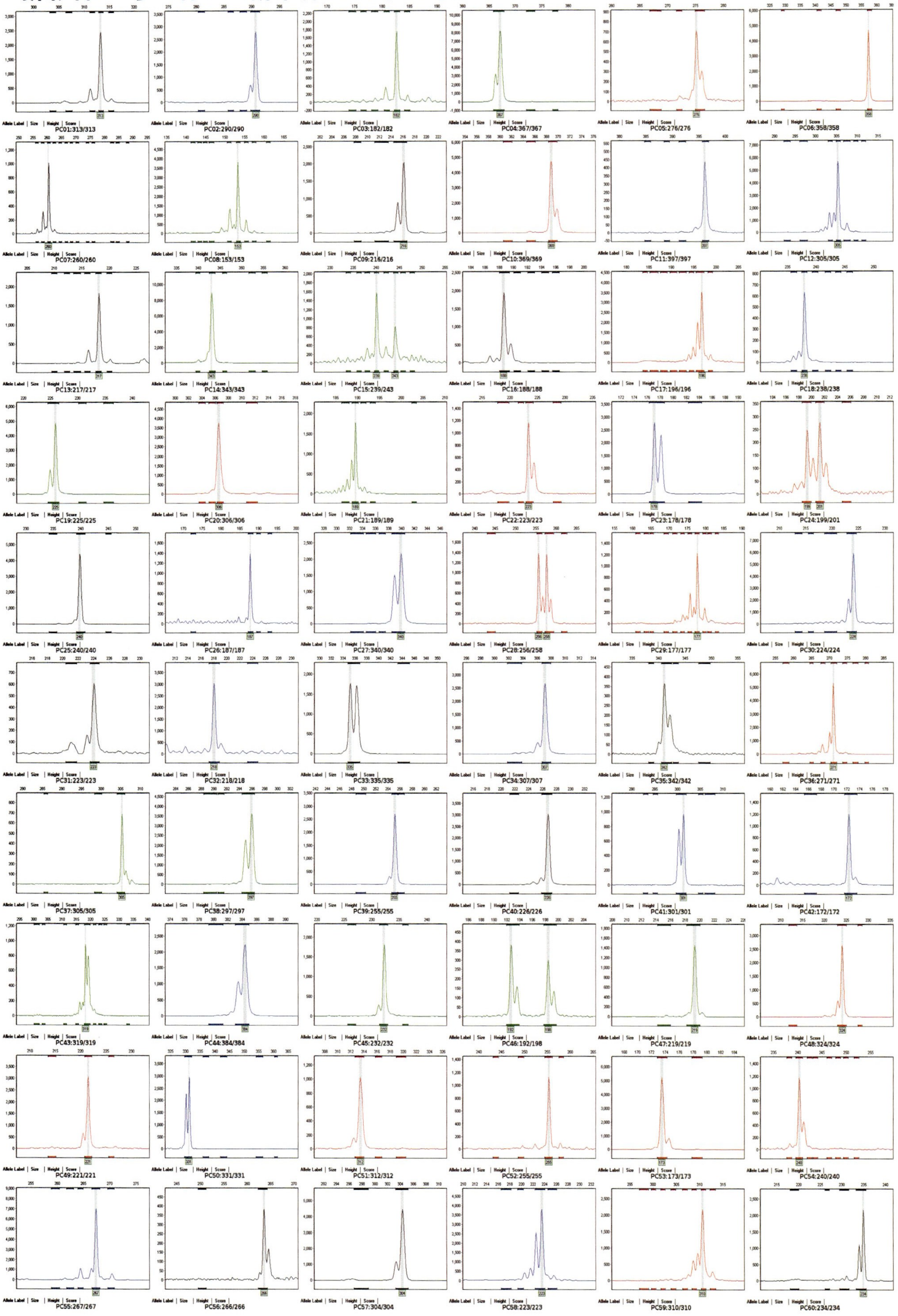

新彩棉23号（棕）（新审棉2012年65号）

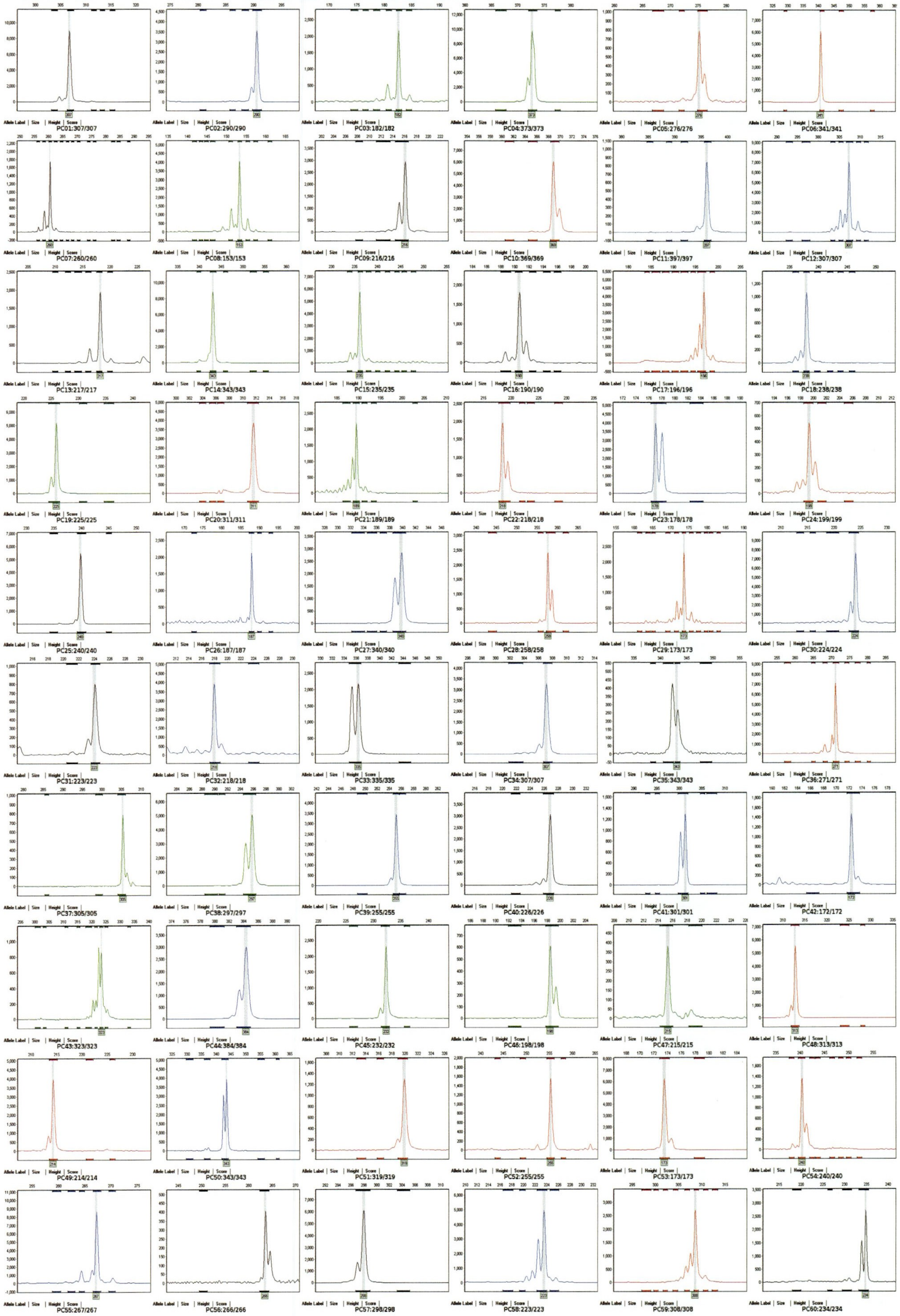

新陆早50号（新审棉2011年43号）

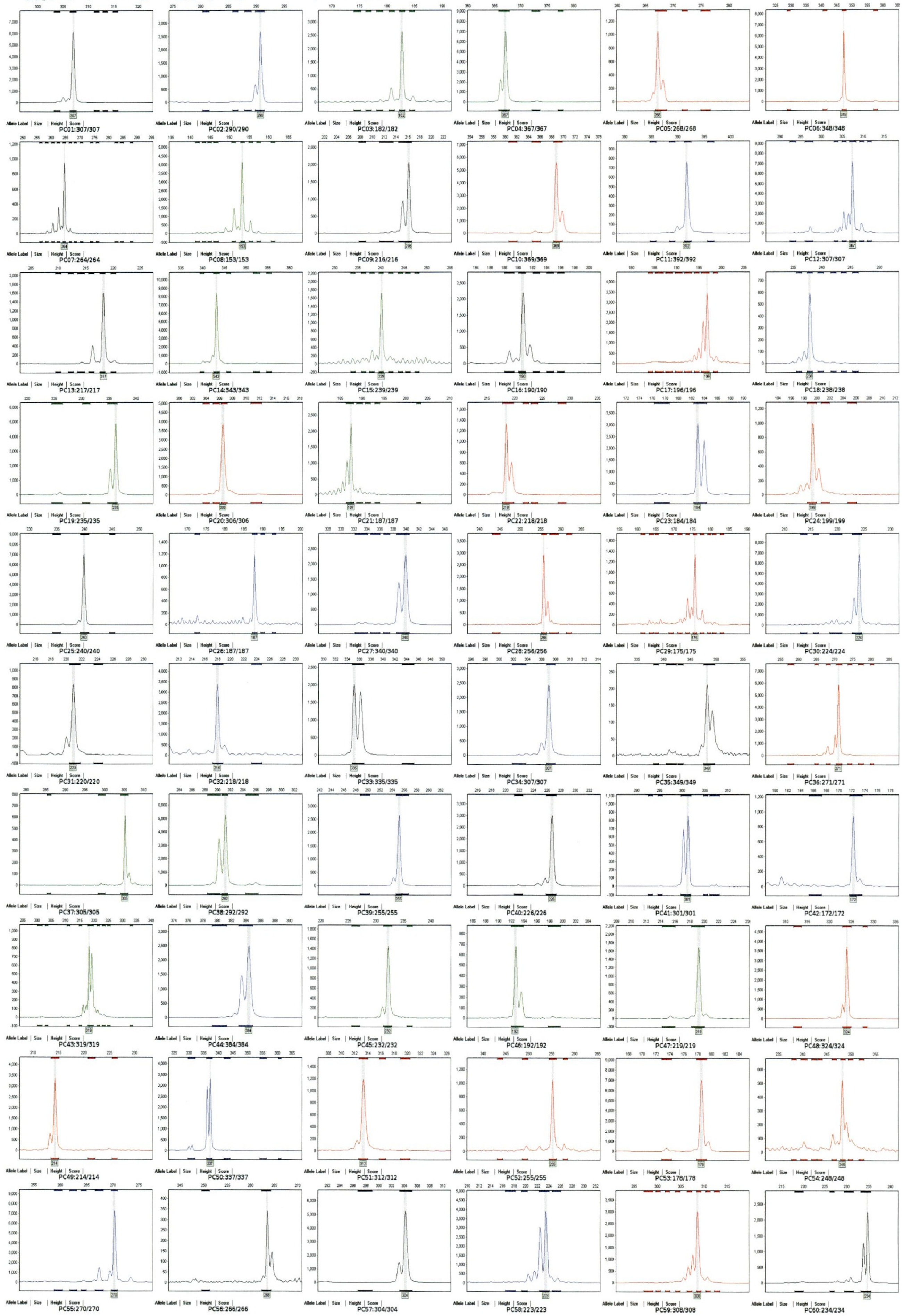

新陆早51号（新审棉2011年44号）

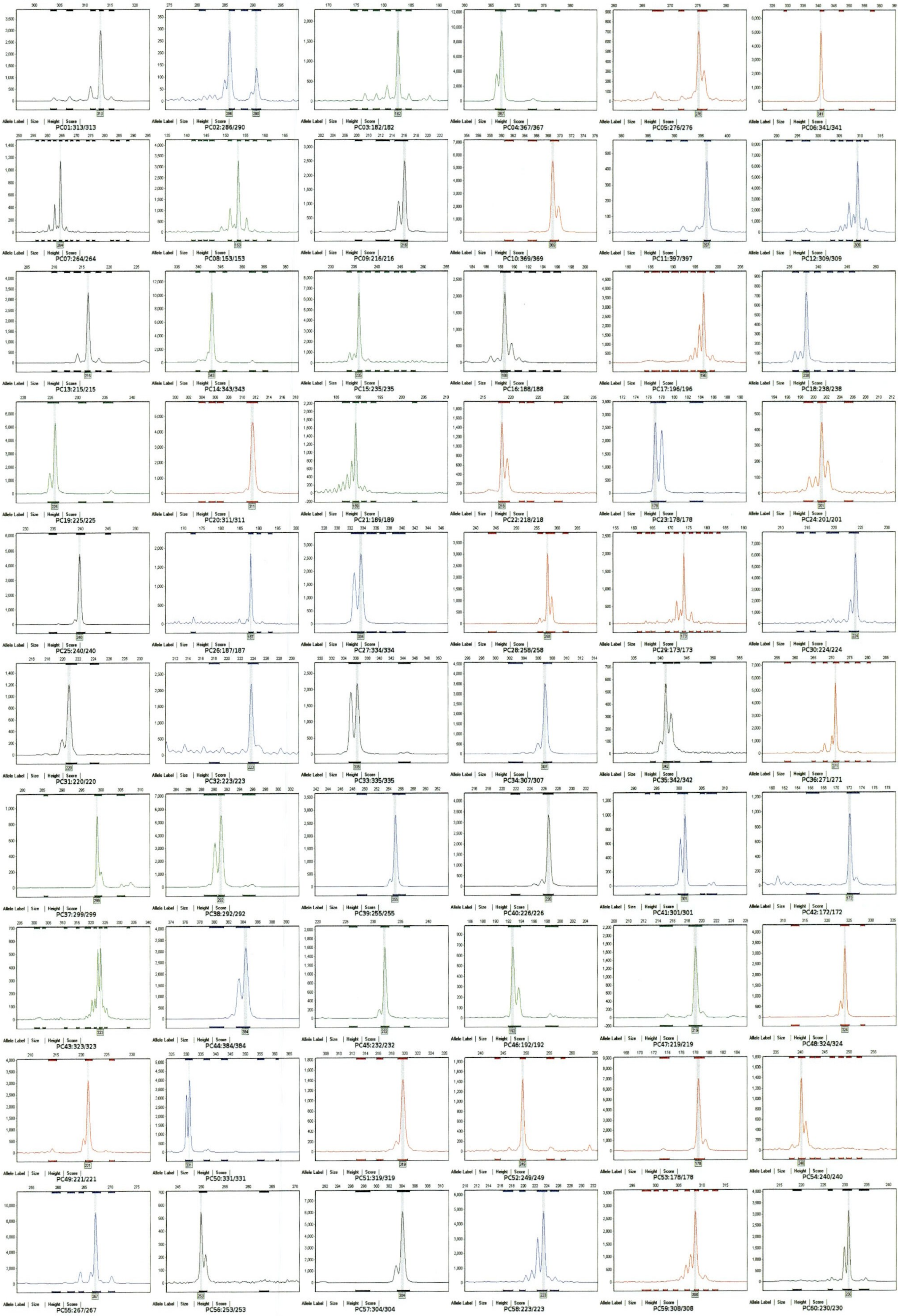

新陆中50号（新审棉2011年45号）

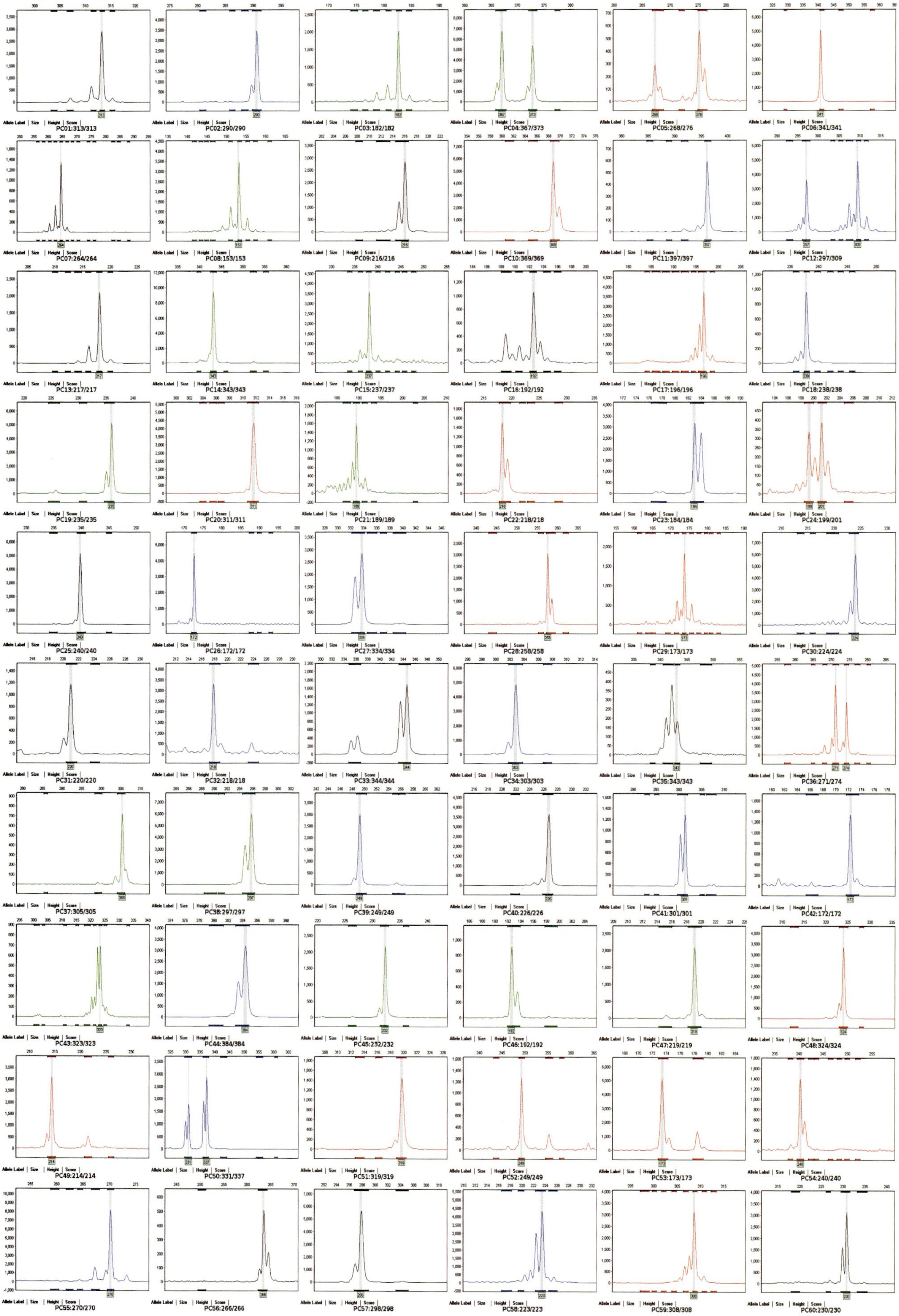

新海37号（新审棉2011年50号）

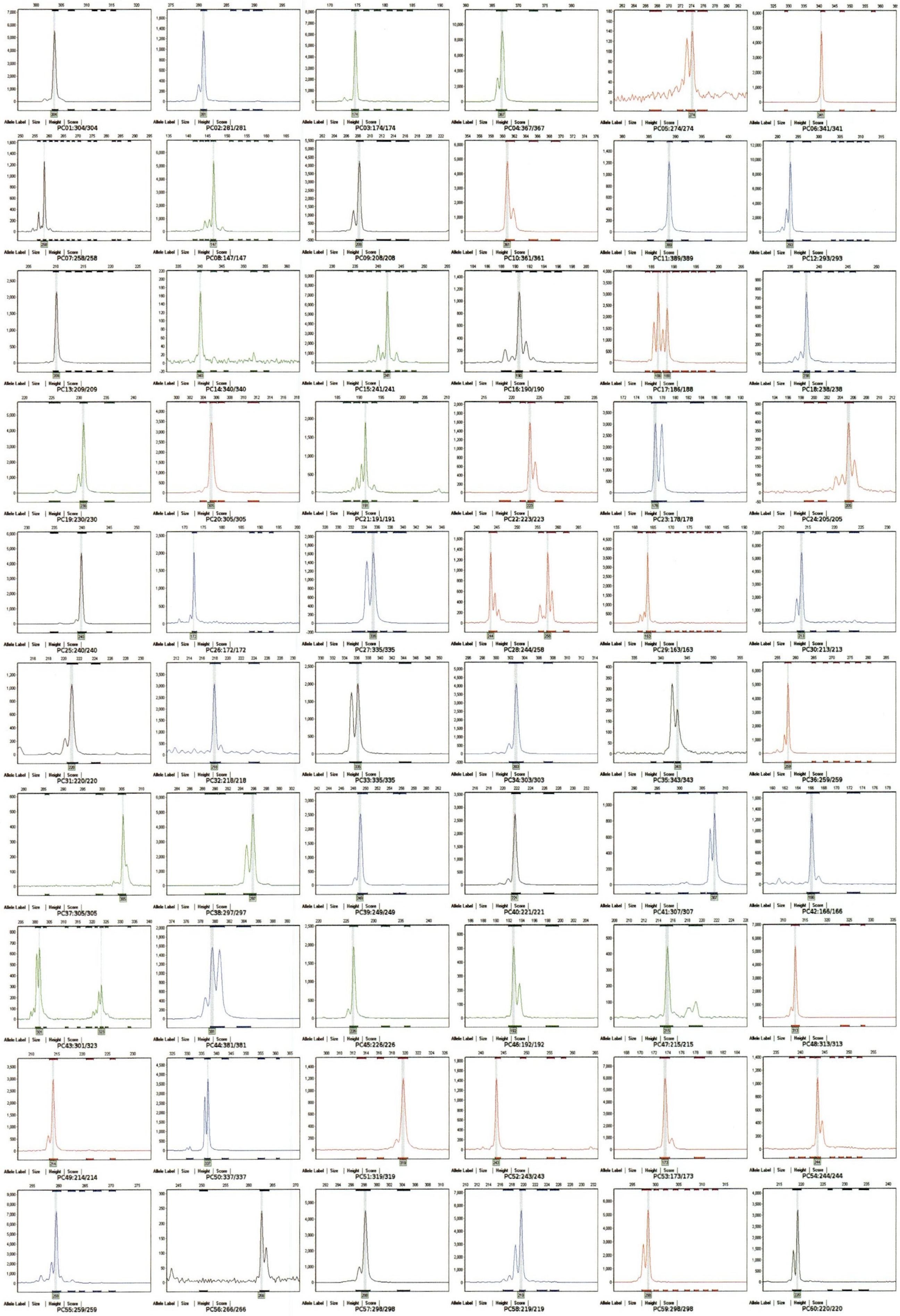

新海38号（新审棉2011年51号）

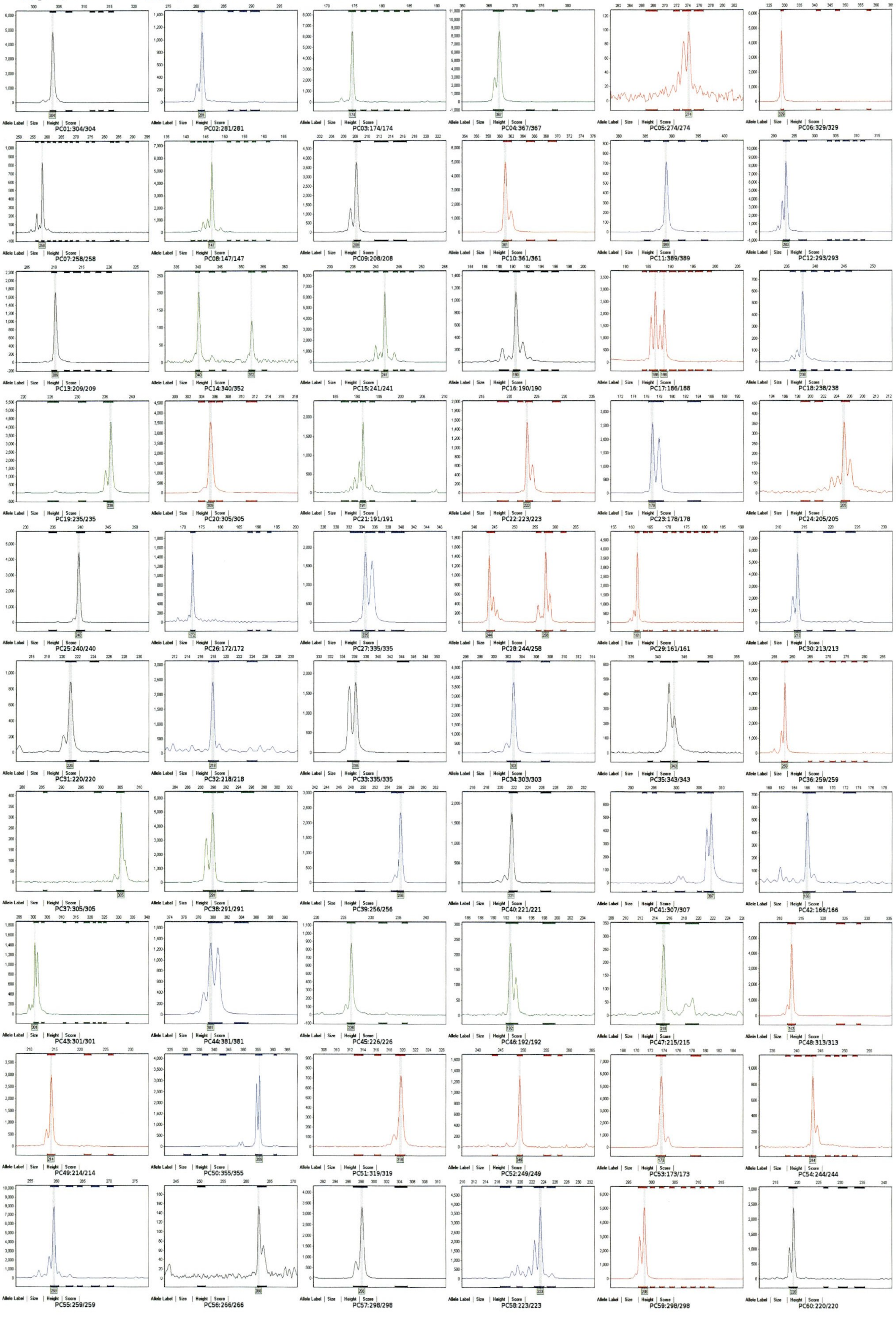

新彩棉19号（棕）（新审棉2011年52号）

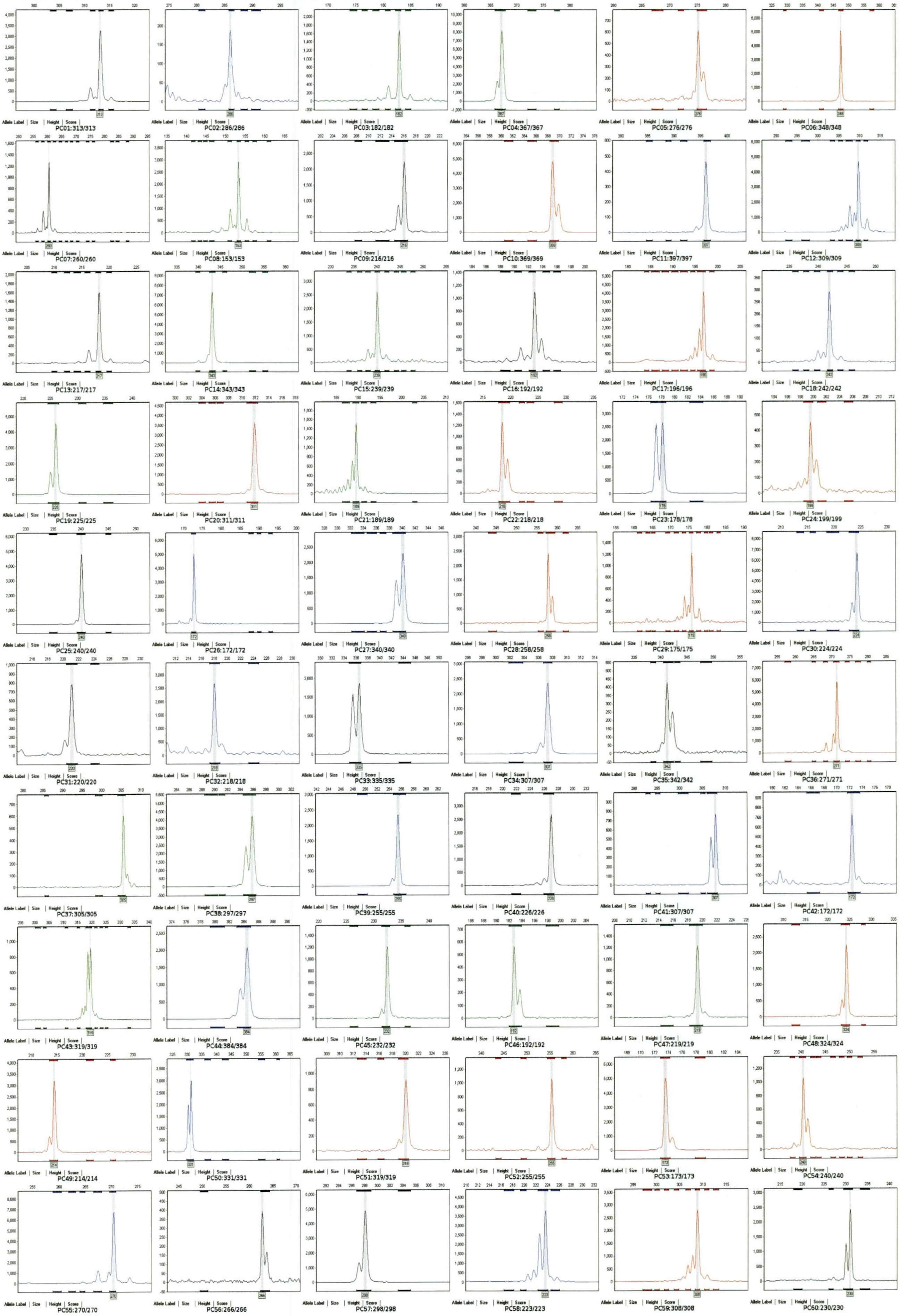

新陆早45号（新审棉2010年37号）

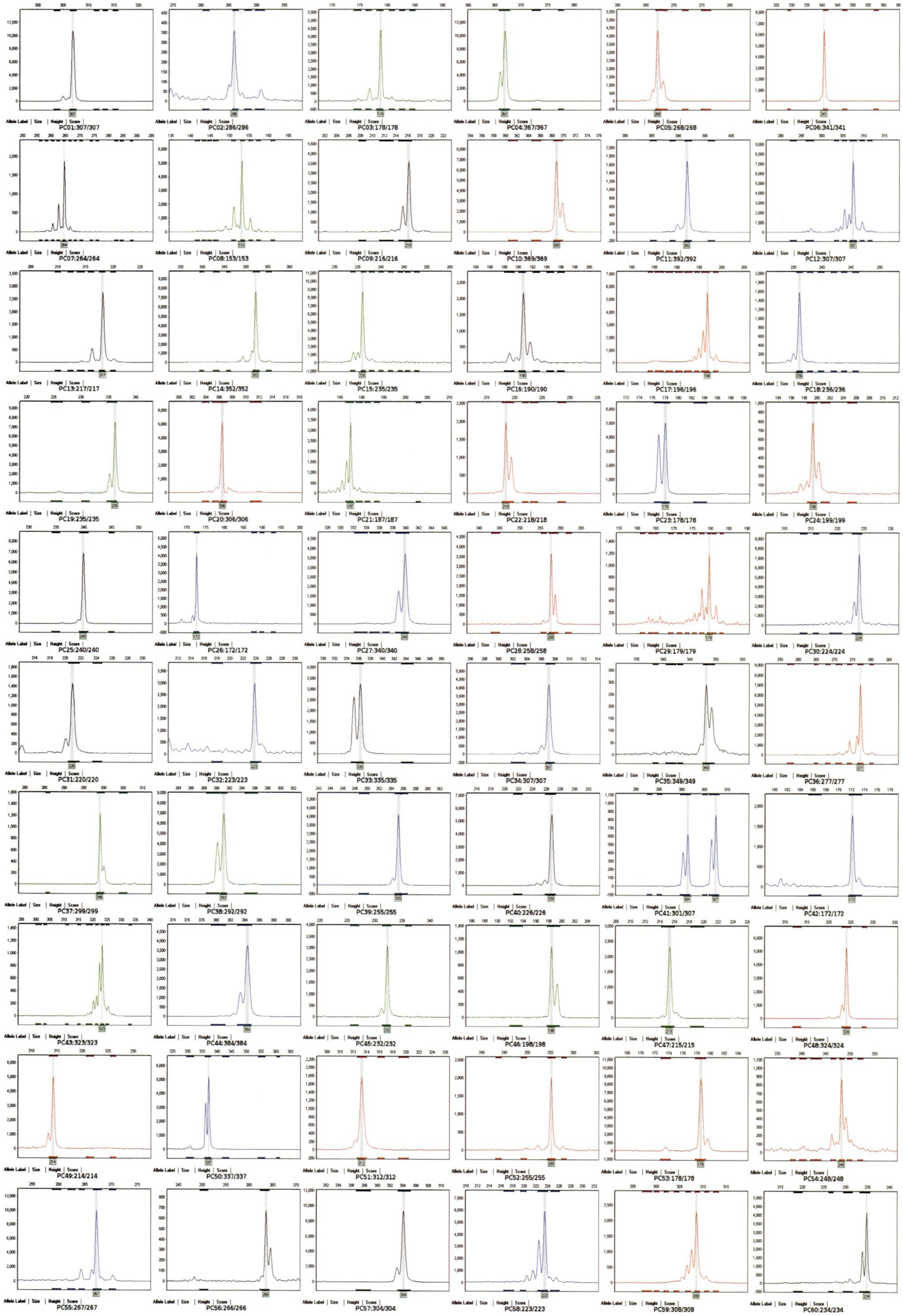

新陆早46号（新审棉2010年38号）

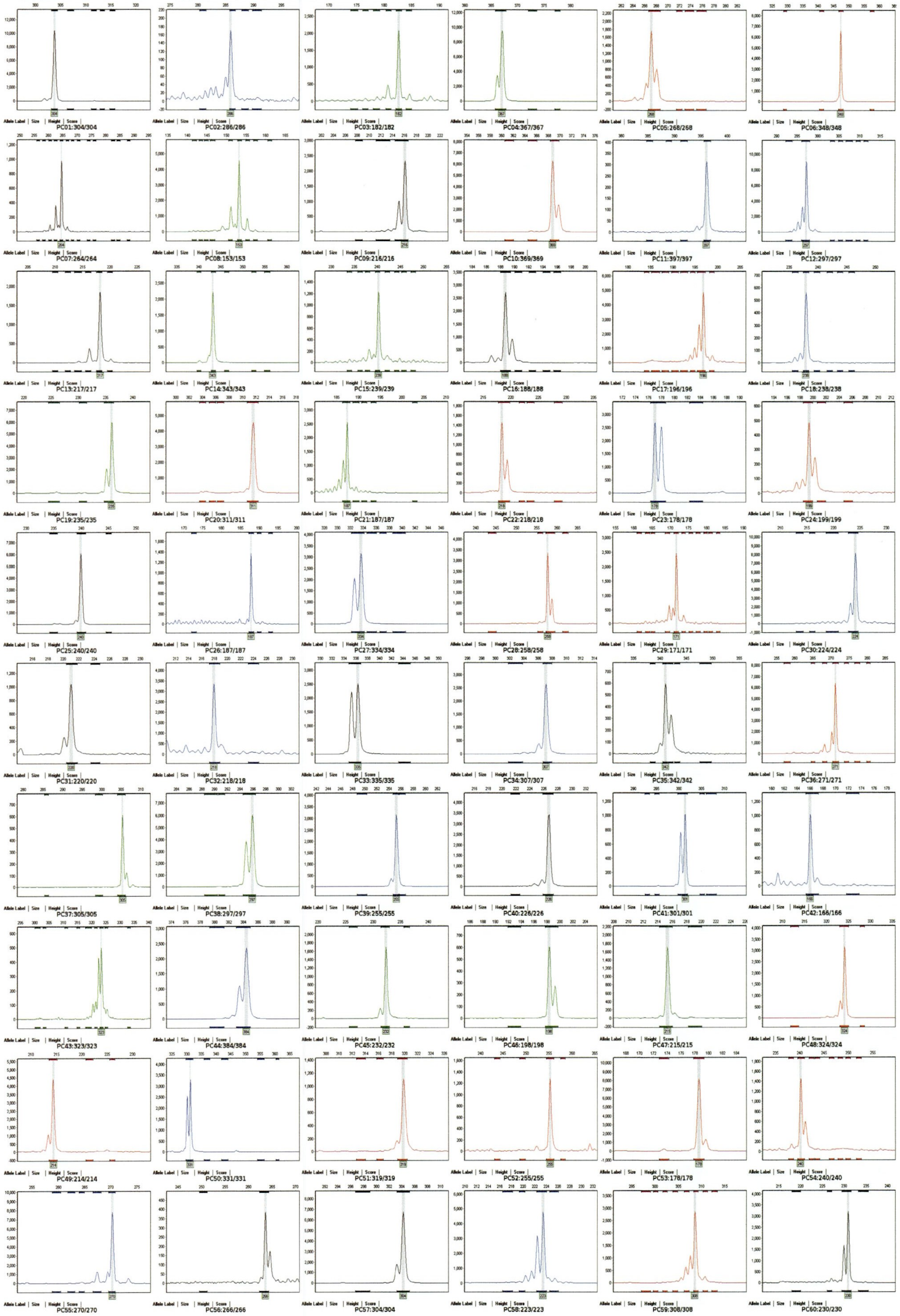

新陆早48号（新审棉2010年40号）

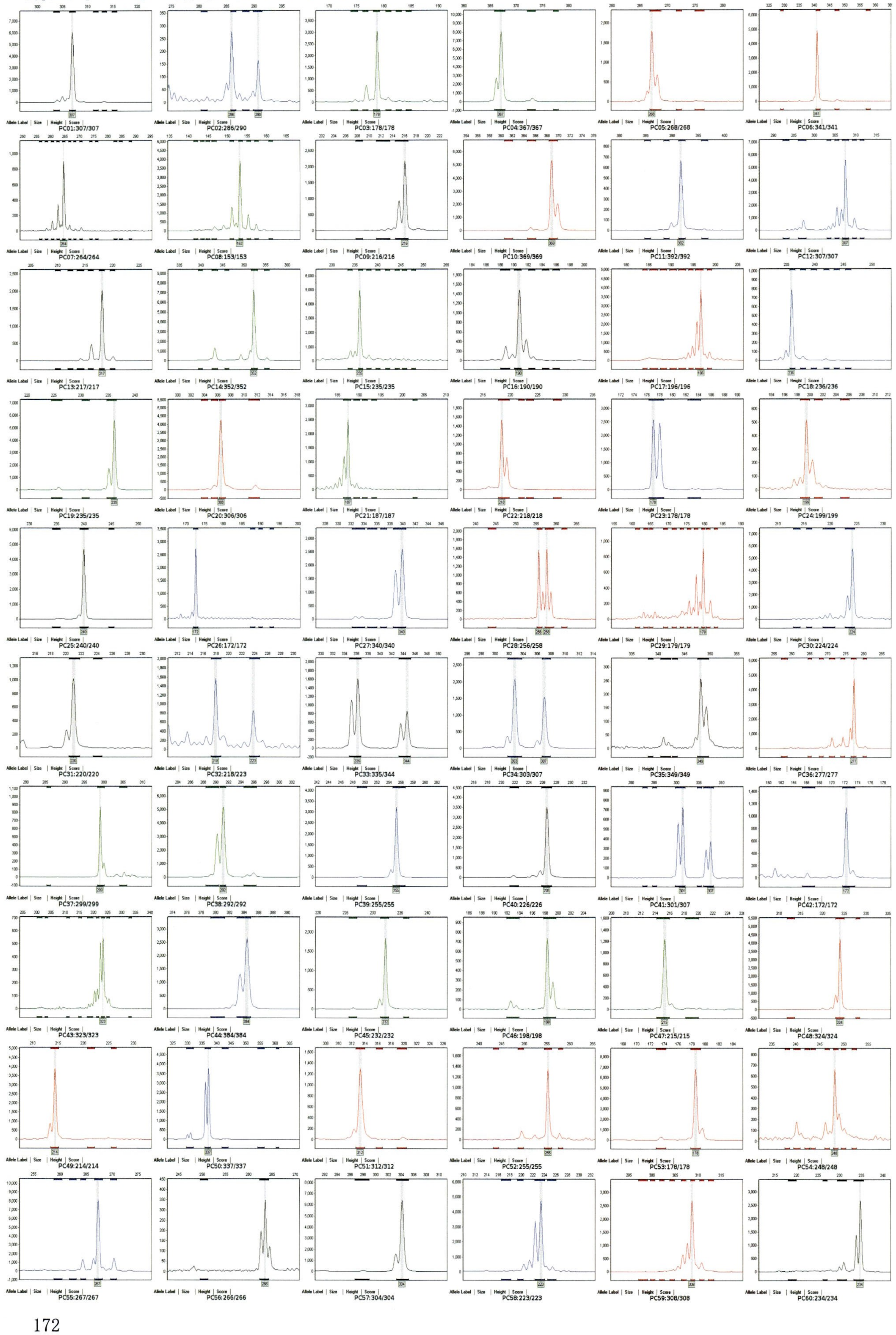

新陆中44号（新审棉2010年42号）

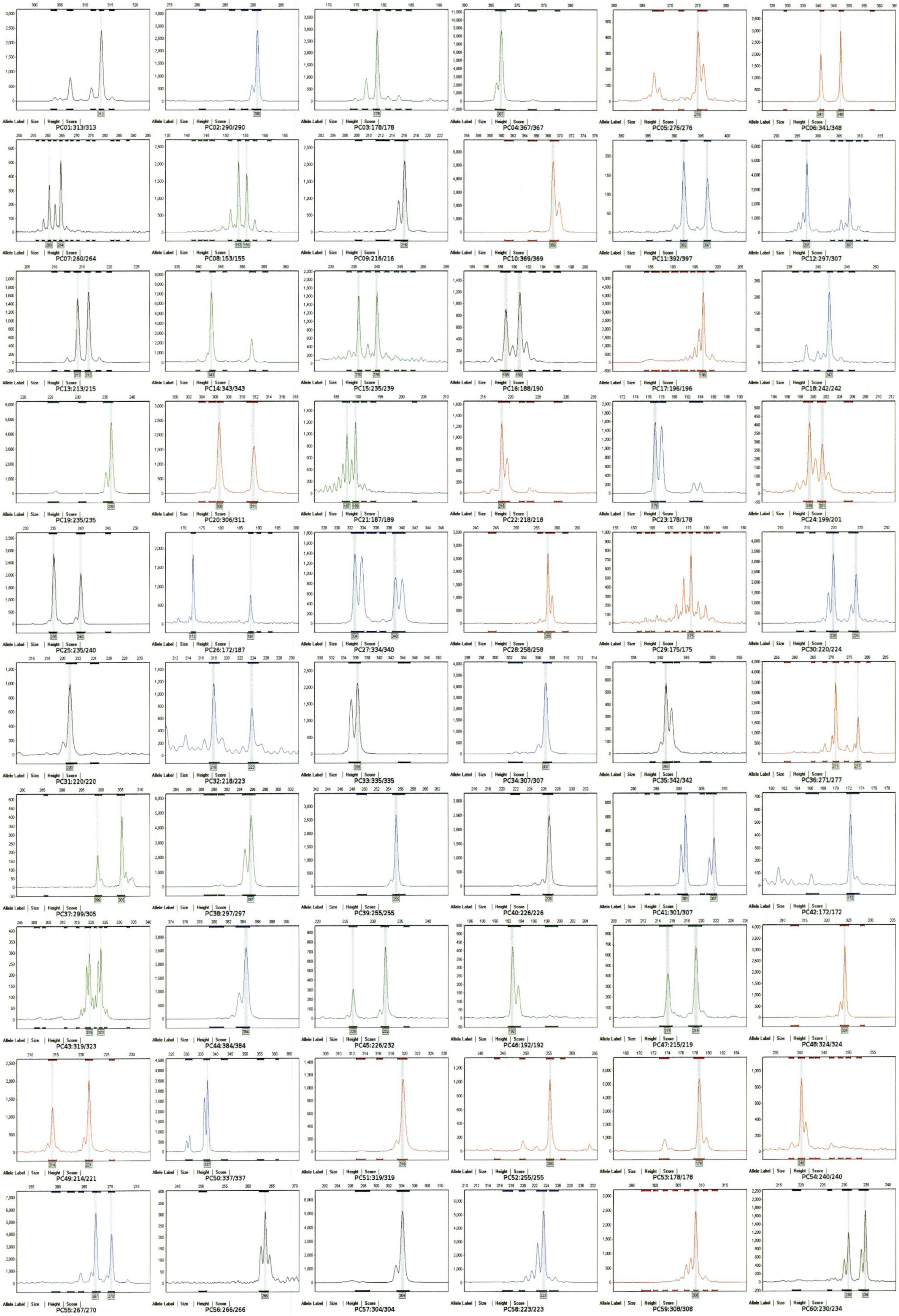

新陆中46号（新审棉2010年44号）

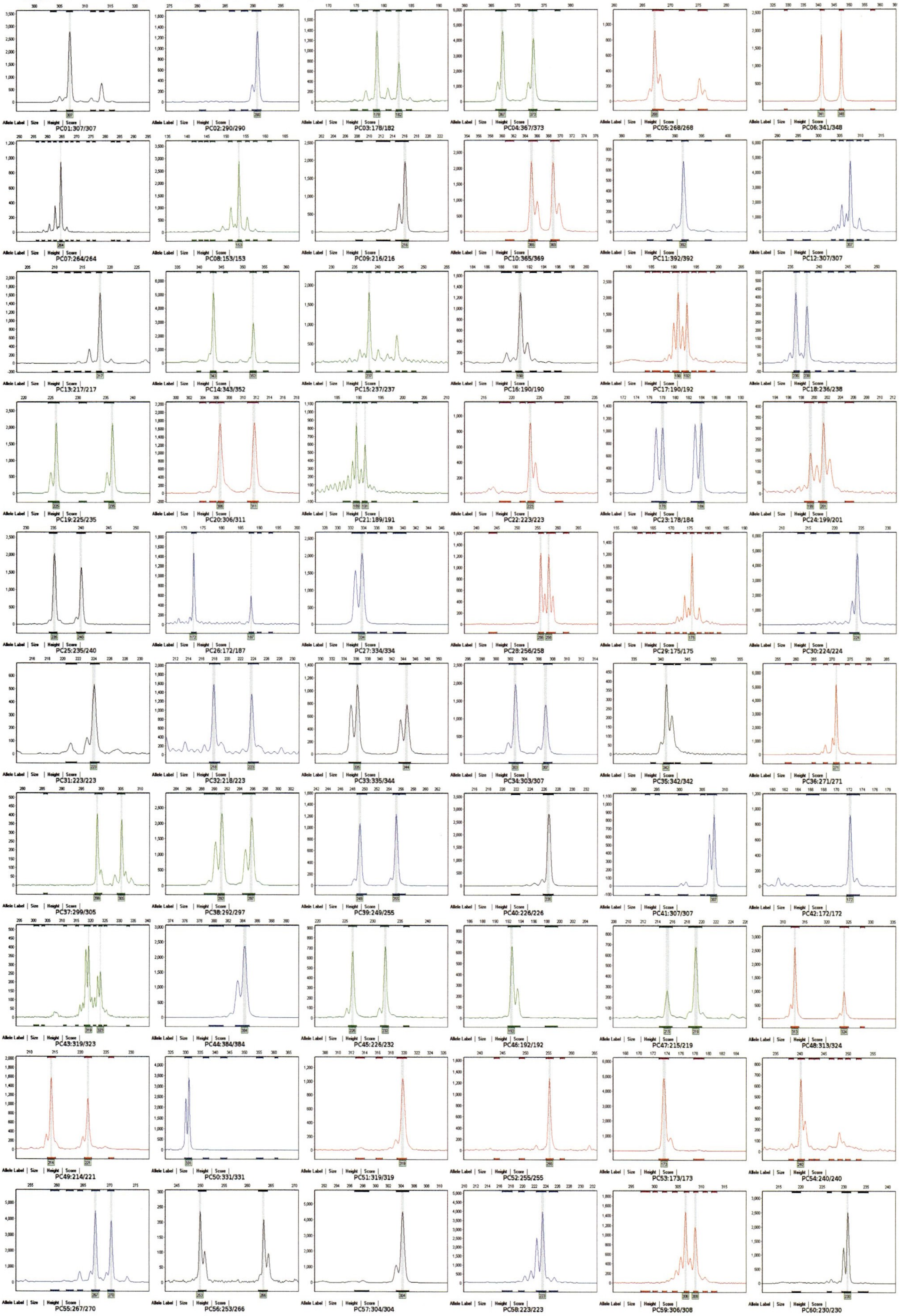

新陆中47号（新审棉2010年45号）

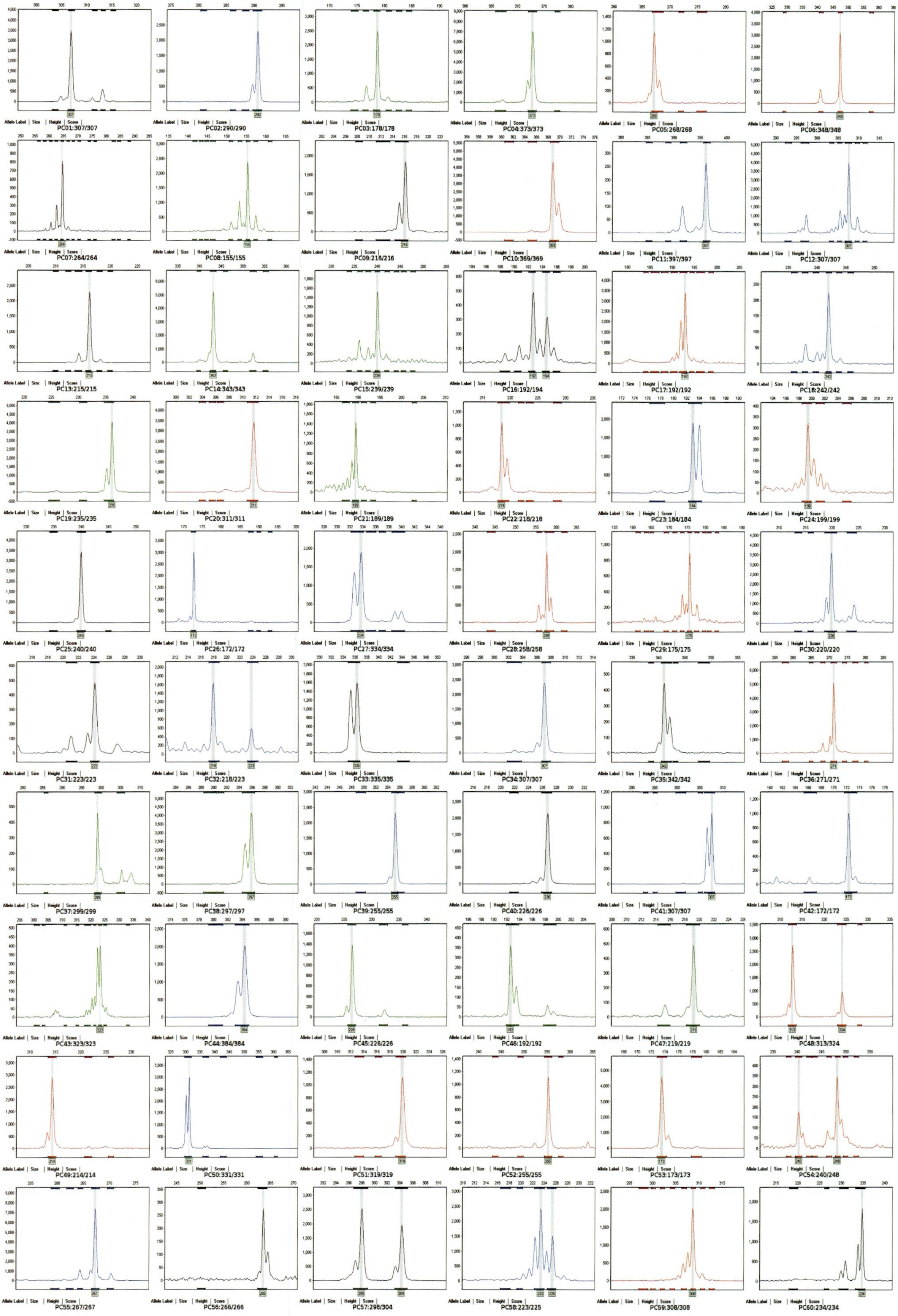

新陆中48号（新审棉2010年46号）

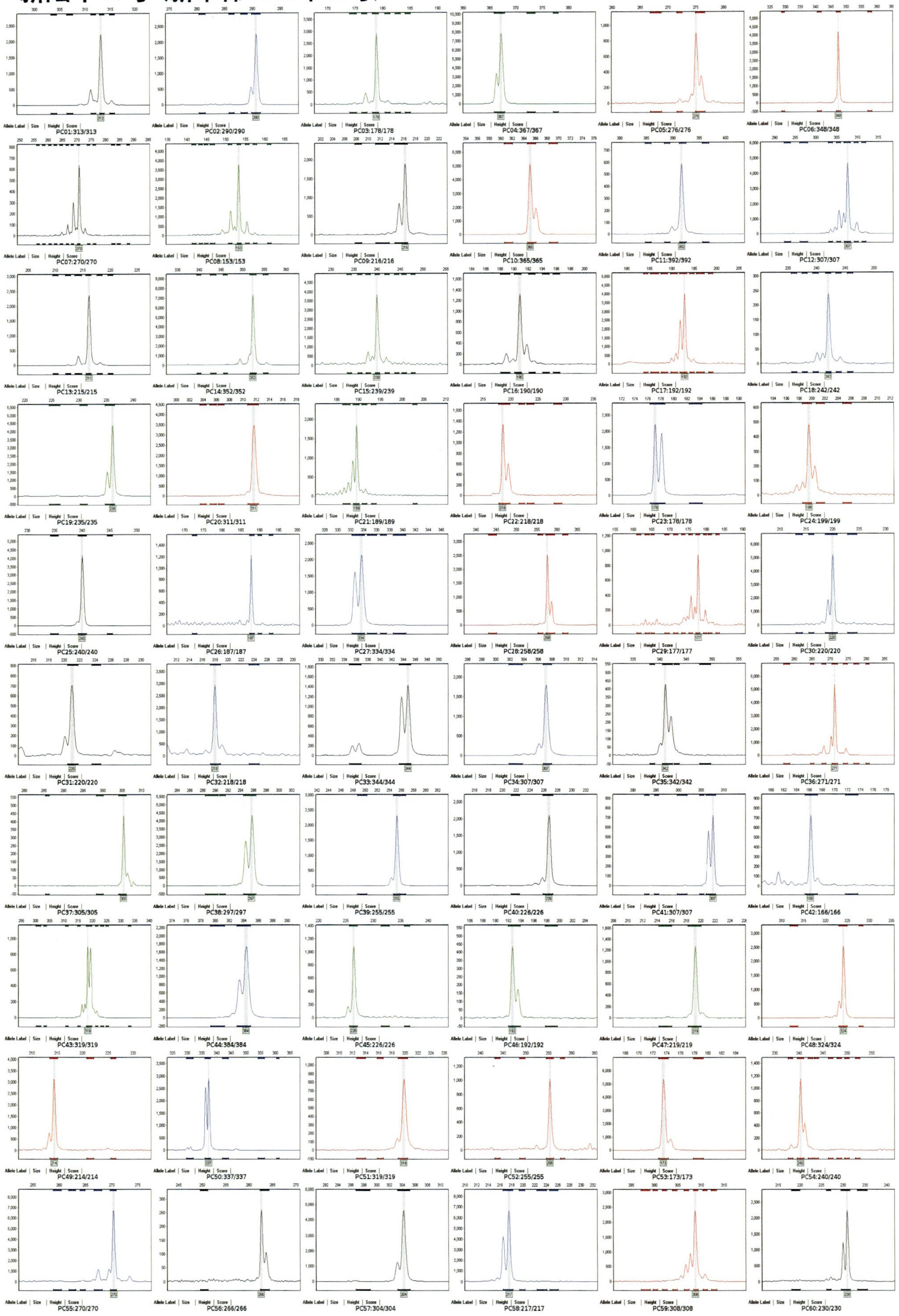

新海34号（新审棉2010年48号）

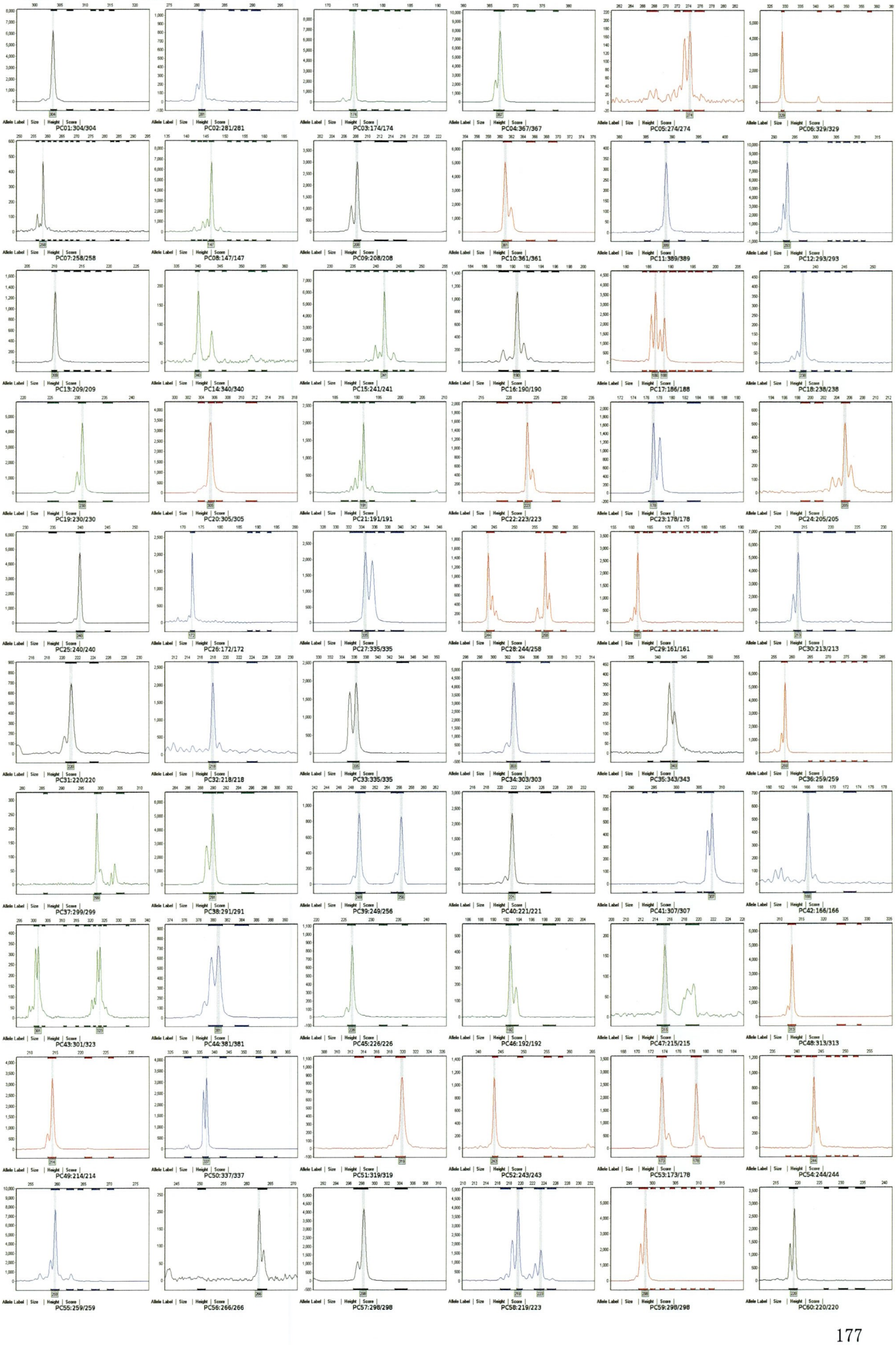

新海36号（新审棉2010年50号）

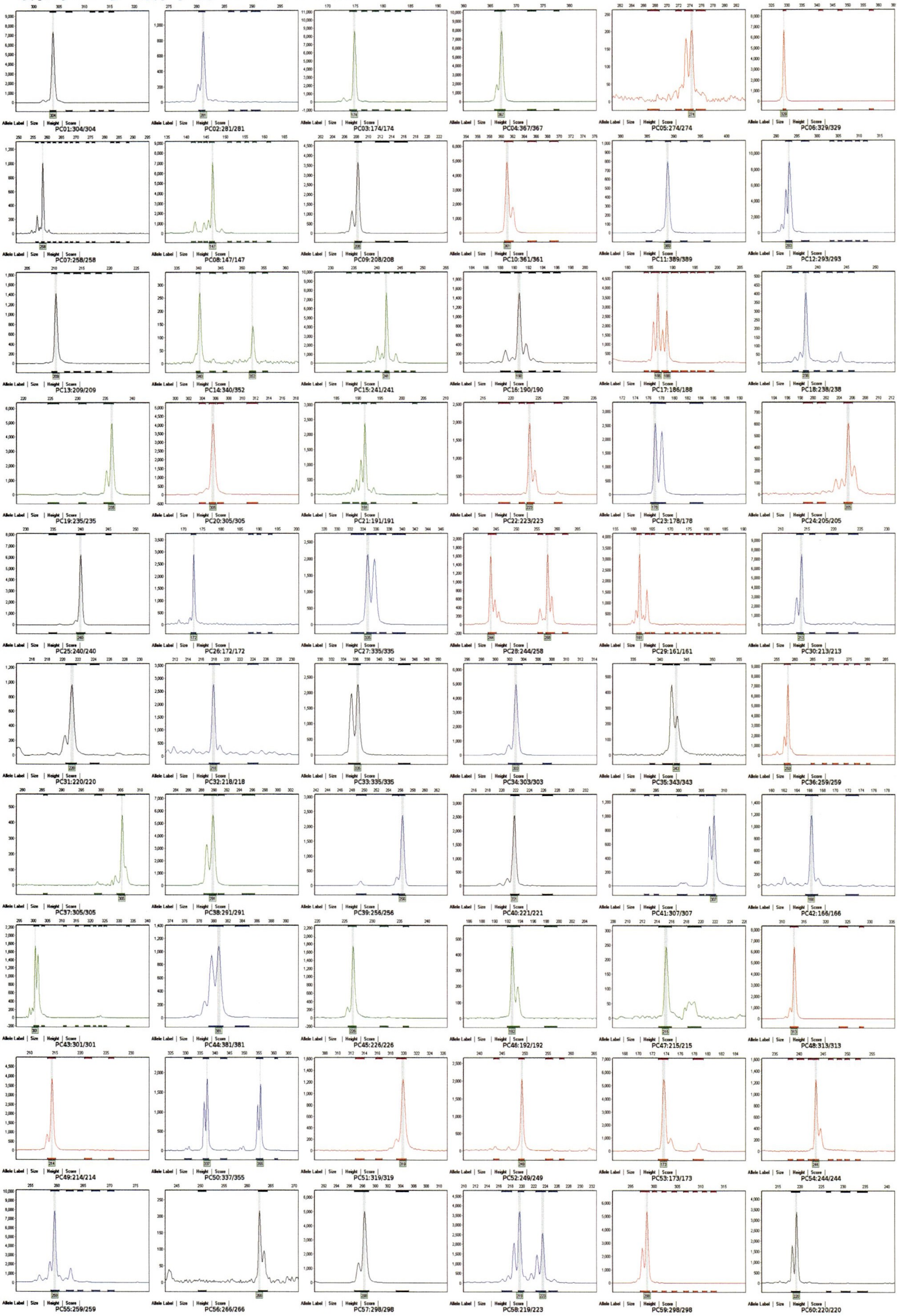

新彩棉16号（新审棉2009年46号）

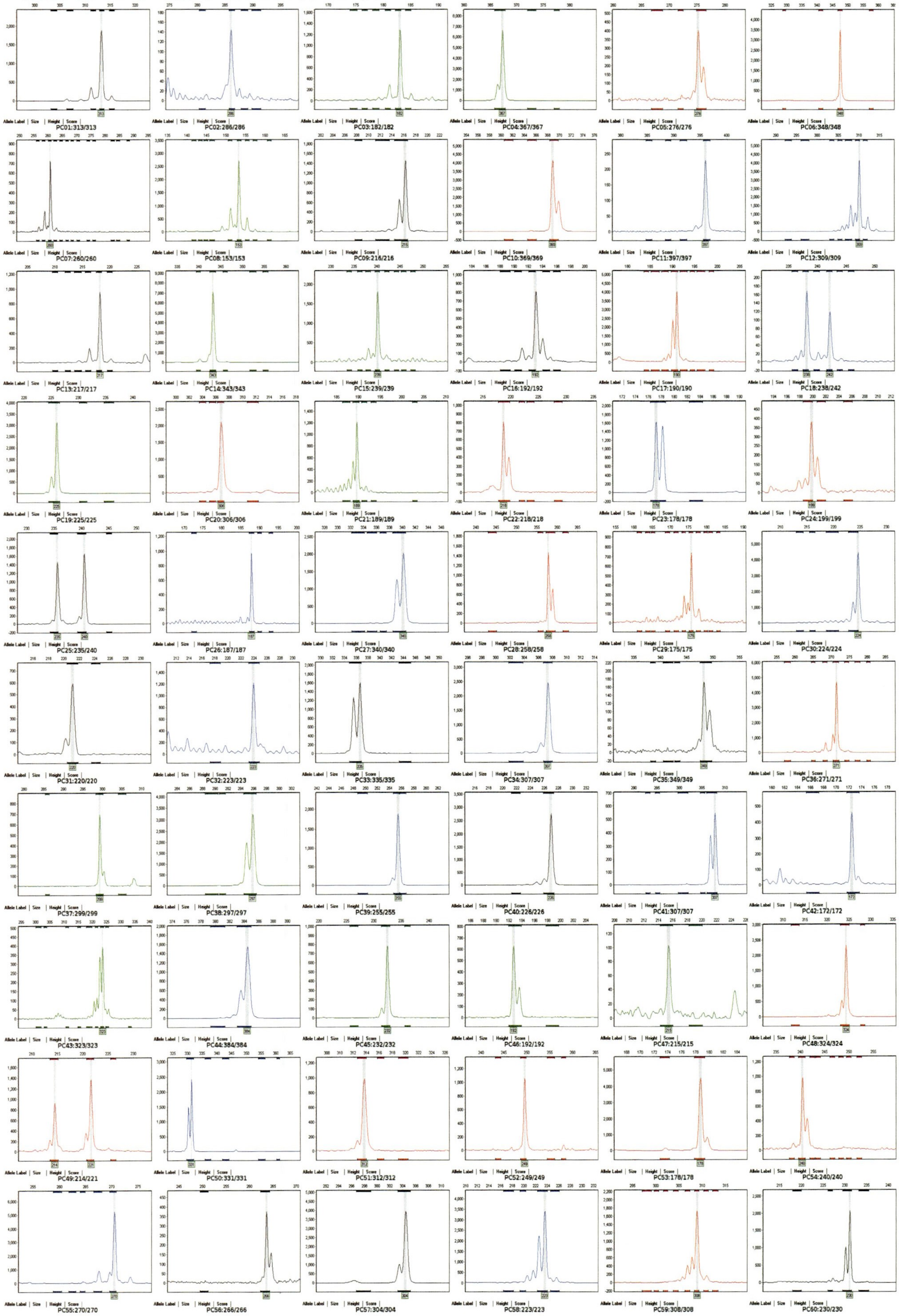

PC01:313/313 PC02:286/286 PC03:182/182 PC04:367/367 PC05:276/276 PC06:348/348

PC07:260/260 PC08:153/153 PC09:216/216 PC10:369/369 PC11:397/397 PC12:309/309

PC13:217/217 PC14:343/343 PC15:239/239 PC16:192/192 PC17:190/190 PC18:238/242

PC19:225/225 PC20:306/306 PC21:189/189 PC22:218/218 PC23:178/178 PC24:199/199

PC25:235/240 PC26:187/187 PC27:340/340 PC28:258/258 PC29:175/175 PC30:224/224

PC31:220/220 PC32:223/223 PC33:335/335 PC34:307/307 PC35:349/349 PC36:271/271

PC37:299/299 PC38:297/297 PC39:255/255 PC40:226/226 PC41:307/307 PC42:172/172

PC43:323/323 PC44:384/384 PC45:232/232 PC46:192/192 PC47:215/215 PC48:324/324

PC49:214/221 PC50:331/331 PC51:312/312 PC52:249/249 PC53:178/178 PC54:240/240

PC55:270/270 PC56:266/266 PC57:304/304 PC58:223/223 PC59:308/308 PC60:230/230

新陆早40号（新审棉2009年56号）

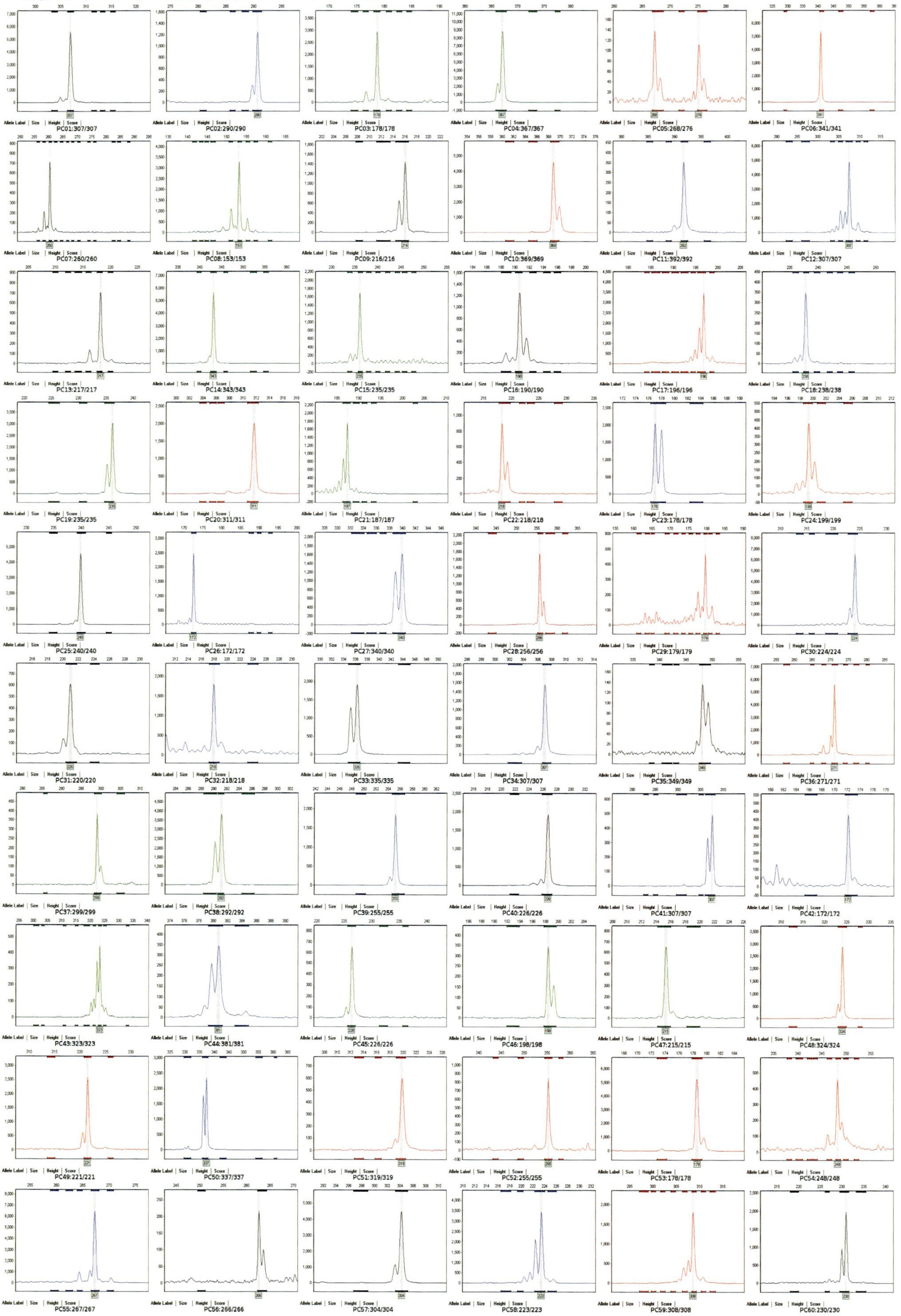

新陆早41号（新审棉2009年57号）

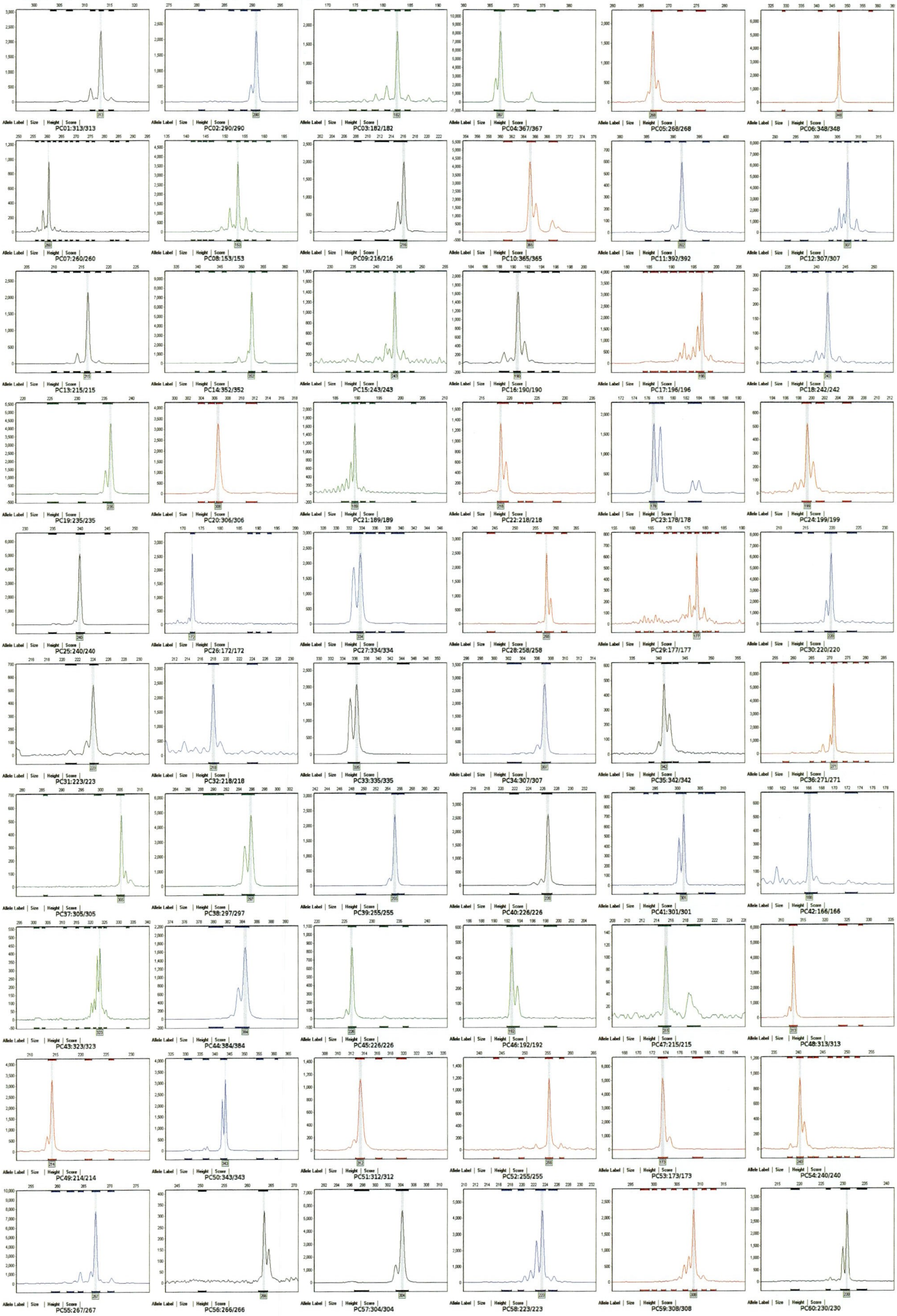

新陆早42号（新审棉2009年58号）

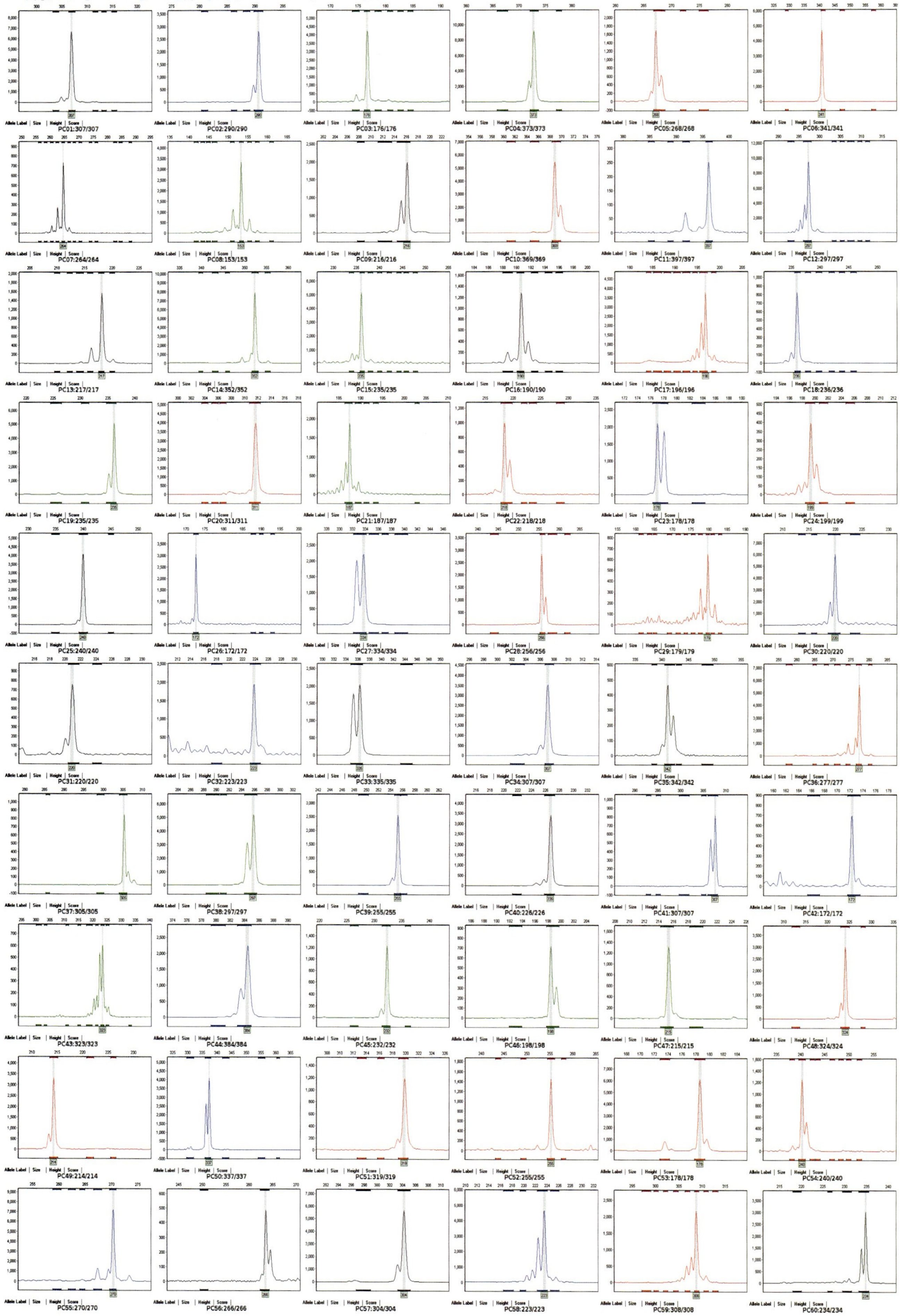

新陆早44号（新审棉2009年60号）

新陆中34号（新审棉2007年57号）

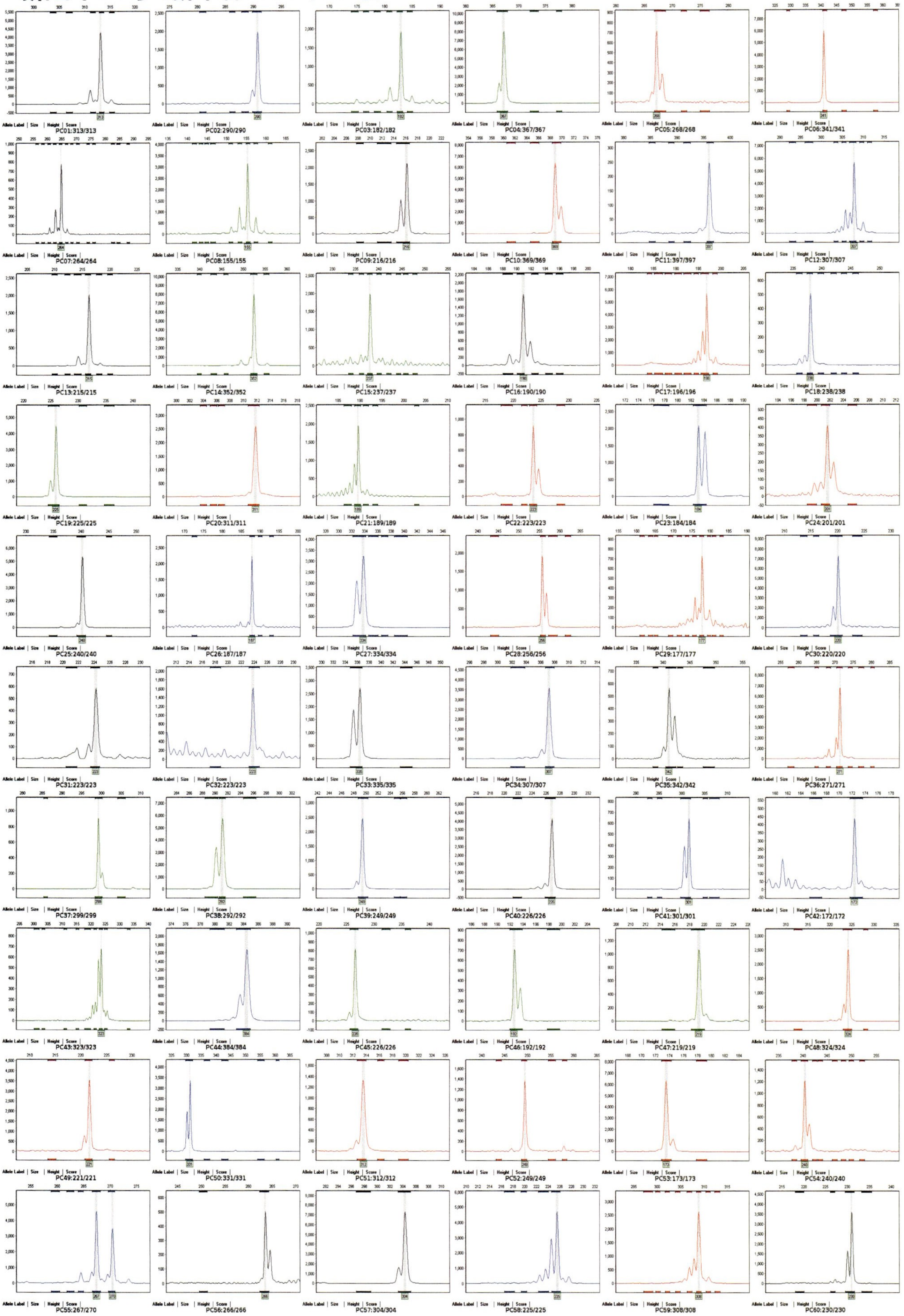

新陆早33号（新审棉2007年58号）

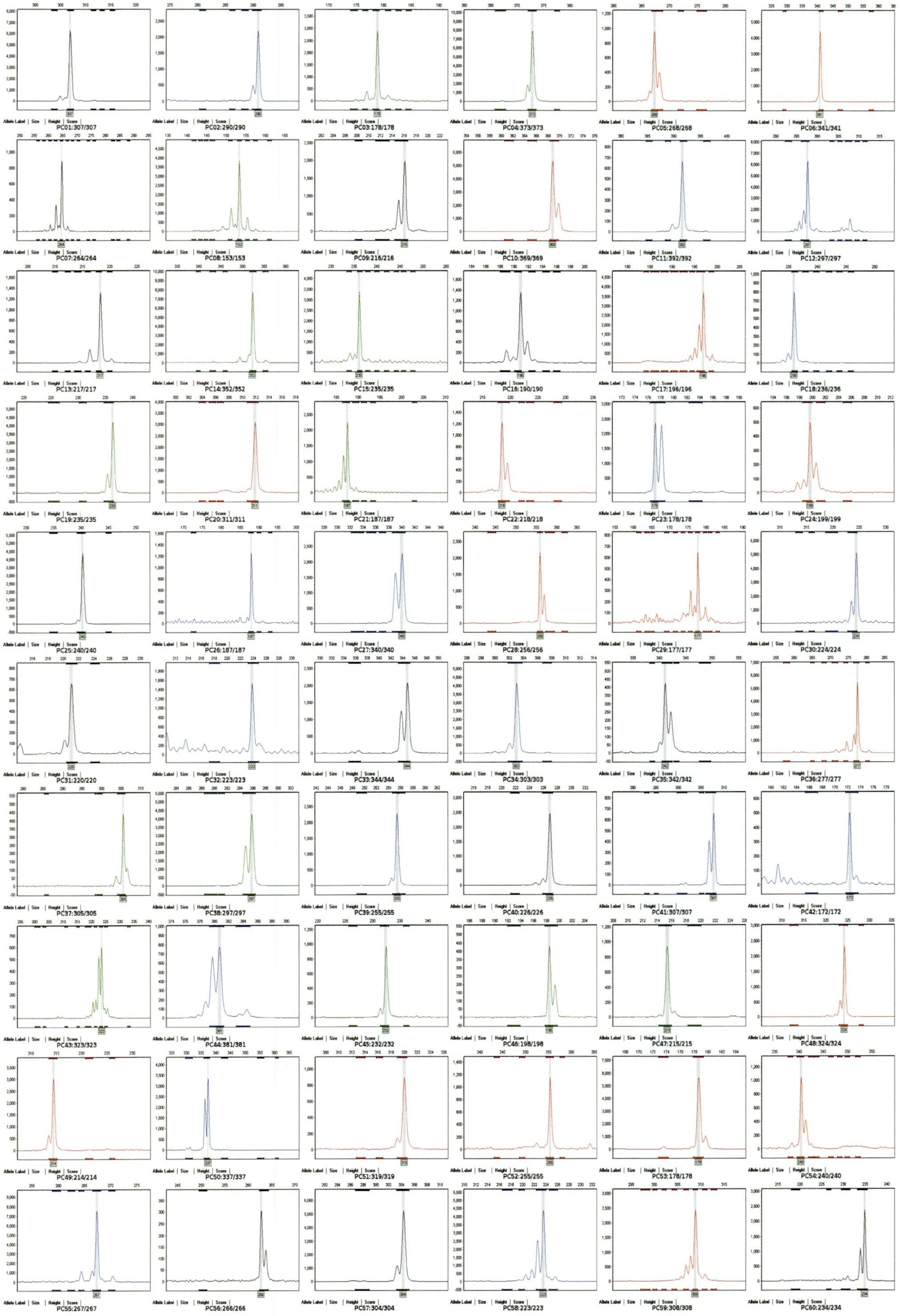

新陆早36号（新审棉2007年61号）

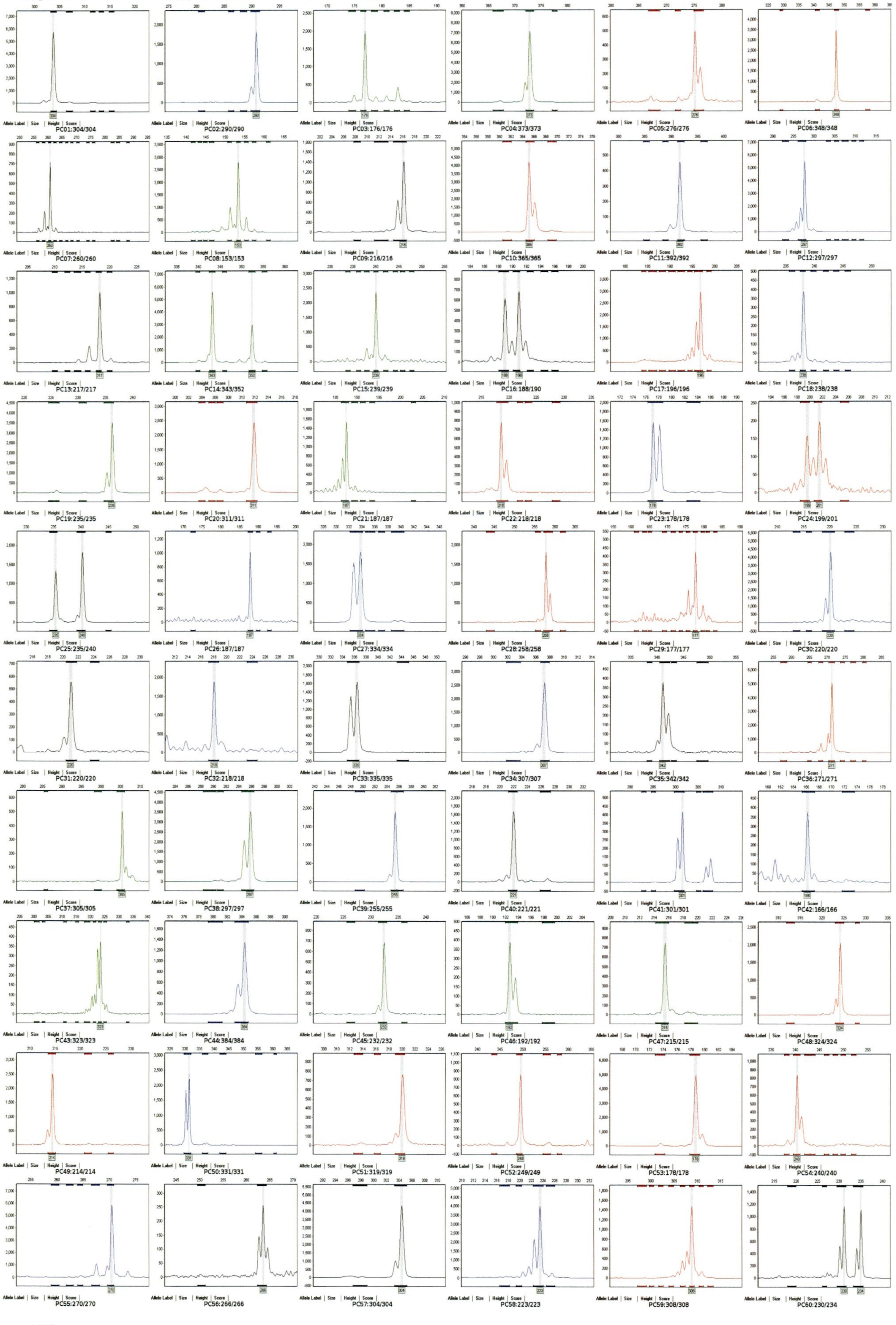

新陆早29号（新审棉2006年54号）

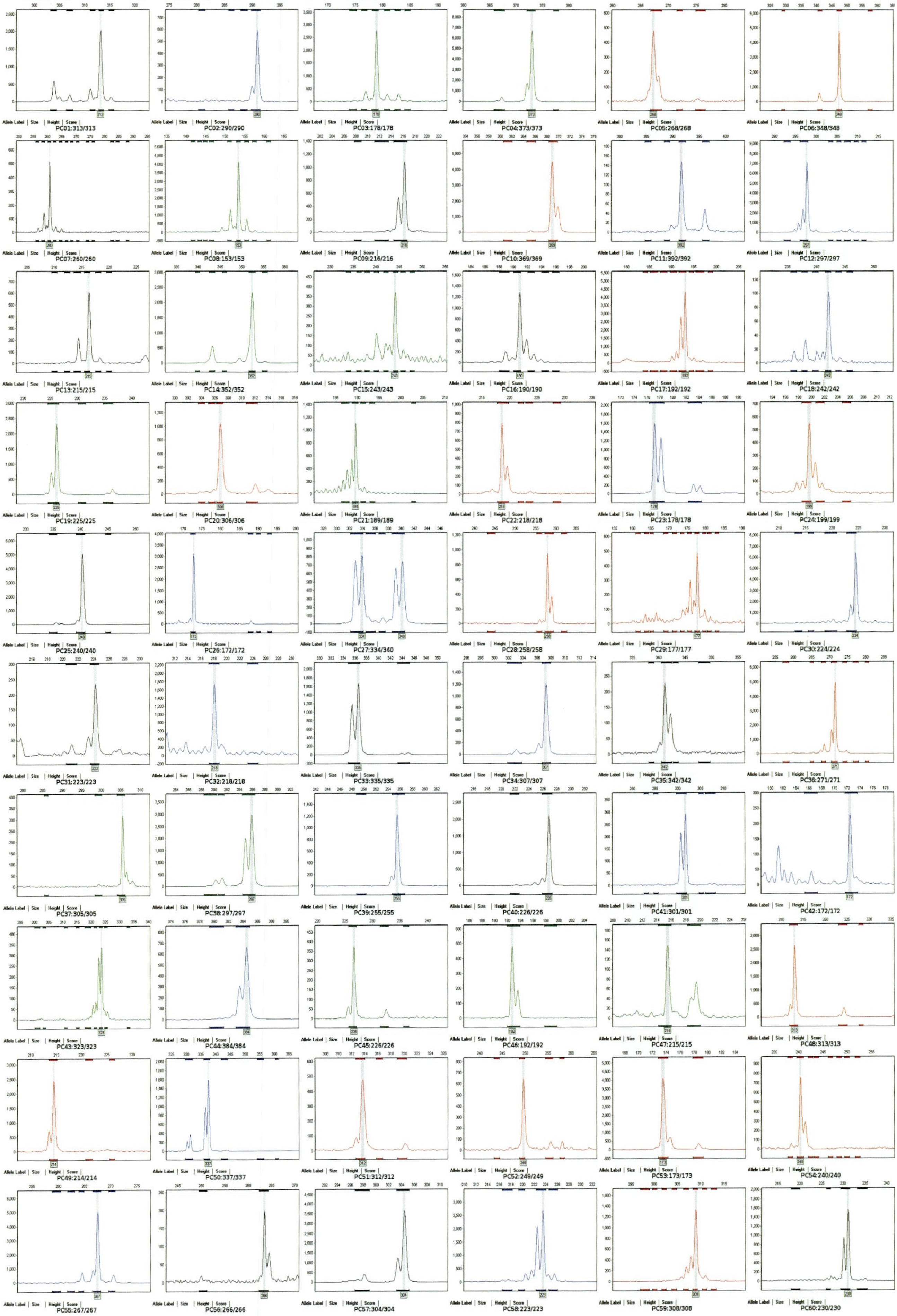

PC01:313/313 PC02:290/290 PC03:178/178 PC04:373/373 PC05:268/268 PC06:348/348
PC07:260/260 PC08:153/153 PC09:216/216 PC10:369/369 PC11:392/392 PC12:297/297
PC13:215/215 PC14:352/352 PC15:243/243 PC16:190/190 PC17:192/192 PC18:242/242
PC19:225/225 PC20:306/306 PC21:189/189 PC22:218/218 PC23:178/178 PC24:199/199
PC25:240/240 PC26:172/172 PC27:334/340 PC28:258/258 PC29:177/177 PC30:224/224
PC31:223/223 PC32:218/218 PC33:335/335 PC34:307/307 PC35:342/342 PC36:271/271
PC37:305/305 PC38:297/297 PC39:255/255 PC40:226/226 PC41:301/301 PC42:172/172
PC43:323/323 PC44:384/384 PC45:226/226 PC46:192/192 PC47:215/215 PC48:313/313
PC49:214/214 PC50:337/337 PC51:312/312 PC52:249/249 PC53:173/173 PC54:240/240
PC55:267/267 PC56:266/266 PC57:304/304 PC58:223/223 PC59:308/308 PC60:230/230

新陆早30号（新审棉2006年55号）

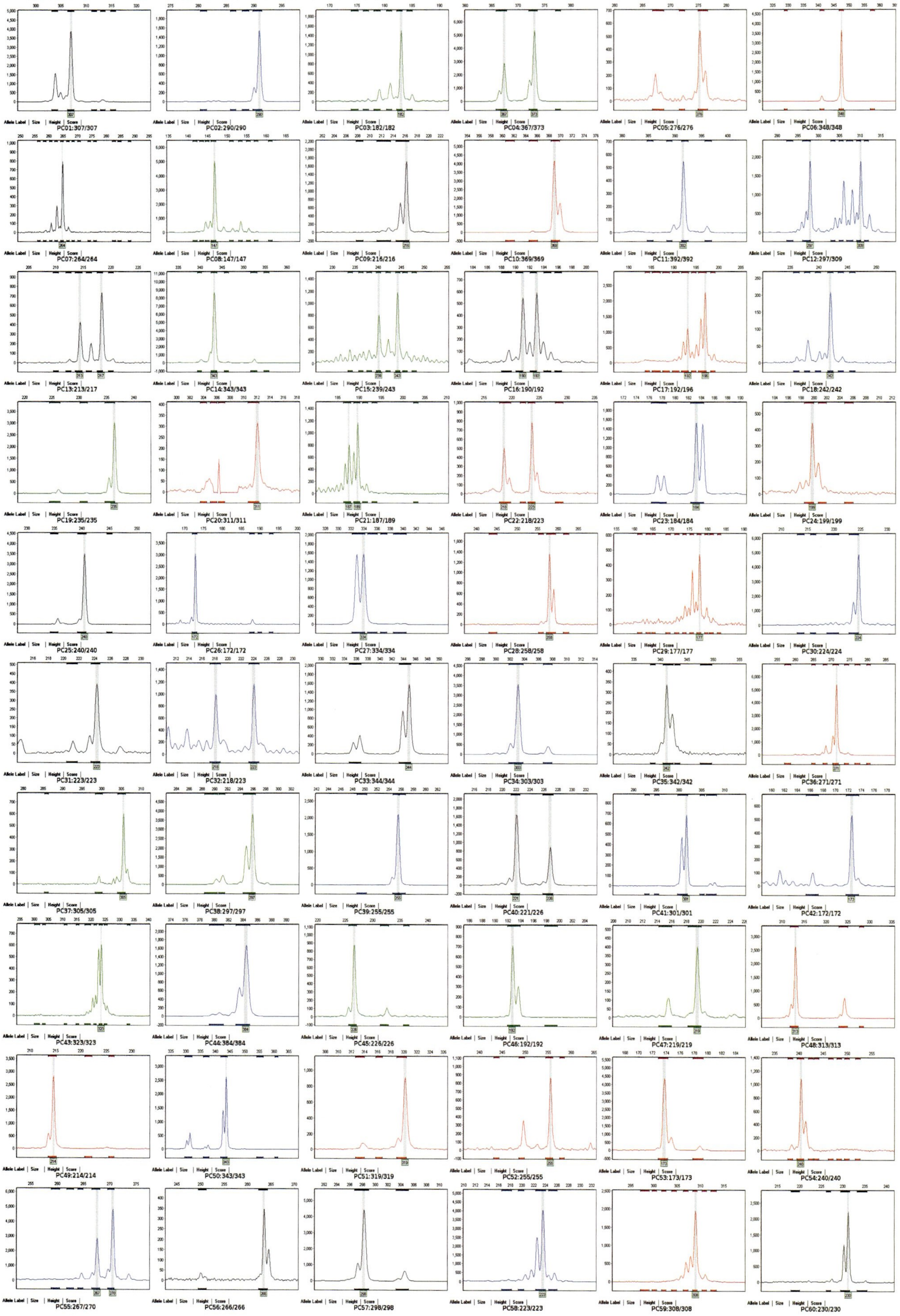

新陆中26号（新审棉2006年61号）

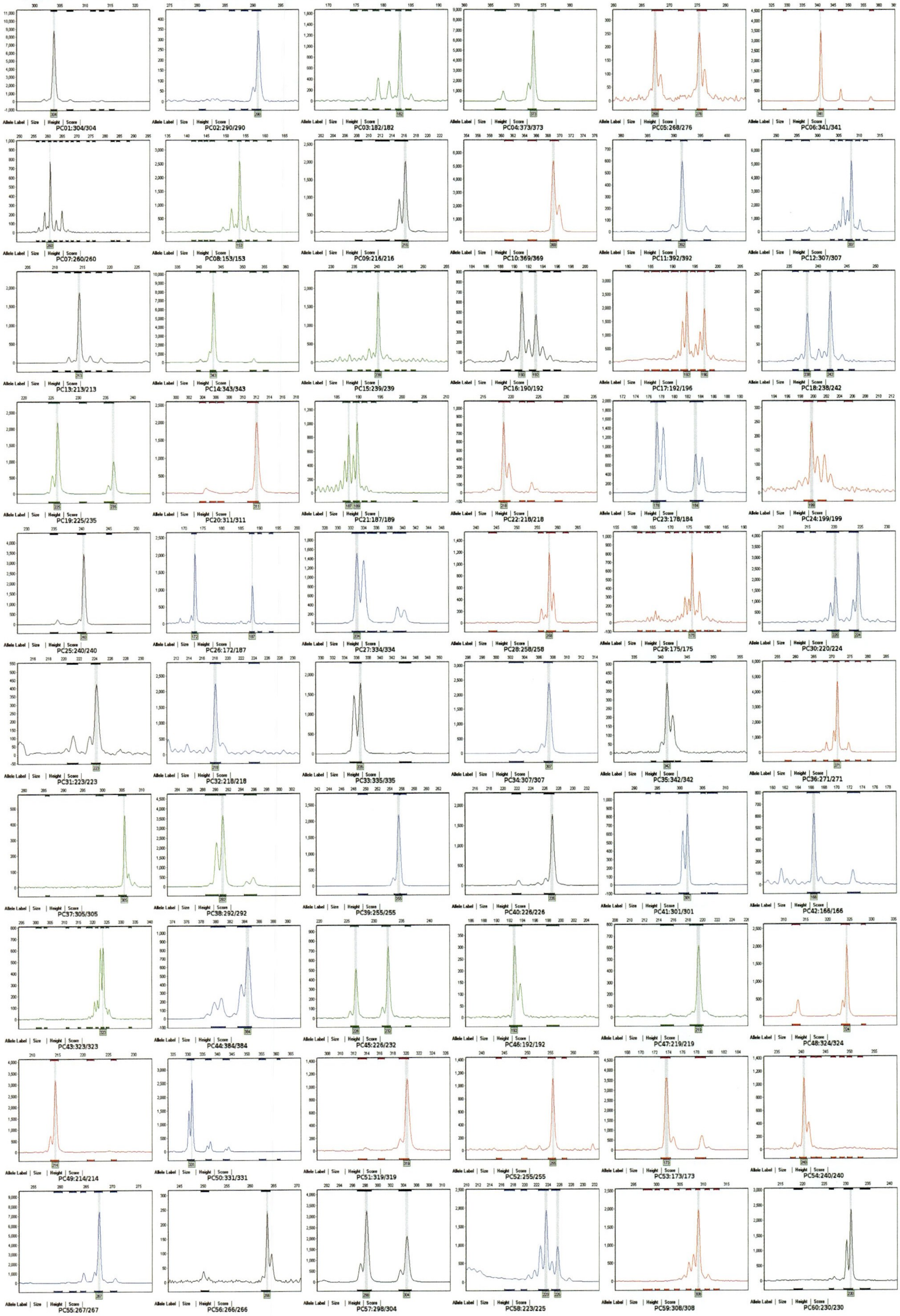

新彩棉7号（新审棉2005年020号）

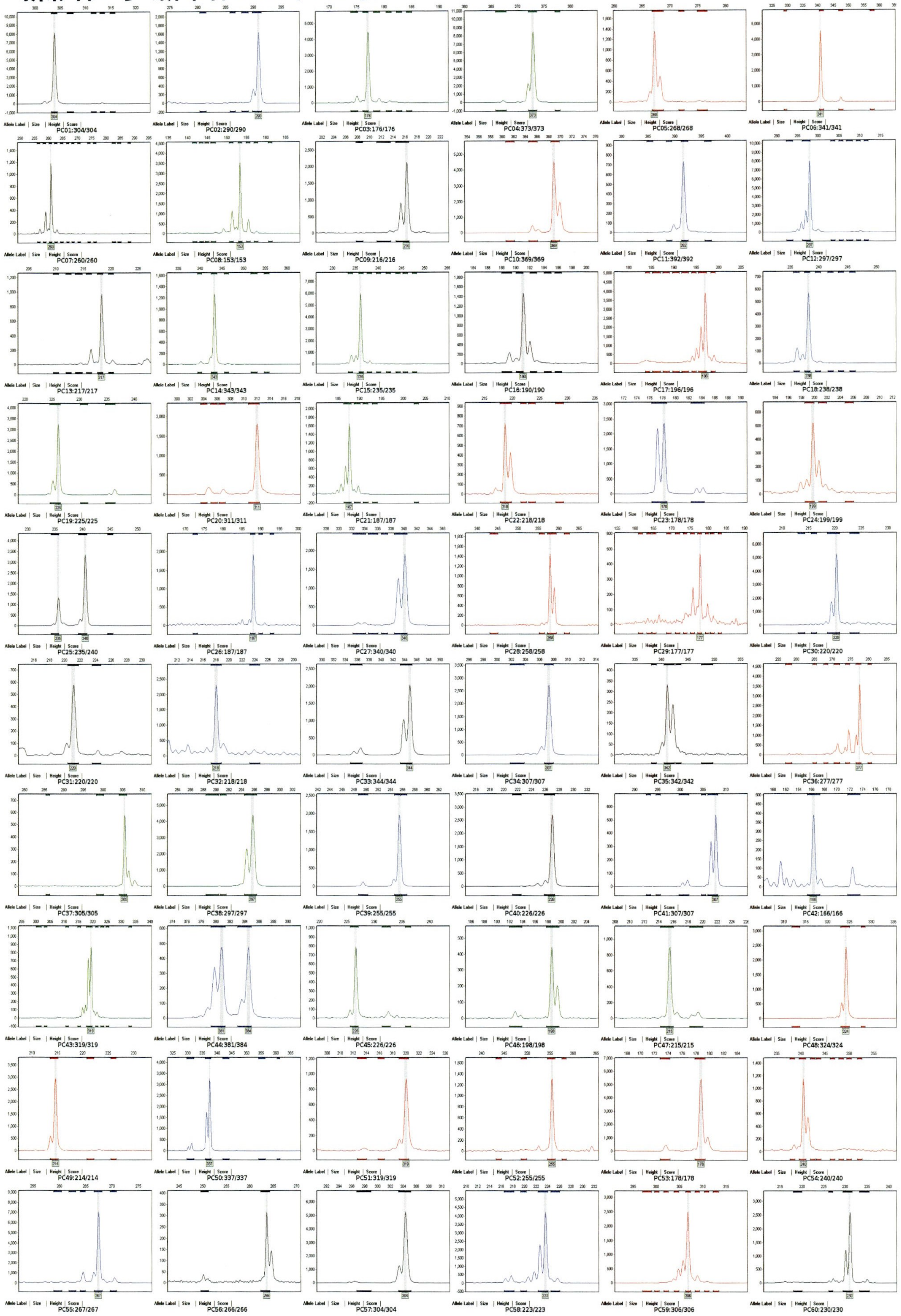

新彩棉5号（新审棉2004年001号）

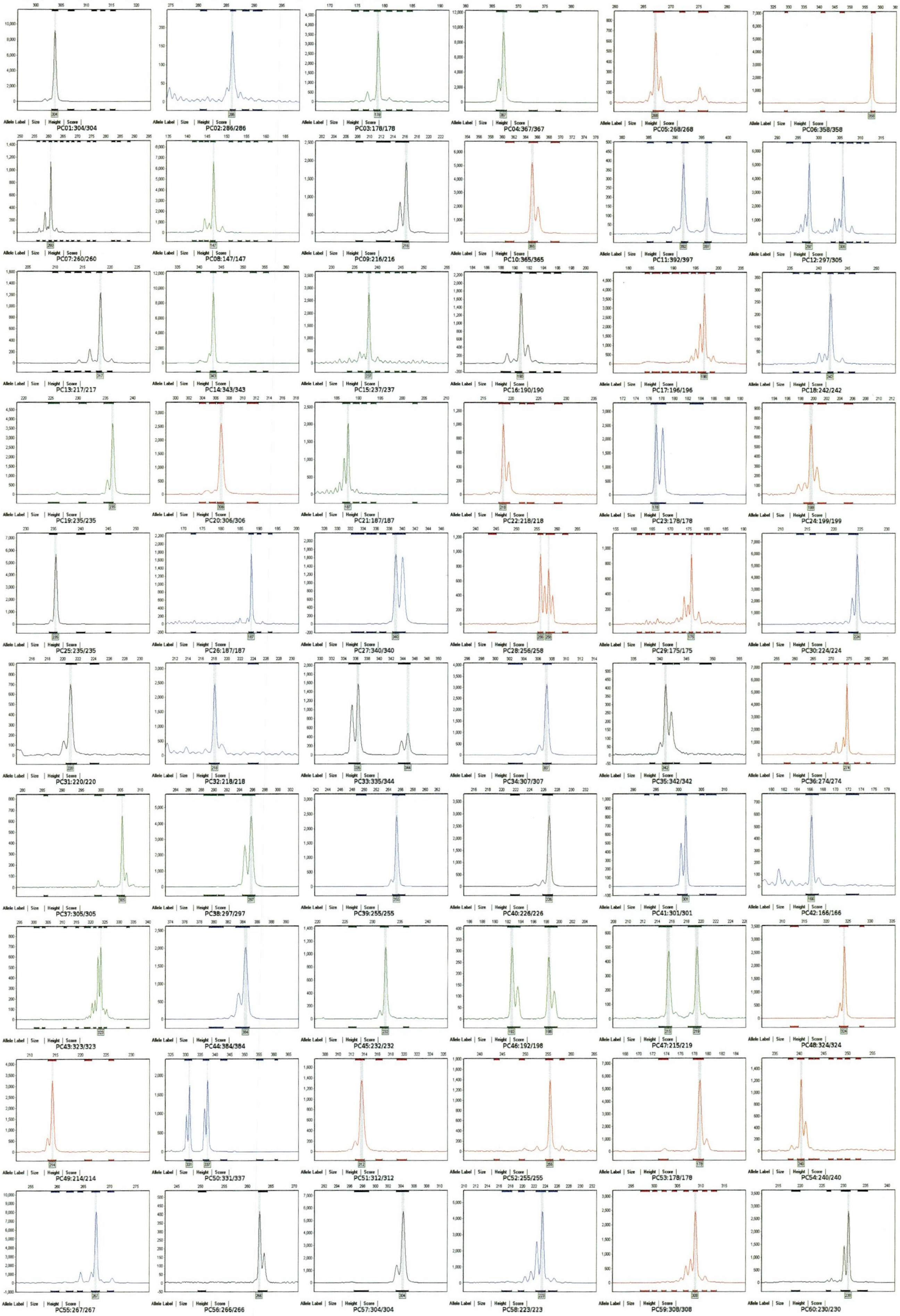

中棉所49号（新审棉2004年008号）

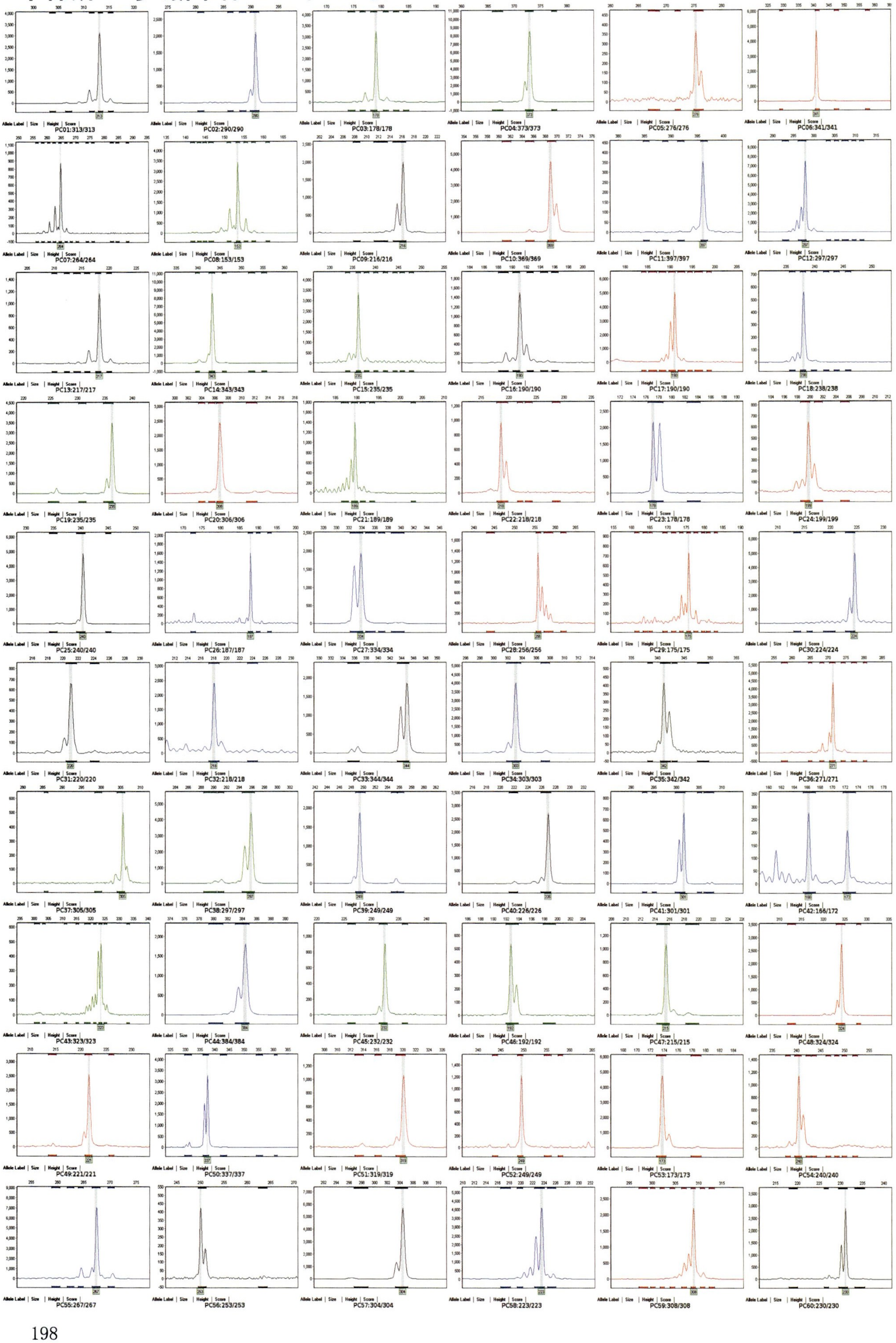

新引668（冀668）（新审棉2003年026号）

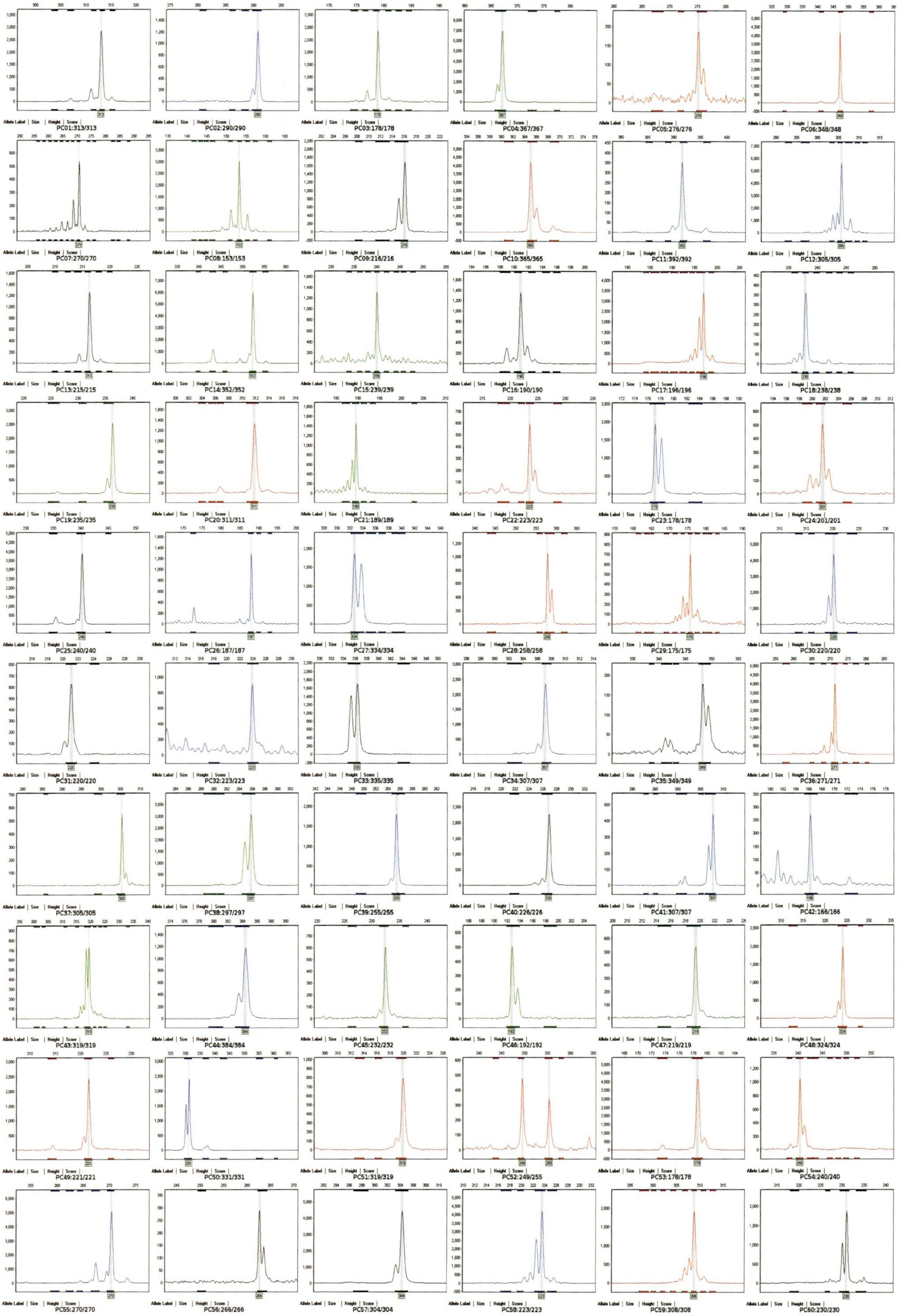

（续表）

审定编号	品种名称	审定年份	类型	选（引）育单位（人）
新审棉 2022 年 185 号	新石选 172	2022	陆地棉	石河子农业科学研究院
新审棉 2022 年 186 号	新塔棉 4 号	2022	陆地棉	新疆塔里木河种业股份有限公司
新审棉 2022 年 187 号	新塔棉 5 号	2022	陆地棉	新疆塔里木河种业股份有限公司
新审棉 2022 年 188 号	劲丰合 1 号	2022	陆地棉	新疆劲丰合农业科技有限公司
新审棉 2022 年 189 号	阿农海 1 号	2022	海岛棉	新疆生产建设兵团第一师农业科学研究所、新疆塔里木河种业股份有限公司
新审棉 2022 年 190 号	石彩 20	2022	彩色棉	石河子农业科学研究院
新审棉 2022 年 191 号	棕 620	2022	彩色棉	新疆农业科学院经济作物研究所
新审棉 2022 年 192 号	金垦棕 11 号	2022	彩色棉	新疆农垦科学院棉花研究所
新审棉 2021 年 26 号	新石 H12	2021	陆地棉	中国农业科学院棉花研究所、石河子农业科学研究院
新审棉 2021 年 27 号	金垦 1565	2021	陆地棉	新疆农垦科学院棉花研究所
新审棉 2021 年 28 号	JKB16	2021	陆地棉	深圳市深南大道农业有限公司
新审棉 2021 年 29 号	庄稼汉 701	2021	陆地棉	石河子市庄稼汉农业科技有限公司
新审棉 2021 年 30 号	天云 2119	2021	陆地棉	新疆大有赢得种业有限公司
新审棉 2021 年 31 号	惠远 722	2021	陆地棉	新疆惠远种业股份有限公司
新审棉 2021 年 32 号	桑塔木 6 号	2021	陆地棉	新疆桑塔木种业股份有限公司、新乡市锦科棉花研究所
新审棉 2021 年 33 号	HD02	2021	陆地棉	巴州宏达农业科技有限责任公司
新审棉 2021 年 35 号	鸿泰 6636	2021	陆地棉	轮台鸿泰种业有限公司
新审棉 2021 年 36 号	AW04	2021	陆地棉	新疆农业科学院经济作物研究所
新审棉 2021 年 37 号	AW05	2021	陆地棉	新疆农业科学院经济作物研究所
新审棉 2021 年 38 号	新 6015	2021	陆地棉	新疆农业科学院经济作物研究所
新审棉 2021 年 39 号	棕 234	2021	彩色棉	中国彩棉（集团）股份有限公司、中国农业科学院棉花研究所、新疆彩色棉工程技术研究院有限公司
新审棉 2021 年 40 号	石彩 17	2021	彩色棉	石河子农业科学研究院
新审棉 2021 年 41 号	K426	2021	海岛棉	新疆农业科学院经济作物研究所

（续表）

审定编号	品种名称	审定年份	类型	选（引）育单位（人）
新审棉 2021 年 42 号	长丰 10 号	2021	海岛棉	新疆金丰源种业有限公司
新审棉 2018 年 37 号	新石选 122	2018	陆地棉	石河子农业科学研究院
新审棉 2018 年 38 号	子鼎 6 号	2018	陆地棉	新疆生产建设兵团第六师农业科学研究所
新审棉 2018 年 39 号	金垦 1161	2018	陆地棉	新疆农垦科学院棉花研究所、新疆农垦科学院新垦棉业科技开发部、新疆西域绿洲种业科技有限公司
新审棉 2018 年 40 号	金垦 1441	2018	陆地棉	新疆农垦科学院棉花研究所、新疆农垦科学院新垦棉业科技开发部、新疆西域绿洲种业科技有限公司
新审棉 2018 年 41 号	新石 K25	2018	陆地棉	中国农业科学院棉花研究所、石河子农业科学研究院
新审棉 2018 年 42 号	新石 K24	2018	陆地棉	中国农业科学院棉花研究所、石河子农业科学研究院
新审棉 2018 年 43 号	K2725	2018	陆地棉	新疆合信科技发展有限公司
新审棉 2018 年 44 号	Y21	2018	陆地棉	新疆生产建设兵团第五师农业科学研究所
新审棉 2018 年 45 号	金垦杂 1062	2018	陆地棉	新疆农垦科学院棉花研究所、新疆农垦科学院新垦棉业科技开发部、新疆西域绿洲种业科技有限公司
新审棉 2018 年 46 号	T115	2018	陆地棉	新疆合信科技发展有限公司
新审棉 2018 年 47 号	NH12026	2018	陆地棉	新疆合信科技发展有限公司
新审棉 2018 年 48 号	金垦 1442	2018	陆地棉	新疆农垦科学院棉花研究所、新疆农垦科学院新垦棉业科技开发部、新疆西域绿洲种业科技有限公司
新审棉 2018 年 49 号	新石 K26	2018	陆地棉	中国农业科学院棉花研究所、石河子农业科学研究院
新审棉 2018 年 50 号	Z1146	2018	陆地棉	新疆生产建设兵团第七师农业科学研究所、新疆锦棉种业科技股份有限公司
新审棉 2018 年 51 号	金垦 1402	2018	陆地棉	新疆农垦科学院棉花研究所、新疆农垦科学院新垦棉业科技开发部、新疆西域绿洲种业科技有限公司
新审棉 2018 年 52 号	K418	2018	陆地棉	新疆农业科学院经济作物研究所
新审棉 2018 年 53 号	春秋 S36	2018	陆地棉	新疆巴棉种业有限公司
新审棉 2018 年 54 号	欣试 518	2018	陆地棉	新疆农业科学院经济作物研究所、河间市国欣农村技术服务总会
新审棉 2018 年 55 号	盛棉 2 号	2018	陆地棉	新疆九盛农业科技有限责任公司
新审棉 2018 年 56 号	塔河 2 号	2018	陆地棉	新疆塔里木河种业股份有限公司

（续表）

审定编号	品种名称	审定年份	类型	选（引）育单位（人）
新审棉 2018 年 57 号	金凯 9 号	2018	陆地棉	新疆金凯农业科技发展有限责任公司
新审棉 2018 年 58 号	源棉新 13305	2018	陆地棉	新疆农业科学院经济作物研究所
新审棉 2018 年 59 号	耕野 2186	2018	陆地棉	新疆耕野种业有限公司
新审棉 2018 年 60 号	新 78	2018	海岛棉	新疆农业科学院经济作物研究所
新审棉 2018 年 61 号	MCR3915	2018	海岛棉	新疆棉城种业有限公司
新审棉 2018 年 62 号	鲁泰 700Q	2018	海岛棉	新疆鲁泰丰收棉业有限责任公司
新审棉 2018 年 63 号	元龙 17 号	2018	海岛棉	新疆溢达纺织有限公司
新审棉 2018 年 64 号	H39012	2018	海岛棉	新疆巴音郭楞蒙古自治州农业科学研究院
新审棉 2018 年 65 号	九棉 27	2018	海岛棉	九圣禾种业股份有限公司
新审棉 2017 年 41 号	新陆早 77 号	2017	陆地棉	新疆大有赢得种业有限公司
新审棉 2017 年 42 号	新陆早 78 号	2017	陆地棉	新疆金丰源种业股份有限公司
新审棉 2017 年 43 号	新陆早 79 号	2017	陆地棉	石河子农业科学研究院
新审棉 2017 年 44 号	新陆早 80 号	2017	陆地棉	石河子农业科学研究院
新审棉 2017 年 45 号	新陆早 81 号	2017	陆地棉	新疆合信科技发展有限公司
新审棉 2017 年 46 号	新陆早 82 号	2017	陆地棉	新疆生产建设兵团第五师农业科学研究所
新审棉 2017 年 47 号	新陆早 83 号	2017	陆地棉	石河子农业科学研究院
新审棉 2017 年 48 号	新陆早 84 号	2017	陆地棉	新疆合信科技发展有限公司
新审棉 2017 年 49 号	新陆中 82 号	2017	陆地棉	新疆塔里木河种业股份有限公司、新疆劲丰合农业科技有限公司
新审棉 2017 年 50 号	新陆中 83 号	2017	陆地棉	新疆农业科学院经济作物研究所
新审棉 2017 年 51 号	新陆中 84 号	2017	陆地棉	新疆农业科学院经济作物研究所
新审棉 2017 年 52 号	新陆中 85 号	2017	陆地棉	新疆生产建设兵团第一师农业科学研究所、新疆塔里木河种业股份有限公司
新审棉 2017 年 53 号	新陆中 86 号	2017	陆地棉	南京木锦基因工程有限公司
新审棉 2017 年 54 号	新陆中 87 号	2017	陆地棉	新疆合信科技发展有限公司
新审棉 2017 年 55 号	新陆中 88 号	2017	陆地棉	新疆农业科学院经济作物研究所

（续表）

审定编号	品种名称	审定年份	类型	选（引）育单位（人）
新审棉 2017 年 56 号	新海 59 号	2017	海岛棉	新疆巴音郭楞蒙古自治州农业科学研究院
新审棉 2017 年 57 号	新海 60 号	2017	海岛棉	新疆农业科学院经济作物研究所
新审棉 2017 年 58 号	新海 61 号	2017	海岛棉	新疆农业科学院经济作物研究所
新审棉 2017 年 59 号	新海 62 号	2017	海岛棉	新疆金丰源种业股份有限公司
新审棉 2017 年 60 号	新海 63 号	2017	海岛棉	新疆塔里木河种业股份有限公司、新疆溢达纺织有限公司
新审棉 2017 年 61 号	新彩 28 号	2017	彩色棉	石河子农业科学研究院
新审棉 2016 年 24 号	新陆早 74 号	2016	陆地棉	石河子农业科学研究院
新审棉 2016 年 25 号	新陆早 75 号	2016	陆地棉	新疆生产建设兵团第五师农业科学研究所
新审棉 2016 年 26 号	新陆早 76 号	2016	陆地棉	新疆合信科技有限公司
新审棉 2016 年 27 号	新陆中 78 号	2016	陆地棉	新疆农业科学院经济作物研究所、新疆田苗种业有限责任公司
新审棉 2016 年 28 号	新陆中 79 号	2016	陆地棉	九圣禾种业股份有限公司
新审棉 2016 年 29 号	新陆中 80 号	2016	陆地棉	新疆农业科学院经济作物研究所
新审棉 2016 年 30 号	新陆中 81 号	2016	陆地棉	新疆巴音郭楞蒙古自治州农业科学研究院
新审棉 2016 年 31 号	新海 55 号	2016	海岛棉	新疆溢达纺织有限公司、新疆农业科学院经济作物研究所
新审棉 2016 年 32 号	新海 56 号	2016	海岛棉	九圣禾种业股份有限公司
新审棉 2016 年 33 号	新海 57 号	2016	海岛棉	新疆巴音郭楞蒙古自治州农业科学研究院、新疆金丰源种业股份有限公司
新审棉 2016 年 34 号	新海 58 号	2016	海岛棉	新疆巴音郭楞蒙古自治州农业科学研究院、新疆金丰源种业股份有限公司
新审棉 2015 年 30 号	新陆早 68 号	2015	陆地棉	新疆农垦科学院棉花研究所、新疆植金种业有限公司、新疆农垦科学院新垦棉业科技开发部、新疆西域绿洲种业科技有限公司
新审棉 2015 年 31 号	新陆早 69 号	2015	陆地棉	新疆农垦科学院棉花研究所、新疆农垦科学院新垦棉业科技开发部、新疆西域绿洲种业科技有限公司
新审棉 2015 年 32 号	新陆早 70 号	2015	陆地棉	石河子农业科学研究院、石河子市庄稼汉农业科技有限公司
新审棉 2015 年 34 号	新陆早 72 号	2015	陆地棉	新疆惠远种业股份有限公司
新审棉 2015 年 35 号	新陆早 73 号	2015	陆地棉	新疆农业科学院经济作物研究所
新审棉 2015 年 36 号	新陆中 77 号	2015	陆地棉	新疆农业科学院经济作物研究所

（续表）

审定编号	品种名称	审定年份	类型	选（引）育单位（人）
新审棉 2015 年 37 号	新海 49 号	2015	海岛棉	新疆农业科学院经济作物研究所
新审棉 2015 年 38 号	新海 50 号	2015	海岛棉	新疆溢达农业科技有限公司
新审棉 2015 年 39 号	新海 51 号	2015	海岛棉	新疆塔里木河种业股份有限公司
新审棉 2015 年 40 号	新海 52 号	2015	海岛棉	新疆德佳科技种业有限公司
新审棉 2015 年 41 号	新海 53 号	2015	海岛棉	新疆农业科学院经济作物研究所
新审棉 2015 年 42 号	新海 54 号	2015	海岛棉	新疆生产建设兵团第一师农业科学研究所、新疆塔里木河种业股份有限公司
新审棉 2014 年 55 号	新陆早 64 号	2014	陆地棉	石河子丰凯农业科技有限公司
新审棉 2014 年 56 号	新陆早 65 号	2014	陆地棉	新疆合信科技发展有限公司
新审棉 2014 年 58 号	新陆早 67 号（金垦杂 1061）	2014	陆地棉	新疆农垦科学院棉花研究所、新疆农垦科学院新垦棉业科技开发部
新审棉 2014 年 59 号	新陆中 70 号	2014	陆地棉	新疆塔里木河种业股份有限公司
新审棉 2014 年 60 号	新陆中 71 号	2014	陆地棉	新疆巴音郭楞蒙古自治州农业科学研究院
新审棉 2014 年 62 号	新陆中 73 号	2014	陆地棉	新疆农业科学院经济作物研究所
新审棉 2014 年 63 号	新陆中 74 号	2014	陆地棉	新疆生产建设兵团第二师农业科学研究所
新审棉 2014 年 64 号	新陆中 75 号	2014	陆地棉	新疆农业科学院经济作物研究所、新疆金丰源种业股份有限公司
新审棉 2014 年 65 号	新陆中 76 号	2014	陆地棉	新疆农业科学院经济作物研究所
新审棉 2014 年 66 号	新海 45 号	2014	海岛棉	新疆巴音郭楞蒙古自治州农业科学研究院、新疆金丰源种业有限公司
新审棉 2014 年 67 号	新海 46 号	2014	海岛棉	新疆生产建设兵团第一师农业科学研究所、新疆塔里木河种业股份有限公司
新审棉 2014 年 68 号	新海 47 号	2014	海岛棉	新疆农业科学院经济作物研究所
新审棉 2014 年 69 号	新海 48 号	2014	海岛棉	新疆农业科学院经济作物研究所、新疆金丰源种业股份有限公司
新审棉 2013 年 35 号	新陆早 57 号	2013	陆地棉	新疆农业科学院经济作物研究所
新审棉 2013 年 36 号	新陆早 58 号	2013	陆地棉	新疆生产建设兵团第七师农业科学研究所、新疆锦棉种业科技股份有限公司
新审棉 2013 年 37 号	新陆早 59 号	2013	陆地棉	新疆惠远种业股份有限公司
新审棉 2013 年 38 号	新陆早 60 号	2013	陆地棉	新疆农垦科学院棉花研究所、新疆农垦科学院新垦棉业科技开发部、新疆西域绿洲种业科技有限公司

（续表）

审定编号	品种名称	审定年份	类型	选（引）育单位（人）
新审棉 2013 年 39 号	新陆早 61 号	2013	陆地棉	新疆石河子棉花研究所、石河子市庄稼汉农业科技有限公司
新审棉 2013 年 40 号	新陆早 62 号	2013	陆地棉	新疆石河子棉花研究所、新疆石河子庄稼汉农业科技有限公司
新审棉 2013 年 43 号	新陆中 62 号	2013	陆地棉	张朝晖、郭玲玲、李天义、曹娟
新审棉 2013 年 44 号	新陆中 63 号	2013	陆地棉	新疆巴音郭楞蒙古自治州农业科学研究院
新审棉 2013 年 45 号	新陆中 64 号	2013	陆地棉	新疆巴音郭楞蒙古自治州农业科学研究院
新审棉 2013 年 46 号	新陆中 65 号	2013	陆地棉	新疆富全新科种业有限责任公司
新审棉 2013 年 47 号	新陆中 66 号	2013	陆地棉	新疆美丰种业有限公司、石河子大有赢得种业有限公司
新审棉 2013 年 49 号	新陆中 68 号	2013	陆地棉	新疆金丰源种业股份有限公司
新审棉 2013 年 50 号	新陆中 69 号	2013	陆地棉	李卫平、张健、赵文勤、孙绘健、罗静、郭东升、张元昊
新审棉 2013 年 51 号	新海 42 号	2013	海岛棉	新疆生产建设兵团第一师农业科学研究所、新疆塔里木河种业股份有限公司
新审棉 2013 年 52 号	新海 43 号	2013	海岛棉	新疆农业科学院经济作物研究所
新审棉 2013 年 53 号	新海 44 号	2013	海岛棉	新疆棉城种业有限公司
新审棉 2013 年 54 号	新彩棉 24 号	2013	彩色棉	新疆生产建设兵团第五师农业科学研究所
新审棉 2013 年 55 号	新彩棉 25 号	2013	彩色棉	中国彩棉（集团）股份有限公司
新审棉 2013 年 57 号	新彩棉 27 号	2013	彩色棉	新疆农垦科学院棉花研究所、新疆农垦科学院新垦棉业科技开发部、新疆西域绿洲种业科技有限公司
新审棉 2012 年 47 号	新陆早 52 号	2012	陆地棉	新疆硕丰种业有限公司
新审棉 2012 年 48 号	新陆早 53 号	2012	陆地棉	新疆农垦科学院棉花研究所
新审棉 2012 年 49 号	新陆早 54 号	2012	陆地棉	新疆金宏祥高科农业股份有限公司
新审棉 2012 年 50 号	新陆早 55 号	2012	陆地棉	新疆大有赢得种业有限公司
新审棉 2012 年 51 号	新陆早 56 号	2012	陆地棉	石河子棉花研究所
新审棉 2012 年 52 号	新陆中 54 号	2012	陆地棉	新疆农业科学院经济作物研究所
新审棉 2012 年 53 号	新陆中 55 号	2012	陆地棉	新疆大丰收种业有限公司
新审棉 2012 年 54 号	新陆中 56 号	2012	陆地棉	新疆富全新科种业有限责任公司

附录 2 NY/T 2634—2022《棉花品种真实性鉴定 SSR 分子标记法》

1 范围

本文件规定了利用简单重复序列（Simple sequence repeat，SSR）分子标记法进行棉花（*Gossypium* spp. L.）品种真实性检测的术语和定义，缩略语，原理，检测方案，仪器设备、试剂和溶液配制，检测程序，鉴定意见和结果报告。

本文件适用于陆地棉（*G. hirsutum*）和海岛棉（*G. barbadense*）品种真实性验证和品种真实性身份鉴定，不适用于实质性派生品种（essential derived varieties，EDV）的鉴定。

2 规范性引用文件

下列文件中的内容通过文中的规范性引用而构成本文件必不可少的条款。其中，注日期的引用文件，仅该日期对应的版本适用于本文件；不注日期的引用文件，其最新版本（包括所有的修改单）适用于本文件。

GB/T 3543.1 农作物种子检验规程 总则

GB/T 3543.2 农作物种子检验规程 扦样

GB/T 3543.5 农作物种子检验规程 真实性和品种纯度鉴定

GB/T 6682 分析实验室用水规格和试验方法

3 术语和定义

下列术语和定义适用于本文件。

3.1

品种真实性验证 variety verification

与其对应品种名称的标准样品比较，检测证实供检样品品种名称与标注是否相符。

3.2

品种真实性身份鉴定 variety identification

通过与标准样品 DNA 指纹数据库比对或筛查，确定送验样品的真实品种名称。

3.3

标准样品 standard sample

国家指定机构保存的具有法定身份的代表品种特征特性的实物种子或 DNA 样品。

3.4

参照样品 reference sample

携带 SSR 位点上主要等位变异的品种，用于辅助确定试验样品的等位变异，校正仪器设备的系统误差。

3.5

引物组合 primer panel

具有不同荧光颜色或相同荧光颜色而扩增片段大小不同、能够组合在一起进行电泳的一组荧光标记引物。

4 缩略语

下列缩略语适用于本文件。

bp：碱基对（base pair）

CI：氯仿：异戊醇（Chloroform：3-Methyl-1-butanol）（$V_1 : V_2 = 24 : 1$）

CTAB：十六烷基三甲基溴化铵（cetyltrimethylammonium bromide）

DNA：脱氧核糖核酸（deoxyribonucleic acid）

dNTPs：脱氧核糖核苷三磷酸（deoxy-ribonucleoside triphosphate）

EDTA：乙二胺四乙酸（ethylenediamine tetraacetic acid）

PAGE：聚丙烯酰胺凝胶电泳（polyacrylamide gel electrophoresis）

PCI：苯酚：氯仿：异戊醇（Phenol：Chloroform：3-Methyl-1-butanol）（$V_1 : V_2 : V_3 = 25 : 24 : 1$）

PCR：聚合酶链式反应（polymerase chain reaction）

SDS：十二烷基硫酸钠（sodium dodecyl sulfate）

SSR：简单重复序列（simple sequence repeat）

TBE：三羟甲基氨基甲烷-硼酸盐-乙二胺四乙酸二钠（Tris-Borate-EDTA）

Tris：三羟甲基氨基甲烷［tris（hydroxymethyl）aminomethane］

Taq 酶：耐热 DNA 聚合酶（*Taq*-DNA polymerase）

5 原理

棉花的不同品种，其基因组存在着能够世代稳定遗传的简单重复序列（SSR）的重复次数差异。这种差异可以从抽取有代表性的试验样品中提取 DNA，用 SSR 引物进行扩增和电泳检测，从而利用扩增片段大小不同而加以区分品种。

依据 SSR 标记检测原理，采用 SSR 引物，通过与标准样品 SSR 指纹数据比对或筛查的方式，对品种真实性进行验证或身份鉴定。品种真实性验证依据 SSR 位点差异数目而判定，品种真实性身份鉴定依据被检 SSR 位点无差异原则进行筛查、鉴定。

6 检测方案

6.1 总则

对于真实性鉴定，引物、检测平台、样品状况不同，其检测结果的准确度、精确度可能有所不同。应依据“适于检测目的”的原则，统筹考虑检测规模和检测能力，选择适宜的引物、检测平台、样品状况，制定相应的检测方案。

按规定要求填报检测结果，检验报告应注明检测方案所选择的影响检测结果的关键信息。

DNA 提取、PCR 扩增和电泳的技术条件要求，在适于检测目的和不影响检测质量的前提下，按照检测平台的要求允许对本文件的规定做适宜调整。

6.2 检测平台

6.2.1 对于棉花品种真实性验证，可采用变性 PAGE 垂直板电泳或者毛细管电泳，宜在同一电泳板上比较试验样品和标准样品；对于真实性身份鉴定，宜采用毛细管电泳。如需利用 SSR 指纹数据库，则需要利用参照品种确定试验样品的指纹后再进行真实性身份鉴定。

6.2.2 对于样品数量较大的，可将组织研磨仪、DNA 自动提取、自动移液工作站、高通量 PCR 扩增仪、多引物组合的毛细管电泳进行组合，以提高检测的综合效率。

6.3 引物

6.3.1 本文件遴选了 60 对 SSR 引物作为品种真实性验证和身份鉴定的检测引物，具体见表 1。

表 1　引物信息

编号	引物名称	染色体（编号）	退火温度（℃）	引物序列（5′—3′）
PC01	CCRI001	1A	60	F：CCACCAGCCTTACCTTATACGC R：GTGCTTGGCCTCGCTAAGTG
PC02	CCRI002	2A	60	F：AGTCCTCCCACTATTCGAAGCT R：ATGCCTCGTACCCTGTTCCG
PC03	CCRI003	3A	60	F：CACGACGACTCTTCCTCATCAC R：ATTGCAGCCACGAAATTGTCAC
PC04	CCRI004	4A	60	F：AGGCTCGCATTGTTGACACTAGG R：CGAGCTTGAACGAACGAACCTCT
PC05	CCRI005	5A	60	F：TCGATTCACCGATCTGACAAGC R：TGACCCAGACCGACCGTTG
PC06	CCRI006	6A	60	F：ACCAGGTCGGTAACGATAGGC R：GCCCAAAGTTGAAGCGGAAAAC
PC07	CCRI007	6A	60	F：GTATGTCCAATCGCCACCCTAG R：GATGACGGTGTTAGGCGGTTC
PC08	CCRI008	7A	60	F：GGCCTCCCATCTTTATCCAATGT R：AGCAAAGCAAACTCGACAATGCT
PC09	CCRI009	8A	60	F：TTGGGCGGTTTGGGTCAAGG R：GGGATTCGGTCGGACACTCAAG
PC10	CCRI010	9A	60	F：GCCGGTAAGTCCAACATAAGGG R：CGGGGTAGTCCACCTCCTATTG
PC11	CCRI011	10A	60	F：ACTACGCAACTGAAGGGTTTCG R：GCTGCAAGGTTCGATGGAAGTG
PC12	CCRI012	11A	60	F：CTGCCTCGACCTACAGTTTGAC R：AGTTTTAGGCGGTTTGGGTTTG
PC13	CCRI013	12A	60	F：ACCATCCTTGCCGAGTAACCTG R：GTTGATGCCTGGGTCTCAATGC
PC14	CCRI014	12A	60	F：AGACGTGAGTTCGAGGACTTTG R：GCCTACCCTCTCAACAGTTTGG
PC15	CCRI015	13A	60	F：TTTCACTTGTCCGACCTTACCC R：GGATATGTGTTTGAGCGTGCTG
PC16	CCRI016	1D	60	F：CGAAAGAGTGTCGAGCAATCCG R：TCCTGTCAACTTGGAGGCTGAG
PC17	CCRI017	2D	60	F：CGCCACATGACCCCACCATC R：CCCACCGAGTATACAGGACACG
PC18	CCRI018	3D	60	F：CCGCTCGGTTCAACAGGTTT R：AGAGTTTGCGGTTTTGGTGCC
PC19	CCRI019	3D	60	F：CCAGCCACTCGGAGATCCTTG R：GCGTGGAGAAACCAGAGGGTAG
PC20	CCRI020	4D	60	F：ACCACTTTGTCCACCTGTCCAC R：ATCATCGCCATCTGCCTGGAAG
PC21	CCRI021	5D	60	F：AATTGAACCAAGGGCATCATGC R：GAACCTGATTGACGGGTAGCAC

（续表）

编号	引物名称	染色体（编号）	退火温度（℃）	引物序列（5′—3′）
PC22	CCRI022	6D	60	F：TGATGTTGGCGGGACTATGTAG R：CGACTTCACCCTCGTGGTAATC
PC23	CCRI023	7D	60	F：CTTCCCCACGCCACTACTATCG R：CTCAGCTTTCCTCCTCATTGGC
PC24	CCRI024	7D	60	F：ACGAGGGAACATGTGATCTCCT R：TCACTCCAAATCACACGTGCCA
PC25	CCRI025	8D	60	F：ACCAGCATCCTTTGTGTTAGGC R：GGATCGATTTTGGAACCGTGTG
PC26	CCRI026	10D	60	F：TTCCATGAGGCTATCCACAAGC R：AATGCACCGCACCCCATCAC
PC27	CCRI027	11D	60	F：GCGGGCCACCTAATGATGATTG R：TTGTTTGACGAGGGAGACGATC
PC28	CCRI028	11D	60	F：ACAAGCGCGTCTGCCATATCC R：CGTGGTGGGTAGTCACAGTCAG
PC29	CCRI029	12D	60	F：ACACTGATGTGGCATCGACTAG R：GAATCTGGGCAAACTGTTGTCC
PC30	CCRI030	13D	60	F：GCCGAGGCCCCTATAACCC R：CTCATATCACGCACCACACCAC
PC31	CCRI031	1A	60	F：CCGGTTCAAGCCGACTATTCG R：ACTCGTAACACCGTGCTGATTG
PC32	CCRI032	1A	60	F：CTGAGGAGAAAGACAGGACGAC R：TGGCGGGGTAAATGTGAATGC
PC33	CCRI033	3A	60	F：TGGGTGAGTGTGAGGACTGAAG R：TGGGTGTTGCACAAAGTTTCTG
PC34	CCRI034	3A	60	F：GTGGGCAGCGATGAATATGATG R：ATGAGGGTCATTGCTTGGGTTG
PC35	CCRI035	4A	60	F：GCCGTTTCTGCCAACCCCTT R：CGGGATTCCACGTGCCCAAA
PC36	CCRI036	5A	60	F：CGTCTCGTCCCACCTGTAATGC R：GGACTTCGGCAAGGCGGTTC
PC37	CCRI037	7A	60	F：TTCCTGCAAAATTGCCTTCACC R：TGCTTTGATATCCCCGTGATGG
PC38	CCRI038	7A	60	F：AGGGACAAGAATGGACCGACAG R：TTAACCGTCGCAGCCTCCTAAC
PC39	CCRI039	8A	60	F：TGCCCTTCTTGCCCCTGTG R：GCTTGCCTAATTTGGTGGGAAG
PC40	CCRI040	9A	60	F：TTACTCTGGGCGTGTGGCATAG R：ATGGAAGGAACAGCAGCAAACG
PC41	CCRI041	10A	60	F：TGTGGCTCCATGGCACAATATG R：AGGCTCTGTTGCACCAATTCAC
PC42	CCRI042	11A	60	F：GTTGGAGGCTGCTTTTGATGGG R：TGCCATTGCCATGTTGGTCAAG

（续表）

编号	引物名称	染色体（编号）	退火温度（℃）	引物序列（5′—3′）
PC43	CCRI043	11A	60	F：GGACAAACATGGCCCCAACT R：TGTCCAAACTCTTGCCAACTTGT
PC44	CCRI044	12A	60	F：TCTTAGGGCACAATGAGGCAAGA R：CTAAGCAGCACCTCATCCAGAAA
PC45	CCRI045	13A	60	F：AACTCAATGGGTGTCGGTTACG R：GGAGGTGAGCTATCTTCGCAAC
PC46	CCRI046	13A	60	F：AGCACGGAAGAACATGATGAGG R：CGTCTTCGGCTCAAATGTGTGC
PC47	CCRI047	1D	60	F：TGCCCAACCTACATGTGACACA R：TCAAATTTGGTTGTCACACCCCA
PC48	CCRI048	1D	60	F：CCACATGCCACGCCGTATTATG R：ATGATGGGGTGGGCTGTAAAGG
PC49	CCRI049	2D	60	F：TTGGGCCGAAAAGGGTTGAAAC R：GGTCGGATTCTGGGCACTTTTC
PC50	CCRI050	2D	60	F：AGTTCGGTGGACATCAATAGGC R：TCCCCAGGGCTTTGAGAATACC
PC51	CCRI051	4D	60	F：CGCCACATCCAAGGGTGAATG R：GGAATTGCGGTCCCAATACCAC
PC52	CCRI052	5D	60	F：ATTCATGGTCAAGTCGGGTCAC R：GCTTGCTTTGGGTGGAGTAGAC
PC53	CCRI053	5D	60	F：GTTGCTGTGGAGTGGAGTGGAG R：TTCGAGGGAGGTTGGTATTGGC
PC54	CCRI054	6D	60	F：TGGCTTTGCTTTGCTTATGGTGA R：TGCACTCAACTGGACACACTTT
PC55	CCRI055	7D	60	F：AATTGTGGAGGGGCACTGTCAG R：GTCCCCGCCATCCAAGCAC
PC56	CCRI056	8D	60	F：GACTCATGGCGACAGCGATTAG R：TGATCACTCAAACGGTGTCACG
PC57	CCRI057	10D	60	F：GTTTCCACCGTCGAACCACTG R：GGCAGGATTAGGAGATCGAAGC
PC58	CCRI058	10D	60	F：TCAGGGGCTCCGTCGTTCTC R：CTCGGCTCTTTCTCCGGTTGC
PC59	CCRI059	12D	60	F：AGTACCCCTATTTTCCCGTGAGA R：TGGGTCTCACATGTGGATTGTTG
PC60	CCRI060	13D	60	F：GGAAATGGCCCATCTGAGAGTC R：GCCAGGAGATCGGAGCGTTTG

注：本表中 60 对引物均为中国农业科学院棉花研究所通过基因组重测序自主开发遴选。

6.4 样品

6.4.1 送验样品为种子、幼苗、叶片等组织或器官。需要扦样的样品数量符合 GB/T 3543.2 的要求。

6.4.2 试验样品应至少含有 70 个个体，可以混合检测或单个个体检测。

6.5 检测条件

真实性鉴定应在有利于检测正确实施的控制条件下进行，包括但不限于下列条件：

a）种子检验员熟悉所使用检测技术的知识和技能；
b）所有仪器与使用的技术相匹配，并已经过定期维护、验证和校准；
c）使用适当等级的试剂和灭菌处理的耗材；
d）使用校准检测结果评定的适宜参照品种。

7 仪器设备、试剂和溶液配制

7.1 仪器设备

7.1.1 DNA 提取

高速冷冻离心机、水浴锅或干式恒温金属浴、紫外分光光度计或核酸浓度测定仪、组织研磨仪。

7.1.2 PCR 扩增

PCR 扩增仪或水浴 PCR 扩增装置。

7.1.3 电泳

7.1.3.1 毛细管电泳

DNA 分析仪。

7.1.3.2 变性 PAGE 垂直板电泳

高压电泳仪、垂直板电泳槽及制胶附件、胶片观察灯、凝胶成像系统或数码相机。

7.1.3.3 其他器具

微量移液器、电子天平、高压灭菌锅、加热磁力搅拌器、冰箱、染色盒。

7.2 试剂

7.2.1 DNA 提取

CTAB、SDS、苯酚、三氯甲烷、异戊醇、异丙醇、乙二胺四乙酸二钠（$EDTA-Na_2 \cdot 2H_2O$）、三羟甲基氨基甲烷（Tris-base）、盐酸、氢氧化钠、氯化钠、β-巯基乙醇（β- Mercaptoethanol）、乙醇。

7.2.2 引物合成

根据真实性验证或身份鉴定的要求，采用序贯式方法，选定表 1 的引物。选用变性 PAGE 垂直板电泳，只需合成普通引物。选用荧光毛细管电泳，需要在上游或下游引物的 5′端标记与毛细管电泳仪发射和吸收波长相匹配的荧光染料。具体引物分组信息可参考附录 C。

7.2.3 PCR 扩增

dNTPs、*Taq* 酶、10×缓冲液、矿物油、ddH_2O、引物和 Mg^{2+}。

7.2.4 电泳

7.2.4.1 毛细管电泳

与使用的 DNA 分析仪型号相匹配的分离胶、分子量内标、去离子甲酰胺、电泳缓冲液。

7.2.4.2 变性 PAGE 垂直板电泳

去离子甲酰胺（Formamide）、溴酚蓝（Brph Blue）、二甲苯青（FF）、甲叉双丙烯酰胺（Bisacrylamide）、丙烯酰胺（Acrylamide）、硼酸（Boric Acid）、尿素、亲和硅烷（Binding Silane）、疏水硅烷（Repel Silane）、DNA 分子量标准、无水乙醇、四甲基乙二胺（TEMED）、过硫酸铵（APS）、冰醋酸、乙酸铵、硝酸银、甲醛、氢氧化钠、三羟甲基氨基甲烷（Tris-base）、乙二胺四乙酸二钠（$EDTA-Na_2 \cdot 2H_2O$）。

7.3 溶液配制

DNA 提取、PCR 扩增、电泳、银染的溶液按照附录 A 规定的要求进行配制，所用试剂均为分析纯。

试剂配制所用水应符合 GB/T 6682 规定的一级水的要求，其中银染溶液的配制可以使用符合三级要求的水。

8 检测程序

8.1 DNA 提取

8.1.1 SDS 法

试样种子充分研磨后，取 100 mg～200 mg 种子粉末置于 2.0 mL 离心管，每管加入 700 μL 的 SDS 提取

8.4.1.2 对于变性 PAGE 垂直板电泳，位于相应等位变异扩增片段大小范围之外的谱带需要甄别是非特异性扩增还是新增的稀有等位变异。采用单个个体扩增的产物，出现 3 种及 3 种以上的多带则为非特异性扩增；采用混合样检测的，某些位点出现 3 种以上的谱带或上下有弱带等情况出现时，则需要通过单个个体进行甄别。

8.4.1.3 采取混合样检测时，无论是毛细管电泳还是变性 PAGE 垂直板电泳，试验样品存在异质性时，宜采用单个个体独立检测，试样至少含有 70 个个体。异质性严重时，可终止真实性检测。

8.4.2 数据分析和读取

8.4.2.1 毛细管电泳

导出电泳原始数据文件，采用数据分析软件对数据进行甄别。

a）设置参数：在数据分析软件中预先设置好 panel、分子量内标、panel 的相应引物的 Bin（等位变异片段大小范围区间）；

b）导入原始数据文件：将电泳原始数据文件导入分析软件，选择 panel、分子量内标、Bin、质量控制参数等进行分析；

c）甄别过滤处置数据：执行 8.4.1 的规定。

分析软件会对检测质量赋以颜色标志进行评分，绿色表示质量可靠无须干预，红色表示质量不过关或未落入 Bin 范围内，黄色表示有疑问需要查验原始图像进行确认。

数据比对采用 8.4.3.1、8.4.3.2 方式的，应分别通过同时进行试验的标准样品、参照样品（依据引物选择少量的对照），校准不同电泳板间的数据偏差后再读取扩增片段大小。甄别后的特异峰落入 Bin 范围内，直接读取扩增片段大小；若其峰大多不在 Bin 范围内，可将其整体平移尽量使峰落入 Bin 设置范围内后读取数据。

8.4.2.2 变性 PAGE 垂直板电泳

对甄别后的特异谱带进行读取。扩增片段大小的读取，统一采用两段式数据记录方式。纯合位点数据记录为 X/X，非纯合位点数据记录为 X/Y（其中 X、Y 分别为该位点 2 个等位基因扩增片段），小片段数据在前，大片段数据在后，缺失位点数据记录为 0/0。

8.4.3 数据比对

8.4.3.1 采用与标准样品比较的，对甄别后的特异谱带或特异峰（见 8.4.1），按照在同一电泳板上的试验样品与标准样品逐个位点进行两两比较，确定其位点差异。

8.4.3.2 采用毛细管电泳与 SSR 指纹数据库比对的，按照数据导入模板的要求，将数据及其指纹截图上传到 SSR 指纹数据库，进行逐个位点在线比对，核实确定相互间的指纹数据的异同。

8.4.3.3 采用 PAGE 垂直板电泳与 SSR 指纹数据库比对的，按照数据导入模板的要求，将数据上传到 SSR 指纹数据库，进行逐个位点的两两比对，核实确定相互间的指纹数据的异同。

注：采用 PAGE 垂直板电泳与 SSR 指纹数据库比对较为困难，建议作为参考使用，比对前采取以下措施：

a）读取扩增产物片段大小数据的，试验样品与参照样品（附录 B）同时在同一电泳板上电泳；

b）电泳时间足够；

c）试验样品存在扩增片段为一个基序差异的，按片段大小顺序重新电泳进行复核确定后读取。

8.4.4 数据记录

数据比对后，按照位点存在差异、相同、数据缺失、无法判定等情形，记录每个引物的位点状况。

9 鉴定意见

9.1 检验结果用试验样品和标准样品比较的位点差异数表示。根据检验结果进行鉴定意见判断，一般分为 3 类：排除属于同一品种、不确定是否为同一品种和不排除属于同一品种。对于有异议的样品，可以参照 GB/T 3543.5 的规定进行田间小区种植鉴定。

9.2 鉴定意见可参考以下原则：

a）试验样品与标准样品或 SSR 指纹数据库某品种比较检测出差异位点数大于 2，排除两者为同一品种；

b）试验样品与标准样品或 SSR 指纹数据库某品种比较检测出差异位点数为 1 或 2，不确定两者为同一品种；

c）试验样品与标准样品或 SSR 指纹数据库某品种比较检测出差异位点数为 0，不排除两者属于同一品种。

10 结果报告

10.1 按照 GB/T 3543.1 的检验报告要求，对品种真实性验证或身份鉴定的检测结果进行填报。

10.2 对于真实性验证，选择下列方式进行填报：

通过______对引物，采用______电泳方法进行检测，与标准样品比较检测出差异位点数______个，差异位点的引物编号为______，鉴定意见为：__________。

10.3 对于品种身份鉴定，采用下列方式进行填报：

a）通过________对引物，采用________电泳方法进行检测，经与 SSR 指纹数据库筛查，供检样品与______品种未检测出位点差异，鉴定意见为：__________。

b）通过________对引物，采用________电泳方法进行检测，经与 SSR 指纹数据库筛查，检测到供检样品与______品种位点差异为 1 或 2，鉴定意见为：__________。

c）通过________对引物，采用________电泳方法进行检测，经与 SSR 指纹数据库筛查，未检测到与供检样品位点一致品种，无法鉴定品种身份。

10.4 属于下列情形之一的，需在检验报告中注明：

a）送验样品低于 6.4.1 规定数量；

b）与试验样品比较的标准样品的来源；

c）与 SSR 指纹数据库进行数据比对；

d）试验品种异质性严重的位点（引物编号）清单；

e）检测采用其他 SSR 引物的名称及序列。

附　录　A
（资料性）
溶液配制

A.1　DNA 提取

A.1.1　0.5 mol/L EDTA 溶液

称取 186.1 g $Na_2EDTA \cdot 2H_2O$ 溶于 800 mL 水中，加固体 NaOH 调 pH 至 8.0，加水定容至 1 000 mL，121 ℃ 高压灭菌 20 min。

A.1.2　1 mol/L Tris-HCl 溶液

称取 60.55 g Tris 碱溶于适量水中，加 HCl 调 pH 至 8.0，加水定容至 500 mL，121℃ 高压灭菌 20 min。

A.1.3　0.5 mol/L HCl 溶液

浓盐酸（36%～38%）25 mL，加水定容至 500 mL。

A.1.4　CTAB 提取液

5 mol/L NaCl 280 mL、CTAB 20 g、1 mol/L Tris-HCl 100 mL、0.5 mol/L EDTA 40 mL，山梨醇 5 g、PVP 10 g 加水定容至 1 000 mL，4 ℃储存。使用前加入 10 ml β-巯基乙醇。

A.1.5　SDS 提取液

1 mol/L Tris-HCl 50 mL、0.5 mol/L EDTA 20 mL、5 mol/L NaCl 140 mL 和 SDS 10 g 混合、山梨醇 5 g 和 PVP 10 g，加水定容至 1 000 mL。使用前加入 10 ml β-巯基乙醇。

A.1.6　1×TE 缓冲液

1 mol/L Tris-HCl 5 mL 和 0.5 mol/L EDTA 1 mL，加 HCl 调 pH 至 8.0，加水定容至 500 mL，121 ℃ 高压灭菌 20 min。

A.1.7　5 mol/L NaCl 溶液

固体 NaCl 146 g，加水定容至 500 mL。

A.1.8　苯酚：氯仿：异戊醇混合液

体积比为 25：24：1。

A.2　PCR 扩增

A.2.1　dNTP

用超纯水分别配置 dATP、dGTP、dCTP、dTTP 终浓度为 100 mmol/L 的储存液，分别用 0.05 mL/L 的 Tris 碱调整 pH 至 7.0。各取 25 μL 混合，用超纯水 900 μL 定容至终浓度 2.5 mmol/L 的工作液。

A.2.2　SSR 引物

用超纯水分别配制正向引物、反向引物终浓度均为 100 μmol/L 的储存液。从 100 μmol/L 的储存液中分别吸取正向、反向引物各 20 μL，再分别加入 80 μL 超纯水配制成 20 μmol/L 的工作液，-20 ℃储存。

A.3　电泳

A.3.1　40%PAGE 胶

丙烯酰胺 190 g 和甲叉双丙烯酰胺 10 g，加水定容至 500 mL。

A.3.2　6×加样缓冲液

去离子甲酰胺 49 mL、0.5 mol/L EDTA 1 mL、溴酚兰 0.125 g 和二甲苯青 0.125 g 混合。

A. 3. 3　6% PAGE 胶

尿素 450 g、10×TBE 缓冲液 100 mL 和 40% PAGE 胶 150 mL，加水定容至 1 000 mL。

A. 3. 4　亲和硅烷缓冲液

无水乙醇 49. 75 mL 和冰醋酸 250 μL。

A. 3. 5　亲和硅烷工作液

亲和硅烷缓冲液 1 mL 和亲和硅烷原液 10 μL 混合。

A. 3. 6　疏水硅烷工作液

95 ml 三氯甲烷中加入 5 mL 疏水硅烷原液。

A. 3. 7　10%过硫酸铵溶液

0. 1 g 过硫酸铵溶于 1 mL 超纯水中。

A. 3. 8　10×TBE 缓冲液

Tris 碱 108 g、硼酸 55 g 和 0. 5 mol/L EDTA 37 mL，加水定容至 1 000 mL。

A. 3. 9　1×TBE 缓冲液

10×TBE 缓冲液 100 mL，加水定容至 1 000 mL。

A. 4　银染

A. 4. 1　固定液

100 mL 的无水乙醇和 5 mL 的乙酸，加水定容至 1 000 mL。

A. 4. 2　染色液

2 g 的硝酸银（$AgNO_3$），加水定容至 1 000 mL。

A. 4. 3　显影液

30g 的固体 NaOH 和 5 mL 甲醛，加水定容至 1 000 mL。

附　录　B
（资料性）
等位变异扩增片段信息

表 B.1 列出了 60 对引物的信息，以及引物在已知棉花品种中扩增的片段长度范围、等位变异命名和参照样品名称。其中参照样品只是列举，考虑到在某一 SSR 位点多个品种存在相同的扩增片段，确认某一品种在该位点扩增片段大小与参照样品是相同的，该品种也可替代相应的参照样品。

表 B.1　已知品种主要等位变异扩增片段信息

引物信息		等位变异扩增片段		参照样品名称
编号	名称	范围（bp）	等位变异命名	
PC01	CCRI001	304~313	304	新陆中 59 号
			307	石抗 126
			311	长金棉 11
			313	TM-1
PC02	CCRI002	281~290	281	新海 31 号
			286	邯 818
			288	五师 16-5
			290	中棉所 12 号
PC03	CCRI003	174~184	174	新海 31 号
			176	新陆中 59 号
			178	中棉所 12 号
			180	石抗 126
			182	鲁棉 696
			184	Greenlint
PC04	CCRI004	367~373	367	石抗 126
			373	中棉所 12 号
PC05	CCRI005	268~276	268	中棉所 12 号
			272	海 7124
			274	新海 31 号
			276	TM-1
PC06	CCRI006	329~358	329	新海 16 号
			341	TM-1
			348	中棉所 12 号
			358	15B05X

（续表）

引物信息		等位变异扩增片段		参照样品名称
编号	名称	范围（bp）	等位变异命名	
PC07	CCRI007	256~288	256	蜀杂棉 3 号
			258	新海 31 号
			260	中棉所 12 号
			262	银兴棉 5 号
			264	鲁棉 696
			266	鲁研棉 22
			270	鲁棉 1141
			274	Greenlint
			276	新海 16 号
			282	新海 16 号
			284	新陆中 31 号
			288	海 7124
PC08	CCRI008	143~161	143	Greenlint
			145	岱字棉 16 号
			147	新海 31 号
			151	桂都安县五仁乡白子
			153	中棉所 12 号
			155	TM-1
			157	鲁棉 1 号
			161	布 3363
PC09	CCRI009	208~216	208	新海 31 号
			213	TM-1
			216	中棉所 12 号
PC10	CCRI010	361~369	361	新海 31 号
			365	新陆中 59 号
			369	中棉所 12 号
PC11	CCRI011	386~397	386	新海 37 号
			389	新海 31 号
			392	中棉所 12 号
			397	鲁棉 696
PC12	CCRI012	293~311	293	新海 31 号
			297	鲁棉 1141
			303	15B05X
			305	邯 218
			307	中棉所 12 号
			309	鲁棉 696
			311	鄂杂棉 9 号 F_1

（续表）

引物信息		等位变异扩增片段		参照样品名称
编号	名称	范围（bp）	等位变异命名	
PC13	CCRI013	209～219	209	新海 31 号
			211	海 7124
			213	湘丰棉 5 号
			215	石抗 126
			217	中棉所 12 号
			219	湘杂棉 21 号
PC14	CCRI014	340～355	340	新海 31 号
			343	中棉所 12 号
			346	金字棉
			352	TM-1
			355	布 3363
PC15	CCRI015	235～247	235	新陆中 59 号
			237	惠远 1401
			239	中棉所 12 号
			241	新海 31 号
			243	TM-1
			245	15B05X
			247	渝棉 1 号
PC16	CCRI016	188～196	188	辽棉 15 号
			190	中棉所 12 号
			192	TM-1
			194	邯 218
			196	冀合抗烟
PC17	CCRI017	184～196	184	15B05X
			186	新海 31 号
			188	新海 16 号
			190	中棉所 12 号
			192	石抗 126
			194	渝棉 1 号
			196	TM-1
PC18	CCRI018	236～246	236	豫棉 616
			238	中棉所 12 号
			240	海 7124
			242	TM-1
			244	金字棉
			246	辽棉 17 号

（续表）

引物信息		等位变异扩增片段		参照样品名称
编号	名称	范围（bp）	等位变异命名	
PC19	CCRI019	225～235	225	TM-1
			230	新海 31 号
			235	石抗 126
PC20	CCRI020	304～311	304	新海 31 号
			306	中棉所 12 号
			311	TM-1
PC21	CCRI021	187～203	187	鲁棉 696
			189	TM-1
			191	新海 31 号
			193	鲁棉 1141
			203	布 3363
PC22	CCRI022	218～228	218	中棉所 12 号
			221	惠远 1401
			223	TM-1
			228	海 7124
PC23	CCRI023	178～184	178	TM-1
			184	中棉所 12 号
PC24	CCRI024	199～205	199	TM-1
			201	新陆中 59 号
			205	新海 31 号
PC25	CCRI025	235～245	235	中棉所 12 号
			240	石抗 126
PC26	CCRI026	172～193	172	中棉所 12 号
			187	新陆中 59 号
			189	金字棉
			193	布 3363
PC27	CCRI027	334～340	334	石抗 126
			335	新海 31 号
			337	渝棉 1 号
			340	中棉所 12 号
PC28	CCRI028	244～262	244	新海 31 号
			256	中棉所 12 号
			258	TM-1
			262	徐棉 18 号

（续表）

引物信息		等位变异扩增片段		参照样品名称
编号	名称	范围（bp）	等位变异命名	
PC29	CCRI029	161～181	161	新海 31 号
			163	新海 16 号
			165	冀丰 4 号
			169	惠远 1401
			171	辽棉 17 号
			173	中棉所 9708
			175	TM-1
			177	中棉所 12 号
			179	新石选 14-4
			181	军海 1 号
PC30	CCRI030	213～224	213	新海 31 号
			216	3-79
			220	TM-1
			224	中棉所 12 号
PC31	CCRI031	220～223	220	中棉所 12 号
			223	TM-1
PC32	CCRI032	218～223	218	中棉所 12 号
			223	TM-1
PC33	CCRI033	335～344	335	中棉所 12 号
			344	鲁棉 696
PC34	CCRI034	303～307	303	新海 31 号
			307	中棉所 12 号
PC35	CCRI035	339～349	339	布 3363
			342	中棉所 12 号
			349	TM-1
PC36	CCRI036	257～280	257	新海 31 号
			259	M-8124-1159
			265	锦育 9 号
			268	惠远 1401
			271	中棉所 12 号
			274	新陆早 33 号
			277	新石选 14-4
			280	金字棉

（续表）

引物信息		等位变异扩增片段		参照样品名称
编号	名称	范围（bp）	等位变异命名	
PC37	CCRI037	286～305	286	3-79
			299	石抗 126
			305	中棉所 12 号
PC38	CCRI038	292～297	292	TM-1
			297	中棉所 12 号
PC39	CCRI039	249～255	249	惠远 1401
			255	中棉所 12 号
PC40	CCRI040	221～226	221	TM-1
			226	中棉所 12 号
PC41	CCRI041	293～307	293	M-8124-1159
			295	海 7124
			301	中棉所 12 号
			305	银山 4 号
			307	TM-1
PC42	CCRI042	166～172	166	石抗 126
			172	中棉所 12 号
PC43	CCRI043	301～333	301	新海 31 号
			315	海 7124
			319	惠远 1401
			321	布 3363
			323	中棉所 12 号
			325	海 7124
			333	M-8124-1159
PC44	CCRI044	381～384	381	新陆中 59 号
			384	中棉所 12 号
PC45	CCRI045	226～236	226	石抗 126
			232	中棉所 12 号
			236	布 3363
PC46	CCRI046	192～198	192	中棉所 12 号
			198	TM-1
PC47	CCRI047	215～219	215	鲁棉 696
			219	中棉所 12 号
PC48	CCRI048	313～328	313	新海 31 号
			324	中棉所 12 号
			328	湘杂棉 9 号

（续表）

引物信息		等位变异扩增片段		参照样品名称
编号	名称	范围（bp）	等位变异命名	
PC49	CCRI049	214~226	214	中棉所 12 号
			221	邯 818
			226	金字棉
PC50	CCRI050	331~361	331	中棉所 12 号
			337	新海 31 号
			343	海 7124
			355	新海 16 号
			361	Greenlint
PC51	CCRI051	312~319	312	中棉所 12 号
			315	布 3363
			319	TM-1
PC52	CCRI052	243~255	243	新海 31 号
			249	鲁棉 696
			255	中棉所 12 号
PC53	CCRI053	173~178	173	中棉所 12 号
			178	TM-1
PC54	CCRI054	238~252	238	海 7124
			240	中棉所 12 号
			244	新海 31 号
			246	新陆早 28 号
			248	新陆中 59 号
			250	鄂抗虫棉 1 号
			252	惠远 1401
PC55	CCRI055	259~270	259	新海 37 号
			262	新海 31 号
			267	中棉所 12 号
			270	惠远 1401
PC56	CCRI056	253~266	253	鲁棉 696
			266	中棉所 12 号
PC57	CCRI057	298~304	298	中棉所 12 号
			304	TM-1

（续表）

引物信息		等位变异扩增片段		参照样品名称
编号	名称	范围（bp）	等位变异命名	
PC58	CCRI058	217~225	217	邯 6203
			219	新海 31 号
			223	中棉所 12 号
			225	湘丰棉 5 号
PC59	CCRI059	298~312	298	新海 31 号
			306	TM-1
			308	中棉所 12 号
			310	豫杂 0568
			312	银山 4 号
PC60	CCRI060	220~234	220	海 7124
			230	TM-1
			234	新石选 14-4

附　录　C
（资料性）
60 对 SSR 引物四色荧光分组方案

60 对 SSR 引物四色荧光分组方案见表 C.1。

表 C.1　60 对 SSR 引物四色荧光分组方案

组别	荧光标记（红）	荧光标记（蓝）	荧光标记（绿）	荧光标记（黑）
1	CCRI005	CCRI030	CCRI004	CCRI025
	CCRI006	CCRI012	CCRI015	CCRI016
	CCRI024	—	CCRI003	—
2	CCRI010	CCRI011	CCRI014	CCRI007
	CCRI022	CCRI018	CCRI021	CCRI009
	CCRI029	CCRI023	—	—
3	CCRI020	CCRI002	CCRI008	CCRI001
	CCRI028	CCRI026	CCRI019	CCRI013
	CCRI017	CCRI027	—	—
4	CCRI036	CCRI039	CCRI043	CCRI031
	CCRI049	CCRI041	CCRI045	CCRI035
	CCRI059	CCRI042	—	—
5	CCRI051	CCRI032	CCRI038	CCRI057
	CCRI052	CCRI050	CCRI047	CCRI060
	CCRI053	CCRI055	—	—
6	CCRI048	CCRI034	CCRI037	CCRI033
	CCRI054	CCRI044	CCRI046	CCRI040
	—	CCRI058	—	CCRI056

附　录　D
（资料性）
参照样品名单

参照样品名单见表 D.1。

表 D.1　参照样品名单

序号	品种名称	序号	品种名称	序号	品种名称
1	TM-1	17	长金棉 11	33	湘杂棉 21 号
2	中棉所 12 号	18	五师 16-5	34	金字棉
3	石抗 126	19	15B05X	35	渝棉 1 号
4	新海 31 号	20	岱字棉 16 号	36	辽棉 15 号
5	鲁棉 696	21	桂都安县五仁乡白子	37	冀合抗烟
6	新陆中 59 号	22	鲁棉 1 号	38	徐棉 18 号
7	湘丰棉 5 号	23	Greenlint	39	辽棉 17 号
8	鲁棉 1141	24	海 7124	40	3-79
9	邯 218	25	新海 16 号	41	M-8124-1159
10	新海 37 号	26	蜀杂棉 3 号	42	锦育 9 号
11	惠远 1401	27	银兴棉 5 号	43	新陆早 33 号
12	豫棉 616	28	鲁研棉 22 号	44	湘杂棉 9 号
13	冀丰 4 号	29	新陆中 31 号	45	新陆早 28 号
14	新石选 14-4	30	布 3363	46	鄂抗虫棉 1 号
15	邯 818	31	银山 4 号	47	豫杂 0568
16	邯 6203	32	鄂杂棉 9 号	48	军海 1 号

（续表）

品种名称	审定编号	PC01	PC02	PC03	PC04	PC05	PC06	PC07	PC08	PC09	PC10
源棉新 13305	新审棉 2018 年 58 号	313/313	290/290	178/178	373/373	276/276	341/341	264/264	153/153	216/216	369/369
耕野 2186	新审棉 2018 年 59 号	313/313	288/290	176/178	367/373	276/276	348/348	260/260	153/153	216/216	365/365
新 78	新审棉 2018 年 60 号	304/304	281/281	174/174	367/367	274/274	341/341	258/258	147/147	208/208	361/361
MCR3915	新审棉 2018 年 61 号	304/304	281/281	174/174	367/367	274/274	341/341	258/258	147/147	208/208	361/361
鲁泰 700Q	新审棉 2018 年 62 号	304/304	281/281	174/174	367/367	274/274	329/329	258/258	147/147	208/208	361/361
元龙 17 号	新审棉 2018 年 63 号	304/304	281/281	174/174	367/367	274/274	341/341	258/258	147/147	208/208	361/361
H39012	新审棉 2018 年 64 号	304/304	281/281	174/174	367/367	274/274	329/329	258/258	147/147	208/208	361/361
九棉 27	新审棉 2018 年 65 号	304/304	281/281	174/174	367/367	274/274	329/329	258/258	147/147	208/208	361/361
新陆早 77 号	新审棉 2017 年 41 号	313/313	290/290	178/178	373/373	276/276	341/341	270/270	153/153	216/216	369/369
新陆早 78 号	新审棉 2017 年 42 号	307/313	290/290	178/182	367/367	268/268	348/348	260/260	153/153	216/216	369/369
新陆早 79 号	新审棉 2017 年 43 号	313/313	288/288	182/182	367/367	276/276	348/348	260/260	153/153	216/216	369/369
新陆早 80 号	新审棉 2017 年 44 号	304/304	290/290	178/178	367/367	276/276	341/341	264/264	153/153	216/216	369/369
新陆早 81 号	新审棉 2017 年 45 号	307/307	288/288	180/180	367/367	276/276	341/341	260/260	153/153	216/216	369/369
新陆早 82 号	新审棉 2017 年 46 号	313/313	286/286	182/182	373/373	268/268	341/341	264/264	153/153	216/216	369/369
新陆早 83 号	新审棉 2017 年 47 号	304/307	290/290	176/176	367/373	268/268	341/341	260/264	151/153	216/216	365/369
新陆早 84 号	新审棉 2017 年 48 号	307/307	290/290	180/180	367/367	276/276	341/341	260/260	153/153	216/216	365/365
新陆中 82 号	新审棉 2017 年 49 号	313/313	290/290	176/178	373/373	276/276	341/341	260/260	153/153	216/216	365/365
新陆中 83 号	新审棉 2017 年 50 号	304/307	290/290	182/182	367/373	276/276	348/348	264/264	153/153	216/216	369/369
新陆中 84 号	新审棉 2017 年 51 号	313/313	286/286	180/180	367/367	276/276	341/341	264/264	153/153	216/216	369/369
新陆中 85 号	新审棉 2017 年 52 号	313/313	290/290	176/176	373/373	276/276	341/341	264/264	151/151	216/216	369/369
新陆中 86 号	新审棉 2017 年 53 号	304/304	290/290	182/182	367/367	268/268	348/348	264/264	155/155	216/216	369/369
新陆中 87 号	新审棉 2017 年 54 号	307/307	288/288	180/180	367/367	276/276	341/341	260/260	153/153	216/216	369/369
新陆中 88 号	新审棉 2017 年 55 号	304/304	286/290	182/182	367/367	268/268	348/348	264/264	153/153	216/216	365/365
新海 59 号	新审棉 2017 年 56 号	304/304	281/281	174/174	367/367	274/274	329/329	258/258	147/147	208/208	361/361
新海 60 号	新审棉 2017 年 57 号	304/304	281/281	174/174	367/367	274/274	329/329	282/284	147/147	208/208	361/361
新海 61 号	新审棉 2017 年 58 号	304/304	281/281	174/174	367/367	274/274	341/341	258/258	147/147	208/208	361/361
新海 62 号	新审棉 2017 年 59 号	304/304	281/281	174/174	367/367	274/274	341/341	258/258	147/147	208/208	361/361
新海 63 号	新审棉 2017 年 60 号	304/304	281/281	174/174	367/367	274/274	329/329	258/258	147/147	208/208	361/361
新彩 28 号	新审棉 2017 年 61 号	307/307	290/290	182/182	373/373	276/276	341/341	260/260	153/153	216/216	369/369
新陆早 74 号	新审棉 2016 年 24 号	304/304	290/290	178/178	367/367	276/276	341/341	260/264	153/153	216/216	369/369
新陆早 75 号	新审棉 2016 年 25 号	307/307	286/286	178/178	367/373	268/276	341/341	264/264	153/153	216/216	369/369
新陆早 76 号	新审棉 2016 年 26 号	307/307	290/290	176/176	367/373	276/276	341/341	260/264	147/153	216/216	365/369
新陆中 78 号	新审棉 2016 年 27 号	307/307	290/290	182/182	367/367	276/276	341/341	260/260	153/153	216/216	369/369
新陆中 79 号	新审棉 2016 年 28 号	304/304	290/290	178/178	367/367	276/276	341/341	264/264	153/153	216/216	369/369
新陆中 80 号	新审棉 2016 年 29 号	307/307	290/290	182/182	373/373	268/268	348/348	264/264	153/153	216/216	369/369

（续表）

品种名称	审定编号	PC01	PC02	PC03	PC04	PC05	PC06	PC07	PC08	PC09	PC10
新陆中 81 号	新审棉 2016 年 30 号	307/307	290/290	176/176	373/373	276/276	341/341	260/260	151/151	216/216	365/365
新海 55 号	新审棉 2016 年 31 号	304/304	281/281	174/174	367/367	274/274	329/329	258/258	147/147	208/208	361/361
新海 56 号	新审棉 2016 年 32 号	304/304	281/281	174/174	367/367	268/274	329/329	282/284	147/147	208/208	361/361
新海 57 号	新审棉 2016 年 33 号	304/304	281/281	174/174	367/367	274/274	329/329	258/258	147/147	208/208	361/361
新海 58 号	新审棉 2016 年 34 号	304/304	281/281	174/174	367/367	274/274	329/329	258/258	147/147	208/208	361/361
新陆早 68 号	新审棉 2015 年 30 号	307/307	290/290	176/176	367/373	268/268	341/348	260/264	147/153	216/216	369/369
新陆早 69 号	新审棉 2015 年 31 号	307/307	290/290	176/176	367/373	268/268	341/341	260/264	147/153	216/216	369/369
新陆早 70 号	新审棉 2015 年 32 号	304/304	286/290	178/182	367/367	268/268	341/341	264/264	153/153	216/216	365/369
新陆早 72 号	新审棉 2015 年 34 号	307/307	286/286	176/182	367/367	268/268	341/341	264/264	153/153	216/216	369/369
新陆早 73 号	新审棉 2015 年 35 号	307/307	290/290	182/182	373/373	268/268	341/341	264/264	153/153	216/216	369/369
新陆中 77 号	新审棉 2015 年 36 号	307/307	288/288	176/176	367/367	276/276	348/348	260/264	153/153	216/216	369/369
新海 49 号	新审棉 2015 年 37 号	304/304	281/281	174/174	367/367	274/274	329/329	258/258	141/141	208/208	361/361
新海 50 号	新审棉 2015 年 38 号	304/304	281/281	174/174	367/367	274/274	341/341	258/258	147/147	208/208	361/361
新海 51 号	新审棉 2015 年 39 号	304/304	281/281	174/174	367/367	274/274	341/341	258/258	147/147	208/208	361/361
新海 52 号	新审棉 2015 年 40 号	304/304	281/281	174/174	367/367	274/274	341/341	258/258	147/147	208/208	361/361
新海 53 号	新审棉 2015 年 41 号	304/304	281/281	174/174	367/367	274/274	329/329	282/284	147/147	208/208	361/361
新海 54 号	新审棉 2015 年 42 号	304/304	281/281	174/174	367/367	274/274	341/341	258/258	147/147	208/208	361/361
新陆早 64 号	新审棉 2014 年 55 号	304/304	286/290	182/182	367/367	268/268	348/348	264/264	153/153	216/216	369/369
新陆早 65 号	新审棉 2014 年 56 号	313/313	290/290	176/176	367/367	276/276	341/341	264/264	153/153	216/216	365/365
新陆早 67 号（金垦杂 1061）	新审棉 2014 年 58 号	307/307	290/290	178/182	367/373	268/268	341/341	264/264	153/153	216/216	369/369
新陆中 70 号	新审棉 2014 年 59 号	307/307	286/286	182/182	367/367	276/276	341/341	260/260	153/153	216/216	369/369
新陆中 71 号	新审棉 2014 年 60 号	307/313	290/290	178/178	373/373	268/268	341/341	260/260	153/153	216/216	365/369
新陆中 73 号	新审棉 2014 年 62 号	307/307	290/290	182/182	367/367	268/268	341/341	264/264	153/153	216/216	369/369
新陆中 74 号	新审棉 2014 年 63 号	313/313	290/290	182/182	373/373	276/276	341/341	264/264	153/153	216/216	369/369
新陆中 75 号	新审棉 2014 年 64 号	304/304	290/290	178/178	367/367	276/276	341/341	264/264	153/153	216/216	369/369
新陆中 76 号	新审棉 2014 年 65 号	307/307	290/290	182/182	373/373	268/268	348/348	264/264	153/153	216/216	369/369
新海 45 号	新审棉 2014 年 66 号	304/304	281/281	174/174	367/367	274/274	329/329	258/258	147/147	208/208	361/361
新海 46 号	新审棉 2014 年 67 号	304/304	281/281	174/174	367/367	274/274	329/329	258/258	147/147	208/208	361/361
新海 47 号	新审棉 2014 年 68 号	304/304	281/281	174/174	367/367	274/274	329/329	282/284	147/147	208/208	361/361
新海 48 号	新审棉 2014 年 69 号	304/304	281/281	174/174	367/367	274/274	341/341	258/258	147/147	208/208	361/361
新陆早 57 号	新审棉 2013 年 35 号	307/307	290/290	178/178	367/367	276/276	341/341	264/264	153/153	216/216	365/365
新陆早 58 号	新审棉 2013 年 36 号	313/313	290/290	182/182	367/367	276/276	341/341	260/260	153/153	216/216	365/365
新陆早 59 号	新审棉 2013 年 37 号	313/313	290/290	182/182	367/367	276/276	341/341	260/260	153/153	216/216	365/365
新陆早 60 号	新审棉 2013 年 38 号	304/304	288/290	180/180	367/367	276/276	348/358	260/260	147/153	216/216	369/369

（续表）

品种名称	审定编号	PC01	PC02	PC03	PC04	PC05	PC06	PC07	PC08	PC09	PC10
新陆早 61 号	新审棉 2013 年 39 号	304/304	290/290	178/178	367/367	276/276	341/341	260/260	153/153	216/216	369/369
新陆早 62 号	新审棉 2013 年 40 号	304/304	286/286	182/182	367/367	268/268	348/348	264/264	153/153	216/216	369/369
新陆中 62 号	新审棉 2013 年 43 号	313/313	290/290	178/178	367/367	276/276	341/348	270/270	153/153	216/216	365/365
新陆中 63 号	新审棉 2013 年 44 号	313/313	290/290	176/176	367/367	276/276	341/341	264/264	153/153	216/216	369/369
新陆中 64 号	新审棉 2013 年 45 号	307/313	290/290	176/176	373/373	268/268	341/341	264/264	153/153	216/216	369/369
新陆中 65 号	新审棉 2013 年 46 号	307/307	290/290	176/176	373/373	276/276	341/348	260/264	147/147	216/216	365/365
新陆中 66 号	新审棉 2013 年 47 号	307/307	290/290	178/178	373/373	276/276	348/348	264/264	153/153	216/216	365/369
新陆中 68 号	新审棉 2013 年 49 号	307/307	290/290	182/182	367/367	268/276	348/348	264/264	153/153	216/216	369/369
新陆中 69 号	新审棉 2013 年 50 号	307/307	290/290	182/182	367/367	276/276	341/341	260/260	153/153	216/216	369/369
新海 42 号	新审棉 2013 年 51 号	304/304	281/281	174/174	367/367	268/274	341/341	258/258	147/147	208/208	361/361
新海 43 号	新审棉 2013 年 52 号	304/304	281/281	174/174	367/367	274/274	329/329	258/258	147/147	208/208	361/361
新海 44 号	新审棉 2013 年 53 号	304/304	281/281	174/174	367/367	274/274	329/329	258/258	147/147	208/208	361/361
新彩棉 24 号	新审棉 2013 年 54 号	307/307	286/286	174/174	373/373	268/268	341/341	270/270	155/155	216/216	369/369
新彩棉 25 号	新审棉 2013 年 55 号	313/313	286/286	182/182	367/367	276/276	348/348	260/260	147/147	216/216	369/369
新彩棉 27 号	新审棉 2013 年 57 号	313/313	290/290	182/182	373/373	276/276	341/341	264/264	155/155	216/216	369/369
新陆早 52 号	新审棉 2012 年 47 号	313/313	290/290	182/182	367/367	276/276	341/341	260/260	153/153	216/216	369/369
新陆早 53 号	新审棉 2012 年 48 号	307/307	290/290	176/176	373/373	268/268	341/341	264/264	153/153	216/216	369/369
新陆早 54 号	新审棉 2012 年 49 号	304/304	286/286	182/182	367/367	268/268	348/348	264/264	153/153	216/216	365/365
新陆早 55 号	新审棉 2012 年 50 号	307/307	286/286	176/176	373/373	268/268	341/341	264/264	153/153	216/216	369/369
新陆早 56 号	新审棉 2012 年 51 号	304/304	286/286	178/182	367/367	268/268	341/341	264/264	153/153	216/216	369/369
新陆中 54 号	新审棉 2012 年 52 号	304/304	286/286	182/182	367/367	268/268	348/348	264/264	153/153	216/216	365/365
新陆中 55 号	新审棉 2012 年 53 号	313/313	290/290	182/182	367/367	268/268	341/341	264/264	157/157	216/216	369/369
新陆中 56 号	新审棉 2012 年 54 号	304/304	290/290	178/178	367/367	276/276	341/348	260/264	153/153	216/216	365/369
新陆中 60 号	新审棉 2012 年 58 号	313/313	290/290	176/176	373/373	276/276	341/341	264/264	151/151	216/216	365/369
新海 39 号	新审棉 2012 年 59 号	304/304	281/281	174/174	367/367	274/274	329/329	258/258	147/147	208/208	361/361
新海 40 号	新审棉 2012 年 60 号	304/304	281/281	174/174	367/367	274/274	341/341	258/258	147/147	208/208	361/361
新海 41 号	新审棉 2012 年 61 号	304/304	281/281	174/174	367/367	274/274	341/341	282/284	147/147	208/208	361/361
新彩棉 20 号（棕）	新审棉 2012 年 62 号	307/307	290/290	182/182	373/373	276/276	341/341	260/260	153/153	216/216	369/369
新彩棉 21 号（棕）	新审棉 2012 年 63 号	313/313	290/290	182/182	367/367	276/276	358/358	260/260	153/153	216/216	369/369
新彩棉 23 号（棕）	新审棉 2012 年 65 号	307/307	290/290	182/182	373/373	276/276	341/341	260/260	153/153	216/216	369/369
新陆早 50 号	新审棉 2011 年 43 号	307/307	290/290	182/182	367/367	268/268	348/348	264/264	153/153	216/216	369/369
新陆早 51 号	新审棉 2011 年 44 号	313/313	286/290	182/182	367/367	276/276	341/341	264/264	153/153	216/216	369/369
新陆中 50 号	新审棉 2011 年 45 号	313/313	290/290	182/182	367/373	268/276	341/341	264/264	153/153	216/216	369/369

（续表）

品种名称	审定编号	PC01	PC02	PC03	PC04	PC05	PC06	PC07	PC08	PC09	PC10
新海 37 号	新审棉 2011 年 50 号	304/304	281/281	174/174	367/367	274/274	341/341	258/258	147/147	208/208	361/361
新海 38 号	新审棉 2011 年 51 号	304/304	281/281	174/174	367/367	274/274	329/329	258/258	147/147	208/208	361/361
新彩棉 19 号（棕）	新审棉 2011 年 52 号	313/313	286/286	182/182	367/367	276/276	348/348	260/260	153/153	216/216	369/369
新陆早 45 号	新审棉 2010 年 37 号	307/307	286/286	178/178	367/367	268/268	341/341	264/264	153/153	216/216	369/369
新陆早 46 号	新审棉 2010 年 38 号	304/304	286/286	182/182	367/367	268/268	348/348	264/264	153/153	216/216	369/369
新陆早 48 号	新审棉 2010 年 40 号	307/307	286/290	178/178	367/367	268/268	341/341	264/264	153/153	216/216	369/369
新陆中 44 号	新审棉 2010 年 42 号	313/313	290/290	178/178	367/367	276/276	341/348	260/264	153/155	216/216	369/369
新陆中 46 号	新审棉 2010 年 44 号	307/307	290/290	178/182	367/373	268/268	341/348	264/264	153/153	216/216	365/369
新陆中 47 号	新审棉 2010 年 45 号	307/307	290/290	178/178	373/373	268/268	348/348	264/264	155/155	216/216	369/369
新陆中 48 号	新审棉 2010 年 46 号	313/313	290/290	178/178	367/367	276/276	348/348	270/270	153/153	216/216	365/365
新海 34 号	新审棉 2010 年 48 号	304/304	281/281	174/174	367/367	274/274	329/329	258/258	147/147	208/208	361/361
新海 36 号	新审棉 2010 年 50 号	304/304	281/281	174/174	367/367	274/274	329/329	258/258	147/147	208/208	361/361
新彩棉 16 号	新审棉 2009 年 46 号	313/313	286/286	182/182	367/367	276/276	348/348	260/260	153/153	216/216	369/369
新彩棉 17 号	新审棉 2009 年 47 号	307/313	290/290	178/182	367/367	276/276	341/341	264/264	153/153	216/216	365/365
新海 33 号	新审棉 2009 年 49 号	304/304	281/281	174/174	367/367	274/274	341/341	258/258	147/147	208/208	361/361
新陆中 41 号	新审棉 2009 年 53 号	313/313	290/290	182/182	367/367	276/276	341/341	260/260	153/153	216/216	369/369
新陆中 42 号	新审棉 2009 年 54 号	304/304	290/290	178/178	367/367	268/276	341/348	260/264	153/153	216/216	369/369
新陆早 40 号	新审棉 2009 年 56 号	307/307	290/290	178/178	367/367	268/276	341/341	260/260	153/153	216/216	369/369
新陆早 41 号	新审棉 2009 年 57 号	313/313	290/290	182/182	367/367	268/268	348/348	260/260	153/153	216/216	365/365
新陆早 42 号	新审棉 2009 年 58 号	307/307	290/290	176/176	373/373	268/268	341/341	264/264	153/153	216/216	369/369
新陆早 44 号	新审棉 2009 年 60 号	307/307	290/290	178/182	373/373	268/268	341/341	264/264	153/153	216/216	369/369
新陆中 37 号	新审棉 2008 年 35 号	304/304	290/290	178/178	367/367	276/276	341/341	264/264	155/155	216/216	369/369
新海 26 号	新审棉 2007 年 51 号	304/304	281/281	174/174	367/367	274/274	329/329	258/258	147/147	208/208	361/361
新陆中 34 号	新审棉 2007 年 57 号	313/313	290/290	182/182	367/367	268/268	341/341	264/264	155/155	216/216	369/369
新陆早 33 号	新审棉 2007 年 58 号	307/307	290/290	178/178	373/373	268/268	341/341	264/264	153/153	216/216	369/369
新陆早 36 号	新审棉 2007 年 61 号	304/304	290/290	176/176	373/373	276/276	348/348	260/260	153/153	216/216	365/365
新陆早 29 号	新审棉 2006 年 54 号	313/313	290/290	178/178	373/373	268/268	348/348	260/260	153/153	216/216	369/369
新陆早 30 号	新审棉 2006 年 55 号	307/307	290/290	182/182	367/373	276/276	348/348	264/264	147/147	216/216	369/369
新陆中 26 号	新审棉 2006 年 61 号	304/304	290/290	182/182	373/373	268/276	341/341	260/260	153/153	216/216	369/369
新彩棉 7 号	新审棉 2005 年 020 号	304/304	290/290	176/176	373/373	268/268	341/341	260/260	153/153	216/216	369/369
新彩棉 5 号	新审棉 2004 年 001 号	304/304	286/286	178/178	367/367	268/268	358/358	260/260	147/147	216/216	365/365
中棉所 49 号	新审棉 2004 年 008 号	313/313	290/290	178/178	373/373	276/276	341/341	264/264	153/153	216/216	369/369
新引 668（冀 668）	新审棉 2003 年 026 号	313/313	290/290	178/178	367/367	276/276	348/348	270/270	153/153	216/216	365/365
新海 21 号	新审棉 2003 年 028 号	304/304	281/281	174/174	367/367	274/274	341/341	258/258	147/147	208/208	361/361

（续表）

品种名称	审定编号	PC11	PC12	PC13	PC14	PC15	PC16	PC17	PC18	PC19	PC20
新石 K33	新审棉 2022 年 163 号	392/392	309/309	215/215	343/343	239/239	190/190	196/196	242/242	225/225	306/306
金垦 1775	新审棉 2022 年 164 号	392/392	297/297	217/217	343/343	235/235	190/190	192/192	238/238	235/235	311/311
石大棉 268	新审棉 2022 年 165 号	392/392	307/307	217/217	352/352	243/243	190/190	196/196	242/242	235/235	311/311
九棉 35	新审棉 2022 年 166 号	392/392	309/309	217/217	352/352	237/237	188/188	192/192	238/238	235/235	306/306
HD258	新审棉 2022 年 168 号	392/397	297/297	217/217	343/343	235/239	188/190	196/196	238/238	235/235	311/311
阿农陆 1 号	新审棉 2022 年 169 号	392/392	307/307	215/215	352/352	235/235	188/190	196/196	242/242	235/235	311/311
新塔棉 3 号	新审棉 2022 年 170 号	392/392	309/309	215/215	343/343	239/239	190/190	196/196	242/242	225/225	306/306
K621	新审棉 2022 年 171 号	392/392	309/309	215/215	343/343	235/235	192/192	192/196	238/238	225/235	311/311
K622	新审棉 2022 年 172 号	392/397	307/309	215/215	343/343	235/235	192/192	192/196	238/238	225/235	311/311
CT256	新审棉 2022 年 173 号	397/397	307/307	217/217	343/343	235/235	190/190	196/196	238/238	235/235	311/311
新 825	新审棉 2022 年 174 号	397/397	311/311	217/217	343/343	237/237	190/190	192/192	238/238	235/235	311/311
新塔棉 102 号	新审棉 2022 年 175 号	389/389	293/293	209/209	340/343	241/241	190/190	186/188	244/244	230/230	305/305
H163	新审棉 2022 年 176 号	389/389	293/293	209/209	340/343	241/241	190/190	186/188	238/238	235/235	305/305
长丰 2 号	新审棉 2022 年 177 号	386/386	293/293	209/209	340/343	241/241	190/190	186/186	242/242	230/230	305/305
K432	新审棉 2022 年 178 号	389/389	293/293	209/209	340/340	241/241	190/190	186/188	238/238	230/230	305/305
石彩 19	新审棉 2022 年 179 号	397/397	307/307	217/217	343/343	235/235	190/190	196/196	238/238	225/225	311/311
棕 2305	新审棉 2022 年 182 号	397/397	307/307	215/215	343/343	239/239	192/192	196/196	238/238	235/235	306/306
棕 928	新审棉 2022 年 183 号	397/397	307/307	217/217	343/343	235/235	190/190	196/196	238/238	225/225	311/311
新石 K38	新审棉 2022 年 184 号	392/392	307/307	215/215	343/343	237/237	192/192	196/196	236/236	235/235	311/311
新石选 172	新审棉 2022 年 185 号	392/392	297/297	217/217	352/352	235/235	190/190	196/196	236/236	235/235	311/311
新塔棉 4 号	新审棉 2022 年 186 号	392/392	297/297	217/217	352/352	239/239	190/190	192/192	238/242	235/235	311/311
新塔棉 5 号	新审棉 2022 年 187 号	392/392	309/309	215/215	343/343	239/239	190/190	196/196	242/242	225/225	306/306
劲丰合 1 号	新审棉 2022 年 188 号	392/397	305/305	213/217	343/343	239/239	194/194	192/192	238/238	235/235	306/306
阿农海 1 号	新审棉 2022 年 189 号	389/389	293/293	209/209	340/352	241/241	190/190	186/188	238/238	235/235	305/305
石彩 20	新审棉 2022 年 190 号	397/397	307/307	213/213	343/343	235/235	190/190	196/196	238/238	225/225	311/311
棕 620	新审棉 2022 年 191 号	392/392	307/307	213/213	343/343	235/235	190/190	196/196	236/236	235/235	311/311
金垦棕 11 号	新审棉 2022 年 192 号	397/397	297/297	217/217	343/343	235/235	190/190	196/196	236/236	235/235	306/306
新石 H12	新审棉 2021 年 26 号	397/397	297/297	217/217	343/343	235/235	190/190	196/196	236/236	225/225	311/311
金垦 1565	新审棉 2021 年 27 号	392/392	297/297	213/213	352/352	235/235	188/188	196/196	238/238	235/235	311/311
JKB16	新审棉 2021 年 28 号	397/397	307/307	213/213	352/352	235/235	188/188	196/196	242/242	235/235	311/311
庄稼汉 701	新审棉 2021 年 29 号	397/397	297/297	217/217	343/343	239/239	190/190	196/196	238/238	235/235	311/311
天云 2119	新审棉 2021 年 30 号	392/392	307/307	217/217	352/352	235/235	190/190	196/196	242/242	235/235	306/306
惠远 722	新审棉 2021 年 31 号	392/392	307/307	217/217	352/352	239/239	190/190	192/192	242/242	235/235	306/306
桑塔木 6 号	新审棉 2021 年 32 号	392/392	307/307	213/213	343/343	239/239	190/190	196/196	238/238	225/225	306/306

（续表）

品种名称	审定编号	PC11	PC12	PC13	PC14	PC15	PC16	PC17	PC18	PC19	PC20
HD02	新审棉 2021 年 33 号	397/397	309/309	217/217	343/343	235/235	190/190	196/196	236/236	235/235	306/306
鸿泰 6636	新审棉 2021 年 35 号	397/397	307/307	217/217	343/343	235/235	190/190	196/196	238/238	235/235	311/311
AW04	新审棉 2021 年 36 号	392/392	297/307	213/213	352/352	239/239	190/190	192/192	238/238	235/235	311/311
AW05	新审棉 2021 年 37 号	392/392	297/297	213/217	352/352	239/239	190/190	192/192	238/242	235/235	311/311
新 6015	新审棉 2021 年 38 号	397/397	311/311	217/217	343/343	237/237	190/190	192/192	238/238	235/235	311/311
棕 234	新审棉 2021 年 39 号	397/397	307/307	213/213	352/352	235/235	190/190	196/196	238/238	235/235	311/311
石彩 17	新审棉 2021 年 40 号	397/397	307/307	217/217	343/343	235/235	190/190	196/196	238/238	225/225	311/311
K426	新审棉 2021 年 41 号	389/389	293/293	209/209	340/343	241/241	190/190	186/188	238/238	230/230	305/305
长丰 10 号	新审棉 2021 年 42 号	389/389	293/293	209/209	343/343	241/241	190/190	186/186	238/238	230/230	305/305
新石选 122	新审棉 2018 年 37 号	392/392	297/297	217/217	352/352	235/235	190/190	196/196	238/238	235/235	306/306
子鼎 6 号	新审棉 2018 年 38 号	397/397	307/307	217/217	343/343	235/235	190/190	196/196	242/242	225/225	311/311
金垦 1161	新审棉 2018 年 39 号	392/397	309/311	215/217	343/343	235/239	190/190	196/196	236/238	235/235	306/306
金垦 1441	新审棉 2018 年 40 号	392/392	297/297	217/217	352/352	235/235	190/190	196/196	236/236	235/235	306/311
新石 K25	新审棉 2018 年 41 号	397/397	297/297	217/217	343/343	239/239	190/190	196/196	238/238	235/235	311/311
新石 K24	新审棉 2018 年 42 号	397/397	297/297	217/217	343/343	239/239	190/190	196/196	238/238	235/235	311/311
K2725	新审棉 2018 年 43 号	392/392	307/307	215/215	343/343	237/237	190/192	196/196	236/236	235/235	311/311
Y21	新审棉 2018 年 44 号	397/397	307/307	215/217	352/352	235/235	190/190	192/192	238/238	235/235	311/311
金垦杂 1062	新审棉 2018 年 45 号	392/397	297/297	217/217	343/352	235/235	190/190	196/196	236/236	225/235	311/311
T115	新审棉 2018 年 46 号	397/397	305/307	219/219	352/352	237/237	190/190	196/196	238/238	235/235	311/311
NH12026	新审棉 2018 年 47 号	392/397	307/307	217/217	343/343	235/239	190/190	196/196	238/238	225/225	306/306
金垦 1442	新审棉 2018 年 48 号	397/397	307/307	217/217	343/343	239/239	190/190	196/196	242/242	235/235	311/311
新石 K26	新审棉 2018 年 49 号	397/397	297/297	217/217	343/343	239/239	190/190	196/196	238/238	235/235	311/311
Z1146	新审棉 2018 年 50 号	397/397	307/307	217/217	352/352	235/235	190/190	196/196	242/242	235/235	311/311
金垦 1402	新审棉 2018 年 51 号	397/397	309/309	215/215	343/343	235/235	190/190	196/196	238/238	225/225	311/311
K418	新审棉 2018 年 52 号	397/397	307/307	217/217	343/343	235/235	190/190	196/196	238/238	235/235	311/311
春秋 S36	新审棉 2018 年 53 号	392/392	307/307	213/213	343/352	239/239	192/192	192/192	238/238	225/235	311/311
欣试 518	新审棉 2018 年 54 号	392/392	307/307	217/217	343/343	239/239	192/192	192/192	238/238	235/235	311/311
盛棉 2 号	新审棉 2018 年 55 号	392/392	307/307	215/215	352/352	235/239	188/190	196/196	242/242	235/235	311/311
塔河 2 号	新审棉 2018 年 56 号	392/392	307/307	215/215	352/352	239/239	190/190	192/192	242/242	235/235	311/311
金凯 9 号	新审棉 2018 年 57 号	392/392	307/307	217/217	352/352	237/243	192/192	196/196	242/242	235/235	311/311
源棉新 13305	新审棉 2018 年 58 号	397/397	297/297	217/217	343/343	235/235	190/190	190/190	238/238	235/235	306/306
耕野 2186	新审棉 2018 年 59 号	392/392	309/309	217/217	343/343	235/235	190/190	196/196	236/236	235/235	306/306
新 78	新审棉 2018 年 60 号	389/389	293/293	209/209	340/343	241/241	190/190	186/188	238/238	230/230	305/305
MCR3915	新审棉 2018 年 61 号	386/386	293/293	209/209	340/352	241/241	190/190	186/186	238/238	230/230	305/305

（续表）

品种名称	审定编号	PC11	PC12	PC13	PC14	PC15	PC16	PC17	PC18	PC19	PC20
新陆中 62 号	新审棉 2013 年 43 号	392/392	305/309	215/215	352/352	239/239	188/188	196/196	238/242	235/235	311/311
新陆中 63 号	新审棉 2013 年 44 号	392/392	307/307	217/217	343/343	237/237	192/192	196/196	238/238	225/225	311/311
新陆中 64 号	新审棉 2013 年 45 号	392/397	307/307	217/219	343/343	235/239	190/194	192/192	238/238	235/235	311/311
新陆中 65 号	新审棉 2013 年 46 号	397/397	307/307	215/217	343/352	237/243	188/188	196/196	242/242	235/235	311/311
新陆中 66 号	新审棉 2013 年 47 号	397/397	297/309	217/217	343/352	235/235	190/190	192/192	238/238	235/235	311/311
新陆中 68 号	新审棉 2013 年 49 号	392/392	307/307	217/217	343/343	239/239	192/192	196/196	238/238	225/225	311/311
新陆中 69 号	新审棉 2013 年 50 号	397/397	309/309	217/217	343/343	239/239	192/192	196/196	238/238	225/225	311/311
新海 42 号	新审棉 2013 年 51 号	389/389	293/293	209/209	340/352	241/241	190/190	186/188	238/238	230/230	305/305
新海 43 号	新审棉 2013 年 52 号	389/389	293/293	209/209	340/352	241/241	190/190	186/188	238/238	235/235	305/305
新海 44 号	新审棉 2013 年 53 号	389/389	293/293	209/209	340/340	241/241	190/190	186/188	238/238	235/235	305/305
新彩棉 24 号	新审棉 2013 年 54 号	392/392	307/307	217/217	352/352	239/239	190/190	192/192	238/238	235/235	311/311
新彩棉 25 号	新审棉 2013 年 55 号	397/397	307/307	217/217	343/343	239/239	188/188	196/196	238/238	225/225	311/311
新彩棉 27 号	新审棉 2013 年 57 号	397/397	307/307	217/217	343/343	237/239	190/190	192/196	236/236	235/235	306/306
新陆早 52 号	新审棉 2012 年 47 号	392/392	297/297	215/215	352/352	235/235	188/188	196/196	238/238	235/235	311/311
新陆早 53 号	新审棉 2012 年 48 号	397/397	297/297	217/217	352/352	235/235	190/190	196/196	236/236	225/225	311/311
新陆早 54 号	新审棉 2012 年 49 号	392/392	297/297	217/217	352/352	235/235	190/190	196/196	238/238	235/235	311/311
新陆早 55 号	新审棉 2012 年 50 号	397/397	297/297	217/217	352/352	235/235	190/190	196/196	236/236	235/235	311/311
新陆早 56 号	新审棉 2012 年 51 号	392/397	297/297	215/217	343/343	239/239	190/190	196/196	238/238	225/235	306/311
新陆中 54 号	新审棉 2012 年 52 号	392/392	307/307	213/213	352/352	239/239	190/190	192/192	238/238	235/235	311/311
新陆中 55 号	新审棉 2012 年 53 号	397/397	305/305	213/213	343/343	239/239	194/194	192/192	238/238	235/235	306/306
新陆中 56 号	新审棉 2012 年 54 号	392/397	307/309	215/217	343/352	235/235	188/190	196/196	238/238	225/235	306/311
新陆中 60 号	新审棉 2012 年 58 号	392/392	307/307	215/215	352/352	235/235	188/190	196/196	242/242	235/235	311/311
新海 39 号	新审棉 2012 年 59 号	389/389	293/293	209/209	340/340	241/241	190/190	186/188	238/238	235/235	305/305
新海 40 号	新审棉 2012 年 60 号	389/389	293/293	209/209	340/340	241/241	190/190	186/188	238/238	230/230	305/305
新海 41 号	新审棉 2012 年 61 号	389/389	293/293	209/209	340/340	241/241	190/190	186/188	238/238	230/230	305/305
新彩棉 20 号（棕）	新审棉 2012 年 62 号	397/397	307/307	217/217	343/343	235/235	190/190	196/196	238/238	225/225	311/311
新彩棉 21 号（棕）	新审棉 2012 年 63 号	397/397	305/305	217/217	343/343	239/243	188/188	196/196	238/238	225/225	306/306
新彩棉 23 号（棕）	新审棉 2012 年 65 号	397/397	307/307	217/217	343/343	235/235	190/190	196/196	238/238	225/225	311/311
新陆早 50 号	新审棉 2011 年 43 号	392/392	307/307	217/217	343/343	239/239	190/190	196/196	238/238	235/235	306/306
新陆早 51 号	新审棉 2011 年 44 号	397/397	309/309	215/215	343/343	235/235	188/188	196/196	238/238	225/225	311/311
新陆中 50 号	新审棉 2011 年 45 号	397/397	297/309	217/217	343/343	237/237	192/192	196/196	238/238	235/235	311/311
新海 37 号	新审棉 2011 年 50 号	389/389	293/293	209/209	340/340	241/241	190/190	186/188	238/238	230/230	305/305

（续表）

品种名称	审定编号	PC11	PC12	PC13	PC14	PC15	PC16	PC17	PC18	PC19	PC20
新海 38 号	新审棉 2011 年 51 号	389/389	293/293	209/209	340/352	241/241	190/190	186/188	238/238	235/235	305/305
新彩棉 19 号（棕）	新审棉 2011 年 52 号	397/397	309/309	217/217	343/343	239/239	192/192	196/196	242/242	225/225	311/311
新陆早 45 号	新审棉 2010 年 37 号	392/392	307/307	217/217	352/352	235/235	190/190	196/196	236/236	235/235	306/306
新陆早 46 号	新审棉 2010 年 38 号	397/397	297/297	217/217	343/343	239/239	188/188	196/196	238/238	235/235	311/311
新陆早 48 号	新审棉 2010 年 40 号	392/392	307/307	217/217	352/352	235/235	190/190	196/196	236/236	235/235	306/306
新陆中 44 号	新审棉 2010 年 42 号	392/397	297/307	213/215	343/343	235/239	188/190	196/196	242/242	235/235	306/311
新陆中 46 号	新审棉 2010 年 44 号	392/392	307/307	217/217	343/352	237/237	190/190	190/192	236/238	225/235	306/311
新陆中 47 号	新审棉 2010 年 45 号	397/397	307/307	215/215	343/343	239/239	192/194	192/192	242/242	235/235	311/311
新陆中 48 号	新审棉 2010 年 46 号	392/392	307/307	215/215	352/352	239/239	190/190	192/192	242/242	235/235	311/311
新海 34 号	新审棉 2010 年 48 号	389/389	293/293	209/209	340/340	241/241	190/190	186/188	238/238	230/230	305/305
新海 36 号	新审棉 2010 年 50 号	389/389	293/293	209/209	340/352	241/241	190/190	186/188	238/238	235/235	305/305
新彩棉 16 号	新审棉 2009 年 46 号	397/397	309/309	217/217	343/343	239/239	192/192	190/190	238/242	225/225	306/306
新彩棉 17 号	新审棉 2009 年 47 号	397/397	307/309	213/213	352/352	235/235	190/190	196/196	238/238	235/235	311/311
新海 33 号	新审棉 2009 年 49 号	389/389	293/293	209/209	340/343	241/241	190/190	186/186	238/238	230/230	305/305
新陆中 41 号	新审棉 2009 年 53 号	397/397	309/309	217/217	343/352	235/239	192/192	196/196	238/238	225/225	311/311
新陆中 42 号	新审棉 2009 年 54 号	392/392	297/309	215/215	343/343	239/239	190/190	196/196	238/242	225/235	306/311
新陆早 40 号	新审棉 2009 年 56 号	392/392	307/307	217/217	343/343	235/235	190/190	196/196	238/238	235/235	311/311
新陆早 41 号	新审棉 2009 年 57 号	392/392	307/307	215/215	352/352	243/243	190/190	196/196	242/242	235/235	306/306
新陆早 42 号	新审棉 2009 年 58 号	397/397	297/297	217/217	352/352	235/235	190/190	196/196	236/236	235/235	311/311
新陆早 44 号	新审棉 2009 年 60 号	392/397	297/297	217/217	352/352	235/237	188/190	196/196	236/236	235/235	311/311
新陆中 37 号	新审棉 2008 年 35 号	392/397	307/307	213/213	343/343	235/241	190/190	196/196	238/242	235/235	306/306
新海 26 号	新审棉 2007 年 51 号	389/389	293/293	209/209	340/340	241/241	190/190	186/188	238/238	230/230	305/305
新陆中 34 号	新审棉 2007 年 57 号	397/397	307/307	215/215	352/352	237/237	190/190	196/196	238/238	225/225	311/311
新陆早 33 号	新审棉 2007 年 58 号	392/392	297/297	217/217	352/352	235/235	190/190	196/196	236/236	235/235	311/311
新陆早 36 号	新审棉 2007 年 61 号	392/392	297/297	217/217	343/352	239/239	188/190	196/196	238/238	235/235	311/311
新陆早 29 号	新审棉 2006 年 54 号	392/392	297/297	215/215	352/352	243/243	190/190	192/192	242/242	225/225	306/306
新陆早 30 号	新审棉 2006 年 55 号	392/392	297/309	213/217	343/343	239/243	190/192	192/196	242/242	235/235	311/311
新陆中 26 号	新审棉 2006 年 61 号	392/392	307/307	213/213	343/343	239/239	190/192	192/196	238/242	225/235	311/311
新彩棉 7 号	新审棉 2005 年 020 号	392/392	297/297	217/217	343/343	235/235	190/190	196/196	238/238	225/225	311/311
新彩棉 5 号	新审棉 2004 年 001 号	392/397	297/305	217/217	343/343	237/237	190/190	196/196	242/242	235/235	306/306
中棉所 49 号	新审棉 2004 年 008 号	397/397	297/297	217/217	343/343	235/235	190/190	190/190	238/238	235/235	306/306
新引 668（冀 668）	新审棉 2003 年 026 号	392/392	305/305	215/215	352/352	239/239	190/190	196/196	238/238	235/235	311/311
新海 21 号	新审棉 2003 年 028 号	389/389	293/293	209/209	340/340	241/241	190/190	186/186	238/238	230/230	305/305

（续表）

品种名称	审定编号	PC21	PC22	PC23	PC24	PC25	PC26	PC27	PC28	PC29	PC30
新石 K33	新审棉 2022 年 163 号	189/189	218/218	184/184	199/199	240/240	187/187	334/334	258/258	173/173	220/220
金垦 1775	新审棉 2022 年 164 号	191/191	218/218	184/184	199/199	240/240	187/187	334/334	258/258	175/175	224/224
石大棉 268	新审棉 2022 年 165 号	189/189	218/218	178/178	199/199	240/240	172/172	334/340	256/256	171/171	224/224
九棉 35	新审棉 2022 年 166 号	189/189	218/218	178/178	199/199	240/240	187/187	340/340	256/258	175/177	220/220
HD258	新审棉 2022 年 168 号	187/187	218/218	178/178	199/199	240/240	172/187	334/334	256/258	177/177	220/224
阿农陆 1 号	新审棉 2022 年 169 号	189/189	218/218	178/178	201/201	240/240	187/187	340/340	256/258	177/177	224/224
新塔棉 3 号	新审棉 2022 年 170 号	189/189	218/218	184/184	199/199	240/240	187/187	334/334	258/258	173/173	220/220
K621	新审棉 2022 年 171 号	189/189	218/218	184/184	201/201	240/240	172/187	334/340	258/258	175/175	220/224
K622	新审棉 2022 年 172 号	189/191	218/223	178/184	201/201	240/240	187/187	334/340	258/258	175/175	220/224
CT256	新审棉 2022 年 173 号	189/189	218/218	178/178	199/199	235/235	187/187	334/334	258/258	173/173	220/220
新 825	新审棉 2022 年 174 号	187/187	218/218	178/178	199/199	240/240	187/187	334/334	258/258	177/177	224/224
新塔棉 102 号	新审棉 2022 年 175 号	191/191	223/223	178/178	205/205	240/240	172/172	335/335	244/258	161/161	213/213
H163	新审棉 2022 年 176 号	191/191	223/223	178/178	205/205	240/240	172/172	335/335	244/258	163/163	213/213
长丰 2 号	新审棉 2022 年 177 号	191/191	223/223	178/178	205/205	240/240	172/172	335/335	244/258	161/161	213/213
K432	新审棉 2022 年 178 号	191/191	223/223	178/178	205/205	240/240	172/172	335/335	244/258	163/163	213/213
石彩 19	新审棉 2022 年 179 号	189/189	218/218	178/178	199/199	240/240	187/187	340/340	258/258	175/175	224/224
棕 2305	新审棉 2022 年 182 号	189/189	218/218	178/178	199/199	240/240	172/172	340/340	258/258	177/177	224/224
棕 928	新审棉 2022 年 183 号	189/189	218/218	178/178	199/199	240/240	187/187	340/340	258/258	175/175	224/224
新石 K38	新审棉 2022 年 184 号	187/187	218/218	184/184	199/199	240/240	187/187	334/334	256/256	177/177	220/220
新石选 172	新审棉 2022 年 185 号	187/187	218/218	178/178	199/199	240/240	172/172	340/340	256/256	177/179	224/224
新塔棉 4 号	新审棉 2022 年 186 号	191/191	218/218	178/178	199/199	240/240	187/187	334/334	258/258	171/171	224/224
新塔棉 5 号	新审棉 2022 年 187 号	189/189	218/218	184/184	199/199	240/240	187/187	334/334	258/258	173/173	220/220
劲丰合 1 号	新审棉 2022 年 188 号	193/193	223/223	178/178	199/199	235/240	172/172	340/340	256/258	177/177	224/224
阿农海 1 号	新审棉 2022 年 189 号	191/191	223/223	178/178	205/205	240/240	172/172	335/335	244/258	161/161	213/213
石彩 20	新审棉 2022 年 190 号	189/189	218/218	178/178	199/199	240/240	187/187	340/340	258/258	175/175	224/224
棕 620	新审棉 2022 年 191 号	191/191	218/218	178/178	199/199	240/240	187/187	340/340	258/258	177/177	224/224
金垦棕 11 号	新审棉 2022 年 192 号	187/187	218/218	178/178	199/199	240/240	172/172	340/340	258/258	179/179	224/224
新石 H12	新审棉 2021 年 26 号	187/187	218/218	178/178	199/199	235/235	187/187	340/340	256/256	173/173	224/224
金垦 1565	新审棉 2021 年 27 号	187/187	218/218	178/178	201/201	240/240	187/187	340/340	258/258	179/179	224/224
JKB16	新审棉 2021 年 28 号	189/189	218/218	184/184	201/201	235/235	172/172	334/334	256/256	175/175	224/224
庄稼汉 701	新审棉 2021 年 29 号	187/187	218/218	178/178	199/199	235/235	187/187	334/334	258/258	171/171	224/224
天云 2119	新审棉 2021 年 30 号	189/189	218/218	178/178	199/199	240/240	187/187	334/334	256/258	179/179	220/220
惠远 722	新审棉 2021 年 31 号	191/191	218/218	184/184	201/201	240/240	187/187	340/340	256/256	171/171	224/224
桑塔木 6 号	新审棉 2021 年 32 号	189/189	218/218	178/178	199/199	240/240	187/187	340/340	258/258	175/175	224/224

（续表）

品种名称	审定编号	PC21	PC22	PC23	PC24	PC25	PC26	PC27	PC28	PC29	PC30
HD02	新审棉 2021 年 33 号	189/189	218/218	178/178	199/199	235/235	172/172	340/340	256/256	177/177	224/224
鸿泰 6636	新审棉 2021 年 35 号	189/189	218/218	178/178	199/199	235/235	187/187	334/334	258/258	173/173	220/220
AW04	新审棉 2021 年 36 号	191/191	218/218	178/178	199/199	240/240	187/187	334/334	258/258	171/171	224/224
AW05	新审棉 2021 年 37 号	191/191	218/218	178/178	199/199	240/240	187/187	334/334	258/258	171/171	224/224
新 6015	新审棉 2021 年 38 号	187/187	218/218	178/178	199/199	240/240	187/187	334/334	258/258	177/177	224/224
棕 234	新审棉 2021 年 39 号	191/191	218/218	178/178	199/199	240/240	172/172	340/340	258/258	175/175	224/224
石彩 17	新审棉 2021 年 40 号	189/189	218/218	178/178	199/199	240/240	187/187	340/340	258/258	175/175	224/224
K426	新审棉 2021 年 41 号	191/191	223/223	178/178	205/205	240/240	172/172	335/335	244/258	163/163	213/213
长丰 10 号	新审棉 2021 年 42 号	189/189	218/218	178/178	205/205	240/240	172/172	335/335	244/258	163/163	213/213
新石选 122	新审棉 2018 年 37 号	189/189	223/223	178/178	201/201	235/235	187/187	334/334	262/262	177/177	224/224
子鼎 6 号	新审棉 2018 年 38 号	187/187	218/218	178/178	199/199	235/235	187/187	340/340	256/256	173/173	220/220
金垦 1161	新审棉 2018 年 39 号	189/189	218/218	178/184	199/201	235/240	172/187	334/340	256/258	173/177	220/224
金垦 1441	新审棉 2018 年 40 号	187/189	218/218	178/178	199/199	240/240	172/172	334/340	256/256	179/179	224/224
新石 K25	新审棉 2018 年 41 号	187/187	218/218	178/178	199/199	235/235	187/187	334/334	258/258	171/171	224/224
新石 K24	新审棉 2018 年 42 号	187/187	218/218	178/178	199/199	235/235	187/187	334/334	258/258	171/171	224/224
K2725	新审棉 2018 年 43 号	187/187	218/218	184/184	199/199	240/240	187/187	334/334	256/256	173/177	220/220
Y21	新审棉 2018 年 44 号	187/187	218/218	178/178	201/201	240/240	187/187	334/334	258/258	179/179	224/224
金垦杂 1062	新审棉 2018 年 45 号	187/189	218/218	178/178	199/199	235/240	172/187	334/340	256/256	173/173	220/220
T115	新审棉 2018 年 46 号	189/189	218/218	178/178	199/199	240/240	187/187	340/340	256/256	179/179	224/224
NH12026	新审棉 2018 年 47 号	189/189	218/218	184/184	199/199	235/235	187/187	340/340	258/258	177/177	224/224
金垦 1442	新审棉 2018 年 48 号	187/187	218/218	178/178	199/199	240/240	187/187	340/340	258/258	179/179	224/224
新石 K26	新审棉 2018 年 49 号	187/187	218/218	178/178	199/199	235/235	187/187	334/334	258/258	171/171	224/224
Z1146	新审棉 2018 年 50 号	187/187	218/218	178/178	199/199	235/235	187/187	340/340	256/256	173/173	220/220
金垦 1402	新审棉 2018 年 51 号	189/189	218/218	178/178	201/201	240/240	187/187	334/334	258/258	173/173	224/224
K418	新审棉 2018 年 52 号	189/189	218/218	178/178	199/199	235/235	187/187	334/334	258/258	173/173	220/220
春秋 S36	新审棉 2018 年 53 号	187/189	218/223	184/184	201/201	240/240	172/172	334/334	258/258	175/175	220/224
欣试 518	新审棉 2018 年 54 号	189/189	223/223	184/184	201/201	240/240	172/172	334/334	258/258	175/175	220/220
盛棉 2 号	新审棉 2018 年 55 号	189/189	218/218	178/178	201/201	240/240	187/187	340/340	256/258	177/177	224/224
塔河 2 号	新审棉 2018 年 56 号	189/189	218/218	178/178	199/199	240/240	187/187	334/334	258/258	177/177	220/220
金凯 9 号	新审棉 2018 年 57 号	189/189	218/218	184/184	201/201	235/235	187/187	334/334	256/256	175/175	220/220
源棉新 13305	新审棉 2018 年 58 号	189/189	218/218	178/178	199/199	240/240	187/187	334/334	256/256	175/175	224/224
耕野 2186	新审棉 2018 年 59 号	189/189	218/218	184/184	201/201	235/235	187/187	334/340	258/258	175/175	220/220
新 78	新审棉 2018 年 60 号	191/191	223/223	178/178	205/205	240/240	172/172	335/335	244/258	161/161	213/213
MCR3915	新审棉 2018 年 61 号	191/191	228/228	178/178	205/205	240/240	172/172	335/335	244/258	161/161	213/213

（续表）

品种名称	审定编号	PC21	PC22	PC23	PC24	PC25	PC26	PC27	PC28	PC29	PC30
鲁泰 700Q	新审棉 2018 年 62 号	191/191	223/223	178/178	205/205	240/240	172/172	335/335	244/258	161/161	213/213
元龙 17 号	新审棉 2018 年 63 号	191/191	223/223	178/178	205/205	240/240	172/172	335/335	244/258	163/163	213/213
H39012	新审棉 2018 年 64 号	191/191	223/223	178/178	205/205	240/240	172/172	335/335	244/258	161/161	213/213
九棉 27	新审棉 2018 年 65 号	191/191	223/223	178/178	205/205	240/240	172/172	335/335	244/258	161/161	213/213
新陆早 77 号	新审棉 2017 年 41 号	187/187	218/218	178/178	199/199	235/235	172/172	334/334	256/256	173/173	224/224
新陆早 78 号	新审棉 2017 年 42 号	187/187	218/223	178/178	199/199	235/235	187/187	340/340	256/258	175/177	224/224
新陆早 79 号	新审棉 2017 年 43 号	187/187	223/223	178/178	199/199	235/235	187/187	340/340	258/258	175/175	224/224
新陆早 80 号	新审棉 2017 年 44 号	189/189	218/218	184/184	199/199	240/240	187/187	334/334	258/258	173/173	220/220
新陆早 81 号	新审棉 2017 年 45 号	187/187	218/218	178/178	199/199	235/235	187/187	340/340	258/258	173/173	224/224
新陆早 82 号	新审棉 2017 年 46 号	187/187	218/218	178/178	201/201	240/240	187/187	340/340	258/258	175/175	220/224
新陆早 83 号	新审棉 2017 年 47 号	187/187	218/218	178/184	199/199	240/240	187/187	334/340	256/258	171/171	220/224
新陆早 84 号	新审棉 2017 年 48 号	187/187	218/218	178/178	201/201	240/240	187/187	340/340	258/258	177/177	224/224
新陆中 82 号	新审棉 2017 年 49 号	187/187	218/218	178/178	199/199	240/240	187/187	340/340	258/258	179/179	220/224
新陆中 83 号	新审棉 2017 年 50 号	187/189	218/218	184/184	199/199	235/235	172/187	334/340	258/258	173/175	220/220
新陆中 84 号	新审棉 2017 年 51 号	187/187	218/218	178/178	199/199	240/240	187/187	334/334	258/258	177/177	224/224
新陆中 85 号	新审棉 2017 年 52 号	189/189	218/218	178/178	201/201	240/240	187/187	340/340	256/258	177/177	224/224
新陆中 86 号	新审棉 2017 年 53 号	189/189	223/223	184/184	201/201	235/235	172/172	334/334	258/258	175/175	224/224
新陆中 87 号	新审棉 2017 年 54 号	187/187	218/218	178/178	199/199	235/235	187/187	340/340	258/258	173/173	224/224
新陆中 88 号	新审棉 2017 年 55 号	191/191	218/218	178/178	199/199	240/240	187/187	334/334	258/258	171/171	224/224
新海 59 号	新审棉 2017 年 56 号	191/191	223/223	178/178	205/205	240/240	172/172	335/335	244/258	161/161	213/213
新海 60 号	新审棉 2017 年 57 号	191/191	223/223	178/178	205/205	240/240	172/172	335/335	244/258	161/161	213/213
新海 61 号	新审棉 2017 年 58 号	191/191	223/223	178/178	205/205	240/240	172/172	335/335	244/258	161/161	213/213
新海 62 号	新审棉 2017 年 59 号	191/191	223/223	178/178	205/205	240/240	172/172	335/335	244/258	161/161	213/213
新海 63 号	新审棉 2017 年 60 号	191/191	223/223	178/178	205/205	240/240	172/172	335/335	244/258	161/161	213/213
新彩 28 号	新审棉 2017 年 61 号	189/189	218/218	178/178	199/199	240/240	187/187	340/340	258/258	175/175	224/224
新陆早 74 号	新审棉 2016 年 24 号	189/189	218/218	178/184	199/199	240/240	187/187	334/334	258/258	173/173	220/220
新陆早 75 号	新审棉 2016 年 25 号	189/189	218/218	178/178	201/201	240/240	187/187	340/340	256/256	173/177	224/224
新陆早 76 号	新审棉 2016 年 26 号	187/189	218/218	178/184	199/201	235/235	187/187	334/340	256/258	173/175	220/224
新陆中 78 号	新审棉 2016 年 27 号	189/189	223/223	184/184	201/201	240/240	172/172	334/334	258/258	175/175	220/220
新陆中 79 号	新审棉 2016 年 28 号	189/189	218/218	184/184	199/199	240/240	187/187	334/334	258/258	173/173	220/220
新陆中 80 号	新审棉 2016 年 29 号	189/189	218/218	178/178	199/199	235/235	187/187	334/334	258/258	165/165	224/224
新陆中 81 号	新审棉 2016 年 30 号	187/187	218/218	184/184	199/199	240/240	187/187	334/334	256/256	177/177	220/220
新海 55 号	新审棉 2016 年 31 号	191/191	223/223	178/178	205/205	240/240	172/172	335/335	244/258	161/161	213/213
新海 56 号	新审棉 2016 年 32 号	191/191	223/223	178/178	205/205	240/240	172/172	335/335	244/258	161/161	213/213

（续表）

品种名称	审定编号	PC21	PC22	PC23	PC24	PC25	PC26	PC27	PC28	PC29	PC30
新海 57 号	新审棉 2016 年 33 号	191/191	223/223	178/178	205/205	240/240	172/172	335/335	244/258	161/161	213/213
新海 58 号	新审棉 2016 年 34 号	191/191	223/223	178/178	205/205	240/240	172/172	335/335	244/258	161/161	213/213
新陆早 68 号	新审棉 2015 年 30 号	187/189	218/218	178/178	199/199	235/240	172/187	334/340	256/256	173/173	220/220
新陆早 69 号	新审棉 2015 年 31 号	187/187	218/218	178/178	199/199	235/240	172/187	334/340	256/258	173/173	220/220
新陆早 70 号	新审棉 2015 年 32 号	189/189	218/218	178/184	199/199	240/240	187/187	334/334	258/258	173/175	220/224
新陆早 72 号	新审棉 2015 年 34 号	187/187	218/218	178/178	199/199	240/240	172/187	340/340	256/256	179/179	224/224
新陆早 73 号	新审棉 2015 年 35 号	189/189	218/218	178/178	201/201	240/240	187/187	340/340	256/256	179/179	224/224
新陆中 77 号	新审棉 2015 年 36 号	189/189	218/218	178/178	199/199	235/235	187/187	340/340	258/258	173/173	220/224
新海 49 号	新审棉 2015 年 37 号	191/191	223/223	178/178	205/205	240/240	172/172	335/335	244/258	163/163	213/213
新海 50 号	新审棉 2015 年 38 号	191/191	223/223	178/178	205/205	240/240	172/172	335/335	244/258	161/161	213/213
新海 51 号	新审棉 2015 年 39 号	191/191	228/228	178/178	205/205	240/240	172/172	335/335	244/258	161/161	213/213
新海 52 号	新审棉 2015 年 40 号	191/191	223/223	178/178	205/205	240/240	172/172	335/335	244/258	161/161	213/213
新海 53 号	新审棉 2015 年 41 号	191/191	223/223	178/178	205/205	240/240	172/172	335/335	244/258	161/161	213/213
新海 54 号	新审棉 2015 年 42 号	191/191	223/223	178/178	205/205	240/240	172/172	335/335	244/258	163/163	213/213
新陆早 64 号	新审棉 2014 年 55 号	187/187	218/218	178/178	199/199	240/240	187/187	334/334	258/258	171/171	224/224
新陆早 65 号	新审棉 2014 年 56 号	189/189	223/223	178/178	201/201	240/240	187/187	334/334	258/258	177/177	224/224
新陆早 67 号（金垦杂 1061）	新审棉 2014 年 58 号	187/187	218/218	178/184	199/199	240/240	172/187	340/340	256/258	175/177	224/224
新陆中 70 号	新审棉 2014 年 59 号	187/187	218/218	178/178	201/201	240/240	187/187	340/340	258/258	175/175	224/224
新陆中 71 号	新审棉 2014 年 60 号	189/191	218/218	178/184	201/201	240/240	172/187	334/334	258/258	177/177	220/224
新陆中 73 号	新审棉 2014 年 62 号	189/189	223/223	184/184	201/201	240/240	172/172	334/334	258/258	175/175	224/224
新陆中 74 号	新审棉 2014 年 63 号	189/189	218/218	178/178	201/201	240/240	187/187	340/340	256/256	175/175	224/224
新陆中 75 号	新审棉 2014 年 64 号	189/189	218/218	184/184	199/199	240/240	187/187	334/334	258/258	173/173	220/220
新陆中 76 号	新审棉 2014 年 65 号	189/189	218/218	178/178	199/199	235/235	187/187	334/334	258/258	177/177	224/224
新海 45 号	新审棉 2014 年 66 号	191/191	223/223	178/178	205/205	240/240	172/172	335/335	244/258	161/161	213/213
新海 46 号	新审棉 2014 年 67 号	191/191	223/223	178/178	205/205	240/240	172/172	335/335	244/258	161/161	213/213
新海 47 号	新审棉 2014 年 68 号	191/191	223/223	178/178	205/205	240/240	172/172	335/335	244/258	161/161	213/213
新海 48 号	新审棉 2014 年 69 号	191/191	223/223	178/178	205/205	240/240	172/172	335/335	244/258	161/161	213/213
新陆早 57 号	新审棉 2013 年 35 号	189/189	218/218	178/178	199/201	240/240	172/187	340/340	258/258	177/177	224/224
新陆早 58 号	新审棉 2013 年 36 号	189/189	218/218	178/178	199/199	240/240	187/187	334/334	256/256	177/177	220/220
新陆早 59 号	新审棉 2013 年 37 号	191/191	223/223	178/178	201/201	240/240	172/172	340/340	258/258	175/175	224/224
新陆早 60 号	新审棉 2013 年 38 号	187/187	218/218	178/178	199/199	235/240	187/187	340/340	256/258	173/173	220/220
新陆早 61 号	新审棉 2013 年 39 号	189/189	218/218	184/184	199/199	240/240	187/187	334/334	258/258	173/173	220/220
新陆早 62 号	新审棉 2013 年 40 号	187/187	218/218	178/178	199/199	235/235	187/187	334/334	258/258	171/171	224/224

（续表）

品种名称	审定编号	PC31	PC32	PC33	PC34	PC35	PC36	PC37	PC38	PC39	PC40
新石 K33	新审棉 2022 年 163 号	223/223	218/218	335/335	307/307	342/342	271/271	305/305	292/292	255/255	226/226
金垦 1775	新审棉 2022 年 164 号	220/220	223/223	335/335	307/307	342/342	271/271	305/305	297/297	255/255	226/226
石大棉 268	新审棉 2022 年 165 号	220/220	218/218	344/344	307/307	342/342	274/274	305/305	297/297	255/255	226/226
九棉 35	新审棉 2022 年 166 号	223/223	218/218	335/335	307/307	349/349	271/271	305/305	297/297	249/249	226/226
HD258	新审棉 2022 年 168 号	220/220	218/218	335/335	307/307	342/342	271/271	299/305	292/292	255/255	226/226
阿农陆 1 号	新审棉 2022 年 169 号	220/223	223/223	335/335	307/307	342/342	271/271	299/299	297/297	255/255	226/226
新塔棉 3 号	新审棉 2022 年 170 号	223/223	218/218	335/335	307/307	342/342	271/271	305/305	292/292	255/255	226/226
K621	新审棉 2022 年 171 号	223/223	223/223	344/344	303/303	342/342	271/274	305/305	297/297	255/255	226/226
K622	新审棉 2022 年 172 号	220/223	223/223	344/344	303/303	342/349	271/271	305/305	297/297	255/255	226/226
CT256	新审棉 2022 年 173 号	220/220	218/218	335/335	307/307	349/349	271/271	299/299	292/292	255/255	226/226
新 825	新审棉 2022 年 174 号	220/220	223/223	344/344	303/303	342/342	271/271	299/299	297/297	255/255	226/226
新塔棉 102 号	新审棉 2022 年 175 号	220/220	218/218	335/335	303/303	343/343	259/259	305/305	291/291	256/256	221/221
H163	新审棉 2022 年 176 号	220/220	218/218	335/335	303/303	343/343	259/259	305/305	291/291	256/256	221/221
长丰 2 号	新审棉 2022 年 177 号	220/220	218/218	335/335	303/303	343/343	259/259	299/299	291/291	256/256	221/221
K432	新审棉 2022 年 178 号	220/220	218/218	335/335	303/303	343/343	259/259	305/305	291/291	249/249	221/221
石彩 19	新审棉 2022 年 179 号	223/223	218/218	335/335	307/307	343/343	271/271	305/305	297/297	255/255	226/226
棕 2305	新审棉 2022 年 182 号	220/220	223/223	335/335	307/307	342/342	274/274	305/305	297/297	255/255	226/226
棕 928	新审棉 2022 年 183 号	223/223	218/218	335/335	307/307	343/343	271/271	305/305	297/297	255/255	226/226
新石 K38	新审棉 2022 年 184 号	220/220	223/223	335/335	307/307	342/342	271/271	305/305	297/297	255/255	226/226
新石选 172	新审棉 2022 年 185 号	220/220	223/223	344/344	303/307	349/349	271/271	305/305	297/297	255/255	226/226
新塔棉 4 号	新审棉 2022 年 186 号	220/220	223/223	335/335	307/307	342/342	271/271	305/305	297/297	255/255	226/226
新塔棉 5 号	新审棉 2022 年 187 号	223/223	218/218	335/335	307/307	342/342	271/271	305/305	292/292	255/255	226/226
劲丰合 1 号	新审棉 2022 年 188 号	223/223	223/223	335/335	307/307	349/349	271/271	299/299	292/292	255/255	226/226
阿农海 1 号	新审棉 2022 年 189 号	220/220	218/218	335/335	303/303	343/343	259/259	305/305	291/291	256/256	221/221
石彩 20	新审棉 2022 年 190 号	223/223	218/218	335/335	307/307	343/343	271/271	305/305	297/297	255/255	226/226
棕 620	新审棉 2022 年 191 号	220/220	223/223	344/344	303/303	342/342	277/277	305/305	292/292	255/255	226/226
金垦棕 11 号	新审棉 2022 年 192 号	220/220	223/223	335/335	307/307	349/349	271/271	305/305	292/292	249/249	226/226
新石 H12	新审棉 2021 年 26 号	220/220	223/223	335/335	307/307	342/342	271/271	305/305	292/292	255/255	226/226
金垦 1565	新审棉 2021 年 27 号	220/220	218/218	335/335	307/307	349/349	277/277	305/305	297/297	255/255	226/226
JKB16	新审棉 2021 年 28 号	220/220	223/223	335/335	307/307	349/349	271/271	305/305	297/297	255/255	226/226
庄稼汉 701	新审棉 2021 年 29 号	220/220	218/218	335/335	307/307	342/342	274/274	305/305	297/297	255/255	226/226
天云 2119	新审棉 2021 年 30 号	223/223	218/218	335/335	307/307	342/342	277/277	305/305	297/297	255/255	226/226
惠远 722	新审棉 2021 年 31 号	220/220	218/218	335/335	307/307	342/342	271/271	305/305	297/297	255/255	226/226
桑塔木 6 号	新审棉 2021 年 32 号	220/220	218/218	335/335	303/303	342/342	271/271	305/305	297/297	255/255	226/226

（续表）

品种名称	审定编号	PC31	PC32	PC33	PC34	PC35	PC36	PC37	PC38	PC39	PC40
HD02	新审棉 2021 年 33 号	220/220	223/223	335/335	307/307	342/342	271/271	299/299	292/292	255/255	226/226
鸿泰 6636	新审棉 2021 年 35 号	220/220	218/218	335/335	307/307	349/349	271/271	299/299	292/292	255/255	226/226
AW04	新审棉 2021 年 36 号	220/220	223/223	335/335	307/307	342/342	271/271	305/305	297/297	255/255	226/226
AW05	新审棉 2021 年 37 号	220/220	223/223	335/335	307/307	342/342	271/271	305/305	297/297	255/255	226/226
新 6015	新审棉 2021 年 38 号	220/220	223/223	344/344	303/303	342/342	271/271	299/299	297/297	255/255	226/226
棕 234	新审棉 2021 年 39 号	223/223	223/223	335/335	307/307	349/349	271/271	305/305	297/297	255/255	226/226
石彩 17	新审棉 2021 年 40 号	223/223	218/218	335/335	307/307	343/343	271/271	305/305	297/297	255/255	226/226
K426	新审棉 2021 年 41 号	220/220	218/218	335/335	303/303	343/343	259/259	305/305	291/291	249/249	221/221
长丰 10 号	新审棉 2021 年 42 号	220/220	218/218	335/335	303/303	343/343	259/259	299/299	291/291	256/256	221/221
新石选 122	新审棉 2018 年 37 号	220/220	218/218	335/335	307/307	342/342	271/271	305/305	297/297	255/255	226/226
子鼎 6 号	新审棉 2018 年 38 号	220/220	223/223	335/335	307/307	342/342	271/271	305/305	292/292	255/255	226/226
金垦 1161	新审棉 2018 年 39 号	220/223	218/223	335/344	307/307	342/342	271/271	299/305	292/297	255/255	226/226
金垦 1441	新审棉 2018 年 40 号	220/220	223/223	335/335	307/307	342/349	277/277	299/299	297/297	255/255	226/226
新石 K25	新审棉 2018 年 41 号	220/220	218/218	335/335	307/307	342/342	274/274	305/305	297/297	255/255	226/226
新石 K24	新审棉 2018 年 42 号	220/220	218/218	335/335	307/307	342/342	274/274	305/305	297/297	255/255	226/226
K2725	新审棉 2018 年 43 号	220/220	223/223	335/335	307/307	342/342	271/271	305/305	297/297	255/255	226/226
Y21	新审棉 2018 年 44 号	220/220	223/223	335/335	303/307	343/343	271/271	305/305	297/297	255/255	226/226
金垦杂 1062	新审棉 2018 年 45 号	220/220	223/223	335/335	307/307	342/342	271/277	305/305	292/297	255/255	226/226
T115	新审棉 2018 年 46 号	220/220	223/223	335/344	303/303	342/342	277/277	305/305	297/297	255/255	226/226
NH12026	新审棉 2018 年 47 号	223/223	218/218	335/335	307/307	342/342	271/277	305/305	292/292	255/255	226/226
金垦 1442	新审棉 2018 年 48 号	220/220	223/223	335/335	307/307	342/342	271/271	299/299	292/292	255/255	226/226
新石 K26	新审棉 2018 年 49 号	220/220	218/218	335/335	307/307	342/342	274/274	305/305	297/297	255/255	226/226
Z1146	新审棉 2018 年 50 号	220/220	223/223	344/344	303/303	342/342	277/277	305/305	292/292	255/255	226/226
金垦 1402	新审棉 2018 年 51 号	220/220	223/223	335/335	307/307	342/342	271/271	299/299	292/292	255/255	226/226
K418	新审棉 2018 年 52 号	220/220	218/218	335/335	307/307	349/349	271/271	299/299	292/292	255/255	226/226
春秋 S36	新审棉 2018 年 53 号	220/223	218/223	335/344	303/307	342/342	271/271	305/305	292/297	255/255	226/226
欣试 518	新审棉 2018 年 54 号	220/220	223/223	344/344	303/303	342/342	271/271	305/305	297/297	255/255	226/226
盛棉 2 号	新审棉 2018 年 55 号	220/223	223/223	335/335	307/307	342/342	271/271	299/299	297/297	255/255	226/226
塔河 2 号	新审棉 2018 年 56 号	220/220	218/218	335/335	307/307	342/342	271/271	305/305	297/297	255/255	226/226
金凯 9 号	新审棉 2018 年 57 号	220/220	223/223	344/344	303/303	342/342	271/271	305/305	297/297	255/255	221/221
源棉新 13305	新审棉 2018 年 58 号	220/220	218/218	344/344	303/303	342/342	271/271	305/305	297/297	249/249	226/226
耕野 2186	新审棉 2018 年 59 号	223/223	223/223	335/335	307/307	342/342	271/271	305/305	297/297	249/255	226/226
新 78	新审棉 2018 年 60 号	220/220	218/218	335/335	303/303	343/343	259/259	299/305	291/291	256/256	221/221
MCR3915	新审棉 2018 年 61 号	220/220	218/218	335/335	303/303	343/343	259/259	299/299	291/291	256/256	221/221

（续表）

品种名称	审定编号	PC31	PC32	PC33	PC34	PC35	PC36	PC37	PC38	PC39	PC40
鲁泰 700Q	新审棉 2018 年 62 号	220/220	218/218	335/335	303/303	343/343	259/259	305/305	291/291	256/256	221/221
元龙 17 号	新审棉 2018 年 63 号	220/220	218/218	335/335	303/303	343/343	259/259	305/305	297/297	256/256	221/221
H39012	新审棉 2018 年 64 号	220/220	218/218	335/335	303/303	343/343	259/259	305/305	291/291	256/256	221/221
九棉 27	新审棉 2018 年 65 号	220/220	218/218	335/335	303/303	343/343	259/259	305/305	291/291	256/256	221/221
新陆早 77 号	新审棉 2017 年 41 号	220/220	223/223	344/344	307/307	349/349	271/271	305/305	292/292	255/255	226/226
新陆早 78 号	新审棉 2017 年 42 号	220/220	223/223	335/335	307/307	342/342	271/274	305/305	297/297	249/255	226/226
新陆早 79 号	新审棉 2017 年 43 号	220/220	223/223	335/335	307/307	342/342	271/271	305/305	297/297	255/255	226/226
新陆早 80 号	新审棉 2017 年 44 号	223/223	218/218	335/335	307/307	342/342	271/271	305/305	292/292	255/255	226/226
新陆早 81 号	新审棉 2017 年 45 号	220/220	223/223	335/335	307/307	342/342	277/277	299/299	292/292	255/255	226/226
新陆早 82 号	新审棉 2017 年 46 号	220/220	223/223	335/335	307/307	342/342	271/271	305/305	297/297	255/255	226/226
新陆早 83 号	新审棉 2017 年 47 号	220/220	218/223	335/335	307/307	342/342	271/271	305/305	297/297	255/255	226/226
新陆早 84 号	新审棉 2017 年 48 号	220/220	223/223	335/335	307/307	349/349	271/271	299/299	297/297	255/255	226/226
新陆中 82 号	新审棉 2017 年 49 号	220/220	223/223	335/335	307/307	342/342	271/271	299/299	297/297	249/255	226/226
新陆中 83 号	新审棉 2017 年 50 号	220/220	218/218	335/344	303/307	342/342	271/271	299/305	297/297	249/255	226/226
新陆中 84 号	新审棉 2017 年 51 号	220/220	223/223	344/344	303/303	342/342	271/271	299/299	297/297	255/255	226/226
新陆中 85 号	新审棉 2017 年 52 号	220/220	223/223	335/335	307/307	342/342	271/271	299/299	297/297	255/255	226/226
新陆中 86 号	新审棉 2017 年 53 号	220/220	218/218	335/335	307/307	342/342	271/271	305/305	297/297	255/255	226/226
新陆中 87 号	新审棉 2017 年 54 号	220/220	223/223	335/335	307/307	342/342	277/277	299/299	292/292	255/255	226/226
新陆中 88 号	新审棉 2017 年 55 号	220/220	223/223	335/335	307/307	342/342	271/271	305/305	297/297	255/255	226/226
新海 59 号	新审棉 2017 年 56 号	220/220	218/218	335/335	303/303	343/343	259/259	305/305	291/291	256/256	221/221
新海 60 号	新审棉 2017 年 57 号	220/220	218/218	335/335	303/303	343/343	259/259	305/305	291/291	256/256	221/221
新海 61 号	新审棉 2017 年 58 号	220/220	218/218	335/335	303/303	343/343	259/259	305/305	291/291	256/256	221/221
新海 62 号	新审棉 2017 年 59 号	220/220	218/218	335/335	303/303	343/343	259/259	299/299	291/291	256/256	221/221
新海 63 号	新审棉 2017 年 60 号	220/220	218/218	335/335	303/303	343/343	259/259	305/305	291/291	256/256	221/221
新彩 28 号	新审棉 2017 年 61 号	223/223	218/218	335/335	307/307	343/343	271/271	305/305	297/297	255/255	226/226
新陆早 74 号	新审棉 2016 年 24 号	223/223	218/218	335/335	307/307	342/342	271/271	305/305	292/292	255/255	226/226
新陆早 75 号	新审棉 2016 年 25 号	220/220	218/218	344/344	303/303	342/342	271/271	305/305	292/292	249/249	226/226
新陆早 76 号	新审棉 2016 年 26 号	220/220	223/223	335/344	303/307	342/342	271/277	299/305	292/297	255/255	221/226
新陆中 78 号	新审棉 2016 年 27 号	220/220	223/223	344/344	303/303	342/342	271/271	305/305	297/297	255/255	226/226
新陆中 79 号	新审棉 2016 年 28 号	223/223	218/218	335/335	307/307	342/342	271/271	305/305	292/292	255/255	226/226
新陆中 80 号	新审棉 2016 年 29 号	220/220	218/218	335/335	307/307	342/342	271/271	305/305	297/297	255/255	226/226
新陆中 81 号	新审棉 2016 年 30 号	220/220	223/223	335/335	307/307	342/342	271/271	305/305	297/297	255/255	226/226
新海 55 号	新审棉 2016 年 31 号	220/220	218/218	335/335	303/303	343/343	259/259	305/305	291/291	256/256	221/221
新海 56 号	新审棉 2016 年 32 号	220/220	218/218	335/335	303/303	343/343	259/259	305/305	291/291	256/256	221/221

（续表）

品种名称	审定编号	PC31	PC32	PC33	PC34	PC35	PC36	PC37	PC38	PC39	PC40
新海 57 号	新审棉 2016 年 33 号	220/220	218/218	335/335	303/303	343/343	259/259	305/305	291/291	256/256	221/221
新海 58 号	新审棉 2016 年 34 号	220/220	218/218	335/335	303/303	343/343	259/259	305/305	291/291	256/256	221/221
新陆早 68 号	新审棉 2015 年 30 号	220/220	223/223	335/335	307/307	342/342	271/277	299/305	292/297	255/255	226/226
新陆早 69 号	新审棉 2015 年 31 号	220/220	223/223	335/335	307/307	342/342	271/277	305/305	292/297	255/255	226/226
新陆早 70 号	新审棉 2015 年 32 号	220/223	218/223	335/344	303/307	342/342	271/271	305/305	292/297	255/255	221/226
新陆早 72 号	新审棉 2015 年 34 号	220/220	223/223	335/335	303/303	342/342	274/274	305/305	297/297	255/255	226/226
新陆早 73 号	新审棉 2015 年 35 号	220/220	218/218	344/344	307/307	342/342	271/271	305/305	297/297	255/255	226/226
新陆中 77 号	新审棉 2015 年 36 号	220/223	223/223	335/335	307/307	342/342	271/271	299/305	292/292	255/255	226/226
新海 49 号	新审棉 2015 年 37 号	220/220	218/218	335/335	303/303	343/343	259/259	299/299	291/291	256/256	221/221
新海 50 号	新审棉 2015 年 38 号	220/220	218/218	335/335	303/303	343/343	259/259	299/299	291/291	256/256	221/221
新海 51 号	新审棉 2015 年 39 号	220/220	218/218	335/335	303/303	343/343	259/259	299/299	291/291	256/256	221/221
新海 52 号	新审棉 2015 年 40 号	220/220	218/218	335/335	303/303	343/343	259/259	299/305	291/291	249/249	221/221
新海 53 号	新审棉 2015 年 41 号	220/220	218/218	335/335	303/303	343/343	259/259	305/305	291/291	256/256	221/221
新海 54 号	新审棉 2015 年 42 号	220/220	218/218	335/335	303/303	343/343	259/259	299/299	291/297	256/256	221/221
新陆早 64 号	新审棉 2014 年 55 号	220/220	218/218	335/335	307/307	342/342	271/271	305/305	297/297	255/255	226/226
新陆早 65 号	新审棉 2014 年 56 号	220/220	223/223	335/335	307/307	349/349	271/271	305/305	297/297	255/255	226/226
新陆早 67 号（金垦杂 1061）	新审棉 2014 年 58 号	220/220	223/223	335/344	303/307	342/342	271/277	305/305	297/297	249/255	226/226
新陆中 70 号	新审棉 2014 年 59 号	220/220	223/223	335/335	307/307	342/342	271/271	299/299	297/297	255/255	226/226
新陆中 71 号	新审棉 2014 年 60 号	220/220	223/223	335/335	307/307	342/342	274/274	305/305	292/297	255/255	226/226
新陆中 73 号	新审棉 2014 年 62 号	220/220	218/218	335/335	307/307	343/343	271/271	305/305	297/297	255/255	226/226
新陆中 74 号	新审棉 2014 年 63 号	220/220	218/218	344/344	303/303	349/349	271/271	305/305	297/297	255/255	226/226
新陆中 75 号	新审棉 2014 年 64 号	223/223	218/218	335/335	307/307	342/342	271/271	305/305	292/292	255/255	226/226
新陆中 76 号	新审棉 2014 年 65 号	223/223	218/218	335/335	307/307	342/342	271/271	305/305	292/292	255/255	226/226
新海 45 号	新审棉 2014 年 66 号	220/220	218/218	335/335	303/303	343/343	259/259	305/305	291/291	256/256	221/221
新海 46 号	新审棉 2014 年 67 号	220/220	218/218	335/335	303/303	343/343	259/259	305/305	291/291	256/256	221/221
新海 47 号	新审棉 2014 年 68 号	220/220	218/218	335/335	303/303	343/343	259/259	305/305	291/291	256/256	221/221
新海 48 号	新审棉 2014 年 69 号	220/220	218/218	335/335	303/303	343/343	259/259	299/299	291/291	256/256	221/221
新陆早 57 号	新审棉 2013 年 35 号	220/220	218/218	335/335	307/307	342/342	271/271	299/305	292/292	255/255	226/226
新陆早 58 号	新审棉 2013 年 36 号	220/220	223/223	344/344	307/307	349/349	271/271	305/305	297/297	255/255	226/226
新陆早 59 号	新审棉 2013 年 37 号	223/223	223/223	344/344	303/303	342/342	271/271	305/305	297/297	255/255	226/226
新陆早 60 号	新审棉 2013 年 38 号	220/220	223/223	335/335	307/307	342/342	271/271	305/305	292/292	255/255	226/226
新陆早 61 号	新审棉 2013 年 39 号	223/223	218/218	335/335	307/307	342/342	271/271	305/305	292/292	255/255	226/226
新陆早 62 号	新审棉 2013 年 40 号	220/220	218/218	335/335	307/307	342/342	274/274	305/305	297/297	255/255	226/226

（续表）

品种名称	审定编号	PC31	PC32	PC33	PC34	PC35	PC36	PC37	PC38	PC39	PC40
新陆中 62 号	新审棉 2013 年 43 号	220/220	223/223	335/335	307/307	349/349	271/271	305/305	297/297	255/255	226/226
新陆中 63 号	新审棉 2013 年 44 号	220/220	223/223	335/335	307/307	343/343	274/274	305/305	297/297	255/255	226/226
新陆中 64 号	新审棉 2013 年 45 号	220/223	218/218	335/344	303/307	342/342	271/274	305/305	297/297	255/255	226/226
新陆中 65 号	新审棉 2013 年 46 号	220/220	223/223	335/335	307/307	342/342	271/277	305/305	297/297	255/255	221/226
新陆中 66 号	新审棉 2013 年 47 号	220/220	223/223	344/344	303/303	342/342	271/271	305/305	297/297	255/255	226/226
新陆中 68 号	新审棉 2013 年 49 号	223/223	223/223	335/344	303/307	349/349	271/271	305/305	297/297	255/255	226/226
新陆中 69 号	新审棉 2013 年 50 号	220/220	223/223	344/344	303/303	342/342	271/271	305/305	297/297	255/255	226/226
新海 42 号	新审棉 2013 年 51 号	220/220	218/218	335/335	303/303	343/343	259/259	305/305	297/297	256/256	221/221
新海 43 号	新审棉 2013 年 52 号	220/220	218/218	335/335	303/303	343/343	259/259	305/305	291/291	256/256	221/221
新海 44 号	新审棉 2013 年 53 号	220/220	218/218	335/335	303/303	343/343	259/259	305/305	291/291	256/256	221/221
新彩棉 24 号	新审棉 2013 年 54 号	220/220	218/218	335/335	307/307	342/342	271/271	305/305	297/297	249/249	226/226
新彩棉 25 号	新审棉 2013 年 55 号	220/220	223/223	335/335	307/307	349/349	274/274	305/305	292/292	255/255	226/226
新彩棉 27 号	新审棉 2013 年 57 号	220/220	223/223	344/344	307/307	342/349	271/271	305/305	297/297	255/255	226/226
新陆早 52 号	新审棉 2012 年 47 号	220/220	223/223	335/335	307/307	349/349	277/277	299/299	297/297	255/255	226/226
新陆早 53 号	新审棉 2012 年 48 号	220/220	223/223	335/335	307/307	342/342	277/277	305/305	297/297	255/255	226/226
新陆早 54 号	新审棉 2012 年 49 号	223/223	218/218	335/335	307/307	349/349	271/271	305/305	297/297	255/255	226/226
新陆早 55 号	新审棉 2012 年 50 号	220/220	223/223	344/344	303/303	342/342	277/277	305/305	297/297	255/255	226/226
新陆早 56 号	新审棉 2012 年 51 号	220/223	218/218	335/335	307/307	342/342	271/271	305/305	292/297	255/255	226/226
新陆中 54 号	新审棉 2012 年 52 号	220/220	223/223	335/335	307/307	342/342	271/271	305/305	297/297	255/255	226/226
新陆中 55 号	新审棉 2012 年 53 号	223/223	218/218	335/335	307/307	349/349	271/271	299/299	292/292	255/255	226/226
新陆中 56 号	新审棉 2012 年 54 号	220/223	218/223	335/335	307/307	342/349	271/271	305/305	292/297	255/255	226/226
新陆中 60 号	新审棉 2012 年 58 号	220/223	223/223	335/335	307/307	342/342	271/271	299/299	292/297	255/255	226/226
新海 39 号	新审棉 2012 年 59 号	220/220	218/218	335/335	303/303	343/343	259/259	305/305	291/291	256/256	221/221
新海 40 号	新审棉 2012 年 60 号	220/220	218/218	335/335	303/303	343/343	259/259	305/305	297/297	256/256	221/221
新海 41 号	新审棉 2012 年 61 号	220/220	218/218	335/335	303/303	343/343	259/259	305/305	297/297	249/256	221/221
新彩棉 20 号（棕）	新审棉 2012 年 62 号	223/223	223/223	335/335	307/307	343/343	271/271	305/305	297/297	255/255	226/226
新彩棉 21 号（棕）	新审棉 2012 年 63 号	223/223	218/218	335/335	307/307	342/342	271/271	305/305	297/297	255/255	226/226
新彩棉 23 号（棕）	新审棉 2012 年 65 号	223/223	218/218	335/335	307/307	343/343	271/271	305/305	297/297	255/255	226/226
新陆早 50 号	新审棉 2011 年 43 号	220/220	218/218	335/335	307/307	349/349	271/271	305/305	292/292	255/255	226/226
新陆早 51 号	新审棉 2011 年 44 号	220/220	223/223	335/335	307/307	342/342	271/271	299/299	292/292	255/255	226/226
新陆中 50 号	新审棉 2011 年 45 号	220/220	218/218	344/344	303/303	343/343	271/274	305/305	297/297	249/249	226/226
新海 37 号	新审棉 2011 年 50 号	220/220	218/218	335/335	303/303	343/343	259/259	305/305	297/297	249/249	221/221

（续表）

品种名称	审定编号	PC31	PC32	PC33	PC34	PC35	PC36	PC37	PC38	PC39	PC40
新海 38 号	新审棉 2011 年 51 号	220/220	218/218	335/335	303/303	343/343	259/259	305/305	291/291	256/256	221/221
新彩棉 19 号（棕）	新审棉 2011 年 52 号	220/220	218/218	335/335	307/307	342/342	271/271	305/305	297/297	255/255	226/226
新陆早 45 号	新审棉 2010 年 37 号	220/220	223/223	335/335	307/307	349/349	277/277	299/299	292/292	255/255	226/226
新陆早 46 号	新审棉 2010 年 38 号	220/220	218/218	335/335	307/307	342/342	271/271	305/305	297/297	255/255	226/226
新陆早 48 号	新审棉 2010 年 40 号	220/220	218/223	335/344	303/307	349/349	277/277	299/299	292/292	255/255	226/226
新陆中 44 号	新审棉 2010 年 42 号	220/220	218/223	335/335	307/307	342/342	271/277	299/305	297/297	255/255	226/226
新陆中 46 号	新审棉 2010 年 44 号	223/223	218/223	335/344	303/307	342/342	271/271	299/305	292/297	249/255	226/226
新陆中 47 号	新审棉 2010 年 45 号	223/223	218/223	335/335	307/307	342/342	271/271	299/299	297/297	255/255	226/226
新陆中 48 号	新审棉 2010 年 46 号	220/220	218/218	344/344	307/307	342/342	271/271	305/305	297/297	255/255	226/226
新海 34 号	新审棉 2010 年 48 号	220/220	218/218	335/335	303/303	343/343	259/259	299/299	291/291	249/256	221/221
新海 36 号	新审棉 2010 年 50 号	220/220	218/218	335/335	303/303	343/343	259/259	305/305	291/291	256/256	221/221
新彩棉 16 号	新审棉 2009 年 46 号	220/220	223/223	335/335	307/307	349/349	271/271	299/299	297/297	255/255	226/226
新彩棉 17 号	新审棉 2009 年 47 号	223/223	223/223	335/335	307/307	349/349	271/271	305/305	297/297	255/255	226/226
新海 33 号	新审棉 2009 年 49 号	220/220	218/218	335/335	303/303	343/343	259/259	299/299	291/291	256/256	221/221
新陆中 41 号	新审棉 2009 年 53 号	220/220	223/223	335/344	303/307	342/342	271/271	305/305	297/297	255/255	226/226
新陆中 42 号	新审棉 2009 年 54 号	220/223	218/218	335/335	307/307	342/342	271/271	305/305	292/297	255/255	226/226
新陆早 40 号	新审棉 2009 年 56 号	220/220	218/218	335/335	307/307	349/349	271/271	299/299	292/292	255/255	226/226
新陆早 41 号	新审棉 2009 年 57 号	223/223	218/218	335/335	307/307	342/342	271/271	305/305	297/297	255/255	226/226
新陆早 42 号	新审棉 2009 年 58 号	220/220	223/223	335/335	307/307	342/342	277/277	305/305	297/297	255/255	226/226
新陆早 44 号	新审棉 2009 年 60 号	220/220	223/223	335/344	303/307	342/342	271/277	305/305	292/297	255/255	226/226
新陆中 37 号	新审棉 2008 年 35 号	220/223	223/223	335/335	307/307	342/342	271/271	299/299	297/297	255/255	226/226
新海 26 号	新审棉 2007 年 51 号	220/220	218/218	335/335	303/303	343/343	259/259	299/299	291/291	256/256	221/221
新陆中 34 号	新审棉 2007 年 57 号	223/223	223/223	335/335	307/307	342/342	271/271	299/299	292/292	249/249	226/226
新陆早 33 号	新审棉 2007 年 58 号	220/220	223/223	344/344	303/303	342/342	277/277	305/305	297/297	255/255	226/226
新陆早 36 号	新审棉 2007 年 61 号	220/220	218/218	335/335	307/307	342/342	271/271	305/305	297/297	255/255	221/221
新陆早 29 号	新审棉 2006 年 54 号	223/223	218/218	335/335	307/307	342/342	271/271	305/305	297/297	255/255	226/226
新陆早 30 号	新审棉 2006 年 55 号	223/223	218/223	344/344	303/303	342/342	271/271	305/305	297/297	255/255	221/226
新陆中 26 号	新审棉 2006 年 61 号	223/223	218/218	335/335	307/307	342/342	271/271	305/305	292/292	255/255	226/226
新彩棉 7 号	新审棉 2005 年 020 号	220/220	218/218	344/344	307/307	342/342	277/277	305/305	297/297	255/255	226/226
新彩棉 5 号	新审棉 2004 年 001 号	220/220	218/218	335/344	307/307	342/342	274/274	305/305	297/297	255/255	226/226
中棉所 49 号	新审棉 2004 年 008 号	220/220	218/218	344/344	303/303	342/342	271/271	305/305	297/297	249/249	226/226
新引 668（冀 668）	新审棉 2003 年 026 号	220/220	223/223	335/335	307/307	349/349	271/271	305/305	297/297	255/255	226/226
新海 21 号	新审棉 2003 年 028 号	220/220	218/218	335/335	303/303	342/342	259/259	299/299	291/291	256/256	221/221

（续表）

品种名称	审定编号	PC41	PC42	PC43	PC44	PC45	PC46	PC47	PC48	PC49	PC50
鲁泰 700Q	新审棉 2018 年 62 号	307/307	166/166	301/301	381/381	226/226	192/192	215/215	313/313	214/214	355/355
元龙 17 号	新审棉 2018 年 63 号	307/307	166/166	321/321	381/381	226/226	192/192	215/215	313/313	214/214	337/337
H39012	新审棉 2018 年 64 号	307/307	166/166	301/301	381/381	226/226	192/192	215/215	313/313	214/214	355/355
九棉 27	新审棉 2018 年 65 号	307/307	166/166	301/301	381/381	226/226	192/192	215/215	313/313	214/214	355/355
新陆早 77 号	新审棉 2017 年 41 号	301/301	172/172	323/323	381/381	232/232	192/192	219/219	324/324	214/214	331/331
新陆早 78 号	新审棉 2017 年 42 号	301/307	166/172	319/323	384/384	232/232	198/198	215/215	313/313	214/221	337/343
新陆早 79 号	新审棉 2017 年 43 号	301/301	166/166	323/323	384/384	232/232	198/198	215/215	313/313	221/221	343/343
新陆早 80 号	新审棉 2017 年 44 号	307/307	172/172	323/323	384/384	232/232	192/192	219/219	324/324	221/221	331/331
新陆早 81 号	新审棉 2017 年 45 号	307/307	172/172	323/323	384/384	232/232	198/198	215/215	324/324	221/221	337/337
新陆早 82 号	新审棉 2017 年 46 号	301/301	166/166	319/319	384/384	232/232	198/198	215/215	324/324	214/214	331/331
新陆早 83 号	新审棉 2017 年 47 号	301/307	166/166	315/315	384/384	226/232	192/192	215/219	324/324	214/221	331/331
新陆早 84 号	新审棉 2017 年 48 号	307/307	172/172	323/323	384/384	232/232	192/192	215/215	324/324	221/221	331/331
新陆中 82 号	新审棉 2017 年 49 号	301/307	166/172	323/323	381/381	232/232	192/192	215/215	324/324	221/221	337/337
新陆中 83 号	新审棉 2017 年 50 号	301/307	172/172	323/323	384/384	232/232	192/192	219/219	324/324	214/221	331/331
新陆中 84 号	新审棉 2017 年 51 号	301/301	166/166	323/323	384/384	232/232	198/198	215/215	324/324	214/214	331/331
新陆中 85 号	新审棉 2017 年 52 号	307/307	172/172	319/319	384/384	232/232	192/192	215/215	324/324	221/221	331/331
新陆中 86 号	新审棉 2017 年 53 号	301/301	166/166	323/323	384/384	232/232	192/192	219/219	324/324	214/214	331/331
新陆中 87 号	新审棉 2017 年 54 号	307/307	172/172	323/323	384/384	232/232	198/198	215/215	324/324	221/221	337/337
新陆中 88 号	新审棉 2017 年 55 号	301/307	166/166	323/323	384/384	232/232	198/198	215/215	324/324	214/214	331/331
新海 59 号	新审棉 2017 年 56 号	307/307	166/166	301/301	381/381	226/226	192/192	215/215	313/313	214/214	355/355
新海 60 号	新审棉 2017 年 57 号	307/307	166/166	323/323	381/381	226/226	192/192	215/215	313/313	214/214	337/337
新海 61 号	新审棉 2017 年 58 号	307/307	166/166	323/323	381/381	226/226	192/192	215/215	313/313	214/214	337/337
新海 62 号	新审棉 2017 年 59 号	307/307	166/166	301/301	381/381	226/226	192/192	215/215	313/313	214/214	337/337
新海 63 号	新审棉 2017 年 60 号	307/307	166/166	301/301	381/381	226/226	192/192	215/215	313/313	214/214	355/355
新彩 28 号	新审棉 2017 年 61 号	301/301	166/166	323/323	384/384	232/232	198/198	215/215	313/313	214/214	343/343
新陆早 74 号	新审棉 2016 年 24 号	307/307	172/172	323/323	384/384	232/232	192/192	219/219	324/324	221/221	331/331
新陆早 75 号	新审棉 2016 年 25 号	307/307	172/172	323/323	384/384	232/232	192/192	215/215	324/324	214/214	331/337
新陆早 76 号	新审棉 2016 年 26 号	301/307	172/172	323/323	384/384	226/232	192/198	215/219	324/324	221/221	337/337
新陆中 78 号	新审棉 2016 年 27 号	301/301	172/172	323/323	384/384	232/232	192/192	219/219	324/324	214/214	331/331
新陆中 79 号	新审棉 2016 年 28 号	307/307	172/172	323/323	384/384	232/232	192/192	219/219	324/324	221/221	331/331
新陆中 80 号	新审棉 2016 年 29 号	307/307	166/166	323/323	384/384	232/232	192/192	219/219	324/324	221/221	331/331
新陆中 81 号	新审棉 2016 年 30 号	307/307	166/166	315/315	384/384	226/226	192/192	219/219	324/324	214/221	331/331
新海 55 号	新审棉 2016 年 31 号	307/307	166/166	301/301	381/381	226/226	192/192	215/215	313/313	214/214	355/355
新海 56 号	新审棉 2016 年 32 号	307/307	166/166	323/323	381/381	226/226	192/192	215/215	313/313	214/214	337/337

（续表）

品种名称	审定编号	PC41	PC42	PC43	PC44	PC45	PC46	PC47	PC48	PC49	PC50
新海 57 号	新审棉 2016 年 33 号	307/307	166/166	301/301	381/381	226/226	192/192	215/215	313/313	214/214	355/355
新海 58 号	新审棉 2016 年 34 号	307/307	166/166	301/301	381/381	226/226	192/192	215/215	313/313	214/214	355/355
新陆早 68 号	新审棉 2015 年 30 号	301/307	172/172	323/323	384/384	232/232	198/198	215/215	324/324	214/221	331/337
新陆早 69 号	新审棉 2015 年 31 号	301/307	172/172	323/323	384/384	232/232	198/198	215/215	324/324	214/221	337/337
新陆早 70 号	新审棉 2015 年 32 号	301/307	166/172	323/323	384/384	232/232	192/198	215/219	324/324	221/221	331/331
新陆早 72 号	新审棉 2015 年 34 号	307/307	166/166	323/323	384/384	232/232	192/192	215/215	324/324	214/214	337/337
新陆早 73 号	新审棉 2015 年 35 号	301/301	166/166	323/323	384/384	226/226	192/192	215/215	324/324	214/214	337/337
新陆中 77 号	新审棉 2015 年 36 号	307/307	172/172	323/323	384/384	232/232	198/198	219/219	324/324	221/221	337/337
新海 49 号	新审棉 2015 年 37 号	307/307	166/166	301/301	381/381	226/226	192/192	215/215	313/313	214/214	355/355
新海 50 号	新审棉 2015 年 38 号	307/307	166/166	301/301	381/381	226/226	192/192	215/215	313/313	214/214	337/337
新海 51 号	新审棉 2015 年 39 号	307/307	166/166	323/323	381/381	226/226	192/192	215/215	313/313	214/214	343/343
新海 52 号	新审棉 2015 年 40 号	307/307	166/166	321/323	381/381	226/226	192/192	215/215	313/313	214/214	337/337
新海 53 号	新审棉 2015 年 41 号	307/307	166/166	323/323	381/381	226/226	192/192	215/215	313/313	214/214	337/337
新海 54 号	新审棉 2015 年 42 号	307/307	166/166	321/321	381/381	226/226	192/192	215/215	313/313	214/214	337/337
新陆早 64 号	新审棉 2014 年 55 号	301/301	166/166	323/323	384/384	232/232	198/198	215/215	324/324	214/214	331/331
新陆早 65 号	新审棉 2014 年 56 号	301/301	172/172	323/323	384/384	232/232	192/192	219/219	324/324	221/221	331/331
新陆早 67 号（金垦杂 1061）	新审棉 2014 年 58 号	301/307	172/172	323/323	384/384	232/232	198/198	215/215	324/324	214/221	337/343
新陆中 70 号	新审棉 2014 年 59 号	307/307	172/172	323/323	384/384	232/232	192/192	215/215	324/324	214/214	331/331
新陆中 71 号	新审棉 2014 年 60 号	301/307	166/172	323/323	384/384	226/226	198/198	219/219	313/324	214/214	331/331
新陆中 73 号	新审棉 2014 年 62 号	307/307	166/166	323/323	381/381	232/232	192/192	219/219	324/324	214/214	331/331
新陆中 74 号	新审棉 2014 年 63 号	301/301	166/166	323/323	384/384	226/226	192/192	219/219	324/324	214/214	331/331
新陆中 75 号	新审棉 2014 年 64 号	307/307	172/172	323/323	384/384	232/232	192/192	219/219	324/324	221/221	331/331
新陆中 76 号	新审棉 2014 年 65 号	307/307	166/166	323/323	384/384	232/232	192/192	219/219	324/324	214/214	331/331
新海 45 号	新审棉 2014 年 66 号	307/307	166/166	301/301	381/381	226/226	192/192	215/215	313/313	214/214	355/355
新海 46 号	新审棉 2014 年 67 号	307/307	166/166	301/301	381/381	226/226	192/192	215/215	313/313	214/214	355/355
新海 47 号	新审棉 2014 年 68 号	307/307	166/166	323/323	381/381	226/226	192/192	215/215	313/313	214/214	337/337
新海 48 号	新审棉 2014 年 69 号	307/307	166/166	301/301	381/381	226/226	192/192	215/215	313/313	214/214	337/337
新陆早 57 号	新审棉 2013 年 35 号	301/301	172/172	319/319	384/384	232/232	192/192	219/219	324/324	214/214	337/337
新陆早 58 号	新审棉 2013 年 36 号	307/307	166/166	323/323	381/381	232/232	192/192	215/215	324/324	214/214	331/331
新陆早 59 号	新审棉 2013 年 37 号	301/301	166/166	323/323	384/384	226/226	192/192	215/215	324/324	214/214	337/337
新陆早 60 号	新审棉 2013 年 38 号	301/301	172/172	323/323	384/384	232/232	198/198	215/215	324/324	214/221	331/331
新陆早 61 号	新审棉 2013 年 39 号	307/307	172/172	323/323	384/384	232/232	192/192	219/219	324/324	221/221	331/331
新陆早 62 号	新审棉 2013 年 40 号	301/301	166/166	323/323	384/384	232/232	192/192	215/215	324/324	214/214	331/331

（续表）

品种名称	审定编号	PC41	PC42	PC43	PC44	PC45	PC46	PC47	PC48	PC49	PC50
新陆中 62 号	新审棉 2013 年 43 号	307/307	172/172	319/323	384/384	226/226	192/192	219/219	324/324	214/221	331/337
新陆中 63 号	新审棉 2013 年 44 号	307/307	172/172	323/323	384/384	226/226	198/198	215/215	324/324	214/214	331/331
新陆中 64 号	新审棉 2013 年 45 号	307/307	172/172	323/323	384/384	232/232	198/198	215/215	313/324	214/221	331/337
新陆中 65 号	新审棉 2013 年 46 号	301/301	166/172	323/323	381/384	232/232	192/192	219/219	324/324	214/221	331/331
新陆中 66 号	新审棉 2013 年 47 号	301/307	172/172	323/323	384/384	232/232	192/192	215/219	324/324	214/214	331/331
新陆中 68 号	新审棉 2013 年 49 号	301/301	172/172	323/323	384/384	232/232	192/198	219/219	324/324	214/214	331/331
新陆中 69 号	新审棉 2013 年 50 号	301/301	172/172	319/319	384/384	232/232	198/198	219/219	324/324	214/214	337/337
新海 42 号	新审棉 2013 年 51 号	307/307	166/166	321/321	381/381	226/226	192/192	215/215	313/313	214/214	337/337
新海 43 号	新审棉 2013 年 52 号	307/307	166/166	301/301	381/381	226/226	192/192	215/215	313/313	214/214	355/355
新海 44 号	新审棉 2013 年 53 号	307/307	166/166	301/301	381/381	226/226	192/192	215/215	313/313	214/214	355/355
新彩棉 24 号	新审棉 2013 年 54 号	301/301	166/166	319/319	384/384	232/232	198/198	215/215	313/313	221/221	331/331
新彩棉 25 号	新审棉 2013 年 55 号	307/307	172/172	323/323	384/384	232/232	192/192	215/215	324/324	214/214	331/331
新彩棉 27 号	新审棉 2013 年 57 号	301/301	166/172	323/323	384/384	226/226	192/192	215/215	324/324	214/214	331/331
新陆早 52 号	新审棉 2012 年 47 号	307/307	172/172	319/319	384/384	226/226	192/192	215/215	324/324	221/221	337/337
新陆早 53 号	新审棉 2012 年 48 号	307/307	172/172	323/323	384/384	232/232	198/198	215/215	324/324	214/214	337/337
新陆早 54 号	新审棉 2012 年 49 号	307/307	172/172	323/323	384/384	232/232	198/198	215/215	324/324	221/221	331/331
新陆早 55 号	新审棉 2012 年 50 号	307/307	172/172	323/323	384/384	232/232	198/198	215/215	324/324	214/214	337/337
新陆早 56 号	新审棉 2012 年 51 号	301/307	166/172	319/323	384/384	232/232	192/192	215/219	324/324	221/221	331/331
新陆中 54 号	新审棉 2012 年 52 号	301/307	166/166	323/323	381/381	232/232	198/198	215/215	324/324	214/214	331/331
新陆中 55 号	新审棉 2012 年 53 号	301/301	172/172	325/325	384/384	232/232	192/192	219/219	324/324	214/214	331/331
新陆中 56 号	新审棉 2012 年 54 号	301/307	166/172	319/323	384/384	232/232	192/192	219/219	324/324	221/221	331/331
新陆中 60 号	新审棉 2012 年 58 号	307/307	172/172	319/319	384/384	226/232	192/192	215/215	324/324	214/221	331/331
新海 39 号	新审棉 2012 年 59 号	307/307	166/166	301/301	381/381	226/226	192/192	215/215	313/313	214/214	337/337
新海 40 号	新审棉 2012 年 60 号	307/307	166/166	321/321	381/381	226/226	192/192	215/215	313/313	214/214	337/337
新海 41 号	新审棉 2012 年 61 号	307/307	166/166	323/323	381/381	226/226	192/192	215/215	313/313	214/214	337/337
新彩棉 20 号（棕）	新审棉 2012 年 62 号	301/301	166/172	323/323	384/384	232/232	192/192	219/219	313/324	214/214	343/343
新彩棉 21 号（棕）	新审棉 2012 年 63 号	301/301	172/172	319/319	384/384	232/232	192/198	219/219	324/324	221/221	331/331
新彩棉 23 号（棕）	新审棉 2012 年 65 号	301/301	172/172	323/323	384/384	232/232	198/198	215/215	313/313	214/214	343/343
新陆早 50 号	新审棉 2011 年 43 号	301/301	172/172	319/319	384/384	232/232	192/192	219/219	324/324	214/214	337/337
新陆早 51 号	新审棉 2011 年 44 号	301/301	172/172	323/323	384/384	232/232	192/192	219/219	324/324	221/221	331/331
新陆中 50 号	新审棉 2011 年 45 号	301/301	172/172	323/323	384/384	232/232	192/192	219/219	324/324	214/214	331/337
新海 37 号	新审棉 2011 年 50 号	307/307	166/166	301/323	381/381	226/226	192/192	215/215	313/313	214/214	337/337

（续表）

品种名称	审定编号	PC41	PC42	PC43	PC44	PC45	PC46	PC47	PC48	PC49	PC50
新海 38 号	新审棉 2011 年 51 号	307/307	166/166	301/301	381/381	226/226	192/192	215/215	313/313	214/214	355/355
新彩棉 19 号（棕）	新审棉 2011 年 52 号	307/307	172/172	319/319	384/384	232/232	192/192	219/219	324/324	214/214	331/331
新陆早 45 号	新审棉 2010 年 37 号	301/307	172/172	323/323	384/384	232/232	198/198	215/215	324/324	214/214	337/337
新陆早 46 号	新审棉 2010 年 38 号	301/301	166/166	323/323	384/384	232/232	198/198	215/215	324/324	214/214	331/331
新陆早 48 号	新审棉 2010 年 40 号	301/307	172/172	323/323	384/384	232/232	198/198	215/215	324/324	214/214	337/337
新陆中 44 号	新审棉 2010 年 42 号	301/307	172/172	319/323	384/384	226/232	192/192	215/219	324/324	214/221	337/337
新陆中 46 号	新审棉 2010 年 44 号	307/307	172/172	319/323	384/384	226/232	192/192	215/219	313/324	214/221	331/331
新陆中 47 号	新审棉 2010 年 45 号	307/307	172/172	323/323	384/384	226/226	192/192	219/219	313/324	214/214	331/331
新陆中 48 号	新审棉 2010 年 46 号	307/307	166/166	319/319	384/384	226/226	192/192	219/219	324/324	214/214	337/337
新海 34 号	新审棉 2010 年 48 号	307/307	166/166	301/323	381/381	226/226	192/192	215/215	313/313	214/214	337/337
新海 36 号	新审棉 2010 年 50 号	307/307	166/166	301/301	381/381	226/226	192/192	215/215	313/313	214/214	337/355
新彩棉 16 号	新审棉 2009 年 46 号	307/307	172/172	323/323	384/384	232/232	192/192	215/215	324/324	214/221	331/331
新彩棉 17 号	新审棉 2009 年 47 号	301/301	172/172	323/323	384/384	232/232	192/192	215/215	313/313	214/214	343/343
新海 33 号	新审棉 2009 年 49 号	307/307	166/166	301/301	381/381	226/226	192/192	215/215	313/313	214/214	337/337
新陆中 41 号	新审棉 2009 年 53 号	301/307	172/172	319/323	384/384	232/232	198/198	215/219	324/324	214/214	337/337
新陆中 42 号	新审棉 2009 年 54 号	301/307	166/172	323/323	384/384	232/232	192/192	215/219	324/324	214/221	331/331
新陆早 40 号	新审棉 2009 年 56 号	307/307	172/172	323/323	381/381	226/226	198/198	215/215	324/324	221/221	337/337
新陆早 41 号	新审棉 2009 年 57 号	301/301	166/166	323/323	384/384	226/226	192/192	215/215	313/313	214/214	343/343
新陆早 42 号	新审棉 2009 年 58 号	307/307	172/172	323/323	384/384	232/232	198/198	215/215	324/324	214/214	337/337
新陆早 44 号	新审棉 2009 年 60 号	307/307	172/172	323/323	384/384	232/232	198/198	215/219	324/324	214/214	337/337
新陆中 37 号	新审棉 2008 年 35 号	301/301	172/172	323/323	381/381	232/232	192/192	219/219	313/324	214/221	331/331
新海 26 号	新审棉 2007 年 51 号	307/307	166/166	301/301	381/381	226/226	192/192	215/215	313/313	214/214	337/355
新陆中 34 号	新审棉 2007 年 57 号	301/301	172/172	323/323	384/384	226/226	192/192	219/219	324/324	221/221	331/331
新陆早 33 号	新审棉 2007 年 58 号	307/307	172/172	323/323	381/381	232/232	198/198	215/215	324/324	214/214	337/337
新陆早 36 号	新审棉 2007 年 61 号	301/301	166/166	323/323	384/384	232/232	192/192	215/215	324/324	214/214	331/331
新陆早 29 号	新审棉 2006 年 54 号	301/301	172/172	323/323	384/384	226/226	192/192	215/215	313/313	214/214	337/337
新陆早 30 号	新审棉 2006 年 55 号	301/301	172/172	323/323	384/384	226/226	192/192	219/219	313/313	214/214	343/343
新陆中 26 号	新审棉 2006 年 61 号	301/301	166/166	323/323	384/384	226/232	192/192	219/219	324/324	214/214	331/331
新彩棉 7 号	新审棉 2005 年 020 号	307/307	166/166	319/319	381/384	226/226	198/198	215/215	324/324	214/214	337/337
新彩棉 5 号	新审棉 2004 年 001 号	301/301	166/166	323/323	384/384	232/232	192/198	215/219	324/324	214/214	331/337
中棉所 49 号	新审棉 2004 年 008 号	301/301	166/172	323/323	384/384	232/232	192/192	215/215	324/324	221/221	337/337
新引 668（冀 668）	新审棉 2003 年 026 号	307/307	166/166	319/319	384/384	232/232	192/192	219/219	324/324	221/221	331/331
新海 21 号	新审棉 2003 年 028 号	307/307	166/166	301/301	381/381	226/226	192/192	215/215	313/313	214/214	337/337

（续表）

品种名称	审定编号	PC51	PC52	PC53	PC54	PC55	PC56	PC57	PC58	PC59	PC60
新石 K33	新审棉 2022 年 163 号	312/312	249/249	178/178	240/240	267/267	266/266	304/304	223/223	308/308	230/230
金垦 1775	新审棉 2022 年 164 号	319/319	249/249	178/178	240/240	267/267	253/253	304/304	223/223	308/308	230/230
石大棉 268	新审棉 2022 年 165 号	319/319	255/255	173/173	240/240	267/267	266/266	304/304	223/223	308/308	230/230
九棉 35	新审棉 2022 年 166 号	319/319	255/255	173/173	240/240	267/270	253/253	304/304	223/223	308/308	230/230
HD258	新审棉 2022 年 168 号	319/319	249/255	178/178	240/240	267/270	266/266	304/304	223/223	308/308	230/234
阿农陆 1 号	新审棉 2022 年 169 号	319/319	255/255	173/173	240/240	270/270	266/266	304/304	223/223	308/308	230/230
新塔棉 3 号	新审棉 2022 年 170 号	312/312	249/249	178/178	240/240	267/267	266/266	304/304	223/223	308/308	230/230
K621	新审棉 2022 年 171 号	319/319	255/255	173/178	240/240	267/270	266/266	298/304	217/217	308/308	230/234
K622	新审棉 2022 年 172 号	319/319	249/255	178/178	240/240	267/270	266/266	298/304	223/223	308/308	230/234
CT256	新审棉 2022 年 173 号	319/319	255/255	178/178	240/240	267/267	253/253	304/304	223/223	308/308	230/230
新 825	新审棉 2022 年 174 号	319/319	255/255	178/178	240/240	270/270	253/253	304/304	223/223	308/308	230/230
新塔棉 102 号	新审棉 2022 年 175 号	319/319	243/243	173/173	244/244	259/259	266/266	298/298	223/223	298/298	220/220
H163	新审棉 2022 年 176 号	319/319	243/243	173/173	244/244	259/259	253/253	298/298	219/219	298/298	220/220
长丰 2 号	新审棉 2022 年 177 号	319/319	243/243	173/173	244/244	259/259	253/253	298/298	219/219	298/298	220/220
K432	新审棉 2022 年 178 号	319/319	243/243	173/173	244/244	262/262	266/266	298/298	219/219	298/298	220/220
石彩 19	新审棉 2022 年 179 号	319/319	255/255	173/173	240/240	267/267	266/266	298/298	223/223	308/308	234/234
棕 2305	新审棉 2022 年 182 号	312/312	255/255	178/178	240/240	270/270	266/266	298/298	223/223	308/308	234/234
棕 928	新审棉 2022 年 183 号	319/319	255/255	173/173	240/240	267/267	266/266	298/298	223/223	308/308	234/234
新石 K38	新审棉 2022 年 184 号	319/319	255/255	178/178	248/248	270/270	253/253	304/304	223/223	308/308	230/230
新石选 172	新审棉 2022 年 185 号	319/319	255/255	178/178	240/240	267/267	266/266	304/304	223/223	308/308	234/234
新塔棉 4 号	新审棉 2022 年 186 号	319/319	255/255	178/178	240/240	267/267	266/266	304/304	223/223	308/308	230/230
新塔棉 5 号	新审棉 2022 年 187 号	312/312	249/249	178/178	240/240	267/267	266/266	304/304	223/223	308/308	230/230
劲丰合 1 号	新审棉 2022 年 188 号	312/312	255/255	173/173	240/240	267/267	253/253	304/304	223/223	308/308	230/230
阿农海 1 号	新审棉 2022 年 189 号	319/319	249/249	173/173	244/244	262/262	266/266	298/298	219/219	298/298	220/220
石彩 20	新审棉 2022 年 190 号	319/319	255/255	173/173	240/240	267/267	266/266	298/298	223/223	308/308	234/234
棕 620	新审棉 2022 年 191 号	319/319	255/255	178/178	240/240	270/270	266/266	304/304	223/223	312/312	234/234
金垦棕 11 号	新审棉 2022 年 192 号	312/312	255/255	178/178	248/248	267/267	266/266	304/304	223/223	308/308	230/230
新石 H12	新审棉 2021 年 26 号	319/319	255/255	178/178	238/238	267/267	253/253	304/304	223/223	310/310	230/230
金垦 1565	新审棉 2021 年 27 号	319/319	255/255	178/178	240/240	270/270	266/266	304/304	223/223	308/308	230/230
JKB16	新审棉 2021 年 28 号	319/319	249/249	178/178	240/240	270/270	253/253	304/304	223/223	308/308	230/230
庄稼汉 701	新审棉 2021 年 29 号	319/319	255/255	178/178	240/240	270/270	266/266	304/304	223/223	308/308	234/234
天云 2119	新审棉 2021 年 30 号	312/312	255/255	173/173	240/240	267/267	266/266	304/304	223/223	308/308	230/230
惠远 722	新审棉 2021 年 31 号	319/319	255/255	178/178	240/240	267/267	266/266	304/304	223/223	308/308	230/230
桑塔木 6 号	新审棉 2021 年 32 号	312/312	255/255	173/173	240/240	267/267	266/266	304/304	223/223	306/306	234/234

（续表）

品种名称	审定编号	PC51	PC52	PC53	PC54	PC55	PC56	PC57	PC58	PC59	PC60
HD02	新审棉 2021 年 33 号	312/312	255/255	173/173	248/248	267/267	253/253	304/304	223/223	308/308	230/230
鸿泰 6636	新审棉 2021 年 35 号	319/319	255/255	178/178	240/240	267/267	253/253	304/304	223/223	308/308	230/230
AW04	新审棉 2021 年 36 号	319/319	255/255	178/178	240/240	267/267	266/266	304/304	223/223	308/308	230/230
AW05	新审棉 2021 年 37 号	319/319	255/255	178/178	240/240	267/267	266/266	304/304	223/223	308/308	230/234
新 6015	新审棉 2021 年 38 号	319/319	255/255	178/178	240/240	270/270	253/253	304/304	223/223	308/308	230/230
棕 234	新审棉 2021 年 39 号	319/319	255/255	178/178	240/240	270/270	266/266	298/298	223/223	308/308	234/234
石彩 17	新审棉 2021 年 40 号	319/319	255/255	173/173	240/240	267/267	253/253	298/298	223/223	308/308	234/234
K426	新审棉 2021 年 41 号	319/319	243/243	173/173	244/244	262/262	266/266	298/298	219/219	298/298	220/220
长丰 10 号	新审棉 2021 年 42 号	319/319	243/243	173/173	244/244	262/262	266/266	298/298	219/219	298/298	220/220
新石选 122	新审棉 2018 年 37 号	312/312	249/249	178/178	248/248	270/270	266/266	304/304	223/223	308/308	230/230
子鼎 6 号	新审棉 2018 年 38 号	319/319	255/255	178/178	240/240	267/267	253/253	304/304	223/223	308/308	230/230
金垦 1161	新审棉 2018 年 39 号	312/312	249/255	173/178	240/240	267/270	253/266	304/304	223/223	306/308	230/234
金垦 1441	新审棉 2018 年 40 号	312/319	255/255	173/178	240/240	267/270	266/266	304/304	223/223	308/308	234/234
新石 K25	新审棉 2018 年 41 号	319/319	255/255	178/178	240/240	270/270	266/266	304/304	223/223	308/308	234/234
新石 K24	新审棉 2018 年 42 号	319/319	255/255	178/178	240/240	270/270	266/266	304/304	223/223	308/308	234/234
K2725	新审棉 2018 年 43 号	319/319	255/255	178/178	248/248	270/270	253/253	304/304	223/223	308/308	230/230
Y21	新审棉 2018 年 44 号	319/319	249/249	178/178	240/240	270/270	266/266	304/304	223/223	308/308	230/230
金垦杂 1062	新审棉 2018 年 45 号	319/319	255/255	173/178	240/240	267/270	253/266	304/304	223/223	308/308	230/234
T115	新审棉 2018 年 46 号	319/319	255/255	173/173	240/240	270/270	266/266	304/304	223/223	308/308	234/234
NH12026	新审棉 2018 年 47 号	312/312	255/255	173/173	240/240	270/270	253/253	304/304	223/223	308/308	234/234
金垦 1442	新审棉 2018 年 48 号	319/319	255/255	178/178	248/248	267/267	253/253	304/304	223/223	308/308	234/234
新石 K26	新审棉 2018 年 49 号	319/319	255/255	178/178	240/240	270/270	266/266	304/304	223/223	308/308	234/234
Z1146	新审棉 2018 年 50 号	319/319	255/255	178/178	240/240	267/267	253/253	304/304	223/223	308/308	234/234
金垦 1402	新审棉 2018 年 51 号	319/319	249/249	178/178	240/240	267/267	253/253	304/304	223/223	308/308	230/230
K418	新审棉 2018 年 52 号	319/319	255/255	178/178	240/240	267/267	253/253	304/304	223/223	308/308	230/230
春秋 S36	新审棉 2018 年 53 号	319/319	249/255	173/173	240/240	267/270	266/266	298/304	223/223	308/308	230/230
欣试 518	新审棉 2018 年 54 号	319/319	255/255	173/173	240/240	270/270	266/266	304/304	223/223	308/308	230/230
盛棉 2 号	新审棉 2018 年 55 号	319/319	255/255	173/173	240/240	270/270	266/266	304/304	223/223	308/308	230/230
塔河 2 号	新审棉 2018 年 56 号	319/319	255/255	173/173	240/240	270/270	266/266	304/304	217/217	308/308	230/230
金凯 9 号	新审棉 2018 年 57 号	319/319	255/255	178/178	240/240	267/267	266/266	304/304	223/223	308/308	234/234
源棉新 13305	新审棉 2018 年 58 号	319/319	249/249	173/173	240/240	267/267	253/253	304/304	223/223	308/308	230/230
耕野 2186	新审棉 2018 年 59 号	312/319	255/255	173/173	240/240	267/267	253/253	304/304	217/217	308/308	230/234
新 78	新审棉 2018 年 60 号	319/319	243/243	173/173	244/244	259/262	266/266	298/298	219/223	298/298	220/220
MCR3915	新审棉 2018 年 61 号	319/319	243/243	173/173	244/244	259/259	266/266	298/298	219/219	298/298	220/220

（续表）

品种名称	审定编号	PC51	PC52	PC53	PC54	PC55	PC56	PC57	PC58	PC59	PC60
新陆中 62 号	新审棉 2013 年 43 号	319/319	255/255	173/178	240/240	270/270	266/266	304/304	223/223	308/308	230/230
新陆中 63 号	新审棉 2013 年 44 号	319/319	255/255	173/173	240/240	267/267	266/266	304/304	217/217	310/310	234/234
新陆中 64 号	新审棉 2013 年 45 号	319/319	255/255	173/173	240/240	267/267	266/266	304/304	223/225	308/308	230/234
新陆中 65 号	新审棉 2013 年 46 号	319/319	249/255	178/178	240/240	267/267	266/266	304/304	223/223	308/308	230/230
新陆中 66 号	新审棉 2013 年 47 号	319/319	255/255	173/173	240/240	267/267	253/253	304/304	223/223	306/306	230/230
新陆中 68 号	新审棉 2013 年 49 号	319/319	255/255	173/173	240/240	267/270	266/266	298/298	223/223	308/308	234/234
新陆中 69 号	新审棉 2013 年 50 号	319/319	255/255	173/173	240/240	267/267	266/266	298/298	223/223	308/308	230/230
新海 42 号	新审棉 2013 年 51 号	319/319	243/243	173/173	244/244	259/259	266/266	298/298	219/219	298/298	220/220
新海 43 号	新审棉 2013 年 52 号	319/319	249/249	173/173	244/244	262/262	266/266	298/298	219/219	298/298	220/220
新海 44 号	新审棉 2013 年 53 号	319/319	249/249	173/173	244/244	259/259	266/266	298/298	219/219	298/298	220/220
新彩棉 24 号	新审棉 2013 年 54 号	319/319	255/255	178/178	240/240	267/267	253/253	304/304	223/223	312/312	234/234
新彩棉 25 号	新审棉 2013 年 55 号	319/319	255/255	178/178	240/240	267/267	266/266	298/298	223/223	308/308	234/234
新彩棉 27 号	新审棉 2013 年 57 号	312/312	249/249	173/173	240/240	267/270	266/266	304/304	217/217	308/308	230/230
新陆早 52 号	新审棉 2012 年 47 号	319/319	255/255	178/178	240/246	270/270	266/266	304/304	223/223	308/308	230/230
新陆早 53 号	新审棉 2012 年 48 号	319/319	255/255	173/173	240/240	270/270	266/266	304/304	223/223	308/308	234/234
新陆早 54 号	新审棉 2012 年 49 号	319/319	255/255	178/178	240/240	270/270	266/266	304/304	223/223	308/308	230/230
新陆早 55 号	新审棉 2012 年 50 号	319/319	255/255	178/178	240/240	267/267	266/266	304/304	223/223	308/308	234/234
新陆早 56 号	新审棉 2012 年 51 号	312/319	249/255	178/178	240/248	267/270	253/266	304/304	223/223	308/308	230/230
新陆中 54 号	新审棉 2012 年 52 号	319/319	255/255	178/178	240/240	267/267	266/266	304/304	223/223	308/308	230/230
新陆中 55 号	新审棉 2012 年 53 号	312/312	255/255	173/173	240/240	267/267	266/266	304/304	223/223	308/308	230/230
新陆中 56 号	新审棉 2012 年 54 号	312/319	249/249	178/178	238/240	267/270	253/266	304/304	223/223	306/308	230/230
新陆中 60 号	新审棉 2012 年 58 号	319/319	255/255	173/173	240/240	270/270	266/266	304/304	223/223	308/308	230/230
新海 39 号	新审棉 2012 年 59 号	319/319	249/249	173/173	244/244	262/262	266/266	298/298	219/219	298/298	220/220
新海 40 号	新审棉 2012 年 60 号	319/319	243/243	173/173	244/244	259/259	266/266	298/298	219/219	298/298	220/220
新海 41 号	新审棉 2012 年 61 号	319/319	243/243	173/178	244/244	259/259	266/266	298/298	219/219	298/298	220/220
新彩棉 20 号（棕）	新审棉 2012 年 62 号	319/319	255/255	173/173	240/240	267/267	266/266	298/298	223/223	308/308	234/234
新彩棉 21 号（棕）	新审棉 2012 年 63 号	312/312	255/255	173/173	240/240	267/267	266/266	304/304	223/223	310/310	234/234
新彩棉 23 号（棕）	新审棉 2012 年 65 号	319/319	255/255	173/173	240/240	267/267	266/266	298/298	223/223	308/308	234/234
新陆早 50 号	新审棉 2011 年 43 号	312/312	255/255	178/178	248/248	270/270	266/266	304/304	223/223	308/308	234/234
新陆早 51 号	新审棉 2011 年 44 号	319/319	249/249	178/178	240/240	267/267	253/253	304/304	223/223	308/308	230/230
新陆中 50 号	新审棉 2011 年 45 号	319/319	249/249	173/173	240/240	270/270	266/266	298/298	223/223	308/308	230/230
新海 37 号	新审棉 2011 年 50 号	319/319	243/243	173/173	244/244	259/259	266/266	298/298	219/219	298/298	220/220

（续表）

品种名称	审定编号	PC51	PC52	PC53	PC54	PC55	PC56	PC57	PC58	PC59	PC60
新海 38 号	新审棉 2011 年 51 号	319/319	249/249	173/173	244/244	259/259	266/266	298/298	223/223	298/298	220/220
新彩棉 19 号（棕）	新审棉 2011 年 52 号	319/319	255/255	173/173	240/240	270/270	266/266	298/298	223/223	308/308	230/230
新陆早 45 号	新审棉 2010 年 37 号	312/312	255/255	178/178	248/248	267/267	266/266	304/304	223/223	308/308	234/234
新陆早 46 号	新审棉 2010 年 38 号	319/319	255/255	178/178	240/240	270/270	266/266	304/304	223/223	308/308	230/230
新陆早 48 号	新审棉 2010 年 40 号	312/312	255/255	178/178	248/248	267/267	266/266	304/304	223/223	308/308	234/234
新陆中 44 号	新审棉 2010 年 42 号	319/319	255/255	178/178	240/240	267/270	266/266	304/304	223/223	308/308	230/234
新陆中 46 号	新审棉 2010 年 44 号	319/319	255/255	173/173	240/240	267/270	253/266	304/304	223/223	306/308	230/230
新陆中 47 号	新审棉 2010 年 45 号	319/319	255/255	173/173	240/248	267/267	266/266	298/304	223/225	308/308	234/234
新陆中 48 号	新审棉 2010 年 46 号	319/319	255/255	173/173	240/240	270/270	266/266	304/304	217/217	308/308	230/230
新海 34 号	新审棉 2010 年 48 号	319/319	243/243	173/178	244/244	259/259	266/266	298/298	219/223	298/298	220/220
新海 36 号	新审棉 2010 年 50 号	319/319	249/249	173/173	244/244	259/259	266/266	298/298	219/223	298/298	220/220
新彩棉 16 号	新审棉 2009 年 46 号	312/312	249/249	178/178	240/240	270/270	266/266	304/304	223/223	308/308	230/230
新彩棉 17 号	新审棉 2009 年 47 号	319/319	255/255	173/178	240/240	270/270	266/266	298/298	223/223	308/308	234/234
新海 33 号	新审棉 2009 年 49 号	319/319	243/243	173/173	244/244	262/262	266/266	298/298	219/219	298/298	220/220
新陆中 41 号	新审棉 2009 年 53 号	319/319	255/255	173/173	240/240	267/267	266/266	298/298	223/223	308/308	230/230
新陆中 42 号	新审棉 2009 年 54 号	312/319	249/255	178/178	240/240	267/270	266/266	304/304	223/223	306/306	230/234
新陆早 40 号	新审棉 2009 年 56 号	319/319	255/255	178/178	248/248	267/267	266/266	304/304	223/223	308/308	230/230
新陆早 41 号	新审棉 2009 年 57 号	312/312	255/255	173/173	240/240	267/267	266/266	304/304	223/223	308/308	230/230
新陆早 42 号	新审棉 2009 年 58 号	319/319	255/255	178/178	240/240	270/270	266/266	304/304	223/223	308/308	234/234
新陆早 44 号	新审棉 2009 年 60 号	319/319	255/255	173/178	240/240	267/270	253/266	298/304	223/223	308/308	234/234
新陆中 37 号	新审棉 2008 年 35 号	312/312	255/255	178/178	240/240	270/270	266/266	304/304	223/223	306/306	230/230
新海 26 号	新审棉 2007 年 51 号	319/319	243/243	173/173	244/244	259/259	266/266	298/298	219/219	298/298	220/220
新陆中 34 号	新审棉 2007 年 57 号	312/312	249/249	173/173	240/240	267/270	266/266	304/304	225/225	308/308	230/230
新陆早 33 号	新审棉 2007 年 58 号	319/319	255/255	178/178	240/240	267/267	266/266	304/304	223/223	308/308	234/234
新陆早 36 号	新审棉 2007 年 61 号	319/319	249/249	178/178	240/240	270/270	266/266	304/304	223/223	308/308	230/234
新陆早 29 号	新审棉 2006 年 54 号	312/312	249/249	173/173	240/240	267/267	266/266	304/304	223/223	308/308	230/230
新陆早 30 号	新审棉 2006 年 55 号	319/319	255/255	173/173	240/240	267/270	266/266	298/298	223/223	308/308	230/230
新陆中 26 号	新审棉 2006 年 61 号	319/319	255/255	173/173	240/240	267/267	266/266	298/304	223/225	308/308	230/230
新彩棉 7 号	新审棉 2005 年 020 号	319/319	255/255	178/178	240/240	267/267	266/266	304/304	223/223	306/306	230/230
新彩棉 5 号	新审棉 2004 年 001 号	312/312	255/255	178/178	240/240	267/267	266/266	304/304	223/223	308/308	230/230
中棉所 49 号	新审棉 2004 年 008 号	319/319	249/249	173/173	240/240	267/267	253/253	304/304	223/223	308/308	230/230
新引 668（冀 668）	新审棉 2003 年 026 号	319/319	249/255	178/178	240/240	270/270	266/266	304/304	223/223	308/308	230/230
新海 21 号	新审棉 2003 年 028 号	319/319	243/243	173/173	244/244	262/262	266/266	298/298	219/219	298/298	220/220